中国土木工程学会

2024年学术年会论文集

中国土木工程学会　主编

中国建筑工业出版社

图书在版编目（CIP）数据

中国土木工程学会2024年学术年会论文集 / 中国土木工程学会主编. -- 北京 ：中国建筑工业出版社，2024.10. -- ISBN 978-7-112-30162-1

Ⅰ. TU-53

中国国家版本馆CIP数据核字第2024MQ2466号

注：书中未标注单位的，长度单位均为“mm”，标高单位为“m”。书中引用的规范均为项目研究期间的现行规范。

责任编辑：徐仲莉
责任校对：赵　力

中国土木工程学会2024年学术年会论文集
中国土木工程学会　主编
*
中国建筑工业出版社出版、发行（北京海淀三里河路9号）
各地新华书店、建筑书店经销
北京科地亚盟排版公司制版
鸿博睿特(天津)印刷科技有限公司印刷
*
开本：787毫米×1092毫米　1/16　印张：20½　字数：518千字
2024年10月第一版　　2024年10月第一次印刷
定价：**90.00**元
ISBN 978-7-112-30162-1
(43560)

前　　言

中国土木工程学会于2024年10月22～23日在苏州召开“中国土木工程学会2024年学术年会”。本次会议重点结合国家和行业发展战略，围绕“土木工程融合创新发展”主题，邀请了有关政府部门领导、院士、知名专家学者、科技人员和企业代表等进行交流研讨，聚焦土木工程领域发展的重大学术理论和工程实践问题，共同促进我国土木工程领域高质量发展。

本次会议的论文征集工作得到了广大土木工程科技人员的积极响应和踊跃投稿，共收到论文56篇，经大会组委会组织专家审核，从中遴选了38篇在理论上或技术上具有一定创新和工程应用价值的论文，汇编成2024年学术年会论文集。

论文集内容涉及智能设计、数字建造、韧性城市、智能交通、数字市政、现代桥隧、土木工程高质量发展等方面。由于编撰时间仓促，本论文集难免有疏漏之处，敬请读者谅解。

本次会议的组织召开及论文集的编辑出版得到了学会理事和常务理事、各专业分会、地方学会、会员单位以及本次会议承办单位江苏省土木建筑学会、苏州市相城区人民政府、苏州市产业技术研究院融合基建技术研究所、中亿丰控股集团有限公司的大力支持，在此特一并表示感谢。

中国土木工程学会

2024年学术年会组委会

2024年9月于北京

目　　录

不同季节对广州市水务工程施工作业的影响分析

傅海森
（广州建筑工程监理有限公司，广东 广州，440100）

摘　要：为了探究春夏秋冬四个不同季节对水务工程作业时间的影响，因地制宜，进一步快捷有效地安排作业时间，通过互联网技术收集大数据信息，结合广州市以往的降雨情况和气温趋势规律，从而可以确定一种正态分布趋势：广州市冬春季节降雨量较少，夏秋季节降雨量较大，夏季降雨量最多；广州市冬春季节气温较低，夏秋季节温度较高，夏季温度最高。根据广州市一年四季的降雨及气温变化趋势可以制定相应的施工作业措施，可以为水务工程的作业计划提供参考条件。
关键词：不同季节；因地制宜；正态分布

Analysis of the influence of different seasons on the construction of water works in Guangzhou

Fu Haisen
(Guangzhou Construction Engineering Supervision Co., Ltd.,
Guangzhou 440100, China)

Abstract: In order to explore the influence of spring, summer, autumn and winter on the operation time of water works, the operation time is further arranged quickly and effectively according to local conditions. Through the Internet technology to collect big data information, combined with the previous rainfall situation and temperature trend law of Guangzhou. Thus a normal distribution trend can be determined: the rainfall in Guangzhou is less in winter and spring, more in summer and autumn, and the most in summer. The temperature in Guangzhou is low in winter and spring, high in summer and autumn, and highest in summer. According to the trend of rainfall and temperature in Guangzhou, corresponding construction measures can be made, which can provide reference conditions for the operation plan of water works.
Keywords: different seasons; adjust measures to local conditions; normal distribution

引言

降雨、光照、温度等是影响施工作业的重要天气因素。水务工程作业一般在室外进行，能否进行室外作业跟天气息息相关。像暴雨天、洪涝灾害、台风、雾霾等天气一般都禁止进行室外施工作业。雾霾的产生对建筑施工的影响非常大[1]，由于雾霾天气在广州市出现的情况较少，文章就不过多地涉及。一般情况下，夜晚光线弱，非必要情况下不进行夜间施工。夏季高温天气，进行室外施工作业应做好高温防暑措施，避免工人中暑。台风天风力过大，室外施工作业危险性无法预测，故台风天禁止室外作业。一年四季中，气候各有不同，对水务工程施工作业的影响也有所不一样。南方夏天的雨期及夏秋的台风季节对广州市水务工程的施工作业影响尤其明显，大大影响了水务作业的施工进度。而且恶劣天气施工将对建筑工人的健康安全造成一定的威胁，建筑工人健康安全是建筑公司和研究人员首要关心的问题[2]。另外，天气对施工单位工作流程和劳动生产率的影响也起到一定的决定因素[3]。像雨期这种天气属于非灾害性异常天气，而非灾害性异常天气带来的损失只能由施工方自行承担。非灾害性异常天气风险对工程项目施工造成的影响，使得最初的施工组织设计有所改变，相应的建筑物资的需求量也会随之改变[4]。如何有效利用天气变化规律来为水务作业制定更有用的总施工进度计划显得十分重要。

1　春夏秋冬的区分

根据气象划分法，将公（阳）历 3、4、5 月划分为春季，6、7、8 月为夏季，9、10、11 月为秋季，12 月、第二年 1 月、第二年 2 月为冬季。根据农历划分法，将农（阴）历 1、2、3 月划分为春季，4、5、6 月作为夏季，秋季及冬季以此类推。此外，还有天文划分法、古代划分法、候温划分法等不一一介绍。在现实生活中，气象划分法和农历划分法使用频率较大，下文出现的季节都指气象划分法中的季节。

一年之中共有二十四个节气，如图 1 所示的节气图体现了每年二十四节气的周而复始。二十四节气是一个融天象、物候、时令等知识为一体的系统，不同的节气反映不同的内容。其中，立春、立夏、立秋、立冬反映季节的变化，春分、夏至、秋分、冬至反映昼夜长短变化，小暑、大暑、处暑、小寒、大寒反映气温的变化，雨水、谷雨、小雪、大雪反映降水的变化等[5]。

春季有立春到谷雨六个节气；夏季有立夏到大暑六个节气；秋季有立秋到霜降六个节气；冬季也一样有立冬到大寒六个节气。根据二十四节气的相关节气反映昼夜长短、气温、降水的变化进一步合理安排水务施工作业时间，极大可能实现施工作业组织结构最优化，从而有效地控制总进度计划，使得工期更加准确。

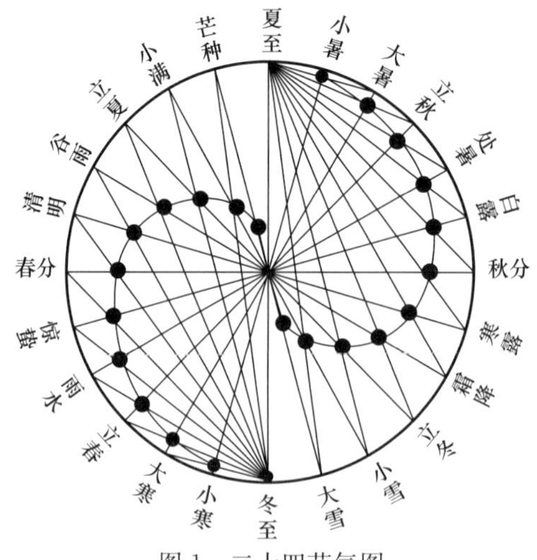

图 1　二十四节气图

2 正态分布的概念及特点

正态分布又名高斯分布，是一个在数学、物理及工程等领域都非常重要的概率分布[6]。正态分布是具有两个参数 μ 和 σ^2 的连续型随机变量的分布，第一参数 μ 是遵从正态分布的随机变量的均值，第二个参数 σ^2 是此随机变量的方差，所以正态分布记作 $N(\mu, \sigma^2)$。遵从正态分布的随机变量的概率规律为取 μ 邻近的值的概率大，而取离 μ 越远的值的概率越小；σ 越小，分布越集中在 μ 附近，σ 越大，分布越分散。

$$f(x)=\frac{1}{\sqrt{2\pi}\sigma}e^{-\frac{(x-\mu)^2}{2\sigma^2}} \tag{1}$$

公式（1）为正态分布的概率密度函数，其中，正态分布的密度函数的特点是：关于 μ 对称，在 μ 处达到最大值，在正（负）无穷远处取值为0，在 $\mu\pm\sigma$ 处有拐点。它的形状是中间高两边低，图像是一条位于 x 轴上方的钟形曲线，如图 2 所示。当 $\mu=0$，$\sigma^2=1$ 时，称为标准正态分布，记为 $N(0, 1)$[7]。

通过大数据搜索广州市某年的气温曲线和降水柱状图，如图 3 所示，其一年 12 个月的气温曲线趋势和降水柱状图形态与正态分布曲线图有相同之处。由图可知，1 月到 7 月，温度持续增长，7 月到 12 月温度持续下降，7 月是温度峰值期；1 月至 6 月，降水量持续增长，6 月至 12 月降水量下降。两者的走向趋势与图 2 的正态分布曲线图有所相同，可以当作正态分布密度曲线。

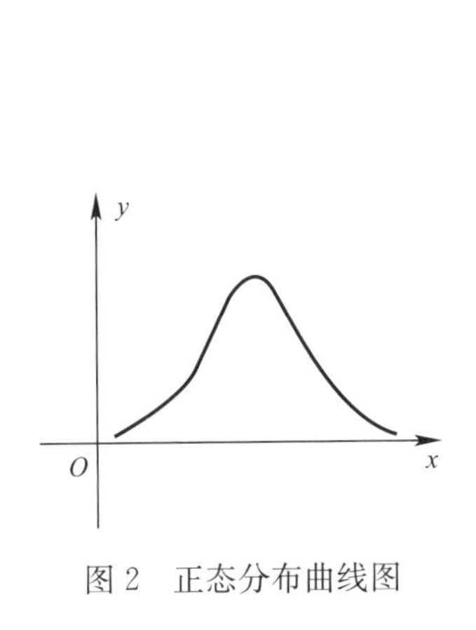

图 2 正态分布曲线图

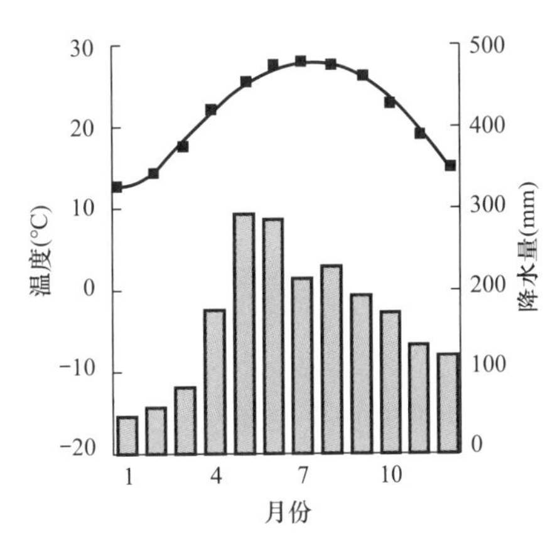

图 3 广州的气温曲线和降水柱状图

3 不同季节对水务作业的影响

昼夜长短、气温、降水的变化都将影响水务作业施工时间的长短。可以结合广州往年的气温曲线和降水规律变化，即结合正态分布密度曲线，在施工组织设计编制过程中更加合理分配施工作业时间，使得施工总进度计划倒排工期更加贴近实际的工期。正态分布的性质和应用在概率和统计中占有重要地位[8]。在我们日常生活中，许多随机变量都近似或者贴近正态分布规律，像一年四季的降雨量、气温变化趋势、台风天气变化等变量都近似服从正态分布。表 1 是南北半球昼夜长短的变化表。

南北半球昼夜长短的变化表 **表1**

日期	太阳直射点移动的情况	昼夜长短的变化		太阳直射点和晨昏线移动轨迹
		北半球	南半球	
春分日至夏至日，冬至日至次年春分日	向北移动	昼越来越长	昼越来越短	见图4
夏至日至冬至日	向南移动	昼越来越短	昼越来越长	见图5

对北半球而言：春分日那天，太阳直射点在赤道（0°）上，昼长等于夜长。春分日至夏至日，太阳直射点往北移动，并直射在北半球上，昼越来越长，夜越来越短，昼长大于夜长。夏至日那天，太阳直射点在北纬23°26′N上，昼最长夜最短。夏至日至秋分日，太阳直射点往南移动，依旧直射在北半球上，昼越来越短，夜越来越长，昼长大于夜长。秋分日那天，太阳直射点回到赤道（0°）上，昼长等于夜长。秋分日至冬至日，太阳直射点往南移动，并直射在南半球上，昼越来越短，夜越来越长，昼长小于夜长。冬至日那天，太阳直射点在南纬23°26′S上，昼最短夜最长，如图6所示。对南半球而言，就恰恰相反。

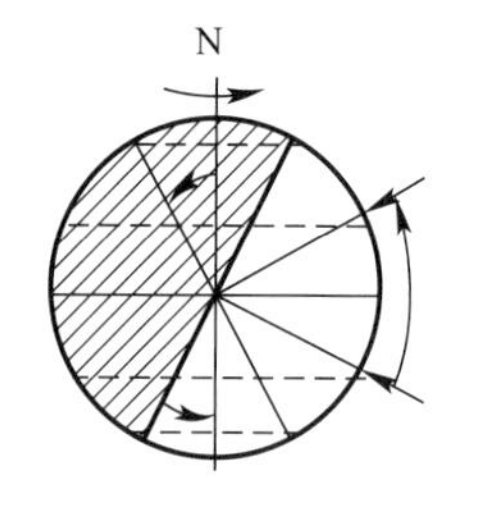

图4　太阳直射点和晨昏线移动轨迹1

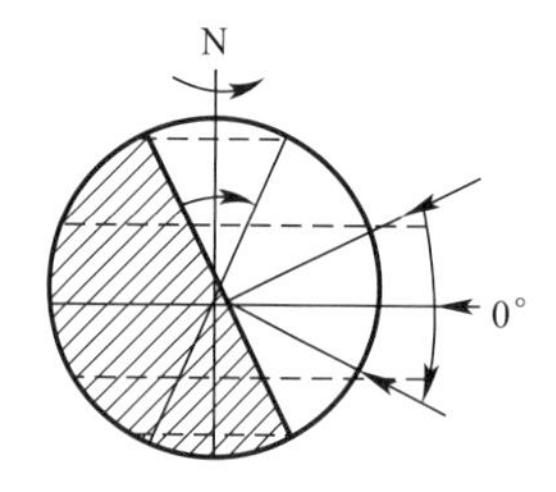

图5　太阳直射点和晨昏线移动轨迹2

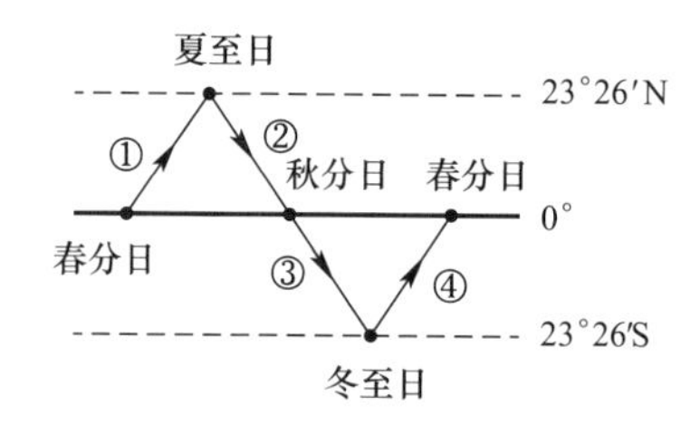

图6　昼夜长短变化

广州市地处北半球，春分日至夏至日、冬至日至次年春分日，昼越来越长；夏至日至冬至日，昼越来越短。在一年四季中，四个季节对水务工程施工作业的影响各有所异。

3.1　春季对施工作业的影响

春季干旱，应做好防风解冻措施。赵东蕴[9]结合实际，针对春季防风解冻措施进行了分析。混凝土薄板构件在春季施工时，因天气干燥极易开裂。混凝土公司采取选择收缩小的水泥、控制骨料含泥量、降低砂率、控制坍落度等措施，施工单位采取覆盖塑料薄膜保湿，初凝前后模压等措施，可有效防止混凝土薄板开裂[10]。

春季有立春、雨水、惊蛰、春分、清明、谷雨六个节气。根据《十年袖珍月历》，春分日的北京，日出于6时18分，日落于18时26分。根据日出日落时刻，这一天的白昼时间是18时26分减6时18分=12时08分，而不是昼夜等长，各为12时00分[11]。由此推测，广州市春分日的白昼时间大于12小时。从图3可以得出相关结论，春季的3、4月份广州市降雨量及气温较低，对水务作业施工的工期影响较小。5月份降雨量较大，室外温度相对较高，对水务施工作业有一定的影响，雨期将在一定程度上滞后于工期。

3.2　夏季对施工作业的影响

夏季，是施工黄金期，也是各类隐患高发期，多雨、高温、暴晒等自然因素对人身安全和工程质量产生的不利影响尤为突出。因此，夏季施工应重视防洪、防暑、防晒裂[12]。从图3可以看出，6、7、8月是高温雨期，降雨量相对其他三个季节最高，气温也是最高。

对于广州市水务工程施工，不仅要求工人做好高温防暑措施，而且要注意做好防洪防汛措施。在一定程度上，夏季会滞后水务工程作业的施工进度，影响施工工期。夏季的显著特点是空气温度高、蒸发量大，相对干燥，这会给施工造成影响，应采取必要的防护措施，以保证砌体的砌筑质量和混凝土的浇筑质量。综合而言，夏季高温且雨期作业，对水务作业施工的影响甚大。

3.3 秋季对施工作业的影响

秋季，天干物燥。入秋以来，2019 年仅一周时间内媒体就相继报道了辽宁省、浙江省、江苏省的三起火灾[13]。对于水务工程作业施工，要注意工地上的易燃物品如柴油、模板等易燃可燃材料及明火动火作业。从图 3 可以看出，秋季 9、10、11 月降雨量较少，气温相对较低，对水务工程施工作业工期影响较小。

3.4 冬季对施工作业的影响

冬季环境较为恶劣，市政道路整体施工难度加大，同时在施工中易受环境影响而引发诸多质量问题，导致市政道路施工进度滞后、施工效率降低、施工效果无法达到预期目标[14]。对于广州市水务工程施工作业而言，也深受冬季气候影响。冬季寒冷干燥，工人做好防寒措施后给施工带来诸多不便。由于冬季气温较低，人员在取暖及生产过程中容易产生许多火灾事故安全隐患，加之冬季气候干燥，容易引发火灾。所以冬期施工过程中必须高度重视消防安全[15]。结合图 3 进一步可知，12 月降雨量较少，来年 1、2 月降雨量在一年中是最少的。12 月至第二年 1、2 月，气温持续下降。冬期施工受降雨天气影响的程度最小。但是，冬期施工却受寒风潮影响较大。

4 不同季节对水务作业施工的作用

在广州市水务作业施工过程中，有时候可以借助天时地利人和，因地制宜。例如，混凝土浇筑后需要浇水养护，这时候可以在下雨前做好混凝土浇筑工作，有效利用天时。正如诸葛亮的草船借箭谋略，运用智谋，借助他人的力量达到自己的目的[16]。那么，春夏秋冬四季的气温条件对广州市水务工程施工作业又有哪些有利因素呢?

春季是冬季与夏季的过渡季节，冷暖空气势力相当，而且都很活跃[17]。夏季是高温雨期，也是水务工程施工高峰期。在水务施工过程中，时常遇到下雨天气。掌控广州市的天气预报，有效利用施工时间，将水务工程施工工序计划安排合理，如将混凝土浇筑安排在下雨前，混凝土养护期在雨期时，雨后继续进行其他施工工序，这样就得到时间的合理配置。秋季降雨量较少，对水务施工的影响相对较小，但是要根据秋季天干物燥这一特点做好防范举措。冬季降雨量最少，室外严寒冰冻，给水务工程施工作业带来诸多不便；虽然冬季严寒冰冻，但是由于降雨量最少，对于室外作业是有利的因素，只要做好工人的防寒措施即可。

5 因地制宜的重要性

根据广州市一年四季的气温及降雨变化趋势，掌握广州市自身的地理条件，因地制宜，合理做好广州市水务工程施工作业的计划安排，将有利于推进广州市水务工程的发展。结合天时地利，利用有限的施工作业时间，将施工作业时间实现最大利用率。假如不对广州市的气候条件加以掌握，不对台风天、下雨（包括暴雨）天气及高温天气等气候加以防范或利用，将会造成水务工程的经济损失。

6 结论

季节性施工措施是为应对某一地区的气候特征对建筑工程项目施工产生的不利影响而制定的施工技术文件。制定和实施季节性施工措施的目的是降低不利气候特征对建筑工程项目施工的影响，控制和降低投入，使建筑工程项目施工顺利进行，且可增加有效施工天数，保证施工质量满足要求[18]。雨期施工由于气温条件适宜细菌生长，施工中所需钢材会在短时间内锈蚀；旱期施工过程中因为气温影响，对于混凝土的生产、运输、浇筑及养护都要求严格把控，以此减少材料的浪费，避免造成经济损失[19]。提前掌握广州市的天气变化规律，包括降雨、气温变化、台风天气来临的规律，因地制宜，更加合理地安排施工作业时间，将天气变化对水务工程施工作业带来的影响，包括经济、人力、时间等的影响降到最低程度。合理掌握广州市的气温及降雨变化规律，可以为水务工程施工作业时间合理安排提供宝贵的参考价值。

参考文献

[1] 高蕾，王恒．雾霾天气对建筑施工的影响 [J]．现代职业教育，2016 (9)：20-21.

[2] Moohialdin，Ammar，Trigunarsyah，et al. Physiological impacts on construction workers under extremely hot and humid weather [J]. International Archives of Occupational and Environmental Health，2022 (prepublish).

[3] Hatim A. Rashid. Weather effect on workflow，and labor productivity of construction plant [J]. Civil and Environmental Research，2015，7 (11).

[4] 刘爽．异常天气环境下工程项目物资采购风险预防和控制研究 [D]．重庆：重庆交通大学，2018.

[5] “二十四节气”里的中华智慧 [J]．作文通讯，2022 (9)：64.

[6] 什么是正态分布 [J]．中国卫生质量管理，2014，21 (6)：97.

[7] Rickjin (靳志辉)．正态分布的前世今生 [Z]．2012.

[8] 洪小莹．浅谈正态分布及其应用 [J]．数学学习与研究，2019 (17)：6.

[9] 赵东蕴．春季防风解冻措施的探讨 [J]．黑龙江科技信息，2013 (19)：186.

[10] 郭亚超，刘亚平，申臣良．薄板混凝土构件春季施工裂缝问题浅析 [J]．混凝土世界，2015 (2)：80-83.

[11] 金祖孟，陈自悟．关于北京的春分日的昼夜长短 [J]．中学地理教学参考，1981 (1)：27-28.

[12] 杨广臣．夏季施工应重“三防” [J]．施工企业管理，2019 (8)：111.

[13] 许恩泽，汪晓晴．秋季建筑施工现场如何预防火灾？[J]．就业与保障，2019 (20)：38.

[14] 凌志超．市政道路冬季施工及质量控制 [J]．四川水泥，2021 (2)：255-256.

[15] 冬季施工，这些安全措施到位了吗？[J]．吉林劳动保护，2019 (12)：20-21.

[16] 二林．草船借箭 [J]．雪豆月读，2021 (21)：16-19.

[17] 张细林．从古诗词中读出春天的特点 [J]．中华活页文选（教师版），2020 (7)：4-5.

[18] 吴宏．季节性施工措施研究 [J]．建筑技术，2014，45 (3)：219-222.

[19] 惠世前，刘朝西，郭维昶．热带、亚热带雨林季风气候对工程施工影响 [J]．云南水力发电，2018，34 (S2)：65-69.

作者简介：傅海森（1994—），男，工学学士，助理工程师。主要从事工程监理方面的研究。

市政工程排水管道施工质量监理要点

傅海森[1]　马宏原[2]　刘润娜[3]　孔祥星[1]

(1. 广州建筑工程监理有限公司，广东 广州，440100；

2. 南方医科大学南方医院，广东 广州，440100；

3. 广东南方建设集团有限公司，广东 广州，440100)

摘　要：为探究市政排水管道的相关作用，证实排水管道在市政道路上的重要性。市政排水管道采用明挖法进行施工，通过工程监理方式加强工程施工过程质量控制，一定程度上保证市政工程排水管道的设计及使用要求。所建成的市政工程排水管道可以按建设规划要求收集到城中村的雨水及污水并及时排出，不给城中村居民造成积水的困扰。同时希望文章的相关理论可以作为相关学者的参考意见。

关键词：排水管道；工程监理；质量控制

Key points of quality supervision of municipal engineering drainage pipeline construction

Fu Haisen[1]　*Ma Hongyuan*[2]　*Liu Runna*[3]　*Kong Xiangxing*[1]

(1. Guangzhou Construction Engineering Supervision Co., Ltd., Guangzhou 440100, China;

2. Nanfang Hospital of Southern Medical University, Guangzhou 440100, China;

3. Guangdong Nanfang Construction Group Co., Ltd., Guangzhou 440100, China)

Abstract: In order to explore the relevant role of municipal drainage pipes, the importance of drainage pipes on municipal roads was confirmed. The municipal drainage pipe is constructed by open excavation method, and the quality control of the construction process is strengthened by engineering supervision, so as to ensure the design and use requirements of the municipal drainage pipe to a certain extent. The built drainage pipes of municipal engineering can collect rainwater and sewage from urban villages and discharge them in time according to the requirements of construction planning, so as not to cause the trouble of ponding water for residents in urban villages. At the same time, it is hoped that the relevant theories of this article can be used as the reference opinions of relevant scholars.

Keywords: drainage pipeline; engineering supervision; the quality control

引言

在城市发展规划中，市政工程道路工程属于核心的构成部分，为城市化发展奠定了良好的基础[1]。而在道路工程中排水工程作为重要的技术支撑，牢牢地掌握排水管道施工技术要领，才能使排水管道系统的功能得到很好的体现。市政排水工程是民生工程，和人民息息相关，在我国的城市化建设中日益被重视。于是如何采取正确科学的施工技术来提高施工质量成为当前市政工程绕不开的话题[2]。

1 工程简述

江夏局部改造配套工程项目估算总投资约2.5亿元，施工总工期300日历天，主要建设内容包括市政道路、公共绿地及体育公园等。

项目范围南起黄石东路，北临黄石北路，东至白云大道北。包含了空港大道江夏段东西两侧的局部用地。其中陈田北街、陈田中街、陈田南街规划有DN500污水管，云城东路规划有DN500污水管，污水管道具体布置如图1所示。陈田北街、陈田中街、陈田南街规划有DN600～DN1000雨水管，云城东路规划有DN600～DN1000雨水管，纵三路规划有DN600～DN800雨水管，雨水管道具体布置如图2所示。

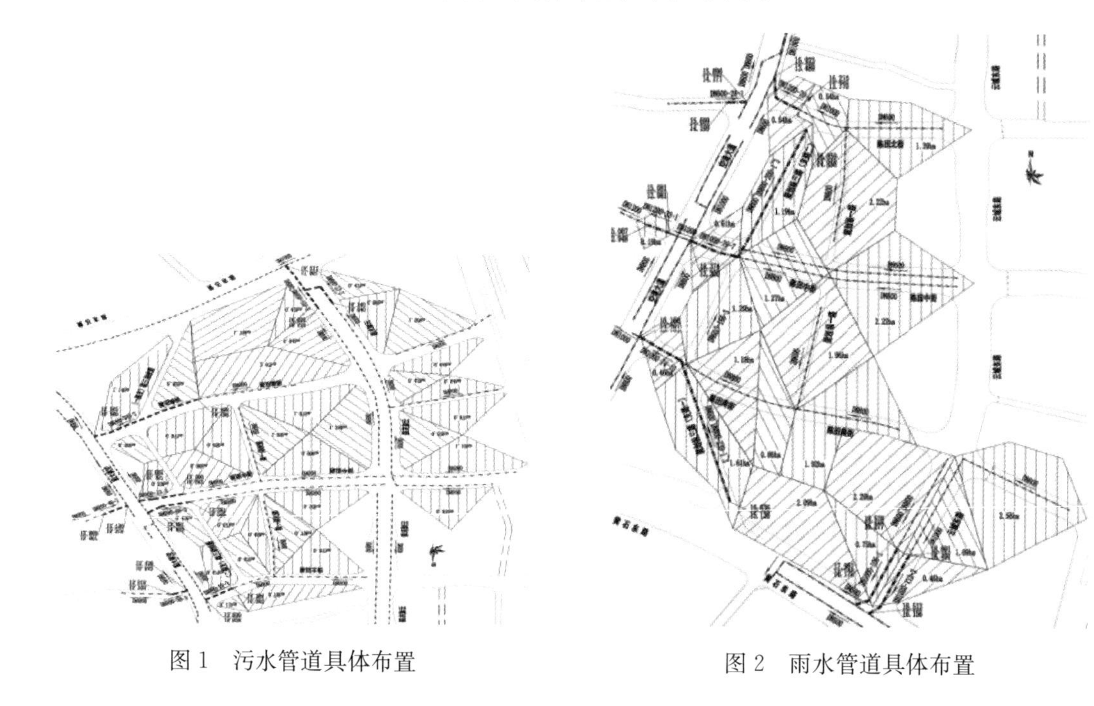

图1 污水管道具体布置　　　　图2 雨水管道具体布置

2 明挖法施工

DN500污水管及DN600～DN1000雨水管管道敷设采用明挖法，本工程排水管沟槽主要包括市政道路排水管沟槽和景观排水管道沟槽，其中市政道路排水管沟槽开挖深度1～3m，如图3所示为管道开挖深度1～3m范围剖面图；局部开挖深度3～4m，如图4所示为管道开挖深度3～4m范围剖面图。景观排水管沟槽开挖深度1～2m，其剖面图不再展示。

排水管道埋深不大于2m，采用放坡开挖方式，边坡系数为1∶1，放坡开挖示意图如图5所示；管道埋深为2～4m，采用小型钢板桩支护，基坑支护剖面图如图6所示；管道埋深大于4m采用拉森钢板桩支护，本工程不涉及管道埋深大于4m，不再过多叙述。

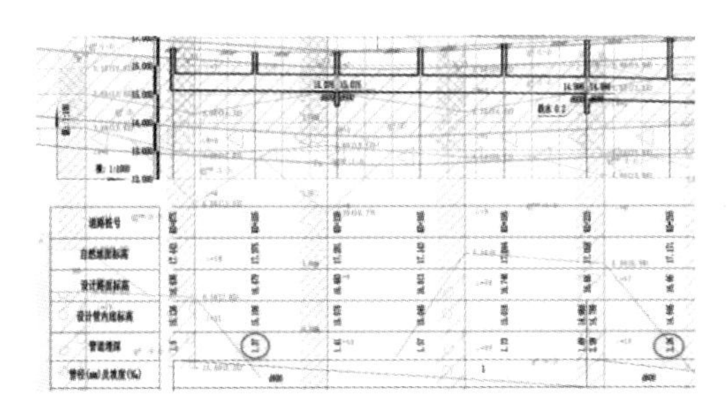

图 3　管道开挖深度 1～3m 范围剖面图

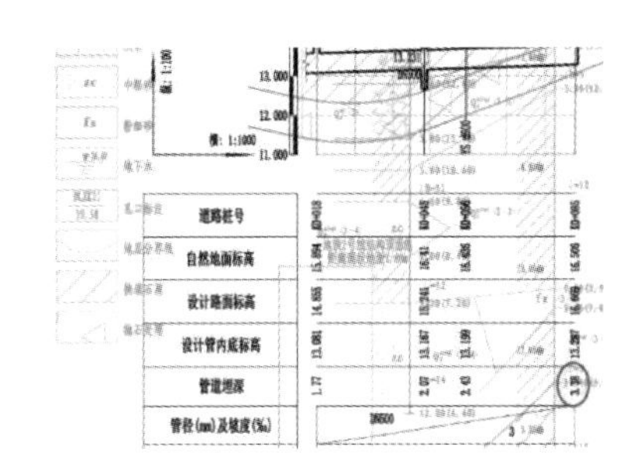

图 4　管道开挖深度 3～4m 范围剖面图

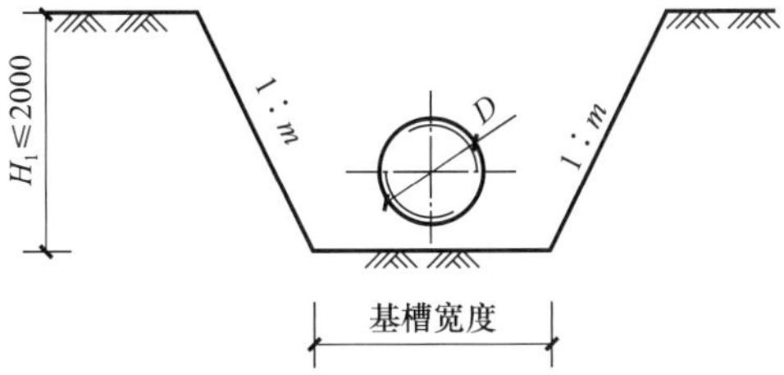

图 5　A 型管槽基坑剖面图（放坡开挖）

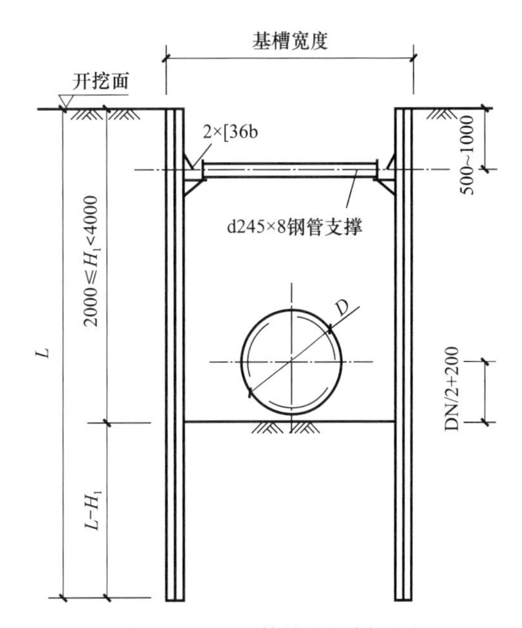

图 6　B、C 型管槽基坑剖面图

结合本工程实际情况，并查阅地质勘察资料，部分地段土质较差。市政沟槽开挖深度一般为 1～2m，局部地段为 2～3m 或 3～4m。因此，本工程具体支护结构选择如表 1 所示。

管坑支护（或开挖）参数表　　　　**表 1**

剖面形式	槽坑开挖深度 H_1(mm)	（钢）板桩型号	钢板桩长度 L(m)	备注
A	$H_1 \leqslant 2000$	—	—	土质较好，有放坡空间
B1	$2000 < H_1 < 3000$	[36c 槽钢	7	土质较差、淤泥
B2	$3000 \leqslant H_1 < 4000$	拉森Ⅲ型	9	土质较差、淤泥
C	$2000 \leqslant H_1 < 4000$	[25c 槽钢	6	土质较好

3　施工过程中的质量监理控制要点

当前，全国各地经济快速发展，城市化建设所占比例日益提高，城市化建设中工程质量成为建设的重点。在工程建设过程中，凡是关键工程或重要工序质量出现问题都将会给整体结构带来质量缺陷，给工程的整体功能带来严重的危害。作为工程质量监督的一个重要体系，监理是加强工程质量的重要控制措施和保证因素[3]。同时，工程监理可以在施工前对施工使用的相关材料，如钢筋、水泥、防水材料等进行检验，合格材料方可投入工程建设使用，在源头上控制了施工质量。在施工过程中，工程监理人员在检查施工工序时按照相关法律法规、《建设工程监理规范》GB/T 50319—2013等相关标准，以及施工图发现施工问题，及时纠正相关质量问题，使得建设工程质量达到预期的目标。所以，监理制度对于建筑工程施工阶段的质量保证具有非常重要的作用和意义[4]。

3.1 测量放线监理要点

测量放线的出错，就是最大的质量事故。如果在后续发现测量工作存在失误，将会导致所做的工作前功尽弃，这意味着资源的浪费，包括资金、人力及时间等，即大大滞后了工程的进度及造成了经济损失等[5]。为减少测量出现的错误，施工单位可以投入精准的全站仪对现场进行放线测量，然后工程监理单位通过自备的全站仪进行复测，在一定程度上避免仪器方面的失误。

3.2 沟槽开挖环节中的监理要点

随着经济的发展，城市化建设越来越引起人们的重视，对土地的建设使用规划的要求也越来越高。由于土地资源的有限性，人们在海域、天空及地下空间的开发趋势越来越明显。在现实生活中，对地下空间的开发比较明显，常见的有地下室开发、地铁、地下管线铺设等。对沟槽开挖施工也提出了相应的要求，工程监理对施工过程开挖的质量及安全起到相当重要的作用，对管道开挖的宽度、深度等的质量起到决定作用。顺应这种趋势，监理单位需要做好对基坑支护、土方开挖等施工工序的检查，充分发挥施工过程中监理的监督作用，有效地消除施工过程中存在的安全管理问题，以保证工程后期的正常运行[6]。

3.3 管道防腐和试压阶段中的监理要点

目前我国防腐补口施工质量的管理模式属于粗放式管理，导致频繁出现施工质量差、施工效率低的情况[7]。工程监理加强对管道防腐的质量检查，减少因管道防腐措施不到位的行为影响整体管道质量的情况。当前，已有大数据技术作为支撑，使得工程监理单位可以通过大数据管理体系及时了解掌控现场管道防腐情况，有效提高了管道防腐质量及施工监理效率。管道的安全直接关系到安全生产，而管道的安全管理是监理工作的一项重要内容[8]。管道试压阶段也是关键时刻，如果试压数据不能符合设计要求，将会给管道工程造成巨大的损失。对此，工程监理单位应该严格要求施工单位做好管道试压测试。

3.4 管道安装环节中监理要点

管道工程是建筑工程中的重要组成部分，在不同的建筑物功能中，管道工程有着不同的安装技术[9]。在管道安装中，工程监理单位应该严格控制管材的合格及施工的质量达到要求，加强工程监理作用，严格控制施工管道垫层、管道基础、混凝土包封及管道石粉回填。近年来，我国经济得到了快速的发展，与此同时，管道安装工程质量问题已经得到人们的高度关注。工程监理单位在工程质量监管中的重要性越来越凸显[10]。市政给水管道工程属于隐蔽性的工程，其施工质量的好坏将直接影响城市规划建设及居民日常生活。而监理在工程实施中占有重要位置，只有保证监理工作有序进行，才能保证管道施工有序进行，保障其质量[11]。

4 市政排水管道的作用

排水工程是现代化城市基本建设及环境保护必不可少的组成部分。它对城市建设所发挥的作用与所做出的贡献是不可估量的[12]。排水系统的作用就是收集、输送、处理生活污水及工业废水，以改善其水质和达到重复利用功效，排除城中村积水问题，保护自然环境，达成人与自然和谐共处。随着城市化发展历程，市政道路排水管道工程成为道路工程建设的关键组成部分。排水系统能够确保城市水循环系统的顺利运行，保证排水系统能够真正发挥其应有的作用[13]。

5 市政排水管道的意义

目前随着经济的快速发展，城市化建设要求越来越高，市政道路作为建设的关键，为城市化发展历程做了铺垫，是城市化的中枢力量。市政道路的排水管道是施工建设的重要工作环节，合理设计排水管道的施工方案，避免在建成使用后发生严重的积水问题，保障城市道路持续健康运行，对于提高城市道路的排水能力和防灾害能力具有重要意义[14]。

6 结论

排水系统作为市政道路工程的主要成分，只有严格控制排水工程的施工质量，才能够更好地控制市政道路工程的整体功能。加强城市排水管道建设规模布设水平，在提升城市整体排水能力、优化城市整体环境、提高城市居民生活质量和营造城市形象等方面有着不容忽视的重要作用，对市政道路排水管道施工技术的探讨和研究也有着极其重要的理论意义和现实价值[15]。

参考文献

[1] 李延涛. 市政工程道路排水管道施工技术要点探析 [J]. 中华建设，2021 (6)：140-141.

[2] 林燕. 市政工程排水管道的施工技术探讨 [J]. 城市建设理论研究，2019 (24)：33.

[3] 覃建思. 项目施工质量监理的控制要点分析 [J]. 才智，2010 (25)：34.

[4] 李文晶. 建筑工程施工阶段质量监理控制要点 [J]. 绿色环保建材，2016 (10)：156.

[5] 测量放线质量监理要点 [J]. 中国招标，2017 (19)：36-37.

[6] 陈尉. 深基坑土方开挖施工中监理工作要点探讨 [J]. 河南建材，2018 (4)：268-270.

[7] 朱炜，代炳涛，黄秀娟，等. 长输管道防腐补口施工质量的数字化管理 [J]. 油气田地面工程，2019，38 (11)：101-106.

[8] 程勇. 压力管道施工监理工作要点 [J]. 建设监理，2008 (5)：50-51.

[9] 姚志强. 管道安装工程的监理质量控制探讨 [J]. 居舍，2020 (11)：195..

[10] 王巧巧. 管道安装工程的监理质量控制探讨 [J]. 城市建设理论研究，2018 (17)：33.

[11] 郑炳德. 市政给水管道工程施工质量监理要点分析 [J]. 江西建材，2016 (11)：260，264.

[12] 田林. 浅谈排水管道对城市建设的作用 [J]. 黑龙江科技信息，2001 (12)：7.

[13] 黄水连. 市政工程中道路排水管道施工技术要点 [J]. 居舍，2022 (8)：69-71，165.

[14] 曹娅. 市政道路施工中排水管道施工的关键技术研究 [J]. 造纸装备及材料，2020，49 (2)：143.

[15] 杨姝琨. 浅谈市政道路排水管道施工技术要点 [J]. 科学技术创新，2019 (11)：135-136.

作者简介： 傅海森（1994—），男，工学学士，助理工程师。主要从事工程监理方面研究以及相关市政工程、水务工程项目管理工作。

马宏原（1985—），男，工学学士，助理工程师。主要从事南方医科大学南方医院总务处建筑工程管理方面工作。

刘润娜（1984—），女，工学学士，一级建造师、工程师。主要从事建筑工程施工管理方面工作，组织编制施工组织设计及技术方案等。

孔祥星（1972—），男，工学学士，注册监理工程师、工程师。主要从事市政工程监理工作。

降雨对广州市建筑施工的影响及对策

傅海森[1]　邝伟山[1]　马宏原[2]
（1. 广州建筑工程监理有限公司，广东 广州，440100；
2. 南方医科大学南方医院，广东 广州，440100）

摘　要： 为了研究广州市区一年四季降雨天气对建筑施工的影响，从而更好地进行建筑施工作业，采用了大数据方式汇编了1991年至2020年30年区间广州市区的降雨量趋势图，然后进行数据分析。从趋势图可以看出相关的理论经验：1～3月、10～12月降雨量最少；4月、7～9月降雨量较多；5、6月降雨量最多，其中6月是一年之中降雨量最多的月份。从广州市区一年之中的降雨趋势规律出发，可以提前做好相关的室外建筑工程施工计划，合理安排工期计划，达到工期的最优化发展，避免建筑施工作业朝着矛盾性方向发展。
关键词： 降雨天气；建筑施工作业；施工计划

The influence of rainfall on construction in Guangzhou and its countermeasures

Fu Haisen[1]　*Kuang Weishan*[1]　*Ma Hongyuan*[2]
(1. Guangzhou Construction Engineering Supervision Co., Ltd.,
Guangzhou 440100, China;
2. Nanfang Hospital of Southern Medical University, Guangzhou 440100, China)

Abstract: In order to study the influence of rainfall weather on construction in Guangzhou city all the year round, so as to better carry out construction work. Big data is used to compile the rainfall trend chart of Guangzhou urban area from 1991 to 2020, and then the data is analyzed. According to the trend chart, relevant theoretical experience can be seen: rainfall is the least in January to March and October to December; April, July to September more rainfall; The wettest months are May and June, with June the wettest month of the year. Starting from the trend law of rainfall in the urban area of Guangzhou in a year, we can do a good job in advance of the related outdoor construction project construction plan, reasonable arrangement of the schedule, to achieve the optimal development of the schedule, to avoid the construction operation to develop in a contradictory direction.
Keywords: rain weather; construction operation; construction plan

引言

降雨天气对建筑施工作业来说是不利天气。降雨天气对建筑室内施工作业的影响较小，对建筑室外施工作业的影响最大。冒雨室外施工作业向来是不被支持的，尤其是基坑或高空作业，不得进行动火作业。国家或地方政府部门针对此类建筑工地降雨天气施工要求的管理办法也有相应发文。

1　广州市区降雨量趋势的研究

在我国，东、南、西、北、中部五个片区一年四季的降雨量各有不同。在广州市，含广州市区、增城区、番禺区、从化区、花都区五个区域。每个区域的降雨量也各有所异，由于区域相邻所以降雨量的偏差值较小。以广州市区的降雨量为例，1991～2020年30年区间广州市区的一年中12个月的降雨量趋势图如图1所示，图1是1991～2020年30年按照整编月要素统计。图2是1991～2020年30年区间广州市区的一年中365天的降雨量趋势图，图2是1991～2020年30年按照整编日要素统计。剩下的增城区、番禺区、从化区、花都区四个区域由于降雨量与广州市区的降雨量比较接近就不过多论述。

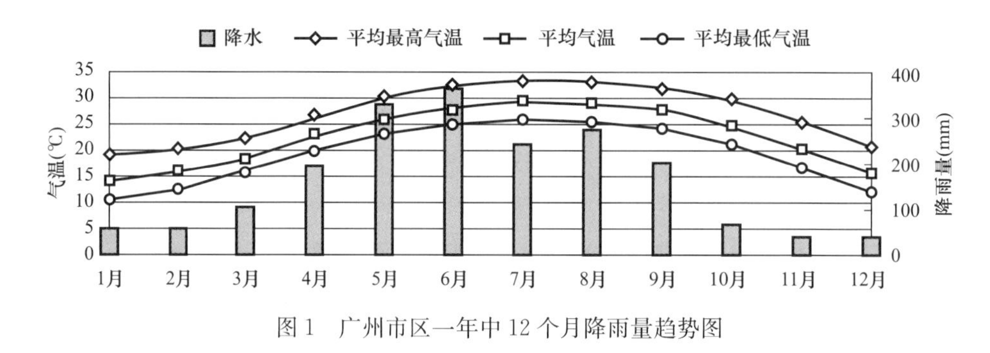

图1　广州市区一年中12个月降雨量趋势图

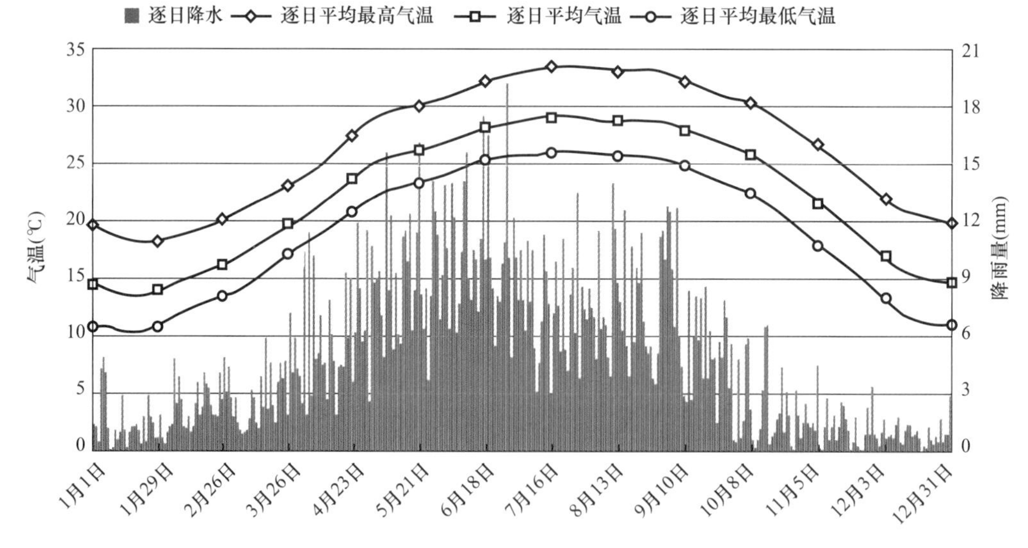

图2　广州市区一年中365天降雨量趋势图

从图1及图2可以总结广州市区一年中降雨量的趋势及变化规律。5、6月的降雨量最多，设为Ⅰ区；4月、7～9月次之，设为Ⅱ区；1～3月、10～12月降雨量最少，设为Ⅲ区。由此可以看出以下变化趋势：1月至6月降雨量随月份增加而递增；6月至12月降雨量随月份增加而递减；6月是一年中降雨量最多的月份。

2　降雨天气对建筑施工作业的影响

降雨天气一般对室内的建筑施工作业无太大的影响，却对室外建筑施工作业造成极大的不利影响。其中影响的不乏有进度（或工期）、安全、投资（或成本）、质量等。

2.1　进度影响

降雨天气对室外建筑施工作业来说是不可抗力因素。只要是下大一点的雨，工地基本处于停工状态，阻碍了施工运转，在一定程度上影响了工期。在广州市区，如果碰上雨期，即在Ⅰ区范围内，室外建筑施工作业的进度严重受到了阻碍，大大延长了工程的工期，这是工程参建单位不愿意看到的结果。在Ⅱ区，广州市区室外建筑施工作业受到降雨天气的影响较小；而在Ⅲ区范围内，室外建筑施工作业受到降雨天气的影响可以忽略不计。

2.2　安全影响

降雨天气在一定程度上影响了室外建筑施工作业的安全性。譬如动火作业、深基坑作业以及山下作业等。雨天动火作业容易发生触电，产生安全事故。下雨天由于土质疏松，冒雨进行深基坑作业容易发生深基坑塌方，不利于室外建筑施工作业有序进行。再如生活中常见的山体滑坡。山体滑坡是山区最常见的地质灾害之一，与地形、降水和地质构造等密切相关。滑坡灾害严重影响了区域生态环境和经济社会安全[1]。正是雨水与山体结合，使得山体结构发生了一定程度的变化，进而导致山体滑坡。降雨天气在山下进行建筑施工作业将会对施工作业人员的生命造成一定的威胁。禁止雨天山下施工作业避免了对施工人员的生命造成影响。

2.3　投资影响

降雨天气在一定程度上增加了建筑施工成本的投入。正如工地常见的施工机械，一受到雨水的浸泡，相应的元器件受到了损坏。此外，一些常见的建筑材料，如水泥、建筑设备等，如受到雨水的浸泡将会有一定的损坏。为了保护这些建筑材料需要投入一定的措施费用，这大大增加了投资成本。

2.4　质量影响

降雨天气对建筑施工主体结构混凝土浇筑产生了一定的不利影响，氯离子能够在一定程度上腐蚀钢筋结构。氯离子在混凝土中的传输受到各种因素的影响，其中水分的传输是重要的影响因素之一。降水会影响混凝土的饱和度，引起水分的传输，从而影响混凝土中氯离子的分布[2]。对建筑工程钢筋混凝土主体结构来说，保证钢筋混凝土中的氯离子含量不超标是衡量其质量的标准。所以，在建设工程中，常常对混凝土氯离子进行见证送检工作，检测中的氯离子不超过规定要求的氯离子含量方可进行混凝土浇筑工作。

3　建筑施工作业的必要性

城市的发展离不开城市的建设工作，城市建设工作的主干力量就是建筑施工作业。随着我国综合实力不断增强，建筑行业得到了较好的发展[3]。“要想富，先修路”这一句口号打响了城市建设的第一枪。城市道路工程的快速发展，加快了城市现代化的建设步伐。目前，广州市区的基础设施建设都得到了有力发展。城市现代化建设的工作正在有序地进行，如随处可见的高楼大厦（包含住宅楼、商业区等）、铁路、高速路等。在现代化建设理念的推动下，当今城市的建筑不仅要具有实用性，同时还需具备一定的美观性和舒适性[4]。这对建筑的设计及施工作业提出了更多的要求。

建筑规划设计是城市规划建设的重要基础，也是城市规划发展的关键环节[5]。在广州市区有限的空间范围内，如何有效利用土地资源凸显了建筑设计的重中之重。广州市作为国家一线城市的代表，广东省的省会，象征着广东省的发展实力。广州市区作为广州市的中心枢纽，更加体现了广州市的综合实力。一个城市的现代化建设工作的发展，离不开建筑工程的大力支持。

4 降雨天气建筑施工应对策略

降雨天气对建筑施工有或多或少的影响，如何采取相关的应对措施去降低降雨天气对建筑施工作业的影响值得探究。从图1可以看出广州市区6月降雨量达到350mm以上，是一年之中的雨期。针对雨期对建筑施工作业的影响，可以采取一些应对措施进行改善或降低其影响力度。

4.1 进度控制

广州市区一年之中的雨期将或多或少影响建筑工程的工期。降雨天气在一定程度上制约了建筑施工作业的有序进行。为了更好地控制工期，将受降雨天气影响滞后的进度赶上，可以采用赶工模式。PDCA循环管理是一种先进的管理理念，主要目的是提高管理工程项目的水平[6]。建筑工程受雨期影响滞后的进度在非雨期情况下，采用PDCA循环管理模式，比较计划工期与实际进度的偏差，采取相应的应对措施进行纠正。通过PDCA循环管理建筑工程施工作业，可以有效提高项目管理水平，进而达到工期在计划值的可控范围。

4.2 安全控制

安全责任重于泰山，须臾不可松懈[7]。21世纪，安全重于泰山始终是时代的话题，更是建筑工程的墓志铭。挂在口中，放在心里，将安全放在第一位。安全生产更是作为建筑工程的重要组成部分，是建筑工程的主力军。降雨天气必定在某些方面影响广州市区建筑工程室外施工作业人员的安全性，比如雨天进行动火作业很大可能会导致作业人员发生触电危险，严重者危及生命安全，轻者发生电灼伤。当然，这是建筑施工作业不希望出现的情况。

降雨天气，视降雨量情况而定。在小雨天气，可以进行一般的建筑施工作业；在大雨天气或者暴雨天气，禁止进行高空作业、深基坑作业以及动火作业等。

4.3 投资控制

降雨天气给建筑工程的施工成本带来巨大的影响。在广州市区，雨期影响了建筑工程的工期，给建设工地带来了许多不利影响因素。一方面，降雨天气给建筑工程的投资控制带来不利的冲击，一定程度上增加了成本；另一方面，降雨天气打乱了原有的建设工程投资结构。此时采用“三控三管一协调”[8] 中的投资控制对降雨天气给建筑施工成本带来的影响进行调节，合理控制成本投入，优化建设工程投资结构。

4.4 质量控制

随着社会经济的飞速发展，建设工程的数量逐年剧增，规模越来越大，同时人们对工程质量问题也愈加重视[9]。广州市区建筑工程的质量决定了城市的发展实力，对建筑工程的质量要求越来越严格。降雨天气必将影响建筑施工工序的有序进行，如建筑工程主体结构钢筋绑扎施工、混凝土浇筑施工等。作为主体结构，钢筋绑扎的质量、混凝土浇筑的质量决定了主体结构的质量好坏。对钢筋绑扎、混凝土浇筑作业来说，降雨天气的出现影响了主体结构的质量。

5 落实相关降雨天气防控措施

降雨天气对广州市区建筑施工作业的质量影响举足轻重。质量控制措施的有效实施才能够建造质量更优的建筑工程。对主体结构的钢筋绑扎施工，由于降雨后导致的钢筋锈蚀问题，首先应该做好除锈措施；对混凝土雨天浇筑作业，由于雨水会改变混凝土中氯离子的分布，影响浇筑的质量，可以采用新工艺方式，采用其他混凝土规格，例如水下混凝土受雨水的影响较小。

降雨天气对建筑施工的安全、进度以及成本也有或多或少的影响。如何更加有效地对其进行防控，减少降雨天气对其的影响，可以结合实际情况做好相应的控制措施。

6 结论

在降雨天气的影响下，进行建筑工程施工作业应做综合考虑。一方面要做好降雨天气防控举措，将降雨天气对广州市区建筑工程施工作业的影响降到最低。另一方面，要同时保证广州市区建筑工程的进度、投资成本、质量得到控制，安全、信息、合同得到有效的管理。协调好建筑工程各参建单位的关系，使得广州市建筑工程施工作业顺利完成。

参考文献

[1] Christine（林琴音）. 卢旺达短时强降雨对滑坡的影响研究 [D]. 兰州：兰州交通大学，2022.

[2] 周浩. 降雨对混凝土中氯离子分布的影响研究 [D]. 深圳：深圳大学，2018.

[3] 赵翔. 建设工程施工现场技术管理要点研究 [J]. 大众标准化，2021（2）：58-59.

[4] 徐昕. 建筑规划设计在城市规划建设中的重要性分析 [J]. 城市建设理论研究，2022（36）：7-9.

[5] 童璐玲. 建筑规划设计在城市规划建设中的重要性 [J]. 住宅与房地产，2021（34）：90-91.

[6] 韦澄. 浅析 PDCA 循环管理在建设工程管理中的应用 [J]. 居业，2022（4）：172-174.

[7] 本刊编辑部. 安全责任重于泰山 [J]. 农电管理，2022（6）：1.

[8] 李楠楠，徐滔. 浅谈“三控三管一协调”在业主方的应用——以嘉兴市住房和城乡规划建设局办公楼建设项目为例 [J]. 四川水泥，2016（2）：36，42.

[9] 朱建科. 论建设工程质量控制及实体检测的重要性 [J]. 中华建设，2022，296（9）：40-42.

作者简介： 傅海森（1994—），男，工学学士，助理工程师。主要从事工程监理方面的研究。

邝伟山（1984—），男，工学学士，高级工程师、注册监理工程师。主要从事建筑工程施工监理工作。

马宏原（1985—），男，工学学士，助理工程师。主要从事南方医科大学南方医院总务处建筑工程管理方面的研究。

3DE 平台三维地质建模中前端数据输入接口的应用研究

张必勇　侯炳绅　徐　俊
（长江岩土工程有限公司，湖北 武汉，430010）

摘　要： CATIA 三维设计软件（目前已集成到 3DE 平台）自 2009 年引入水利水电工程行业以来，受到了工程设计人员的极大青睐，相关人员将其应用于三维地质建模领域，通过不断探索，其对三维地质建模的表达越来越精细，使用效率已大大提高。三维协同设计优点不言而喻，在过去近 10 年，工程地质行业众多学者通过对其深入研究，对地形、地层、断层、褶皱等复杂地质元素的构建均得以实现。但由于地质建模的复杂性，三维地质建模人员在应用时不仅需要从点云、地质点、钻孔数据等原始数据中导入数据，还需要从 AutoCAD 格式文件中导入平面图、剖面图等数据。数据来源多样，使用过程复杂。为整合该数据输入，提高数据输入效率和精度，创造性提出了三维地质建模所需要的各类数据在导入 3DE 平台时的实现方法及其优化，并对该方法进行二次开发，简化了数据导入的流程，从而极大提高了三维建模的生产效率。

关键词： 3DE 平台；三维地质建模；数据输入接口

Study on application of basic data input interface to 3DE platform in 3D geological modeling

Zhang Biyong　Hou Bingshen　Xu Jun
(Changjiang Geotechnical Engineering Co., Ltd., Wuhan 430010, China)

Abstract: Since introduced into the water conservancy and hydropower engineering industry in 2009, the CATIA 3D design software (integrated into the 3DE platform now) has been greatly favored by engineering designers, and relevant personnel have also applied it in the field of 3D geological modeling. Through continuous exploration, its expression in the aspect of 3D geological modeling is more and more refined, and the efficiency has been greatly improved. The advantages of 3D collaborative design are self-evident. In the past 10 years, many engineering geological scholars have been able to obtain the methods in expressing complex geological elements such as topography, strata, faults and folds through in-depth study of 3D collaborative design. However, due to the complexity of geological modeling, 3D geological modelers not only need to import data from point cloud, geological points, borehole data and other original data, but also need to import data such as geological maps and profiles from AutoCAD format files. The data sources are diverse and the process is also complex. In order to integrate the data input and improve the efficiency and accuracy of this process, creatively proposed the implementation method and optimization of importing various kinds of data required by 3D geological modeling into 3DE platform,

and makes secondary development of the method to simplify the data import process, thus greatly improving the production efficiency of 3D modeling.
Keywords: 3DE platform; 3D geological modeling; data input interface

引言

三维协同设计是水利水电设计技术发展的必然趋势，许多行业和主管部门对三维设计均提出了具体的推广和应用要求[1]。在众多三维设计平台的竞争中，3DE三维协同设计软件为二维设计向三维设计的转变和开展多专业间的协同设计提供了丰富的功能和解决方案，逐渐成为水利水电工程三维协同设计的软件平台。目前已有中国电建集团昆明勘测设计研究院有限公司、长江勘测规划设计研究有限责任公司、中国电建集团贵阳勘测设计研究院等多家水利水电设计院选择了3DE平台开展三维可视化协同设计[1-3]。在三维地质建模兴起之前，二维设计软件AutoCAD已在本行业统治多年，目前二维地质平面图、剖面图等数据大多在AutoCAD平台下完成，大量的原始数据及其对应的数据处理软件均与AutoCAD软件相连通。除了已有大量AutoCAD格式成果外，由于大多数工程师自身三维设计水平的限制，需要优先在AutoCAD中完成二维制图，再通过相应的数据处理将成果导入3DE平台来进行三维设计。在未来一段时间内，二维设计和三维设计会同时并存，致使三维设计的发展将离不开对这些原始数据的处理，以及与传统二维软件平台之间的数据转换[2]。因此对与三维地质建模相关的上述两种来源的数据进行转换和处理是建模中的一项重要工作，也是现阶段三维技术应用的一种迫切需求。研究二次开发，从不同数据来源中快速、准确地获取相关的地质属性数据，对于有效利用现有地质资料、极大减轻三维地质建模与可视化系统所需要的繁重数据录入和为实现三维地质建模系统与系统的数据接口问题具有极其重要的意义。

1 三维地质建模的流程及对输入数据的需求

在三维地质建模的问题上，目前，专家学者们归纳出一系列地质建模方法，主要把建模方法总结为以下三种[3-6]：

（1）点面生成法

首先导入初始地质点线数据资料，利用曲面生成命令形成单个地层面。

（2）平剖面法

在收集整理原始资料的基础上，相对应地建立地质数据信息库，然后人为地将这些地质剖面图导入，并利用曲面生成命令生成各地层面，最终形成地质体模型。

（3）多种数据相互耦合法

结合钻孔数据，平面数据和剖面数据等地质勘探资料，利用曲面生成的方法实现地质三维建模。

根据以上总结，三维地质建模的数据输入主要有以下两类格式：

（1）原始数据格式

原始数据格式主要为txt文本格式、Excel格式，包括钻孔数据文件、地形数据文件、地质点数据文件。这些数据格式主要是为二维设计软件数据导入时设计的格式，一般已应用数十年，各设计单位均存在自己的习惯，目前在二维、三维设计并存的环境下，应继续将其用作三维平台数据来源的支持格式。

（2）已有的 AutoCAD 数据格式

已有的 AutoCAD 数据格式包括三维设计兴起之前已在二维平台中完成的成果和由于三维建模的需要，专门为三维地质建模准备的中间成果。这一类数据也是作为前端数据输入接口研究的重点。

2 主要数据的处理与导入流程

根据上述三种三维建模方法，需要进行研究的前端数据主要包括地形数据、地质点数据、钻孔数据、地质平面图数据和地质剖面图数据。这些地质资料正是三维地质建模所需要的资料，如地形、地质界线、断层线、地层产状、地层岩性信息等原始地质属性数据[3]。

2.1 地形数据处理与导入

地形数据主要从已生成的 AutoCAD 地形图中导入，可将二维地形图利用插件转换成 ASCII 格式点云，即 txt 文本格式，再利用 3DE 平台中的 Terrain Preparation APP 生成点云。二维地形图在导入之前，需要对图层进行清理，重点保留首曲线、计曲线、高程点等反映地形图高程属性的数据图层。

2.2 地质点（高程点）导入

地质点（高程点）一般是以 txt 文本格式或 Excel 格式的文件保存，通过读取 txt 文件或 Excel 文件中地质点的 *XYZ* 值、编号及说明，直接在 3DE 三维空间中依次创建点。

2.3 钻孔数据的导入

钻孔数据是三维制图的重要基础信息来源，需要直接导入 3DE 平台的数据信息包括钻孔编号，钻孔深度，孔口高程、*X* 值、*Y* 值，地层分层数据，岩层分层数据，风化数据等。以长江岩土云地制图 Excel 格式的钻孔数据文件为例，在通过读取数据文件后，将上述需要在 3DE 平台中表达的元素信息计算为三维点相对或绝对坐标，在三维空间中创建点，从而完成钻孔数据的三维处理。

2.4 地质平面图数据导入

地质平面图数据主要包括地质剖面线及编号、地层界线及编号、岩性界线及编号等。目前，地质平面图一般以 AutoCAD 的格式表达，主要操作流程是通过二次开发软件与 AutoCAD 软件进行交互，读取平面图中需导入 3DE 的上述文字、直线、多段线数据的相关属性，包括位置坐标、长度、高度、线宽、颜色、弦比、内容等，对相关位置进行平移、缩放等坐标转换，再通过与 3DE 平台的交互，写入 3DE 中以 *XY* 平面或与 *XY* 平面平行的和工程区平均高程较接近的平面为支持面的草图中。AutoCAD 工程地质平面图导入 3DE 平台流程见图 1。

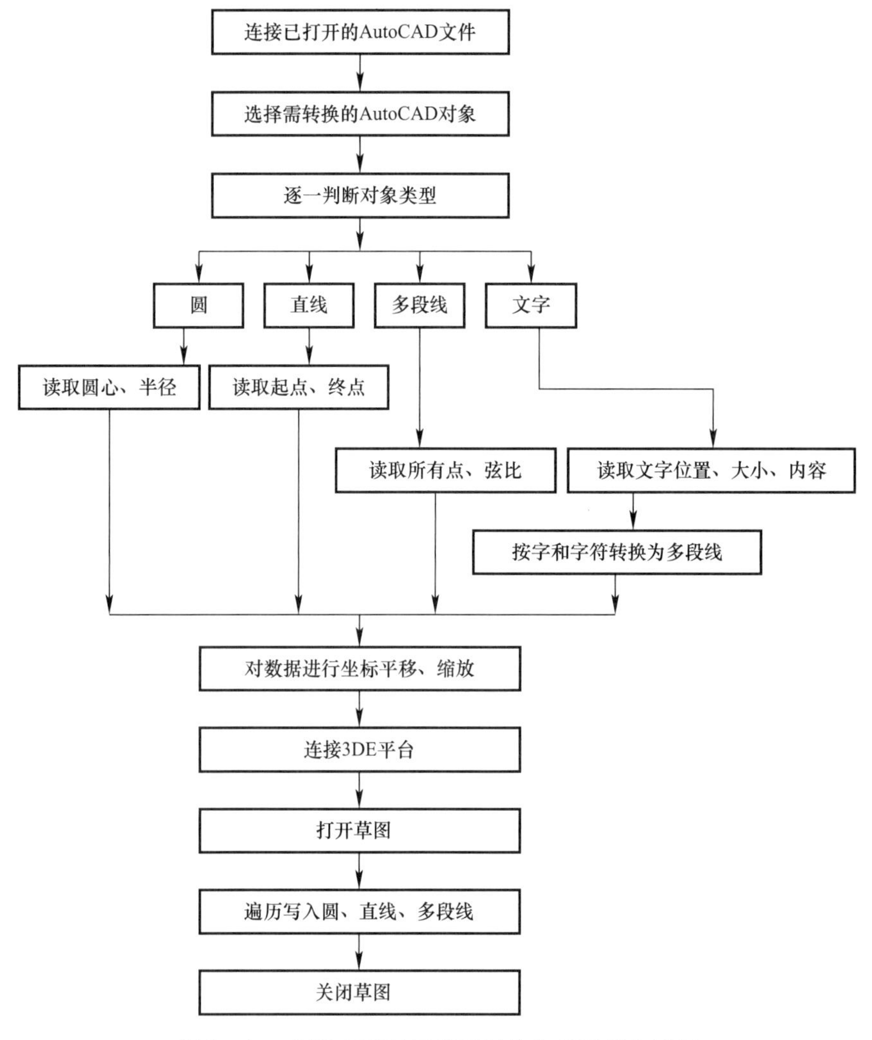

图 1　AutoCAD 工程地质平面图导入 3DE 平台流程

2.5　剖面图数据导入

剖面图数据的导入是指将 AutoCAD 格式的工程地质剖面图按与之对应的剖面位置，导入 3DE 平台的三维空间中。导入成功后，剖面图应位于与 XY 平面垂直且经过剖面线的平面为支持面的草图中，在空间中的高程应与其实际高程相一致，原来以二维形式表达的点、线、面将以三维点、直线、圆弧的形式表达，以便于后续三维提取、处理等各项操作。该操作可以利用 3DE 原生功能完成，但操作步骤较多，其中涉及剖面线和剖面图导入、复制、粘贴、草图新建、放大、平移、拉升、展开等多步操作，剖面图在与剖面线对正过程中存在方向、比例、高程调整，容易出错[1]。但通过二次开发后，上述步骤可以大大简化，主要计算转换过程均由程序完成。AutoCAD 工程地质剖面图导入 3DE 平台流程见图 2。

在平面图和剖面图导入过程中，由于 AutoCAD 和 3DE 平台对基本单位的处理方法不同，均需进行平移和缩放操作，此外剖面图还需要与剖面线对正，折线和圆弧剖面还需要进行展开。这些处理工作均需在数据处理时一并完成，以提高工作效率。

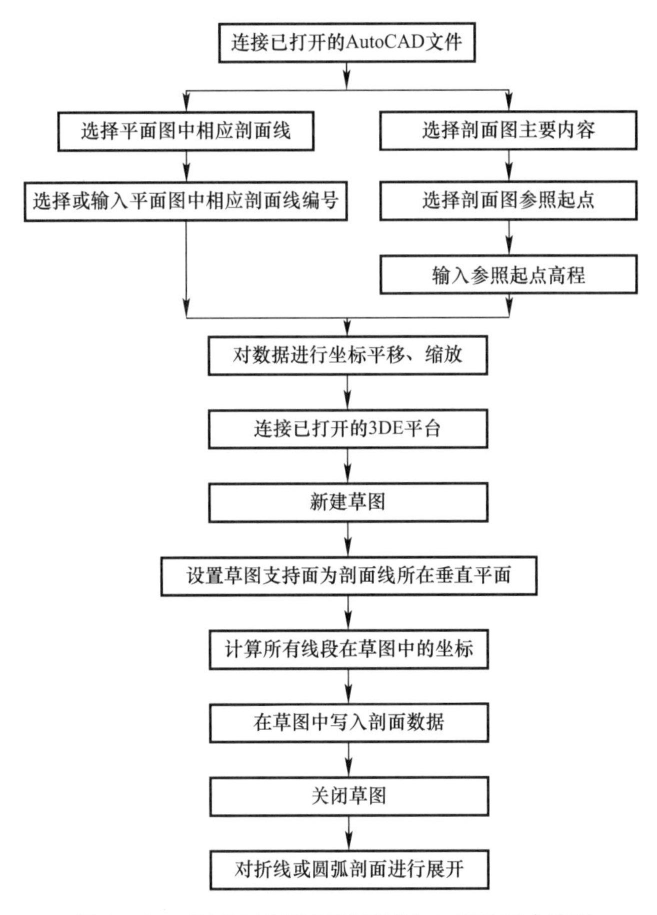

图 2　AutoCAD 工程地质剖面图导入 3DE 平台流程

3　数据导入应用的二次开发与实现

3DE 平台中数据的前端输入接口主要包括 txt 文件、Excel 文件、AutoCAD 软件。对上述格式文件或软件的接口开发可以采用 C++、C#、VB 等程序语言，开发难度从难到易。3DE 对外部程序的开发主要是针对开发平台提供了一系列托管的外包类，使开发人员可在框架下使用任何支持的语言进行二次开发。其中 C# 语言在开发时能将简便与强大功能融为一体，且完全面向对象，在拥有强大功能的同时，具有方便易用的特点，是上述三种格式文件与 3DE 平台交互时较理想的二次开发语言。考虑到 C# 语言在难度和功能上的合理性，选择了该语言，并利用 Visual Studio 集成开发环境完成二次开发。下面以 C# 语言为例介绍各种格式文件交互的方法[10]。

3.1　txt 格式的交互

txt 格式轻巧灵活，简单实用，对于小型数据处理，以及不同软件平台之间相互传递数据时非常方便，在过去利用 AutoCAD 等二维制图软件处理数据过程中，很多行业都积累了大量的 txt 数据类型文件。与 txt 文件的交互使用 C# 中的库函数 System. IO. File 即可实现，关键步骤及核心代码如下：

(1) 在 . cs 文件中加入如下引用：

```
using System.IO;
using File=System.IO.File;
```

（2）与txt文件建立通信，主要通过以下代码完成：

```
string[]instrs=File.ReadAllLines(@ outfile,System.Text.Encoding.Default);// 打开 txt 文件,按行读取文件到字符串数组,需采用 ANSI 格式,不用使用 UTF-8
```

（3）上述代码直接以文本形式按行读取txt文件中的内容，并保存在字符串数组中。对获得的字符串数组按txt数据文件的格式，依次转换为相应的文本或数字格式后保存在相应的数据数组中，以进行下一步处理操作。

3.2 Excel格式的交互

在面对较复杂的数据资料时，数据需要有较好的直观性，且具有自动校正、提示、统计等功能，这种环境下可以采用直观性更强、具有逻辑功能的Excel数据格式。与Excel的交互可以选择NPOI库实现。NPOI库是一个开源的C#读写Excel和Word的组件，它的优点是读取Excel数据速度较快，操作方式灵活，可以在没有安装微软Office软件的情况下使用。使用C#实现与Excel格式文件交互时的关键步骤及核心代码如下：

（1）通过Visual Studio中的NuGet应用安装NPOI程序包。

（2）在.cs文件中加入如下引用：

```
using NPOI.SS.UserModel;
using NPOI.XSSF.UserModel;
using NPOI.HSSF.UserModel;
using System.Data;
using System.IO;
```

（3）与Excel文件建立通信，主要通过以下代码完成：

```
IWorkbook workbook=null;//定义工作簿对象
string fileExt=Path.GetExtension(fileName).ToLower();//获得 Excel 文件名
FileStream fileStream=new FileStream(@ fileName,FileMode.Open,FileAccess.ReadWrite,FileShare.ReadWrite);//打开 Excel 文件
if (fileExt==".xlsx")//获取 2007 版本文件的工作簿对象
workbook=new XSSFWorkbook(fileStream);//xlsx 数据读入 workbook
else if (fileExt==".xls")//获取 2003 版本文件的工作簿对象
workbook=new HSSFWorkbook(fileStream);//xls 数据读入 workbook
ISheet sheet=workbook.GetSheetAt(0);//获取第一个工作表
```

（4）读取Excel文件中的数据

```
IRowrow=sheet.GetRow(i);//row 读入第 i 行数据
if (row.GetCell(j)!=null)
cellValue=row.GetCell(n).ToString();//获取 i 行 j 列数据
```

（5）对获得的数组可以转换为相应的文本或数字格式后保存在数据数组中，以进行下一步处理操作。

3.3 AutoCAD 格式的交互

AutoCAD 软件在二维制图行业具有统治地位，目前的三维制图依然离不开与 AutoCAD 成果的交互。与 AutoCAD 的交互主要通过 AutoCAD 类库建立动态库，并从 AutoCAD 命令行使用 netload 命令调入，然后执行其方法；也可以建立应用程序，通过使用 COM 接口来实现[7-9]。为达到在同一程序中同时与 AutoCAD、Excel、txt 和 3DE 平台进行交互，这里选择了第二种开发模式。使用 C＃实现与 AutoCAD 交互时的关键步骤及核心代码如下（以 AutoCAD 2019 为例）：

（1）首先建立一个基于 Windows Form Application 的开发项目。

（2）添加类型库的引用，主要包括：AutoCAD 2019TypeLibrary。

（3）在 .cs 文件中加入如下引用：

```
using AutoCAD;
using System.Runtime.InteropServices;
```

（4）与 AutoCAD 进行通信：

```
AcadApplication _Application=null;//定义 AutoCAD 对象
try
_Application=(AcadApplication)Marshal.GetActiveObject("AutoCAD.Application.23");//取得一个正在运行的 AutoCAD 实例
catch
MessageBox.Show("AutoCAD 未启动","提示");
```

（5）与 AutoCAD 进行交互：

```
AcadDocument aDocument=_Application.Application.ActiveDocument;//取得当前 AutoCAD 活动图形对象
```

完成上述操作后，即可直接在当前活动窗口中选择平面图、剖面图等图形对象。

```
string tradeTime =DateTime. Now. ToString (" yyyyMMddHHmmss", System. Globalization. DateTimeFormatInfo. InvariantInfo); //建立随机选择集名称
AcadSelectionSet sset=aDocument. SelectionSets. Add (" set" + tradeTime); //建立随机选择集
Int16[]FilterType=new Int16[]{ 0 };//设置选择集类型
object[]FilterDate=newobject[]{ "* " };//设置选择集类型
sset.SelectOnScreen(FilterType,FilterDate);//在屏幕上选择对象
if (sset.Item(i).ObjectName=="AcDbLine")//对选择到的直线进行处理
 …
elseif (sset.Item(i).ObjectName=="AcDbPolyline")//对选择到的多段线进行处理
 …
elseif (sset.Item(i).ObjectName=="AcDbText")//对选择到的文字进行处理
 …
```

（6）将上述读取到的直线、多段线、文字等数据保存到数据变量中，以便与 3DE 平台进行交互。

3.4 与 3DE 平台交互

与 3DE 平台的交互主要通过 3DE 的 Automation 方式进行，交互时的关键步骤及核心代码如下：

（1）添加 com 引用。在添加引用对话框中的 com 选项中添加所有以“CATIA”开头的 com 组件。

（2）在 .cs 文件中加入如下引用：

```
using INFITF;
using MECMOD;
using PARTITF;
using ProductStructureTypeLib;
using SPATypeLib;
using NavigatorTypeLib;
```

（3）判断 3DE 是否已打开：

```
INFITF.Application CATIA=null;//定义 CATIA 对象
try
CATIA=(INFITF.Application)Marshal.GetActiveObject("CATIA.Application");//测试是否能连接 CATIA
catch
MessageBox.Show("3DE 未启动。","提示");
```

（4）与 3DE 建立通信：

```
INFITF.Application CATIA = INFITF.Application) Marshal.GetActiveObject("CATIA.Application");//连接 CATIA
Editor oEditor=CATIA.ActiveEditor;//获得当前活动 ProductDocument
Part part1=(Part)oEditor.ActiveObject;//获得当前活动 Product
```

（5）将数据写入 3DE，即直接在当前活动 Product 完成几何图形集、点、线、草图等的创建，或者在草图中创建点、线、圆弧等对象。

```
HybridBody oHybridBody=(HybridBody)part1.InWorkObject;//获得当前几何图形集
HybridShapeFactory hybridShapeFactory1=(HybridShapeFactory)part1.HybridShapeFactory;//获取几何构造方法库
HybridShapePointCoord hybridShapePointCoord1=hybridShapeFactory1.AddNewPointCoord(AbsoluteAxisData[0],AbsoluteAxisData[1],AbsoluteAxisData[2]);//通过坐标创建点
hybridBody1.AppendHybridShape(hybridShapePointCoord1);//将图形添加到 body 中
//创建参考平面
HybridShapePlane3Points hybridShapePlane3Points1=hybridShapeFactory1.AddNewPlane3Points(reference1,reference2,reference3);
hybridBody1.AppendHybridShape(hybridShapePlane3Points1);//将图形添加到 body 中
```

```
Reference reference4 = (Reference) hybridShapes1. Item (hybridShapePlane3Points1.get_Name());
//新建参考平面
Sketch oSketch=oHybridBody.HybridSketches.Add(reference4);//新建草图
oSketch.SetAbsoluteAxisData(newobject[]{ 0.0,0.0,0.0,Math.Cos(fai), Math.Sin(fai),0.0,0.0,0.0,1000.0};//设置草图坐标轴,应将草图的基点设置在原点的投影点
oSketch.set_Name("CAD-平面图");//修改草图名称
Factory2D factory=oSketch.OpenEdition();//打开草图
Point2D point2D1= factory.CreatePoint (lineData[0]* 1000.0,lineData[1]* 1000.0);//创建点,需将从 CAD 中传入的数据放大 1000 倍
Line2D line2D3= factory.CreateLine(0,0,2989.45871,3001.16217);//创建直线
ircle2D1=factory.CreateCircle(radius[0],radius[1],radius[2],radius[3],radius[4]);//创建圆弧
circle2D1.StartPoint=Point2Ds[j1-1];//设置圆弧起点
circle2D1.EndPoint=Point2Ds[j1];//设置圆弧终点,注意 CATIA 中圆弧只有逆时针方向
oSketch.CloseEdition();//关闭草图
part1.InWorkObject=oSketch;//设置当前对象
part1.Update();//更新显示写入 CATIA 的对象
```

完成上述步骤操作后，即可以将前端数据中读取的数据导入 3DE 平台中。3DE 平台前端数据处理软件界面见图 3。

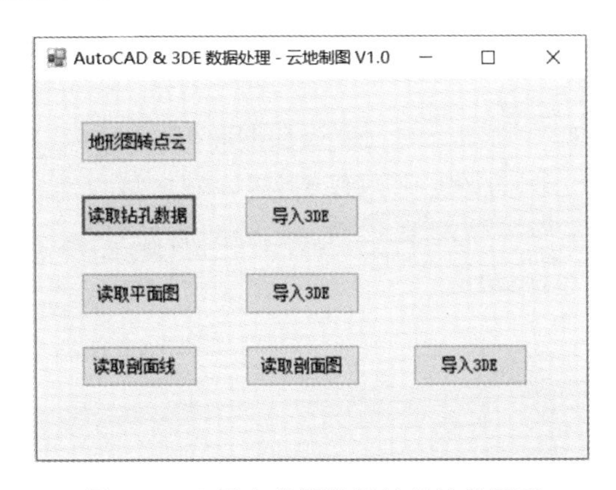

图 3　3DE 平台前端数据处理软件界面

4　前端数据导入在某项目三维制图中的应用

某水电站项目在三维地质建模过程中，通过上述方法和处理软件导入了 AutoCAD 格式的地形图，Excel 格式的地质点、钻孔柱状图，AutoCAD 格式的工程地质平面图、剖面图。在导入过程中，可以选择是否对导入数据进行平移操作，见图 4，数据的缩放操作则由程序自动完成。

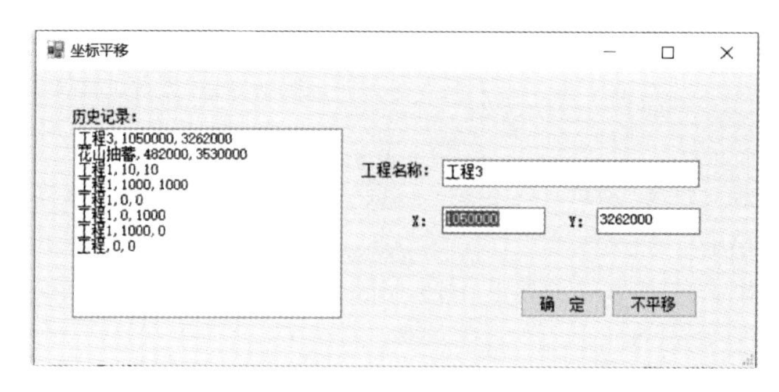

图 4　坐标平移

钻孔数据的导入包括地层、风化、岩性分层等，导入 3DE 后的钻孔数据见图 5。

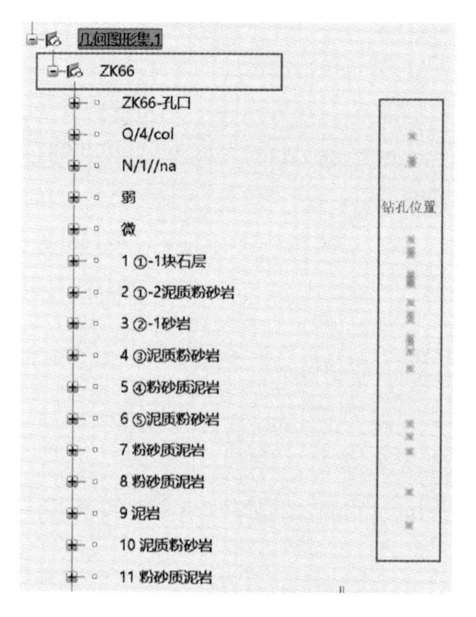

图 5　导入 3DE 后的钻孔数据

导入剖面图时，先选择平面图上的剖面线和剖面名称，再选择需要导入的剖面图，选择剖面图中基准点（通常为剖面图左下角起始点），输入该点对应高程值，即可完成剖面图的导入。从 AutoCAD 文件中导入 3DE 平台中的剖面见图 6，该剖面图已对折线剖面进行了展开，可以直接用于建模操作。

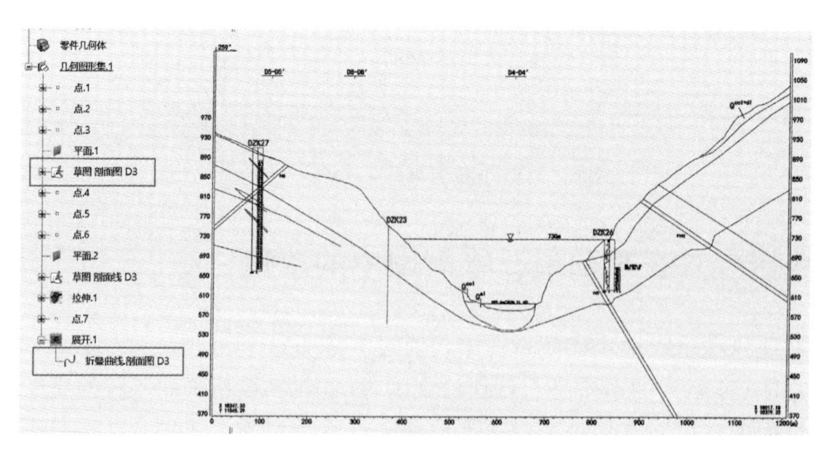

图 6　从 AutoCAD 文件中导入 3DE 平台中的剖面

5 结语

3DE 平台是一款优秀的三维地质建模平台，在使用该平台建模过程中，为有效利用现有地质资料，避免重复工作，本文对该平台前端数据输入的各种数据格式输入进行了深入研究，创造性地提出了适合于主要数据格式的二次开发方案，该方案有效地解决了三维地质建模中繁重的原始地质资料的录入，地形图、地质平面图、地质剖面图的导入，解决了主流数据格式的前端输入问题，为各勘察设计单位从二维设计向三维设计转型提供了良好的输入数据处理解决方案，适合于各工程地质领域三维地质建模过程中的推广使用。

各勘察设计单位在二维设计中习惯不同，使用的原始数据格式差异较大，但可以参考该流程进行扩展开发，以满足自己的特定需求。此外，由于进程外通信这一软件处理方法自身的缺陷，在与 3DE 平台交互时，如果数据处理量较大，数据导入的速度亦较慢，还需未来进一步优化研究。

参考文献

[1] 王小毛，冯明权，徐俊，等. 地质三维正向设计及 BIM 应用——基于达索 3DEXPERIENCE 平台[M]. 北京：中国水利水电出版社，2020.

[2] 徐莉. 三维地质建模中的 CAD 图形 IO 接口研究 [D]. 成都：成都理工大学，2008.

[3] 郑淞午. 基于 CATIA 的水利水电工程三维地质建模技术研究 [D]. 长沙：中南大学，2014.

[4] 王秋明，胡瑞华. 基于 CATIA 的三维地质建模关键技术研究 [J]. 人民长江，2011，42（22）：76-78.

[5] 谢济仁，乔世范，钱骅，等. 虚拟钻孔技术在水利水电三维地质建模中的应用 [J]. 铁道科学与工程学报，2014，11（3）：6.

[6] 张洁. 基于 AutoCAD 图形的三维地表地质建模方法研究 [D]. 成都：成都理工大学，2007.

[7] 陆胜军，柳景华，黄军明，等. AutoCAD 二次开发在地质勘察中的应用 [J]. 科技资讯，2011（30）：3.

[8] 王大志，黄鹏. 基于 AutoCAD 的工程地质三维实体建模方法 [J]. 人民长江，2017，19（48）：72-78.

[9] 徐俊，谢礼明，刘宇，等. 基于三维激光扫描的岩体结构面识别与块体分析 [J]. 人民长江，2021，52（S1）：309-312.

[10] 夏普. Microsoft Visual C♯ 2008 从入门到精通 [M]. 北京：清华大学出版社，2009.

作者简介：张必勇（1981—），男，正高级工程师。主要从事水利水电工程地质勘察相关研究。

巴基斯坦卡洛特水电站软岩开挖料用作堆石料可行性研究

张必勇　侯炳绅　徐　俊
（长江岩土工程有限公司，湖北 武汉，430010）

摘　要：在修建大中型水利水电工程时，一般优先选择天然建筑材料，从而能在保证工程质量条件下减少造价。随着水利水电工程开发的逐步推进，工程地质条件较好的大中型项目所剩无几，许多工程均面临天然建筑材料质量较差的难题。近年来，各类堆石坝的设计和施工水平有了较大的提高，有必要从工程地质勘察角度对一些条件略差的岩石材料进行试验研究，以解决众多大坝项目因天然建材原因无法实施的困境。以巴基斯坦卡洛特水电站为例，结合大坝堆填的具体条件，重点针对该类软岩料的施工可采性和水理性，系统研究了软岩～较软岩用作心墙堆石坝时面临的主要工程问题。研究结果表明，巴基斯坦卡洛特水电站在施工过程中的开挖料具备较好的可采性，软岩料在进行合理分区设计后，在保证干湿条件变化较小的工况下，能满足工程需求。

关键词：开挖料；堆石料；软岩；分区

Feasibility study on soft rock excavation material used as rockfill material for karot hydropower station in pakistan

Zhang Biyong　Hou Bingshen　Xu Jun
(Changjiang Geotechnical Engineering Co., Ltd., Wuhan 430010, China)

Abstract: In the construction of large and medium-sized water conservancy and hydropower projects, natural building materials are generally preferred, so as to reduce the cost under the condition of ensuring the quality of the project. With the development of water conservancy and hydropower projects, few large and medium-sized projects with good engineering geological conditions remain, and many projects are faced with the problem of poor quality of natural building materials. In recent years, the design and construction level of all kinds of rockfill dams have been greatly improved. It is necessary to conduct experimental research on some rock materials with slightly poor conditions from the perspective of engineering geological investigation, so as to solve the dilemma that many dam projects cannot be implemented due to natural building materials. Taking Karot hydropower station in Pakistan as an example, this paper systematically studies the main engineering problems when using soft rock to fairly soft rock as core rockfill dam, focusing on the construction mining and water property of this kind of soft rock material. The research results show that the excavation material of Karot hydropower station in Pakistan has good mining property during construction, and the soft rock material can meet the engineering demand under the condition of small change of dry and wet conditions after reasonable zoning design.

Keywords：excavation material；rockfill material；soft rock；zone

在水利水电工程各类堆石坝的施工中，用于堆石料的料源广泛，往往选择开采条件简单、岩石强度高且水理性能好的材料作为堆石坝料源，如灰岩、砂岩、玄武岩和熔结凝灰岩等，其饱和抗压强度通常大于30MPa，坝料填筑压实后具有低压缩性和自由排水性能，在保证工程质量条件下减少工程造价[1]。

软岩主要是指饱和无侧限抗压强度小于30MPa的岩石或风化程度较高的岩石[2]。其代表性岩石有泥岩、页岩、泥质砂岩、千枚岩、板岩、片岩等。其共同特点是吸水率高，加水饱和后强度损失较大，饱和后的抗压强度仅为干抗压强度的20%～30%，软化系数较小，因不满足现行天然建筑材料堆石料质量要求，一般不用于堆石坝料源。

利用软岩筑坝时，对软岩堆石料质量技术要求应进行专门技术论证[3]。巴基斯坦卡洛特水电站由于地质条件和设计方案的特殊性，也存在上述技术难题，亟须开展相关研究予以解决。

1 研究背景

随着水利水电工程建设的不断推进，工程设计已进入精细化阶段，如何充分利用开挖料作为堆石料亦是现代堆石坝设计及建设进行更精细研究的必要项目[4]。而对于开挖料中，软岩权重占比很大，其弃用造成了极大的资源浪费。

1.1 国内外应用现状

由于软岩在加水振动碾压过程中，岩块（尤其岩块尖角）受较高接触压力作用而出现一定的破碎率，使孔隙间被细碎料填充，达到高的密实度和压缩模量[5]。经过专门研究后，有些软弱岩石和风化岩也可以作为填筑材料，这样就可以充分利用坝址附近的各种开挖料，从而大大加快施工进度并节约工程成本。

近年来国内外许多成功经验表明，经过专门设计、专题研究、专项试验，软岩料仍可作为堆石料填筑于坝体的适当部位。国内外已建成的面板堆石坝中，软岩使用位置大致为下游坝体、坝体中部和坝体主体，心墙堆石坝中软岩主要使用在坝体前部，见表1[6]。

部分采用软岩筑坝的堆石坝统计表　　表1

坝名	国家	坝高（m）	软岩料岩性	使用部位
天生桥一级	中国	178.0	泥沙岩、泥质灰岩	下游坝体
萨瓦兴娜	哥伦比亚	148.0	半风化砂岩、粉砂岩	下游坝体
希腊塔	印度尼西亚	125.0	凝灰角砾岩、火山砾凝灰岩	坝体主体
茄子山	中国	107.0	强风化二云花岗岩	下游坝体
贝雷	美国	95.0	薄层砂岩、页岩	坝体中部
大坳	中国	90.2	风化砂岩	坝体主体
小井沟	中国	87.6	砂岩	坝体主体
温尼克	澳大利亚	85.0	砂岩、泥岩	下游坝体
红树溪	澳大利亚	80.0	风化砂岩、粉砂岩	下游坝体
卡宾溪	美国	76.0	土和风化砂岩	下游坝体
金峰	中国	88.0	砂岩、风化砂岩	坝体前部、坝体主体

1.2 工程研究的必要性

巴基斯坦卡洛特水电站主要分布有砂岩、泥质粉砂岩、粉砂质泥岩等，砂岩饱和抗压强度为20～30MPa，泥质粉砂岩为10～15MPa，粉砂质泥岩为8～12MPa。由于岩性总体软弱，且存在层间剪切带，对于混凝土重力坝而言，存在软岩坝基不均匀变形、深层抗滑稳定等工程地质问题，因此在可行性研究阶段选择了当地材料坝作为推荐坝型。同时，在对应的布置方案中，导流洞、引水隧洞及厂房、溢洪道等部位在开挖时将产生1000多万立方米的弃渣，这些软岩弃渣的消纳也是本工程的一大难题，因此，利用软岩开挖料筑坝是否可行成为本工程的重要因素之一。

能与开挖料相结合使用的当地材料坝主要包括面板堆石坝、心墙堆石坝等。其中面板堆石坝的混凝土面板由于抗变形性能较差，因此对位于面板后的主堆石区的变形控制要求较高，从而对主堆石一般要求饱和抗压强度在30MPa以上，本工程中强度最高的砂岩也难以达到此要求。心墙堆石坝中的心墙一般采用黏土或沥青材料，其抗变形性能较好，对墙后坝身的变形要求较为宽泛，因此对堆石的要求可以适当降低。

目前，在土石坝设计中，充分利用坝址附近的各种坝料，因材设计，已成为一条设计原则。卡洛特项目开挖料强度均小于30MPa，均为软岩，但根据物理力学性质可以分为两大类。一是砂岩类，包括中砂岩、细砂岩等，浅灰绿色～浅灰色，以中厚层状为主，完整性较好，其抗压强度相对较高，在20～30MPa，且不存在遇水软化的特性，抗风化能力相对较高；二是泥质岩类，包括泥质粉砂岩、粉砂质泥岩，浅紫红色，呈不等厚互层状，完整性总体较好，局部较破碎，抗压强度相对较低，在8～15MPa，具遇水软化的特性。鉴于以上两类岩石具有明显差异的物理力学性质，特别是对筑坝而言最敏感的水理特性，需区别对待，分区利用。坝体再根据料源及对坝料的强度、渗透性、压缩性、施工方便和经济合理等进行分区设计，同时考虑坝体各区料间变形协调连续，尽可能减少坝体变形等不利影响，以及考虑坝料渗透反滤保护、结构功能、坝坡稳定要求，从而综合确定利用开挖料修建心墙堆石坝是否可行[7]。

2 研究任务

对于勘察工作而言，主要从以下三方面开展研究：（1）研究开挖料中的两类岩石，即砂岩类与泥质岩类在开挖过程中的可分选性，以便于分区设计；（2）研究砂岩类岩石作为主堆石区堆石料的可行性；（3）由于泥质岩的崩解特性，不宜用于主堆石区，研究泥质岩类岩石作为次堆石区（干区或心墙前死水位以下）堆石料的可行性。此外，泥质岩在水的饱和作用下的耐崩解性至关重要，需要重点研究。

3 研究内容

3.1 不同类型岩石开挖时可分离性研究

对一般开挖料场而言，需重点考虑剥离层厚度、可用料的可采性等因素，即是否能经济、大面积、按顺序地简易开采。岩石用作料场时的可采性即按照常规开挖方法和顺序，所需岩石能从开挖面中直接分离出来的比例。可采性的高低表示了该开挖区用作开挖料场时石料能利用的比例，只有达到一定的利用比例时，该开采才具有用作料源的价值。本项目开挖料主要来源于溢洪道、引水隧洞、厂房和导流洞。

（1）溢洪道开挖

溢洪道是可挖料的主要来源，根据现场测绘及大量勘探，溢洪道开挖区地层主要为新近系 N_{1na}^{4-3-1}～N_{1na}^{3-2-2} 层及零星分布的第四系（Q）。其中 N_{1na}^{4-3-1}、N_{1na}^{4-1}、N_{1na}^{3-3-1} 层岩性为厚层～巨厚层状青灰色中砂岩，局部夹细砂岩、粉砂岩，单层厚一般为 12～22m，延伸较稳定；N_{1na}^{4-2}、N_{1na}^{3-3-2}、N_{1na}^{3-2-2} 等层岩性主要为暗紫红色粉砂质泥岩与黄灰色泥质粉砂岩不等厚互层，粉砂质泥岩、泥质粉砂岩多呈薄层状、中厚层状，层理不发育。第四系覆盖层全部作为弃渣处理。由于溢洪道开挖贯穿大坝填筑的整个过程，开挖出的石料大部分可以直接上坝。溢洪道开挖料利用工程地质剖面见图 1 和图 2。

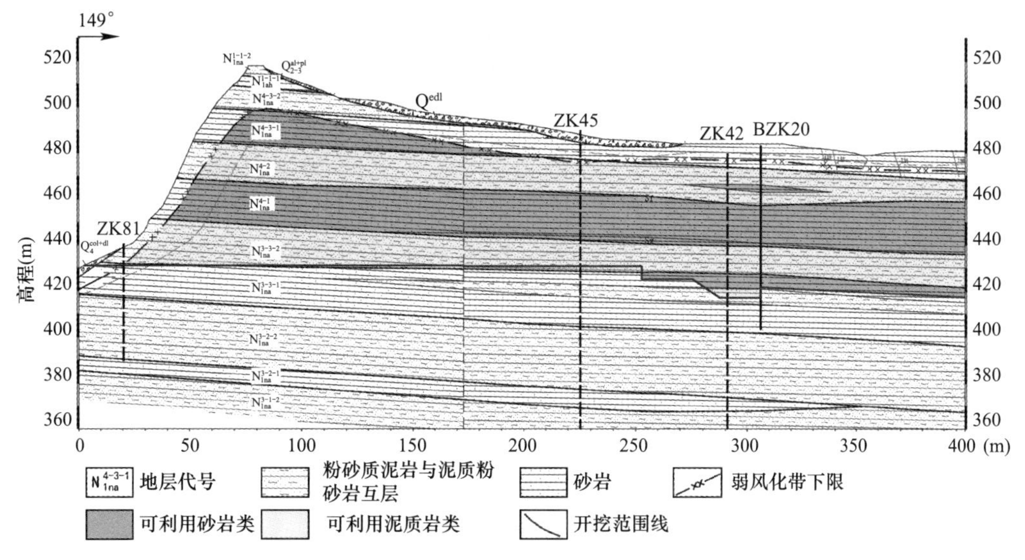

图 1　溢洪道泄洪中心线工程地质剖面图

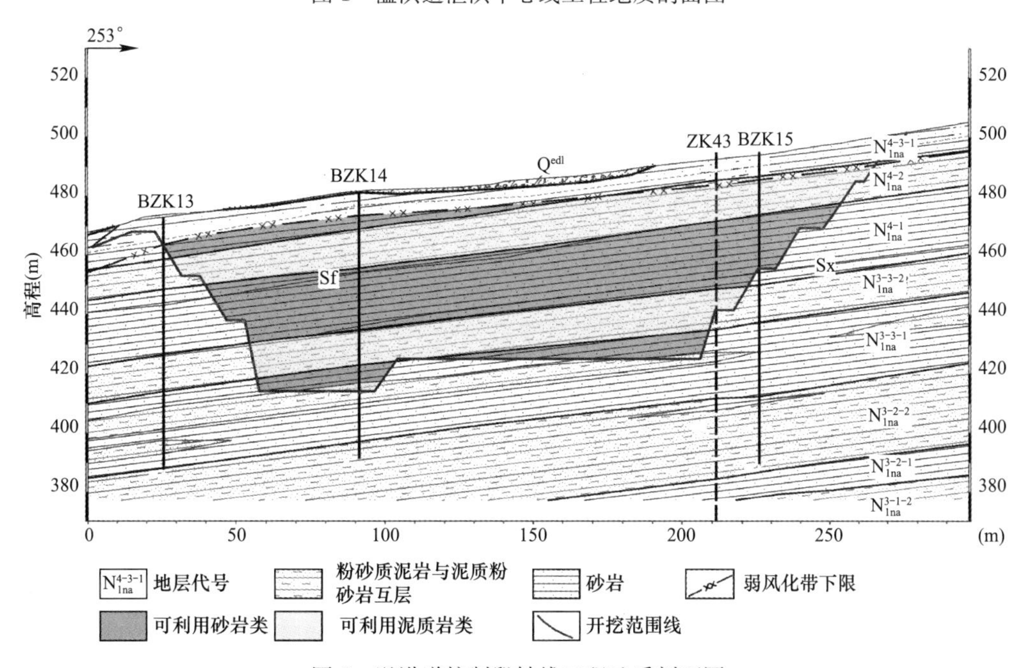

图 2　溢洪道控制段轴线工程地质剖面图

（2）厂房开挖

厂房下伏基岩地层主要为 N_{1dh}^{1-1-2}～N_{1na}^{3-3-1} 层（图3），其中 N_{1dh}^{1-1-1}、N_{1na}^{4-3-1}、N_{1na}^{4-1}、N_{1na}^{3-3-1} 层以中砂岩为主，少量为细砂岩、粉砂岩，层厚8～25m；N_{1na}^{4-3-2}、N_{1na}^{4-2}、N_{1na}^{3-3-2} 层由粉砂质泥岩与泥质粉砂岩互层组成，层厚10～13m。

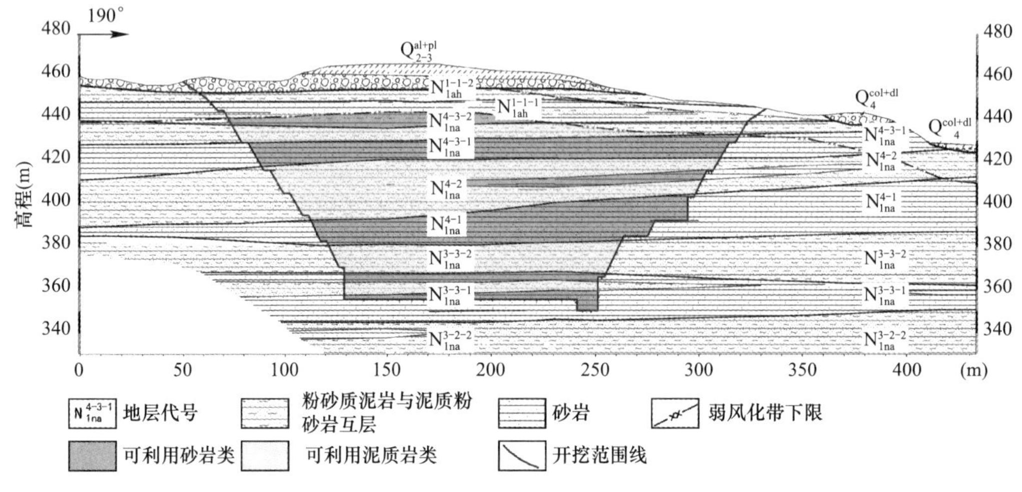

图3 主厂房机组中心线工程地质剖面图

（3）引水隧洞开挖

引水隧洞部位地层主要为 N_{1na}^{4-3-1}～N_{1na}^{3-3-2} 层，其中 N_{1na}^{4-3-1}、N_{1na}^{4-1} 层主要岩性为砂岩，以中砂岩为主，少量为粉砂岩，在引水隧洞部位延伸稳定，层厚12～22m，岩体呈巨厚层～厚层状结构；N_{1na}^{4-3-2}、N_{1na}^{4-2}、N_{1na}^{3-3-2} 层主要岩体由粉砂质泥岩与泥质粉砂岩互层组成，层厚10～14m。

（4）导流洞开挖

导流洞沿线基岩地层主要为 N_{1dh}^{1-1-2}～N_{1na}^{3-2-1} 层，其中 N_{1dh}^{1-1-1}、N_{1na}^{4-3-1}、N_{1na}^{4-1}、N_{1na}^{3-3-1}、N_{1na}^{3-2-1} 层以中砂岩为主，少量为细砂岩、粉砂岩，各层厚8～15m；N_{1dh}^{1-1-2}、N_{1na}^{4-3-2}、N_{1na}^{4-2}、N_{1na}^{3-3-2} 层主要由粉砂质泥岩与泥质粉砂岩互层组成，各层厚14～20m。进口、出口部位多见基岩出露，呈弱风化状。第四系覆盖层全部作为弃渣处理。

通过以上分析表明，1）溢洪道和厂房开挖除风化层外，砂岩类与泥岩类层厚较大，通常都在5m以上，岩层产状总体较缓，一般小于10°，具备在开挖施工中分离的条件。2）引水隧洞主要沿 N_{1na}^{4-1} 层砂岩穿越，隧洞中心线与岩层倾向线近乎平行，且隧洞洞身几乎完全在该层中开挖，除下平段和斜井段下部开挖料以泥质岩为主外，其余均为砂岩类，岩层分布稳定，无软弱夹层分布，有用料开采分离简单，完全具备开挖分离的条件。3）导流洞进出口开挖主要位于风化岩体中，利用价值不大；隧洞中心线与岩层倾向线夹角为6°～8°，由于隧洞开挖方向只能是沿洞线开挖，考虑到该段砂岩层厚度较薄，在小夹角下，施工时两类岩石将完全混合在一起，无法分离，利用价值不高。

3.2 砂岩类软岩主堆石区堆石料的可行性分析

早期众多研究认为：软岩料的抗剪强度参数与硬岩料相比要低许多。软岩料的湿化和流变特征更为明显，软岩料经压实后，密度较高，小于5mm颗粒含量增加较大，压实后的软岩料多具有强中等透水性，压缩模量多在20～70MPa。因此筑坝软岩的饱和抗压强度宜大于15MPa，小于10MPa的软岩不宜上坝[8]。

近年来国内外许多成功的经验证明：过去因抗压强度低、软化系数小而不被采用的软岩，经过专门设计，仍可作为坝体填筑料[9]。从国内外含软岩堆石坝的建设情况看，基本上都针对软岩特性进行了大量研究，采取了针对性的工程措施。另外，目前相关研究大多针对软岩筑面板堆石坝，对软岩筑沥青心墙坝的有关研究相对较少。两种坝型在应力变形规律、防渗体安全评价等方面均存在较大差异[10]。

随着沥青混凝土心墙坝的广泛应用和人们对生态环境提出更高的要求，软岩料的使用范围和利用量已大幅增加，利用软岩筑沥青混凝土心墙坝的情况也越来越多，该类坝的安全性也越来越受到重视[11]。由于沥青混凝土心墙具有适应变形能力强、塑性性能好和防渗安全性能好等优点，使其在完建期和满蓄期受力状态良好，发生剪切破坏、挠曲破坏和水力劈裂破坏的可能性不大，大坝防渗体系具有足够的安全性。尽管坝体局部区域易发生剪切破坏，但并不会危及大坝的整体安全。因此，分析表明，采用软岩筑沥青混凝土心墙坝是切实可行的。

软岩堆石料碾压后其密度、级配、渗透系数、抗剪强度、压缩性等与常规堆石料有一定的差别。软岩或风化的硬岩开挖料颗粒细，容易怀疑其可用性。由于坝料岩性较软，重型振动机具碾压，使软岩堆石更靠近硬岩堆石的性能。通过颗粒破碎、细化形成充填紧密、具有较高抗剪强度、较低压缩性的堆石体[12]。这时可以通过室内压实和单轴压缩试验，选择适合于坝的规模和使用部位的填筑干密度，若施工碾压后能达到选定的干密度，说明碾压密实，当碾压较密实的软岩坝料垂直压缩模量与硬岩坝料相差不大时，该料即可以使用，同时应根据大坝抗滑稳定性分析结果研究确定坝坡。

软岩或风化料一般颗粒都较细，细粒含量多，而且碾压后会有明显细化，软岩堆石坝的级配很难控制。如贝雷坝，开挖后的最大粒径为31.3cm，碾压后为22.86cm，小于5mm颗粒含量约45%；袋鼠溪和小帕拉坝，小于5mm颗粒含量要求不超过30%，而实际分别达20%～50%和40%；萨尔瓦兴娜坝，小于5mm颗粒含量为40%～80%，小于200号筛的颗粒约占5%。然而，常规堆石坝对于主堆石的级配要求小于5mm的颗粒含量不超过20%，小于0.075mm的颗粒含量不超过5%[13]，显然，软岩堆石料很难满足这一要求。软岩碾压后，细颗粒超标的直接后果是堆石体渗透系数普遍较小。常规堆石坝一般要求堆石料有良好的透水性，渗透系数一般在$1\times10^{-2}\sim1\times10^{-1}$cm/s。但由于软岩坝料中细颗粒含量较多，而且铺层碾压表面破碎量较严重，容易形成板结不透水层，且由于碾压后形成的高紧密度对应渗透系数变低，不能满足自由排水性要求，因此，软岩坝料渗透系数一般都比较小。除萨尔瓦兴娜坝为3×10^{-2}cm/s外，贝雷坝现场试验结果为相对不透水，红树溪坝为$1\times10^{-4}\sim1\times10^{-2}$cm/s，温尼克坝为$1\times10^{-5}$cm/s，袋鼠溪坝为$1\times10^{-7}$cm/s。因此必须在坝体中设计专门的竖向和水平排水体系[14]。

试验研究表明本工程开挖料中的砂岩类用作堆石料后，碾压后的堆石体的干密度、压缩模量、抗剪强度等参数满足设计要求，因此该砂岩料可以用作主堆石料。同时其存在的碾压后细颗粒偏高引起的渗透系数偏小的问题，设计可以通过增设水平、垂直和周边排水体系（带）来改善。

3.3 泥质岩崩解性及其次堆石区堆石料的可行性分析

（1）泥质岩崩解性

泥质岩在围岩应力变化、含水量变化条件下，易表现为失水干裂、遇水软化的特性。

在上述作用反复交替下，即产生崩解。其主要原因为泥质岩中往往含有较多的亲水性矿物，如蒙脱石等，由于这类矿物的存在，在一定外界条件下，即表现为类似膨胀土的特性[14]。

本项目岩石沉积时代较新，成岩胶结程度较差，其中的泥岩、粉砂质泥岩和泥质粉砂岩，其自身抗压强度低，岩石软弱，岩石总体抗风化能力差，存在失水干裂和遇水软化的现象。块石原样试验表明，本项目粉砂质泥岩及泥质粉砂岩均具弱膨胀性，在体积不变时膨胀压力偏高，为 103～305kPa。

本项目中的泥质岩，刚开挖的新鲜岩样为块状岩石，抗压强度较高，需要通过爆破才能挖除，若经历雨水和太阳暴晒等风化作用，岩石慢慢龟裂、崩解，2～3d 内块状岩石表面就变成粉末状细颗粒，而内部未风化的泥质粉砂岩料还基本上保持新鲜完整。钻孔观察岩芯可见，泥岩、粉砂质泥岩及泥质粉砂岩具有快速风化现象，岩芯取出后易失水干裂，一般 3～6h 后，岩芯表面开始出现微裂纹，随着暴露在空气中时间的加长，岩芯中裂纹增多、加长并展开，直至整个岩芯碎裂，同时，随着环境湿度的交替变化，裂纹发展的速度加快，干裂纹发展到一定程度再遇水浸泡，岩块会迅速产生崩解散落甚至泥化；泥质粉砂岩对含水量变化敏感性稍低，抗风化时间要长。岩芯在空气中暴露失水后，泥质粉砂岩局部出现大量裂隙，部分岩芯呈碎块状，粉砂质泥岩则连续开裂，岩芯呈颗粒状，见图 4。

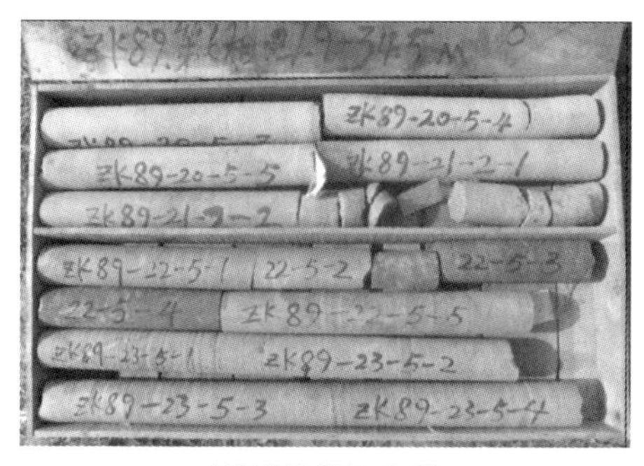

泥质粉砂岩(失水前)

粉砂质泥岩(失水前)

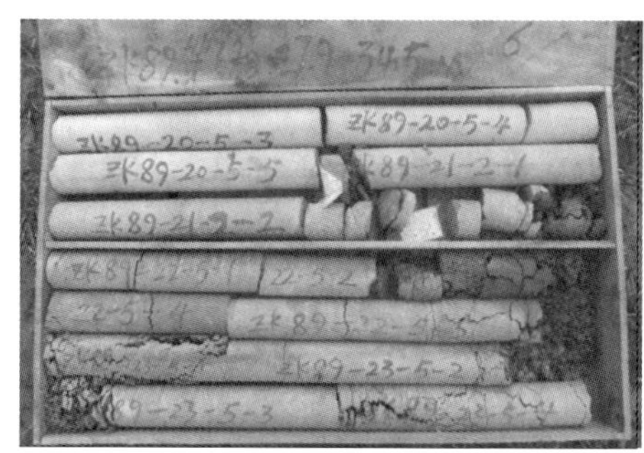

泥质粉砂岩(16d后)

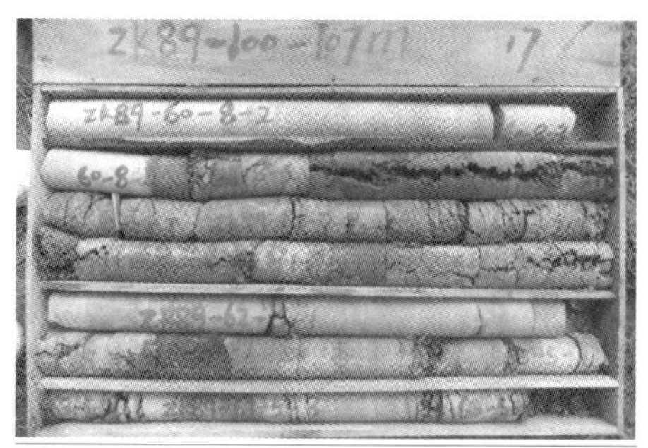

粉砂质泥岩(8d后)

图 4　泥质粉砂岩与粉砂质泥岩失水前后照片对比

岩石物理力学试验表明，岩石试验软化系数一般小于 0.6，泥质类岩石一般为 0.3～0.4，软化现象明显，岩石强度降低程度较大。此外，岩石干湿交替变化对岩体损伤及岩体强度的降低影响亦较大。当坝体蓄水后，筑坝软岩料易发生湿化变形，坝体变形量的增大可能引起局部沉陷和裂缝。

干湿循环试验结果表明，软岩料经过干湿过程后，岩块发生崩解，小于 5mm 颗粒含量增加，干湿循环次数愈多，岩块崩解愈多，小于5mm颗粒含量增加愈多。鱼跳坝泥岩料，干湿循环两次后，小于5mm颗粒含量由15%增加到20.6%，干湿循环四次后，小于5mm颗粒含量又增加到26.5%。岩块崩解量和细粒增加量与岩石饱和抗压强度大小有关，强度愈低颗粒细化愈明显[15]。已有试验表明，软岩料经压实后，小于5mm颗粒含量增加较大，但小于0.075mm颗粒含量所占比例仍是很小的。

同时，对微新泥质粉砂岩和粉砂质泥岩进行了浸水试验，见图5、图6。

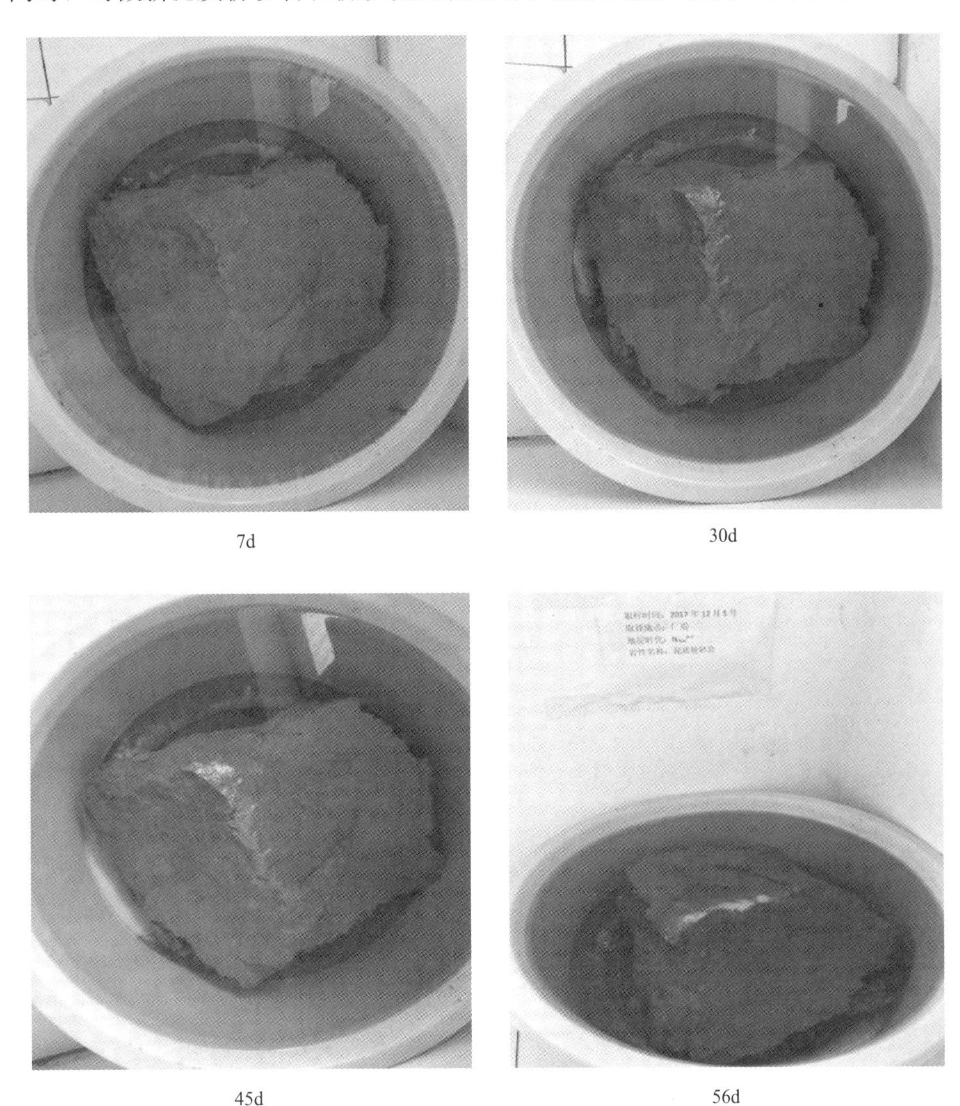

图5　微新泥质粉砂岩浸水后照片对比（尺寸约20cm×20cm×25cm）

从上述照片的变化过程可以看出，微新状粉砂质泥岩和泥质粉砂岩（未经过失水过程）在长时间浸水后仍能保持完整。

综合分析认为：该类岩石在应力释放状态下，当含水量变化时，特别是反复的干湿交替作用下，极易产生崩解，对堆石料而言，则表现为堆石块径变小，5mm以下颗粒含量增加；但浸水试验表明，随着岩石块度增大并保持含水量基本不变时，岩石能长时间保持较好的完整性，特别是当岩块用于填筑堆石坝时，若不存在干湿交替的工况，泥质类岩石岩块在围压作用下，其耐崩解性将显著降低。

图6 微新粉砂质泥岩浸水后照片对比（尺寸约20cm×20cm×20cm）

（2）泥质岩可利用分析

早期的堆石坝对堆石体材料的要求较高，但随着坝体振动碾薄层碾压技术的应用，使堆石体密度增加，堆石体性能得以改善，因而对岩石强度的要求逐渐放宽，有些质量较差的软弱岩石和风化岩也可以用作堆石坝填筑材料[16-17]。一般而言，软岩堆石料利用原则是：软岩坝料由于其特殊的岩石力学性能，保证软岩料区的底部边界线在大坝运行时处于干燥区，以便坝体排水畅通，并避免软岩遇水产生湿化变形等，同时在软岩料爆破开采、挖运上坝、铺填碾压等环节采取控制措施，以尽量减小其细化和泥化，以便提高其排水能力[18]。

曾有根据墓碑和古建筑物研究推算岩石表面的风化速度，表明坚硬岩石的风化速度很慢，而软岩比致密坚硬的岩石风化速度快，但风化深度有限[19]。根据有关现场和室内试验观测表明，堆石距表面的深度超过50cm时，遭受风化的影响很小。因此，设计中若采用厚度为100～150cm的新鲜岩石保护层，可防止内部岩石的继续风化，使得堆石体不至于在应力变化时产生孔隙压力，强度指标降低。

因此初步判断该泥质岩可以用于大坝堆石次堆石区（干区或心墙前死水位以下）的堆石料料源。

4 实施效果

(1) 除导流洞外，在实际施工时，溢洪道和主厂房在开挖过程中，施工方根据岩层分层界线实际位置来合理控制爆破深度，两类岩层得到了很好的分离，见图 7。引水隧洞的开挖料分布与前期勘察完全相符，利用率极高。

(2) 施工过程中用作大坝主堆石区的砂岩碾压后，其性状与预期基本一致，见图 8。

图 7 溢洪道开挖中分离出来的砂岩料

图 8 碾压中的砂岩料

(3) 泥质岩类岩石在干湿循环条件下，耐崩解性能差，但在保持含水量不变时，尤其是存在围压条件下，耐崩解性将显著提高。根据此规律，设计选择将该类开挖料用于心墙堆石坝上游死水位以下次堆石区。设计在大坝填筑到顶的工况条件下计算的坝体最大坝高部位的最大累计沉降量为 1010mm。目前，大坝填筑区沉降磁环测得的最大累计沉降量为 632.44mm（桩号 CH0＋298.66m，高程 EL397.71m，心墙上游侧，距坝轴线约 23m 处），蓄水后的最大累计增幅约 210.48mm，满足设计要求。

5 结论

针对巴基斯坦卡洛特水电站勘察设计中软岩筑坝面临的主要工程地质问题，进行了重点研究，得到如下结论。

(1) 软岩用于堆石料时应进行可行性论证，并结合开挖料的岩类储量及性能，为坝型设计提供地质支撑。

(2) 开挖料存在不同类型岩石时，应进行可分离性研究。结合本次研究成果，卡洛特水电站溢洪道和主厂房根据岩层分层界线实际位置来合理控制爆破深度后，两类岩层得到了很好的分离；引水隧洞的两类岩层进行了充分分离，利用率极高；导流洞开挖与研究成果一致，两类岩石几乎不能分离。

(3) 分离后的可利用砂岩类软岩可以用作堆石坝主堆石区堆石料，同时其存在的碾压后细颗粒偏高引起的渗透系数偏小的问题，设计可以通过增设水平、垂直和周边排水体系（带）来改善。施工效果良好。

(4) 泥质岩类岩石存在崩解特性，需重点研究；在干湿循环条件下，泥质岩类岩石耐崩解性能差，但在保持含水量不变时，尤其是在存在围压条件下，耐崩解性将显著提高，可以用作堆石坝次堆石区（干区或心墙前死水位以下）堆石料。监测结果表明，采用此类岩石填筑的大坝区域在大坝蓄水后累计沉降量满足设计要求。

参考文献

[1] 黄继平，朱纳显. 白沙面板堆石坝软岩填筑料性能分析 [J]. 湖北水力发电，2009（4）：12-16.

[2] 杨敏，王南兵. 大坳水库混凝土面板堆石坝利用软岩筑坝技术实践 [J]. 中国科技信息，2006（20）：48-49，51.

[3] 国家能源局. 水电工程天然建筑材料勘察规程：NB/T 10235—2019 [S]. 北京：中国水利水电出版社，2020.

[4] 王南兵. 大坳水库混凝土面板堆石坝利用软岩筑坝设计 [J]. 水利规划与设计，2007（5）：66-67，70.

[5] 徐小蓉，金峰，周虎，等. 堆石混凝土筑坝技术发展与创新综述 [J]. 三峡大学学报（自然科学版），2022，44（2）：1-11.

[6] 韩小妹，朱峰，陈松滨. 官帽舟水电站软岩筑坝技术的成功探索 [J]. 水利规划与设计，2017（11）：144-147.

[7] 邢皓枫，龚晓南，傅海峰，等. 混凝土面板堆石坝软岩坝料填筑技术研究 [J]. 岩土工程学报，2004（2）：234-238.

[8] 符晓，张萍. 绩溪抽水蓄能电站下水库软岩筑面板堆石坝优化设计 [J]. 水利水电技术，2015，46（10）：101-104，116.

[9] 陈惠君，廖大勇. 金峰水库沥青混凝土心墙软岩堆石坝设计 [J]. 水利规划与设计，2016（5）：81-83.

[10] 曾锃，沈贵华，王秋杰，等. 利用各向异性软岩筑高混凝土面板堆石坝关键技术研究 [J]. 岩石力学与工程学报，2014，33（S1）：2655-2661.

[11] 陈朝红. 某水库软岩筑坝材料试验研究 [J]. 土工基础，2015，29（3）：166-169.

[12] 吴弦谦，邹爽，廖海梅，等. 软岩坝料抗剪强度对面板堆石坝稳定性的影响 [J]. 水利规划与设计，2020（8）：134-139.

[13] 欧阳进. 软岩基础筑坝技术在沙坝水库上的应用 [J]. 黑龙江水利科技，2019，47（12）：192-196.

[14] 黄泽安，周跃峰，何晓民，等. 软岩筑坝堆石料劣化特性研究 [J]. 长江科学院院报，2018，35（3）：75-78，91.

[15] 韩小妹，陈松滨. 软岩筑坝技术在官帽舟沥青混凝土心墙土石坝中的探索与研究 [J]. 人民珠江，2015，36（6）：87-91.

[16] 杨頔. 软岩筑坝料物理力学试验研究 [J]. 山西建筑，2017，43（7）：229-230.

[17] 郑奕芳. 软岩筑坝料在面板堆石坝中的利用 [J]. 东北水利水电，2013（11）：24-25，30.

[18] 汤洪洁. 软岩筑混凝土面板堆石坝关键技术 [J]. 水利规划与设计，2014（5）：37-40，45.

[19] 杨昕光，张伟，潘家军，等. 软岩筑沥青混凝土心墙坝的应力变形特性研究 [J]. 地下空间与工程学报，2016，12（z1）：163-169.

基金项目：长江勘测规划设计研究有限责任公司自主科研项目（CX2023Z15-3）

作者简介：张必勇（1981—），男，正高级工程师。主要从事水利水电工程地质勘察相关研究。

BIM＋AR 技术在施工全过程应用探析

杨　杨　周成伟

（南通建工集团股份有限公司，江苏 南通，226000）

摘　要： 为了促使 BIM 技术在项目实施过程中得以实际应用，实现 BIM 模型在实际环境中的厘米级定位，为施工与验收环节提供直观可视化依据和引导，减少施工失误，降低返工费用，提高施工效益。以下将以某城市广场二期项目为实例，深入剖析 BIM（建筑信息模型）与 AR（增强现实）技术在现场施工全流程中的应用价值，梳理 BIM 与 AR 技术应用的经验与不足，并对 BIM 与 AR 技术在建筑施工全过程中应用的潜力进行展望。

关键词： BIM＋；AR；全过程；全专业；协同；沉浸式

Exploration of the application of BIM＋AR technology in the whole construction process

Yang Yang　Zhou Chengwei

（Nantong Construction Group Co.，Ltd.，Nantong 226000，China）

Abstract： In order to promote the practical application of BIM technology in the implementation process of the project，realize the centimeter-level positioning of BIM model in the actual environment，provide intuitive visual basis and guidance for the construction and acceptance links，reduce the construction errors，reduce the rework cost，and improve the construction efficiency. The following will take the second phase project of a city square as an example to deeply analyze the application value of BIM and AR technology in the whole process of site construction，sort out the experience and deficiency of the application of BIM and AR technology，and prospect the potential of the application of BIM and AR technology in the whole process of construction.

Keywords： BIM＋；AR；whole process；all professional；collaboration；immersive

近年来，BIM 技术作为数字化转型的重要支柱，在政府、行业协会及企业的一致参与与推动下，已在我国工程建设领域得到广泛应用。国内 BIM 技术的发展日益转向价值实现，越来越多的施工企业开始从单一的模型应用转向探索 BIM 技术在施工全过程中的创新。过去十年，BIM 应用的普及率逐年攀升，然而 BIM 全生命周期的价值实现始终是行业关注的焦点问题。当前，BIM 应用主要局限于模拟建设、管线碰撞、场地布置等环节，而其真正的价值在于设计优化、复核、辅助施工及校核、指导改造和运维。

基于实景的 BIM 与 AR 可视化技术相结合，将有效打通 BIM 价值传递路径，借助 BIM 与 AR 的力量，为业主提供直观、可控、可靠的建筑质量保障，实现更高效、可靠的数字化交付资产，助力建筑与地产价值提升，确保业主在 BIM 领域的投入真正发挥其应有的价值。以下以我国南通市某城市广场二期项目为实例，深入探讨 BIM 与 AR 技术在项目施工全过程中的具体应用及其所体现的价值。

1 工程概况及应用需求

某城市广场二期项目坐落于南通开发区永旺路与星旺街交汇处，总建筑面积约为 4.6 万 m^2，涵盖五星级酒店、商业及办公三大功能板块。该项目具有专业繁多、工期紧张、节点复杂、施工精细化与管理集成化要求较高的特点。合同规定施工全过程中须采用 BIM 技术，各专业施工团队需组建 BIM 应用部门，全过程参与项目建设，并以争创鲁班奖为项目目标。

过去十年，BIM 技术的普及率逐渐提高，但 BIM 全生命周期价值的落地实施仍为行业普遍存在的问题。当前施工现场的 BIM＋落地应用主要集中在机电管线综合出图、模型技术交底以及借助模型辅助验收等方面，而 BIM 技术的真正价值在于设计优化与复核、辅助施工及校核、指导改造和运维。将 BIM 模型无缝应用于现场成为当前 BIM 从业者所面临的难题。目前，解决重难点项目的方案主要借助 BIM 放线机器人、三维扫描仪、人工测量复核等设备，然而这些设备存在购买成本高、专业性要求高、应用过程复杂等问题。相较之下，BIM＋AR 技术的应用恰好弥补了项目管理中的应用空缺。BIM＋AR 技术打破虚拟世界与真实空间的边界，在现实世界中直接利用 BIM 指导建筑施工（表 1）。

解决方案对比统计 **表 1**

解决方案	购买成本（万元）	使用人力成本	专业性要求	精度	效率
BIM 放线机器人	30～50	1 人（10 万元）	高	高	高
三维扫描仪	20～30	1 人（10 万元）	高	高	中
人工测量复核	1（测量设备）	2 人（20 万元）	中	中	低
BIM＋AR	4（设备软件）	1 人（10 万元）	低	高	特高

2 BIM＋AR 技术施工应用要点

2.1 AR 实景展示与宣传

传统项目建成效果展示方式仅为提供效果图和动画，然而这种方式无法真实呈现项目现场 1∶1 的效果，可能导致效果图与实际图纸、效果比例及色彩存在差异。借助 BIM＋AR 技术，将 BIM 模型投射至现场，不仅可以真实展示项目建成后的效果，还可结合周边环境进行实体 AR 实景展示。在场地平整的前提下，参观者能够身临其境地预览项目内部各个部位。对于项目体量较小的场景，还可实现多专业实景展示，并查看相应部位的 BIM 信息（图 1）。该技术在项目建设初期有助于为业主、访问者以及施工人员提供展示和交底。通过打破虚拟与现实空间的界限，在实际场景中直接利用 BIM 指导建筑施工，解决 BIM 在施工阶段的价值实现问题，从而提升各方的能力和价值。

采用 BIM＋AR 实景展示的项目不仅能够提供现场实景 1∶1 效果，还能节省项目宣传成本。以创新的方式进行项目效果展示与宣传，项目应用过程中已成功接待参观 38 次，展示 AR 实景 126 次，获得了业主方和政府主管部门的一致好评。

(a) 场地场部BIM+AR

(b) 场地BIM+AR应用

(c) AR实景展示

图 1　AR 实景展示与宣传

2.2　土建预留孔洞校核

过去，机电施工土建预留孔洞的校核过程采用了较为粗略的方法，导致在施工过程中出现孔洞不一致、校核方式不便、校核行为不安全等问题。然而，通过应用 BIM+AR 技术，将模型沉浸式融入现场实体，使得校核过程得以简化。仅需用手机扫描现场定位二维码，即可立即进入模型与现场实际情况进行对比。此举旨在快速发现洞口位置偏差，并通过现场测量定位，确保预留洞口数量、位置和尺寸的一致性，从而避免因预留洞口不匹配而导致的后期返工，既节省了成本，又缩短了工期，大大提高了校核的效率和精确度。在机电进场前，通过预留预埋验收，可进一步节约人力成本。验收时间缩短至 30min，且验收精确度提高至毫米级（图 2）。

(a) BIM+AR模型展示

(b) 现场BIM+AR应用

(c) BIM+AR实景展示

图 2　土建预留洞口校核

2.3　施工交底与验收

实现基于 BIM 与 AR 的施工指导应用，首要任务在于以 BIM 模型为根基，构建应用所需的 AR 虚拟场景模型，涵盖 2D 文本信息、3D 模型、4D 施工模拟等。接着运用 AR 技术将虚拟场景与施工现场的真实环境相结合，从而实时引导工人完成相应的施工任务。传统技术交底与现场校验依旧依赖二维平面资料。然而，随着 BIM 技术的广泛应用，BIM 模型已成为现场交底与验收的重要工具。尽管现场交底仅局限于展示模型外观，却无法实质性地实现模型与现场的融合。BIM+AR 技术将深化完成后的模型沉浸式融入现场，将 BIM 模型与施工现场 1∶1 匹配叠加，从视觉上消除模型与现场的界限，实现所见即所建。施工人员仅需通过手机扫描相应部位的二维码，即可即时呈现现场实际情况，并可随时查阅相应部位的相关信息。在本项目的施工过程中，创新性地引入了交底制度，在关键节点设置 AR 二维码，以指导桩基开挖、预埋管线开挖等施工现场，辅助桩基承台开挖放线、预埋管线开挖放线、隐蔽管线开槽等。这一成果获得了业主方和设计单位的一致好评

（图3）。

(a) AR土建施工交底

(b) AR技术工长施工交底

(c) AR机电施工交底

图3　施工交底与验收

2.4　质量巡检与整改通知流转

在将BIM与VR相结合应用于建筑业的过程中，我们不仅见证了信息技术载体和应用工具的升级，同时见证了施工过程随着技术深入发展而发生的实质性变革。在采用BIM与AR相结合的方式进行现场质量验收时，我们能够通过平台对发现的问题进行标注，并实现问题工单在项目管理部的流转。项目部据此可以创建整改通知流程，向指定对象推送整改通知。接收者不仅接收到整改单，还可以实时查看相应部位现场与模型的对比分析。在整改完成后，借助BIM与AR的一键拍功能进行整改验收及完成情况工单的流转，从而提升现场管理效率（图4）。

(a) BIM+AR质量巡检

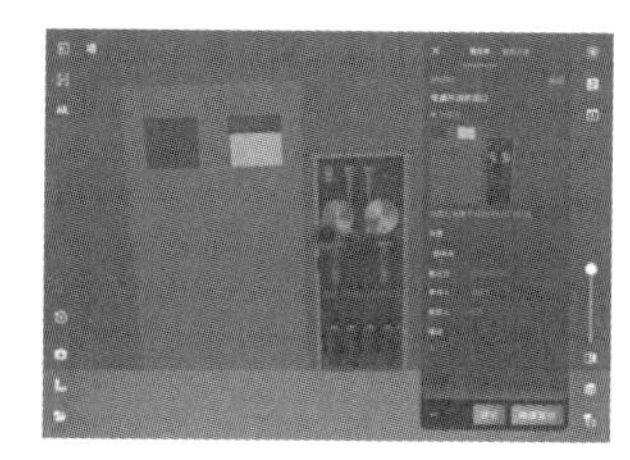

(b) 整改通知流转1

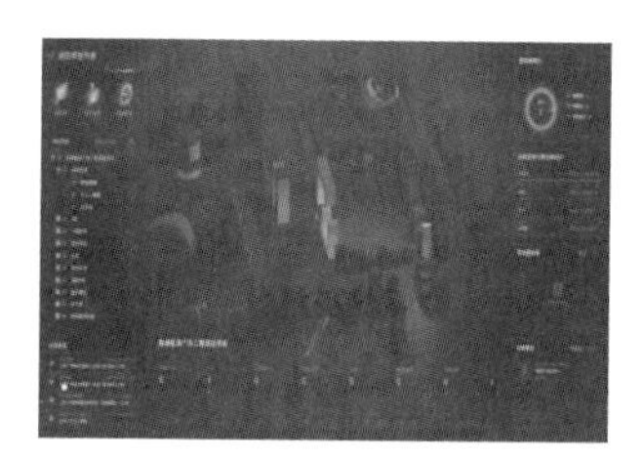

(c) 整改通知流转2

图4　质量巡检与整改通知流转

2.5　竣工验收

当前，竣工验收环节大多依赖于竣工图纸进行实体现场核查，对于隐蔽部位的全面查验则显得力不从心。随着BIM项目的广泛应用，竣工验收的重要依据逐渐从图纸转向模型。如何将模型与竣工验收相结合，成为现场管理人员面临的挑战。通过BIM与AR技术的结合，可将施工模型应用于现场比对验收，尤其是在管线安装校核和隐蔽工程可视化等方面，能够及时发现并标注问题，通过平台进行流转，实现竣工验收管理的闭环。

在AR智能移动终端上，可交互式地标记三维模型的关键检查点，使三维模型能简便地实现缩放、旋转等操作。通过3D图形界面，竣工验收人员可以获取设备尺寸、关键检查点等参考信息，直观地了解实物模型的关键检查点位置。这样一来，既提高了验收效率，也确保了工程质量。

2.6 竣工模型运维

BIM与AR实景展示结合，为业主提供直观、高效、可靠的建筑质量保障，打造更为信赖的数字交付资产，助力建筑和地产价值提升，使业主在BIM领域的投资实现回报。在项目后期，业主可通过BIM+AR运维平台进行便捷的后期运维管理，仅需利用手机即可实时获取相应部位隐蔽管线及设备的相关信息（图5）。

(a) BIM+AR质量运维

(b) 现场实际展示

(c) 隐蔽工程展示

图5 竣工模型运维

2.7 点云扫描逆向建模与模型校正

在当前的施工阶段，BIM技术的应用并未充分展现其优势和价值。实际上，BIM模型不仅应在施工前建立并开展模拟分析，还应在施工过程中持续使用。目前，解决点云逆向建模问题的主要方法依赖于国外三维扫描机器人技术，但其高昂的成本和使用难度成为推广应用的主要障碍。借助BIM与AR技术进行过程全景照片采集，利用云分析收集建筑点云扫描并与BIM模型进行逆向建模。将现场实际点云模型导入施工模型中进行对比，自动检测并标记不一致部位，从而发现现场施工的偏差，并据此修正竣工模型（图6）。

(a) 场地点云扫描

(b) 现场扫描模型

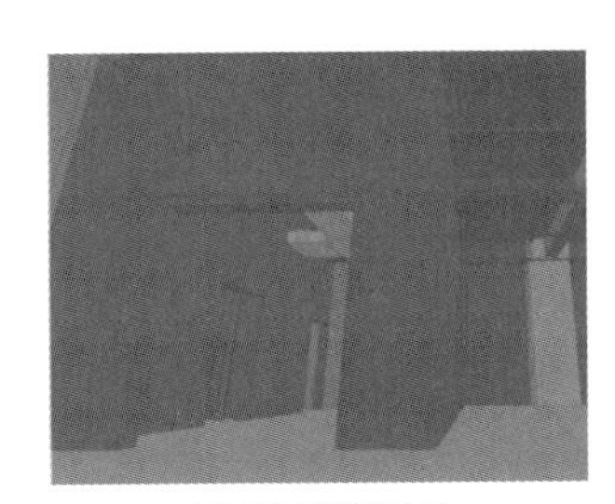

(c) BIM模型展示

图6 点云扫描逆向建模与模型校正

2.8 BIM+AR云精装样板展示

传统精装修宣传展示方式主要涵盖实体样板间、渲染效果图及宣传视频等形式，其劣势在于造价高昂且展示效果不尽如人意。BIM与AR技术相结合的精装修样板，将精装修户型真实地融入施工现场或毛坯展示中。BIM与AR的应用可以覆盖施工过程中的多个场景，如精装修施工样板房的交流与验收展示、售楼处精装修户型的透明度展示等。真实的竣工模型能够指导运维及隐蔽工程的可视化验收，确保工程质量。竣工交付后，业主可通过运维小程序实现物业运维管理，以及查看隐蔽管线走向及信息，为后期维修改造提供便利（图7）。

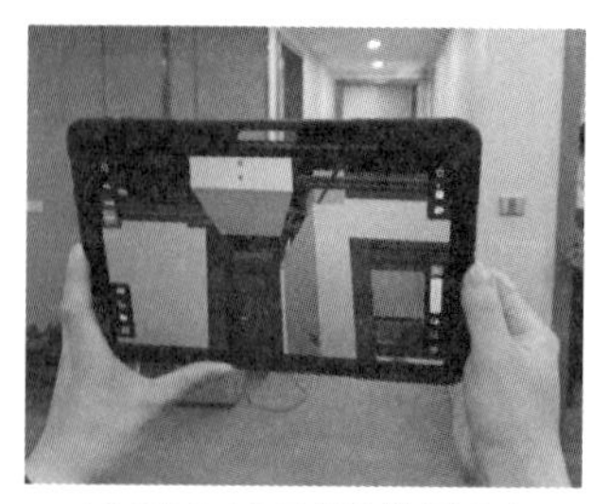
(a) BIM+AR云精装样板展示

(b) AR云精装样板模型

(c) BIM+AR云精装样板展示

图7　BIM＋AR云精装样板展示

2.9　BIM＋AR云质量样板区展示

鉴于我国工地施工标准化政策的实施，质量样板间已逐渐成为施工标准化工地的必备要素。然而，在投资规模较小、施工场地有限的项目中，设立实体质量样板间往往成为一大难题。在本项目背景下，鉴于施工场地的局限性，项目管理团队创新性地应用BIM与AR技术，依据项目实际状况构建云端质量样板区，并借助现场安全体验区空间，实现虚拟布设。此举不仅节省了实体样板区的成本，还贯彻了国家低碳环保的理念。

施工现场的工作人员可通过手机扫描二维码进入云端质量样板区，体验项目重难点的处理方法，同时可通过附件查看节点分解及动态施工工艺。这一创新性展示已获得3260次查看，施工工艺播放达2865次，取得了显著成果，赢得了当地主管部门的一致好评（图8）。

(a) AR云质量样板区体验1

(b) AR云质量样板区体验2

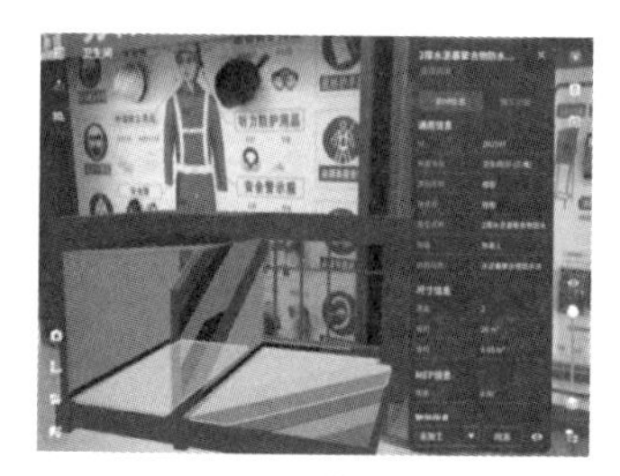
(c) AR云质量样板区展示

图8　BIM＋AR云质量样板区展示

3　BIM＋AR技术应用成效

为进一步验证项目全过程中BIM＋AR技术的应用成效，项目经理部组织进行了BIM应用部的内部评估以及各参与方的调查评估。表2展示了项目应用点的落地情况，表3则反映了应用点在各参建方中的认可度。从表2中可以看出，BIM＋AR的应用点不仅局限于施工交底和验收环节，已逐步与施工全过程的应用点融合，并进一步融入现场常规化管理。表3的分析结果显示，各方对项目应用点的认可度较高，但在点云扫描逆向建模与模型校正方面尚需加强认可。

在应用过程中，项目与以见科技（上海）有限公司共同建立了BIM＋AR实验室，致力于探索BIM＋AR在施工过程中的应用。在施工过程中，我们形成了完整的BIM＋AR落地应用企业级手册，并申报了2项BIM＋AR现场应用实用新型专利。此外，我们还配合项目部完成了 4 次 BIM+AR 应用观摩，BIM+AR 云质量样板区展示共计获得 3260 次浏览。BIM+AR 现场应用效果得到了业主方及社会各界专家的一致好评。

然而，在应用过程中我们也发现施工现场 BIM+AR 技术的应用存在一定的不足，如硬件要求较高（目前仅苹果手机、平板支持）、AR 扫描点布置工作量大以及现场工人使用成本较高等问题。因此，要普及施工现场 BIM+AR 应用，不仅需要依赖软硬件技术的不断提升，还需推动施工管理层意识的转变。BIM 应用的推广道路任重道远，我们将继续在软硬件发展与项目实践探索中不断推进。

BIM+AR 应用点落地率　　表 2

序号	应用点	落地率（%）
1	AR 实景展示与宣传	98
2	土建预留孔洞校核	78
3	施工交底与验收	96
4	质量巡检与整改通知流转	95
5	竣工验收	80
6	竣工模型运维	85
7	点云扫描逆向建模与模型校正	72
8	BIM+AR 云精装样板展示	96
9	BIM+AR 云质量样板区展示	94

BIM+AR 应用点参建方满意度　表 3

序号	应用点	满意率（%）
1	AR 实景展示与宣传	100
2	土建预留孔洞校核	95
3	施工交底与验收	96
4	质量巡检与整改通知流转	86
5	竣工验收	87
6	竣工模型运维	92
7	点云扫描逆向建模与模型校正	72
8	BIM+AR 云精装样板展示	98
9	BIM+AR 云质量样板区展示	97

4　结语

实践证明，在项目 BIM 施工全过程中，仅依赖深化后的模型无法实现与现场实际的紧密结合。通过采用 BIM 与 AR 技术，成功打破了虚拟与现实空间的界限，将 BIM 模型与施工现场实现 1∶1 的匹配叠加。在视觉上无缝衔接模型与现场，实现所见即所建，使 BIM 技术在现实场景中得以直接指导建筑施工，解决了 BIM 在施工阶段的价值实现问题，为各方提升了创造能力和价值。本项目的设计、施工及后期运维全过程中，全专业应用 BIM 与 AR 技术，不仅是对公司 BIM 团队的一次挑战，同时也开创了施工项目管理的全新模式。

借助 BIM 与 AR 技术在建筑全生命周期的应用原则，构建了适用于建筑全生命周期的 BIM+AR 技术整合模型与流程。从宏观层面来看，旨在克服当前 BIM+VR 技术在建筑全生命周期应用中所存在的不足。通过 BIM+AR 技术的应用，施工质量与效率得以提升，返工损失得以减少，确保项目在预定工期内顺利完成。在“BIM+”的行业大背景下，利用 AR 技术使 BIM 模型数据与现实世界深度融合，打破模型信息传递的束缚，解决了模型与施工现场沟通不畅的问题，为 BIM 模型与施工现场搭建了信息双向反馈的数字化桥梁，充分发挥了 BIM 数据在建筑全生命周期的价值。

参考文献

[1]　《中国建筑业 BIM 应用分析报告（2021）》编委会. 中国建筑业 BIM 应用分析报告（2021）[M]. 北京：中国建筑工业出版社，2021.

[2]　王廷魁，胡攀辉. 基于 BIM 与 AR 的施工指导应用与评价 [J]. 施工技术，2015 (6)：54-58.

［3］ 胡攀辉. 基于BIM与AR的施工现场应用模块集成研究［D］. 重庆：重庆大学，2015.
［4］ 林瑞宗，彭传相，高献，等. 基于AR空间测量技术的变电工程竣工验收研究［J］. 现代信息科技，2018（12）：190-192.
［5］ 夏中天. BIM+VR/AR/MR在施工阶段的应用［J］. 城市建筑，2019（15）：145-146.
［6］ 许晓强. 基于“BIM+AR”技术在建筑全寿命周期的应用研究［D］. 郑州：河南大学，2020.

作者简介： 杨　杨（1990—），男，本科双学位，高级工程师。主要从事BIM技术在施工企业中的应用研究。

周成伟（1991—），男，本科，工程师。主要从事BIM技术在施工企业中的应用研究。

浅谈集中建设模式下高校动物实验室工程建设的技术管理路径

吴　赟
（江苏省公共工程建设中心有限公司，江苏 南京，210000）

摘　要：本文对江苏省集中建设模式下高校实验室项目技术管理方法进行论述，对比集中建设模式与传统模式的差异性和特殊性，对比高校实验室项目与一般工程建设项目的差异性和特殊性，并总结项目技术管理过程中出现的突出问题。针对这些问题探讨解决办法和解决思路，以期能为集中建设模式下其他动物实验室项目提供有益的借鉴。
关键词：集中建设模式；实验室项目；技术管理路径；使用需求落实

Discussion on the technical management path of animal laboratory construction project in university under the centralized construction mode

Wu Yun
(Jiangsu Public Engineering Construction Center Co., Ltd., Nanjing 210000, China)

Abstract: This paper discusses the technical management methods of animal laboratory construction project in university under the centralized construction mode in Jiangsu Province, compares the differences and particularities between the centralized construction mode and the traditional mode, compares the differences and particularities between university laboratory projects and general construction projects, and summarizes the prominent problems in the process of project technical management. In view of these problems, the solutions and ideas are discussed, in order to provide useful reference for other animal laboratory projects under the centralized construction mode.
Keywords: centralized construction mode; laboratory projects; technical management path; implementation of use requirements

引言

近年来，江苏省对政府投资的非营利性工程进行集中建设的管理模式，省属高校的工程建设也在此行列。在集中建设的省属高校项目中，动物实验室项目存在需求特殊、建设标准高等特点。集中建设模式下，为更好地促进复杂精密实验室项目，包括省内高校复杂实验室及医院实验室的工程建设，本文以南京中医药大学动物实验中心项目为例，分析探讨此类项目技术管理中的特点、难点以及常见问题与处理措施，为集中建设模式下其他同类项目的技术管理提供参考。

1 集中建设模式特点

《江苏省政府投资工程集中建设管理办法》自2023年11月1日起施行。政府投资工程包括各类新建、扩建、改建等非经验性房屋建筑和市政基础设施建设项目。集中建设，是指由县级以上地方人民政府确定的专业单位对政府投资工程按照项目管理层级实施统一专业化管理，在项目竣工验收合格后移交使用的组织建设方式。根据文件要求，教育类的工程均属于集中建设范畴。

高校作为使用单位，负责提出项目使用需求，编制、申报项目建议书，办理建设项目用地预审与选址意见书，开展环境影响评价、社会稳定风险评估、节能审查等工作，会同实施单位编制可行性研究（以下简称可研）报告并按照规定程序报审批部门审批；负责组织项目方案设计，依法申请办理建设用地规划许可、建设工程规划许可等审批手续。

实施单位负责组织编制初步设计文件、概算并按照规定程序办理报批手续，组织编制施工图设计文件并办理施工图设计文件审查、消防设计审查、施工许可、城建档案登记等建设手续；使用单位参与编制初步设计文件、概算、施工图设计文件并对施工图设计文件中的使用功能予以确认。对使用单位提出的合理使用需求和改进建议，实施单位应当充分考虑，不予采纳的应当说明理由。实施单位按照工程建设有关规定组织建设，落实安全生产、工程质量、工期进度、投资控制等管理责任，具体办理工程结算等工作事项。实施单位落实招标人主体责任，对项目的勘察、设计、施工、监理以及与工程建设有关的重要设备、材料等的采购依法进行招标并签订合同，使用单位参与研究选用项目设备材料。实施单位按照国家和省有关规定及时组织工程竣工验收并办理备案，使用单位参与验收。

根据集中建设模式的特点，项目的技术管理按阶段分为使用单位和实施单位两段式管理，即方案设计阶段技术管理在使用单位，初步设计及施工图阶段技术管理在实施单位。对于高校动物实验室这样需求复杂、技术难度有门槛、建设标准高的项目，需要在两个单位之间建立有效的衔接。

以南京中医药大学动物实验中心项目为例，在集中建设模式下，使用单位为南京中医药大学，实施单位为江苏省公共工程建设中心有限公司。项目的立项、可研及方案阶段的管理单位为使用单位南京中医药大学，可研批复后项目由实施单位江苏省公共工程建设中心有限公司接手，在方案稳定的前提下，开始初步设计及概算阶段的建设管理工作，后续包含施工图设计阶段一直到项目竣工交付，均由实施单位进行管理。

2 高校动物实验室工程的特点

高校动物实验室工程是一项特殊的建设工程，既要满足高校的特殊需求，又要满足动物实验室工程的特殊需求。从高校的特殊需求来说，高校实验室建设是一个包含有硬件和软件建设的综合工程，这也是有别于一般工程建设项目最显著的地方[1]。高校实验室与一般的可研实验室相比，其使用者显著增多，且具有使用者不固定的特点，要更多地考虑实验室设备设施使用的便捷性和管理的可实施性。从动物实验室工程的特殊需求来说，与一般建设项目相比，动物实验室建设项目也有其自身的独特性，除了需要充分了解项目所涉及的各种实验动物的特性以及它们需要的环境及对环境的影响外，还要严格遵循相关动物实验室建设的规范和标准，既要考虑使用者也要考虑实验室内的动物，还有类似实验动物伦理、实验生物安全等一系列特殊的要求。

以南京中医药大学动物实验中心项目为例，项目主要效果图详见图 1，本项目总建筑面积为 8830m^2，地下建筑面积为 3000m^2。地上主要包括生化实验室、动物教学及实验、解剖室、动物清洗区、暂存间（尸体/废弃物、动物、饲料、垫料等）、鼠室、工作室、存储库房等；地下主要包括动力中心、库房、设备用房及人防配建等。本项目主要标准层层高 6m，设置检修夹层以便于满足实验空间密闭性及设备管道检修等要求。主要外立面窗户上侧均设置百叶，为项目未来拓展及改造预留更多的可能性，详见图 2。

图 1　南京中医药大学动物实验中心项目效果图

图 2　南京中医药大学动物实验中心项目立面剖视图

高等医学院校的屏障系统动物实验室内一般所做的研究项目较多，人员进出较频繁，它的合理性对日后使用时实验室的规范化管理提供了重要的基础条件。所以，系统内流程的设计非常重要，人流、物流不交叉的双走道和三走道设计设施利用率较高，应是首选[2]。南京中医药大学动物实验中心项目采用双走道设计，满足人流、物流不交叉的要求，详见图 3。

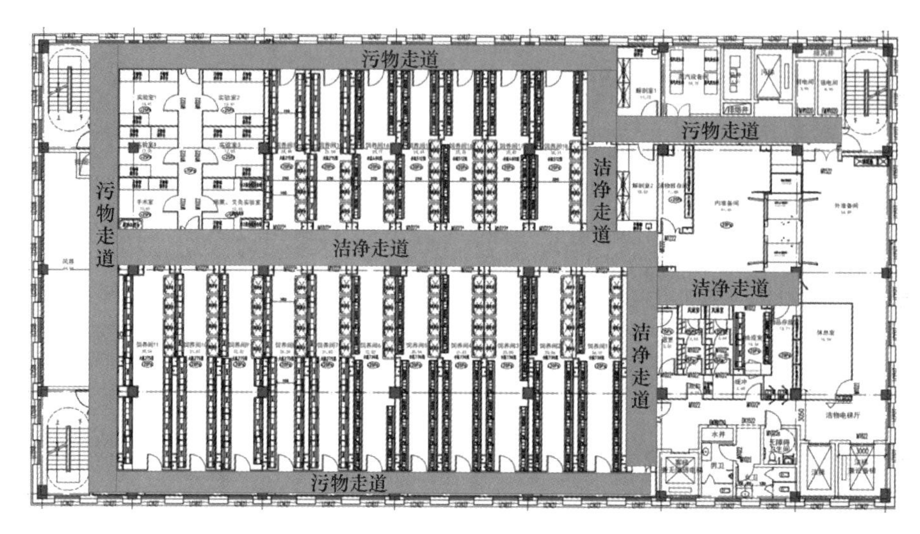

图 3 南京中医药大学动物实验中心项目平面示意图

3 集中建设模式下高校动物实验室工程的技术管理路径探讨

探讨集中建设模式下高校动物实验室工程的技术管理路径，首先要探讨此类项目在推进过程中的重难点和突出问题，针对这些问题研究有效的技术管理路径。从使用单位的角度来看，项目在立项及可研阶段，就需要做大量的调研论证，为项目投资、决策打下坚实的基础。进入方案设计阶段，有效地落实使用部门的使用需求，既要满足使用者的要求又要满足国家现行规范和标准的要求。从技术管理的角度而言，如何有效地保证使用需求落实到图纸上，是此阶段的重点和难点，同时还会影响到后续深化阶段的进一步工作。从实施单位的角度来看，项目进入初步设计和施工图阶段后，管理单位交接，使用单位在前期及方案阶段的技术管理信息如何有效地延续和深化，是此阶段的重点、难点和突出问题。同时，使用需求的确认和后续阶段的实施路径，也是实施单位技术管理路径的重难点。

针对集中建设模式下高校动物实验室项目推进过程中重点、难点和突出问题，提出以下几点技术管理路径。

3.1 技术管理路径流程化

动物实验室在设计时不仅应侧重于控制工程的初始造价（一次性成本），而且还要重点考虑到工程建成投用后的维持费（长期重复成本），针对将来国家标准提高的可能以及与国际先进接轨趋势，对建筑整体布局、工艺布置、节能运行、智能化管理、建筑人性化、前瞻性等做充分设计，同时运用现代工程经济学的全生命周期成本理论，综合权衡工程初始造价、维持费、设备材料性价比等之间的关系[3]。

对于高校动物实验室项目来说，整体项目推进过程中，应以技术管理路径为主轴，贯穿整个项目全生命周期。技术管理路径的流程应能明确项目建设全生命周期每个阶段的关键点，针对关键点应有的管理办法和管理措施，对接至下一节点的关键信息。在集中建设模式下，除了使用单位和实施单位，技术管理路径中还有非常重要的一环是设计公司。无论是方案设计阶段还是初步设计和施工图设计阶段，设计公司都要定期汇报阶段性设计成果，并及时将设计成果提交给建设单位和使用单位进行确认，对发现的问题或不合适的地方提出具体的修改意见或建议，确保设计效率和进度[4]。

概念、方案设计阶段是由使用单位进行技术管理的，此阶段是动物实验室工艺设计中最为重要，也是最为复杂的阶段，此阶段需要由设计单位根据使用要求完成动物实验室工艺平面图。高校的动物实验室工程，建议采取类似医院医疗工艺流程的三级流程管理思路，在一级流程解决总平面图及分区设计，考虑好动线，确定主要功能分区，在二级流程确定实验室各部门的空间面积与形态，在三级流程确定房间和单元的布局，详见图 4。平面布局设计图纸出来后，由使用单位组织设计单位、使用部门、省内实验动物学会专家参加论证会，具体讨论平面布局设计的合理性、可行性和规范性。为有效落实技术管理路径的一致性，建议方案平面论证会邀请实施单位参与。

类别	一级流程	二级流程	三级流程
定义	总体动物实验室行为系统平面规划	部门行为系统的平面规划	人员行为系统的平面规划
位置	动物实验室建筑单体、主要功能分区	实验室部门内部活动区域	人员活动的房间及工作区域
重点	流程与动线	面积与形态	功能与体验
成果	总平面图及分区设计	实验室内部流程及空间设计	房间及单元的流程设计

图 4　高校动物实验室项目三级流程图

初步设计阶段，项目技术管理的责任单位由使用单位交接给实施单位。此阶段一般在可行性研究报告批复、初步设计及施工图设计单位招标确认后启动，同时还需要达到的前置条件是方案稳定。初步设计开始进入深化设计阶段，内容主要包括土建工程、安装工程、装饰工程、消防工程、智能化工程、实验室工艺工程（包含实验室装饰、实验室暖通、实验室送排风、实验室水处理、实验室自控、实验室气路）等，动物实验室工程还要考虑动物饲养笼架、动物自动饮水系统、洗笼机、垫料自动传输系统等工器具及与工程验收相关的设备实施的采购。此阶段技术管理的重点是有效延续方案阶段提出的需求，并做进一步的落实。为避免使用需求的重复收集，建议初步设计启动会阶段，进行使用需求的交接，以书面形式明确方案阶段已对接落实的使用需求，下一阶段还需进一步落实的使用需求，详见表 1。

动物实验室使用需求清单交接表　　表 1

序号	内容清单	内容说明	资料提供情况	备注
一、政策性批文及政策性要求				
1	设计依据	现行的国家、行业、地方的设计和验收的建设规范及标准	□有　□无	
2	相关部门方案论证	动物管理委员会、生物安全相关部门专家论证意见	□有　□无	

续表

序号	内容清单	内容说明	资料提供情况	备注
二、使用需求清单				
（一）建筑专业				
1	总平面图	室外总图布置、室外景观方案等使用需求	□有 □无	
2	平面布局	功能空间布局、各使用部门面积及布置、电梯及设备用房的使用需求	□有 □无	
3	人流、物流、车流动线	各个动线的使用需求	□有 □无	
4	层高	层高和净高的使用需求	□有 □无	
5	其他特殊需求	各功能空间工作人数需求、特种设置情况等	□有 □无	
（二）结构专业				
	特殊荷载要求	重型设备荷载、档案柜密集柜荷载等使用需求	□有 □无	
（三）装饰专业				
1	墙面、顶面、地面	材质、颜色等使用需求	□有 □无	
2	门窗	材质、尺寸、开启方式等使用需求	□有 □无	
3	固定家具	材质、尺寸等使用需求	□有 □无	
4	特殊工器具布置	材质、尺寸等使用需求	□有 □无	
5	其他特殊需求		□有 □无	
（四）给水排水专业				
1	给水系统	给水点位需求	□有 □无	
2	排水系统	排水点位需求	□有 □无	
3	纯水系统	纯水点位需求	□有 □无	
4	污水系统	污水处理及排放要求	□有 □无	
5	特殊管材	各系统特殊管材需求	□有 □无	
6	其他特殊需求		□有 □无	
（五）暖通专业				
1	热源形式	供热点位及供热要求	□有 □无	
2	空调形式	空调形式比选情况及选择情况	□有 □无	
3	送排风要求	各功能空间压力要求、气流组织要求、洁净度要求、风口设置情况	□有 □无	
4	温湿度要求	各功能空间温度要求、湿度要求、运行时段要求	□有 □无	
5	除臭要求	各功能空间除臭要求	□有 □无	
6	通风柜要求	各功能空间通风柜设置位置、点位要求	□有 □无	
7	其他特殊要求		□有 □无	
（六）自控专业				
1	门禁系统	出入口控制要求、互锁要求	□有 □无	
2	视频监控系统	视频监控点位要求	□有 □无	
3	通信系统	电话点位、网络点位、内部对讲点位等要求	□有 □无	
4	自动控制系统	各功能空间监控数据显示要求、可操作性调节要求、互锁连锁要求、报警点要求、手动控制要求、消毒情况显示及控制要求等	□有 □无	

续表

序号	内容清单	内容说明	资料提供情况	备注
5	照明控制系统	照明控制要求、紫外灯控制要求等	□有 □无	
6	其他特殊需求	系统集成需求、显示屏设置需求	□有 □无	
（七）电气专业				
1	用电设备	用电设备电压、功率、变频等要求	□有 □无	
2	不间断电源	点位设置要求、供电时长要求	□有 □无	
3	后备电源	点位设置要求、供电时长要求	□有 □无	
4	照明系统	照度要求、灯具要求、插座点位要求、照明控制要求	□有 □无	
5	其他特殊需求		□有 □无	
（八）气体专业				
1	特种气体要求	各功能空间气体需求点位、压力、流量、纯度要求	□有 □无	
2	气瓶间要求	气瓶间设置要求	□有 □无	
3	其他特殊需求		□有 □无	
（九）消防专业				
1	气体灭火需求		□有 □无	
2	自动喷淋需求		□有 □无	
3	其他特殊需求		□有 □无	
（十）其他需求				
	其他需求		□有 □无	

3.2 技术管理路径的未来展望

集中建设模式下高校动物实验室工程建设的技术管理路径，可结合 BIM 管理技术和 AI 技术，在概念和方案设计阶段，以三维模型形式进行需求的确认，针对每一个功能空间，可视化直观反映需求的落实情况，并以模型或效果图形式交接至初步设计阶段，甚至可以模拟控制系统应用场景，更有效地进行相关项目的技术管理。

4 总结

集中建设模式下高校动物实验室工程建设的技术管理路径是一个值得深入研究和探讨的课题，本文以笔者负责的南京中医药大学动物实验中心项目推进过程中遇到的重难点和困惑，提出一些解决办法和处理措施，以期今后能更好地服务集中建设模式下高校以及医疗系统的相关实验室项目。

参考文献

[1] 刘继宗. 高校实验室建设项目过程管理的思考 [J]. 实验科学与技术，2016，14 (2)：200-201.
[2] 孔利佳，彭佳林，许迪，等. 屏障系统动物实验室建设与管理的思考与实践 [J]. 实验室研究与探索，2006 (8)：1012-1013.
[3] 周庆生. GLP 实验动物房的节能与优化——南京中医药大学唐仲英科技楼实验动物房设计 [J]. 江苏建筑，2015 (2)：11-17.

[4] 袁进，吴清洪，田雨光，等. 科研动物实验室建设体会及管理模式探讨 [J]. 实验室科学，2021，24（6）：147-151.

作者简介：吴　赟（1982—），女，硕士，高级工程师。主要从事非营利性政府投资项目技术管理方面的工作。

工业建筑增层改造的结构设计策略

汪家送　王西波　徐　建

（中铁城市规划设计研究院有限公司，安徽 芜湖，241000）

摘　要： 随着工业建筑的旧改与利用，增层改造方式将使工业建筑价值被充分挖掘出来，从经济效益、环境意义、历史意义和文化意义等方面被重新定义。增层改造属于既有建筑加固范畴，主要涉及地基基础与上部结构及构件的验算与加固设计，因此面临诸多安全设计问题。为降低改造风险与提升结构设计水平，本文重点阐述了工业建筑增层改造的主要结构类型与技术特点，对工业建筑增层改造的结构设计难点问题进行了分析，进而提出增层改造结构设计的优化策略。

关键词： 工业建筑；增层改造；结构设计；优化策略

Structural design strategy for adding and renovation floors of industrial buildings

Wang Jiasong　Wang Xibo　Xu Jian

(China Railway Urban Planning & Designing Research Institute Co., Ltd., Wuhu 241000, China)

Abstract: With the old renovation and utilization of industrial buildings, the value of industrial buildings will be excavated by the method of adding floors for renovation completely, redefining them in terms of economic benefits, environmental significance, historical significance, and cultural significance. Adding floors and renovations belong to the category of existing building reinforcement, mainly involving check calculation and design of strengthening foundation, superstructure and components, thus facing many safety design issues. In order to reduce the risk of renovation and improve the level of structural design, this article focuses on the main structural types and technical characteristics for adding and renovation floors of industrial building, analyzes the structural design difficulties, and proposes optimization strategies for adding and renovation floors of industrial building.

Keywords: industrial buildings; adding and renovation floors; structure design; optimization strategy

随着城市更新进程的加快，具有一定功能性与城市记忆性的工业建筑将被旧改与利用，为最大化地节约土地与投资，利用既有基础以及扩大使用面积等实际需求，增层改造方式已经成为工业建筑旧改与利用的一个常见选择。内蒙古工业大学建筑馆[1] 通过设置夹层将铸工车间再生为建筑馆，“所见即结构”塑造空间并引导和改变空间感知，使历史遗产资源得到再生；北京“798”艺术区通过内部加钢结构体系将联合厂房分隔为两层的复式结构，局部构件与原厂房连接，使该工业遗产通过更新转型打造成为文化创意街区；合柴 1972 文创园[2] 是由原合肥监狱通过整体保留、局部保留、新旧结合的方式改造而成，充分注重城市文化和景观肌理的完善，使工业文化遗产通过保护与利用激发城市发展活力。正如英国文保专家费尔顿说过：“维持文物建筑的一个最好的方法是恰当地使用它们”，而增层改造方式将促使工业建筑实现可持续且全生命周期的使用。

1　增层改造的主要结构类型和技术特点

1.1　增层改造的主要结构类型

根据《工程结构设计基本术语标准》GB/T 50083—2014 第 2.1.41 条对工业建筑的定义，工业建筑是指提供生产用的各种建筑物，如车间、厂前区建筑、生活间、动力站、库房和运输设施等。虽然工业建筑的分布范围很广，但经调查，增层改造的工业建筑主要以车间、库房等通用工业厂房和特殊工业厂房为主。工业厂房的结构类型主要包括钢结构和混凝土结构，其中钢结构以一层门钢结构为主，二层及以上多层钢框架为辅；混凝土结构厂房主要以多层钢筋混凝土框架为主，一层钢筋混凝土排架结构为辅，而一层排架结构厂房通常采用混凝土预制柱，屋面使用轻钢结构形式。工业厂房的主要结构类型如图 1 所示。

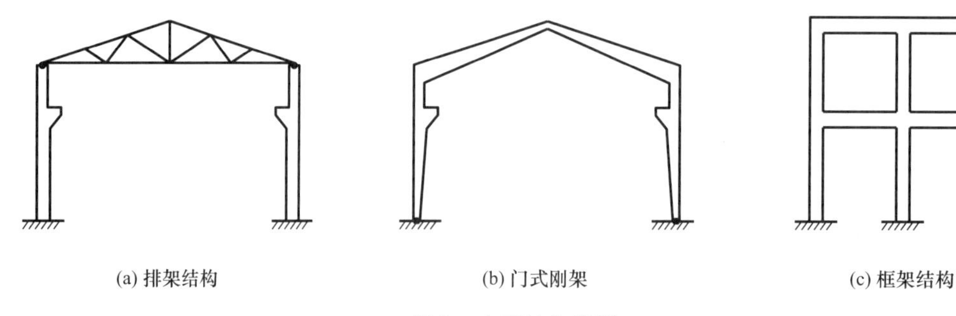

(a) 排架结构　　(b) 门式刚架　　(c) 框架结构

图 1　主要结构类型

1.2　增层改造的技术特点

建筑增层是一项技术含量很高的工程，需要相关专业的技术支持，要根据建筑增层的类型选定精准的加固改造方案。在建筑增层工程中，建筑增层结构方案总的来说可分为向上增层、室内增层和地下增层三大类。其中，向上增层会改变原建筑高度，其风险和外部制约因素较多，而室内增加夹层楼板和地下增层由于未增加原建筑高度，因此应用相对普遍。以上三种建筑增层方式的主要技术特点如下：

（1）向上增层

向上增层可采取外套结构增层、架设内柱式外套框架增层、框架结构直接增层等几种方式（图 2），主要应用于钢筋混凝土框架和钢框架结构中。外套结构增层法不受增层数限制，在不影响旧建筑安全使用的前提下，可按新建建筑进行设计与施工，若与旧建筑完全脱开即为分离式外套结构，若与旧建筑在各层柱中间有水平支点即为连接式外套结构。外套结构增层法可改善建筑立面，解决新旧建筑之间不协调和不统一的问题；架设内柱式外套框架增层法又称改变荷载传递路径增层法，此种加层方法利用对原构件进行一定的加固处理或增设内柱等传力构件。针对旧建筑基础或上部结构承载力不满足增层要求时，架设内柱式外套框架增层法可以改善旧建筑的受力体系；框架结构直接增层法是利用原地基基础与上部结构的富余承载力，在适量加固或不加固的情况下，在原建筑顶部直接增层的一种改造方式。框架结构直接增层法需利用下层框架结构柱直接连接，结构设计不仅要考虑增层后的竖向荷载的增大，还要考虑增层加高后整体框架的抗侧刚度问题。在建筑功能和平立面基本满足要求，且结构承载力有很大富余的情况下，直接增层法因改造难度小、成本低、施工周期短而受到欢迎。

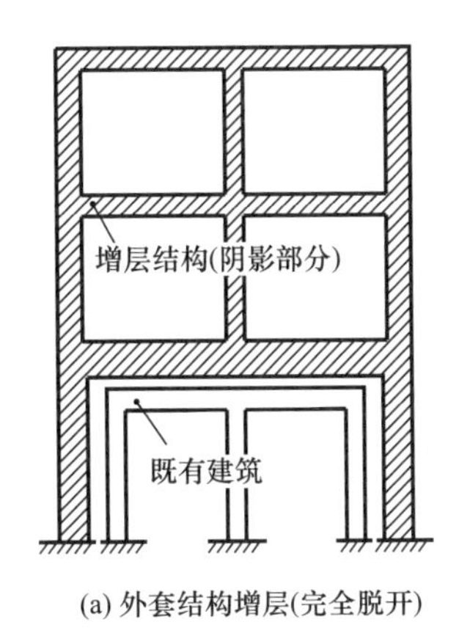

(a) 外套结构增层(完全脱开)

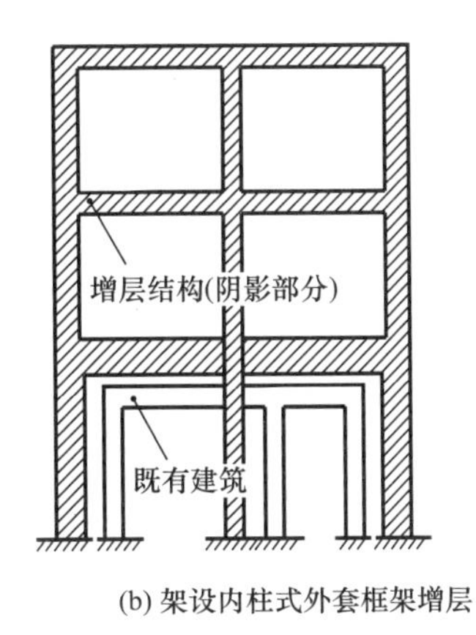

(b) 架设内柱式外套框架增层

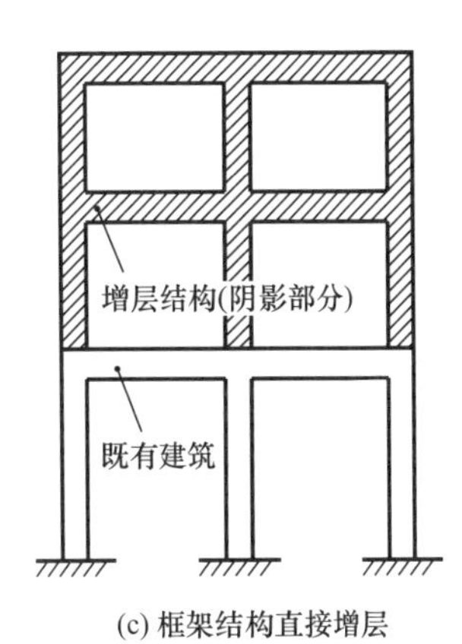

(c) 框架结构直接增层

图 2　向上增层方式

（2）室内增层

室内增层有局部增层和整体增层两种形式（图 3），主要应用于门式刚架和排架结构中。局部增层和整体增层都可利用排架结构在承载力富余的情况下，通过新增框架结构与原主体结构相连接，将排架结构改造成为框架结构或框排架结构，通过改变原结构受力体系而实现增层目标；局部增层也可利用局部构件连接，实现厂房内局部与原结构梁柱相连接，形成错层的结构空间体系，增加空间层次感。原建筑内部直接新建框架结构的增层方法是利用原建筑作为一个外围建筑，原结构柱与新建的内部增层建筑之间无连接或者无传力连接，原工业建筑起一个“避风港”的作用。

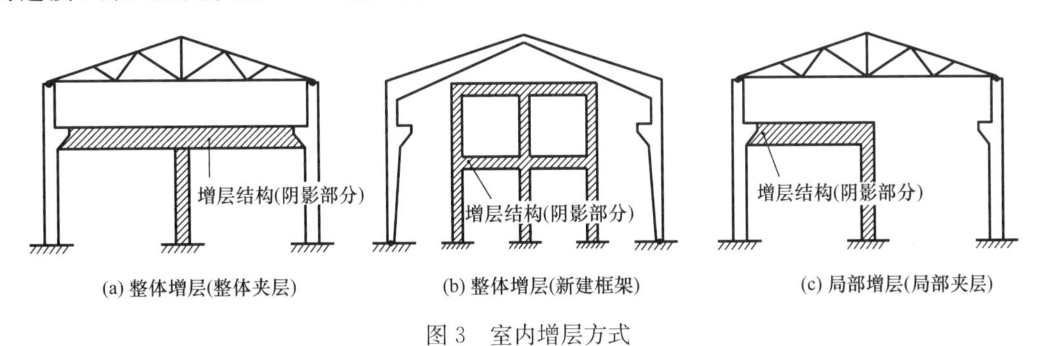

(a) 整体增层(整体夹层)　(b) 整体增层(新建框架)　(c) 局部增层(局部夹层)

图 3　室内增层方式

（3）地下增层

地下增层包括竖向延伸式增层、水平扩展式增层、混合式（水平与延伸综合）增层、原地下室内增层四种方式（图 4），其中竖向延伸式增层可采取原地下室基础影响范围外向下新增局部地下室、原基础回填土范围改建成地下室、原地下室以下增加地下室三种做法实现，水平扩展式增层可采取原地下室向四周水平扩建地下室、后建防空洞式地下室两种做法实现。虽然地下增层对地下空间能再利用，但地下增层不仅影响结构安全，也影响地下建筑的防水，因此针对年代久远的建筑，地下增层应慎用。

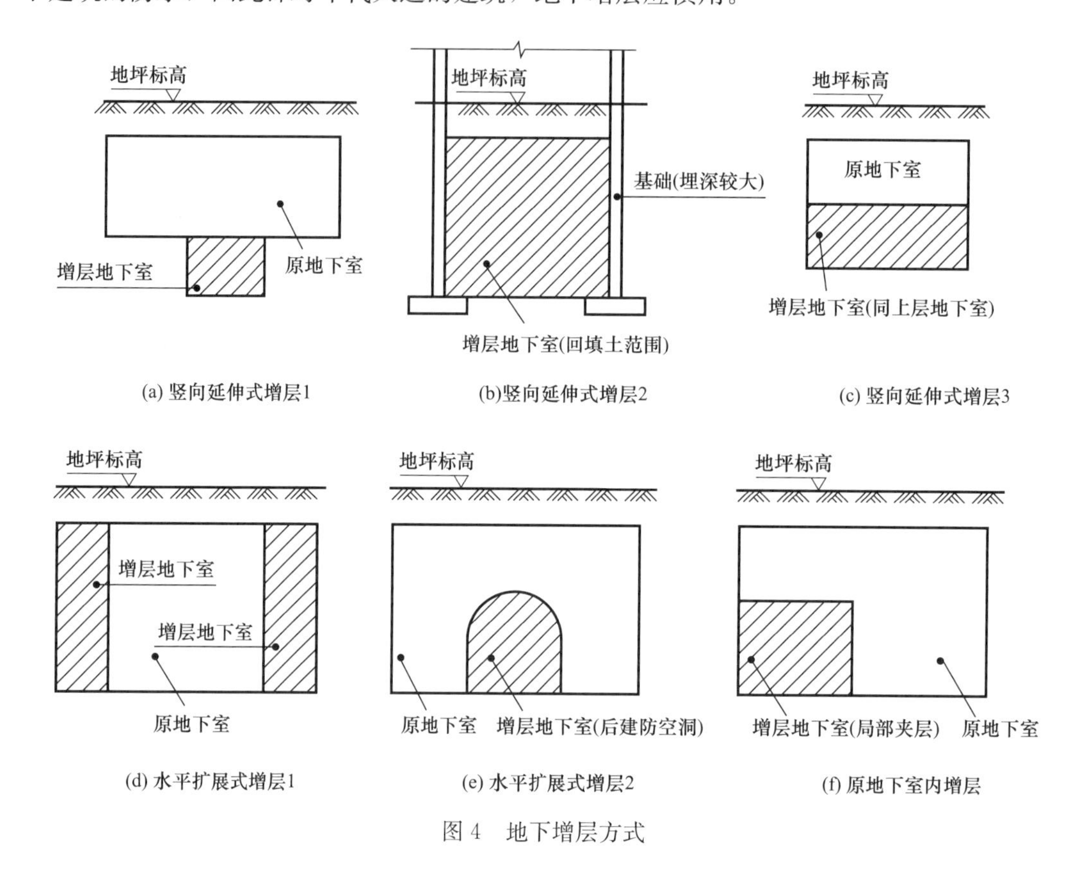

图4　地下增层方式

2　增层改造中结构设计的难点分析

虽然建筑增层改造的技术难点较多，但是若不能从根本上准确把握改造建筑的内外部基本条件，就无法有针对性地提供建筑改造方案，所以前期的原始资料与相关检测鉴定和现场查勘等基础性数据也是至关重要的。综合相关文献实例资料[3-4]，增层改造建筑的主要结构设计难点问题如下。

2.1　原始设计资料搜集与基础数据查询

在结构设计前期准备阶段，我们需要收集和理解项目相关的所有信息，包括业主的需求、建筑的原始设计、现有的结构图、相关的设计资料以及任何可能影响结构设计的其他因素。此外，我们还需要进行实地勘察，了解建筑的实际状况，以便更好地进行结构设计。但与新建建筑不同，老旧房屋由于年代原因，许多原始设计资料保存不完整，比如结构设计图纸缺失严重或没有，因而无法准确得知原设计时的结构荷载取值，从而影响建筑改造方案和结构计算分析；再如施工验收资料不完整或归口查询困难，因而难以了解建筑工程的施工质量，从而影响对增层建筑工程质量的初步判定。

2.2　结构检测与鉴定规范的适用条件

经结构检测与鉴定后出具的报告是改造建筑结构设计的重要依据和必要条件。2022

年实施的《既有建筑鉴定与加固通用规范》GB 55021—2021 要求应同时进行安全性鉴定和抗震鉴定。目前由于对规范的理解及机构资质等问题，导致结构安全鉴定和抗震鉴定的关联性不强，往往仅出具了结构安全性鉴定报告，且依据《危险房屋鉴定标准》JGJ 125—2016 仅进行了危险性等级划分，无法准确反映结构安全性，不能作为房屋修缮处理的充分依据。

2.3 设计标准与荷载参数的选取

既有工业建筑的增层改造相对新建建筑，其设计标准怎么确定是有规范规定的，特别是对于后续工作年限应明确说明，后续工作年限鼓励采用更高标准要求，但要求不低于既有建筑剩余工作年限。《建筑抗震鉴定标准》GB 50023—2009 规定，当已建成建筑后续工作年限按剩余工作年限确定且不低于 30 年，且增层部分后续工作年限与既有建筑相同时，增层改造结构设计可考虑地震作用折减系数。设计荷载标准值及分项系数是否按国家现行规范与标准取值后进行既有建筑结构计算，需要具体问题具体分析，一般设计荷载原则上按国家现行规范取值，分项系数及组合值系数实质上是可靠性指标在计算数值上的体现，既有建筑原则上可按原设计标准取值，但构件的静载作用下的承载力验算应满足现有可靠性水准。

2.4 增层改造方案的经济性与科学性比选

增层改造结构设计方案应着重优化建筑结构全生命周期的成本，针对建筑改造方案，结构设计应从原结构的基本条件出发，提出合理结构改造方案，并及时优化建筑方案以达到整体设计的合理性，以满足改造建筑的技术合理与经济最优要求，且能达到综合考虑工期、功能变化等影响经济性的主要因素。改造结构方案应多方案比选和验算，涉及重要构件和薄弱部位应采取包络设计，且要突出结构体系变化的差异性分析，既要满足建筑设计的安全可靠性，又要体现增层结构设计的创新性和科学性。

3 增层改造中结构设计的优化策略

3.1 结构设计方案的优化

与新建建筑相同，改造建筑的结构设计也应遵循安全、适用、经济、耐久原则，但增层改造建筑，应在充分考虑已有建筑特点的基础之上做最优化的结构设计，对结构体系、材料用量、轴压比、抗震性能、工期等各方面都要统筹把握，才能甄选出最佳的结构设计方案并符合设计标准要求。因此，我们需要根据既有建筑现状和业主的需求，对具体的情况进行全面考量并制定出科学、合理化的结构设计优化方案，并评估其可行性和施工便捷性。在初步方案的基础上，我们可以通过调整构件尺寸、选择合适的建筑材料和结构形式等，进一步优化结构设计。此外，对于一些重要部位，如基础、框架梁柱节点等，需要采取有效的措施进行加固和补强，以提高结构的整体性和安全性。

3.2 结构计算模型的优化

在实际的增层改造过程中，应充分考虑原有建筑的结构特点，合理增层与改造加固。在增层改造结构设计中，一般会包含加固方式和结构体系调整等问题，这是确保增层改造结构设计符合标准的重要参考依据，所以要确保数据计算的准确性，这时需要运用计算简图或计算模型，在使用计算简图或计算模型时应确保和实际的情况完全相符，特别是按检测鉴定后的数据建立准确的加固结构模型。但是由于增层改造建筑结构实际情况比较复杂，对于计算简图的合理使用就提出了很高的要求，所以在选择和使用计算简图时需要对增层改造结构进行综合考虑，并通过结构计算程序，对结构进行验算与优化，确保增层结构设计的合理性。

3.3 结构性能的优化

增层改造对建筑的结构性能有很大影响，主要表现在结构自重增加、改变结构的应力分布，以及增加地震作用及影响，因此对增层改造后的结构性能应提出优化措施。一是采取结构设计优化，如合理设计新旧结构的节点连接方式，以减小应力分布变化的影响；二是采取抗震设计优化，如根据新旧结构的特性，构建高效的地震作用传递路径，确保抗震构件具有足够的延性和主体抗侧力结构的刚度；三是材料选择注重高轻材料的使用，不仅要选择轻型材料以减轻结构自重，而且要提高材料强度，比如钢结构在增层改造项目中已有很多应用[5]；四是通过计算分析与试验验证，检验结构性能优化后的有效性。

3.4 节点构造的优化

对既有建筑进行改造，要充分考虑新增构件对既有结构的影响，改造过程中应尽量避免对原混凝土结构的过度损伤，尤其是连接节点要力求做到受力合理、构造简单。梁柱节点构造形式的选择，既要保证结构反力有效地传递给原主体结构，又要考虑施工上的便利性，只有这样才能保证结构的安全性，故应综合结合专业理论和施工现场情况来选取合理的节点构造形式。节点构造可充分采用新旧结构连接技术和结构加固技术，新旧结构连接技术是针对增层改造中的新旧结构连接问题，研究先进的连接技术，如植筋、锚栓、连接板等，以保证新旧结构的可靠连接；而结构加固技术根据原有建筑的结构缺陷，研究合理的结构加固方法，如钢筋加大截面、碳纤维加固、粘钢加固等，以提高原有结构的承载力和耐久性。

4 结论

本文从结构设计角度分析了工业建筑增层改造的优化策略，主要分析如下：

（1）工业建筑增层改造适用于不同的结构类型，常规结构类型主要包括钢结构和混凝土结构，其中钢结构以一层门钢结构为主，混凝土结构厂房主要以多层钢筋混凝土框架为主，一层钢筋混凝土排架结构为辅。增层方式主要有向上增层、室内增层和地下增层三大类。其中，向上增层会改变原建筑高度，其风险和外部制约因素较多，而室内增层和地下增层由于未增加原建筑高度，因此应用相对普遍。

（2）工业建筑增层改造的结构设计较新建建筑难点问题突出，主要是原始设计资料搜集与基础数据查询难、抗震鉴定报告不规范、采用的设计标准和荷载参数选取不规范、结构方案缺少经济性和科学性比选等。

（3）增层改造结构应进行设计优化，优化策略主要包括结构方案、计算模型与简化、结构性能以及节点构造等方面，优化后的结构设计能确保增层改造后的结构安全性与整体合理性要求。

参考文献

[1] 郝芳宇，吴迪．所见即结构——内蒙古工业大学建筑馆空间再生设计解析［J］．城市建筑，2023，17（37）：170-173.

[2] 余红艺，黄成．城市文化保护视角下的工业遗产利用研究——以合柴 1972 为例［J］．安徽建筑，2022，11（2）：5-7.

[3] 戴臣曦．上海某厂房改造结构设计［J］．建筑结构，2016（S1）：892-896.

[4] 卢达洲．既有工业建筑加层改造结构若干问题的分析及实践［J］．福建建筑，2023，302（8）：30-34.

[5] 陈正吉．钢结构在既有建筑室内增层改造中的应用［J］．城市建筑，2020，17（359）：129-131.

基金项目：2023 年安徽省住房城乡建设科学技术计划项目（2023-RKD10）

作者简介：汪家送（1980—），男，硕士，高级工程师。从事结构设计与研究工作。

碳纤维布加固新技术在补强圆形压力隧洞中的应用

李　涛[1,3]　但　颖[2]
（1. 长江勘测规划设计研究有限责任公司，湖北 武汉，430010；
2. 长江水利水电开发集团（湖北）有限公司，湖北 武汉，430010；
3. 国家大坝中心，湖北 武汉，430010）

摘　要：碳纤维复合材料加固水工压力隧洞是一种新型的结构加固技术，能够在不增加原有构件自重及尺寸的情况下大幅提高承载力及耐久性，利用很强的渗透性和足够的粘结强度的树脂将碳纤维布贴于需要补强的混凝土表面，恢复原构件的性能。该材料经过在大型水库的引水放空隧洞加固工程中的应用，其施工简便，性能可靠，既降低了施工成本，又缩短了工期，达到显著的加固效果。同时为该技术在大型水利工程中，尤其是在水工隧洞加固中的推广应用做了有益的尝试，拓展了水工混凝土结构补强加固施工新的途径。
关键词：碳纤维布；圆形隧洞；加固技术；补强；大型水库

Application of carbon fiber cloth reinforcement technology in strengthening circular pressure tunnels

Li Tao[1,3]　*Dan Ying*[2]
（1. Changjiang Survey，Planning，Design and Research Co.，Ltd.，Wuhan 430010，China；
2. Changjiang Water Resources and Hydropower Development Group（Hubei）Co.，Ltd.，Wuhan 430010，China；
3. National Dam Center，Wuhan 430010，China）

Abstract：Carbon fiber composite material reinforcement for hydraulic pressure tunnels is a new type of structural reinforcement technology that can significantly improve the bearing capacity and durability without increasing the weight and size of the original components. By using resin with strong permeability and sufficient bonding strength，carbon fiber cloth is applied to the surface of the concrete that needs reinforcement，restoring the performance of the original components. This material has been applied in the reinforcement project of the diversion and emptying tunnel of a large reservoir，and its construction is simple and its performance is reliable. It not only reduces construction costs but also shortens the construction period，achieving significant reinforcement effects. This has also made beneficial attempts for the promotion and application of this technology in large-scale water conservancy projects，especially in the reinforcement of hydraulic tunnels，expanding new avenues for the reinforcement and construction of hydraulic concrete structures.

Keywords：carbon fiber cloth；circular tunnel；reinforcement technology；reinforcement；large reservoirs

引言

碳纤维布（Carbon Fiber Sheet，CFS）是碳纤维复合材料（Carbon Fiber Reinforced Polymer，CFRP）的一种，碳纤维复合材料原主要用于航天、航空和国防工程。其加固技术应用最早起源于德国、瑞士[1]，20世纪80年代初期日本、韩国对碳纤维加固混凝土结构技术进行研究，20世纪80年代后期美国也开始进行该项技术研究。我国对该技术的研究和应用起步较晚，仅限于在土木建筑领域应用，而在我国水利行业大型工程中应用案例更少。碳纤维布加固混凝土结构技术以其轻质、高强、耐腐、耐疲劳及可设计性强的优点，在混凝土结构加固领域得到长足的发展和应用，已经成为国际和国内土木工程界的一个热点。

2003年起国内部分科研、设计和施工单位曾经用碳纤维复合材料修复加固混凝土输水洞（管）做试验。该技术在我国尚属首次应用，填补了我国水下纤维复合材料（FRP）粘结加固的空白。这类试验项目有湖北黄陂水库低输水洞加固，其洞径为1.8m，长度190m[2]；湖北蕲春花园水库输水隧洞加固，其洞径2.2m，长138.07m[2]；湖南桃花江水库灌溉管和发电管加固，其管径分别为2.4m和1.75m，长分别为11.5m和5.4m[3]。通过检测结果分析碳纤维布与水工混凝土两者变形协调一致并联合受力，修复加固效果良好，完全恢复了管道的正常使用要求。

试验证明，该材料的施工性能和耐久性良好，在不增加结构物的自重的同时，能可靠地与水工混凝土共同受力，获得了优异的补强加固效果，是一种很好的加固修复材料。随着国家现行标准《混凝土结构加固设计规范》GB 50367、《水工混凝土建筑物修补加固技术规程》DL/T 5315、《碳纤维增强复合材料加固混凝土结构技术规程》T/CECS 146等的正式颁布，碳纤维布加固技术在水工混凝土补强加固工程中也得到了更为广泛的应用。

1 碳纤维布加固原理

碳纤维布加固原理是采用高性能胶粘剂将碳纤维布粘贴在混凝土构件表面，使两者能共同工作，提高结构构件的（抗弯、抗剪等）承载能力。结构用纤维增强复合材料（FRP）主要有碳素纤维（Carbon Fiber，CF）、高分子聚合物纤维（Aramid Fiber，AF）和玻璃纤维（Class Fiber，GF）三大类。从其材料特性上进一步分类，可分为高弹性和高强度两类。CF具有较高的弹性模量和强度。高弹性碳素纤维的弹性模量可达到380～640GPa，而高强度CF的弹性模量为230GPa，拉伸强度约为4000MPa。与此相比，AF的弹性模量和拉伸强度较低，但拉断应变可在2%～4%，高于碳素纤维[3]。

加固修复混凝土结构所用材料主要为两种：碳纤维布与配套胶粘剂。其中碳纤维的抗拉强度能达到普通碳素钢的7～10倍，弹性模量与钢材基本相当；配套胶粘剂则包括底层胶粘剂、找平胶粘剂及粘结胶粘剂；前者的作用是为了提高碳纤维的粘结质量，而后者的作用则是使碳纤维与混凝土能够形成一个复合性整体，确保碳纤维布与混凝土之间力的传递的同时，又不会产生粘结材料的脆性破坏，以提高混凝土构件的抗弯、抗剪承载能力，达到对混凝土构件进行加固、补强的目的。

2 碳纤维布加固在有压隧洞中的应用

2.1 工程概况

青山水库位于长江中游右岸一级支流陆水河支流青山河中游，坝址位于咸宁市崇阳县境内幕阜山北麓，距崇阳县城15km。水库坝址以上承雨面积441km²，总库容4.3亿m³，是一座以防洪、灌溉为主，兼顾发电、供水和养殖等综合利用效益的大（2）型水利枢组工程。水库多年平均径流量3.72亿m³，具有多年调节性能。水库工程主要由主坝，东、西副坝，第一和第二溢洪道，引水放空隧洞，东输水隧洞，西输水隧洞及电站等建筑物组成。2004年青山水库鉴定为三类坝，2008～2010年水库进行了全面的除险加固。

该工程引水放空隧洞为有压洞，取水塔前为矩形断面，断面尺寸2.8m×3.8m；取水塔后为圆形断面，内径3.5m，总长度238.05m，其中上游进口段43.5m，上平段洞长52.1m，斜管段洞长58.95m，下平洞长44.68m，出口段洞长38.82m。出口两分岔管接电站和县城供水管（洞径分别为1.75m和1.0m），主管作为水库放空出口，隧洞为钢筋混凝土衬砌，衬砌厚度60～100cm。

经检测和鉴定，引水放空隧洞混凝土存在的问题有混凝土衬砌碳化严重、抗裂不满足规范要求，隧洞裂缝较多且漏水严重等重大问题。

2.2 碳纤维布加固施工

2.2.1 加固范围

本次加固对青山水库引水放空隧洞工作闸门以下洞身段采取粘贴碳纤维布加固，其中桩号0+009.6～0+082.3衬砌表面粘贴两层0.167mm厚L300-C碳纤维布、桩号0+082.3～0+154.5衬砌表面粘贴三层0.167mm厚L300-C碳纤维布。见图1。

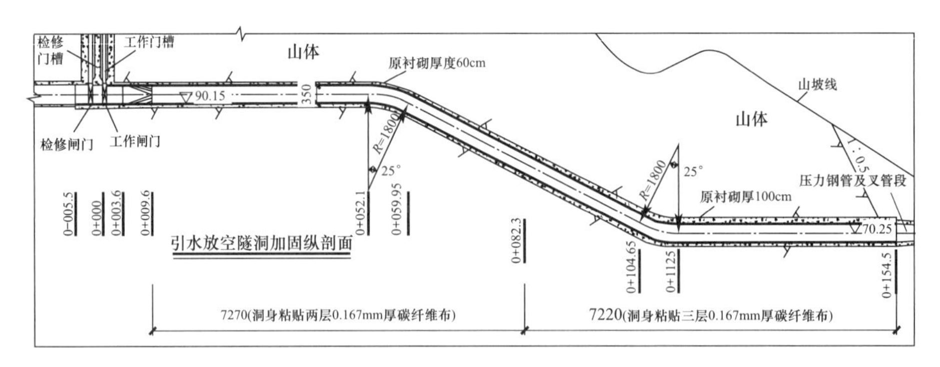

图1 引水放空隧洞纵剖面图

2.2.2 主要技术指标

（1）碳纤维布：纤维复合材的纤维为连续纤维，选用聚丙烯腈基（PAN基）12K或12K以下的小丝束纤维，本次加固采用的碳纤维布主要性能指标要求见表1。

碳纤维布主要性能指标 表1

型号	拉伸强度（MPa）	拉伸弹性模量（GPa）	断裂延伸率（%）	厚度（mm）
L300-C	≥4067	≥215	≥2.15	0.167

（2）专用胶粘剂：施工所用胶粘剂必须进行性能检测（有检测资质单位出具的检测报告），采用专门配制的改性环氧树脂胶粘剂，性能指标见表2～表4。

底层胶粘剂的性能指标 **表2**

性能项目	性能要求
与混凝土的正拉粘结强度（MPa）	≥2.5，且为混凝土内聚破坏
不挥发物含量（固体含量）（%）	≥99
混合后初黏度（230C时）（mPa·s）	≤6000

找平胶粘剂的性能指标 **表3**

性能项目	性能要求
胶体抗拉强度（MPa）	≥30
胶体抗弯强度（MPa）	≥40，且不得呈脆性（破裂状）破坏
与混凝土的正拉粘结强度（MPa）	≥2.5，且为混凝土内聚破坏

碳纤维布粘结用胶粘剂的性能指标 **表4**

性能项目	性能要求	备注
抗拉强度（MPa）	≥40	胶体性能
受拉弹性模量（MPa）	≥2500	胶体性能
伸长率（%）	≥1.5	胶体性能
抗弯强度（MPa）	≥50，且不得呈脆性（碎裂状）破坏	胶体性能
抗压强度（MPa）	≥70	胶体性能
与混凝土的正拉粘结强度（MPa）	≥2.5，且为混凝土内聚破坏	粘结能力
不挥发物含量（固体含量）（%）	≥99	

注：以上产品均需厂家提供原材料的检验报告。

2.2.3 碳纤维布加固施工

一般主要工艺流程为：基底处理→涂底层胶→找平胶→粘贴胶→固化养护（图2）。

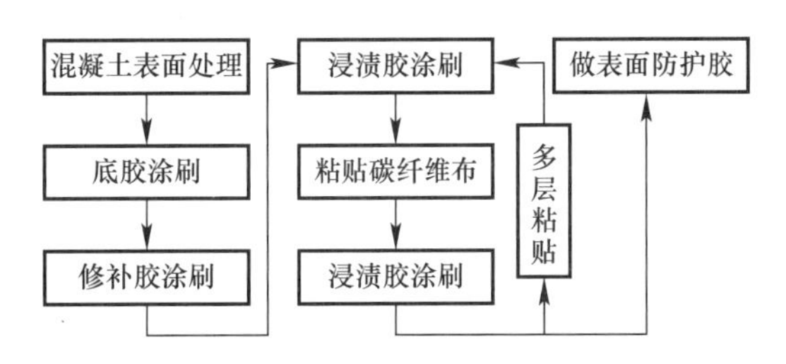

图2 碳纤维布加固隧洞混凝土衬砌工艺流程

（1）基底处理

放空隧洞内的积水，凿除引水放空隧洞内表面的剥落、疏松、蜂窝、腐蚀等混凝土，露出坚硬新鲜混凝土结构层。根据混凝土表面裂缝的分类按照设计要求对缺陷混凝土进行处理；缺陷处理完毕后，用高强无收缩灌浆材料将隧洞表面修复完整；等到修复部位混凝土强度达到设计强度且完全干燥后，用角磨机打磨整个隧洞内壁，除去混凝土表面浮浆、油污等杂质，如有钢筋裸露需对该部位进行除锈，如损伤程度严重，应采取措施补救，直至完全露出混凝土结构新面。将构件基面的混凝土表面打磨平整，尤其是对于混凝土表面凸起和混凝土拐角部位应打磨成圆弧形，圆弧半径不小于20mm；清理后的隧洞内壁表面用无油压缩空气除去粉尘或用清水洗干净，待完全干燥后用脱脂棉沾丙酮或者工业酒精擦拭。

（2）底层胶粘剂涂刷

由于环境温度、湿度和混凝土表面的干燥程度影响底层胶粘剂的粘结性能，因此施工环境温度最好控制在不低于5℃，湿度应不高于85%，混凝土表面含水量小于10%的干燥状况；按照底层胶粘剂供应商提供的工艺规定进行配制，配置数量需根据现场实际气温决定且需要严格控制使用时间，一般情况下20～50min内用完；用滚筒刷或毛刷将配好的底层胶粘剂均匀涂抹于混凝土构件表面，厚度不超过0.4mm，并不得漏刷或有流淌、气泡，等底层胶粘剂固化后（视现场气温定，以手指触感干燥为宜，一般不小于2h），再进行下一道工序。

（3）找平胶粘剂涂刷

根据找平胶粘剂供应商提供的工艺规定进行配制；然后将混凝土表面凹陷部位填补平整，尤其是模板接头部位等有高差部位，尽量填补平整且不应有棱角；转角处修复为光滑的圆弧形状；找平材料表面指触干燥后立即进行下一道工序[2]。

（4）碳纤维布粘贴

根据设计要求的尺寸裁剪碳纤维布。为便于粘贴，裁剪好的碳纤维布卷在小圆棍或圆筒上，并编号以供使用。裁剪和卷布过程中保持碳纤维布表面无灰尘、杂物；根据需粘贴的碳纤维布面积确定所需粘贴用胶粘剂的数量，按产品供应商提供的工艺规定配制粘贴用胶粘剂并均匀涂抹于所要粘贴的部位；下泄水流对碳纤维布接头部位的冲刷破坏是碳纤维布粘贴顺序控制的关键，据此确定碳纤维布由出水口往上游方向沿隧洞环向粘贴，单环的封闭接头留在该环最高点部位，单环封闭接头及各环之间相互搭接长度均≥100mm；当采用多条或多层碳纤维布加固时，各层纤维之间的搭接位置应相互错开；用专用的滚筒顺纤维方向多次滚压，挤除气泡，使粘贴用胶粘剂充分浸透碳纤维布。滚压时不能损伤碳纤维布，应做到平整、密贴、无空鼓、无褶皱；多层粘贴重复上述步骤，应在纤维表面胶粘剂指触干燥后立即进行下一层的粘贴；在加固的特殊位置（如粘结部位的始、末端），为保证碳纤维布与混凝土共同工作，必要时应采取附加铆栓、螺栓或钢板等措施；在最后一层碳纤维布的表面均匀涂抹一遍粘贴用胶粘剂。

（5）固化养护

环境温度在20℃以上时，初期硬化养护时间约1d，养护1周后方可进行施工质量检测；环境温度在10～20℃时，初期硬化养护时间1～2d，养护1～2周后方可进行施工质量检测；环境温度在10℃以下时，初期硬化养护时间约2d，养护2周后方可进行施工质量检测。

粘贴后初期硬化期内，不允许对片材进行锤击、移动或高温处理。

2.2.4 工程质量控制与验收

在施工过程中，施工班组应随时进行自检；固化养护完工后，首先由质检员进行初验，然后由监理方根据要求进行验收；加固材料必须有碳纤维布及其配套胶粘剂生产厂家提供的材料质检证明，并经第三方检测机构检测符合国家标准才能进场。每一道工序结束后均应按工艺要求进行检查，做好验收记录，如出现质量问题，立即返工；碳纤维片材粘贴位置与图纸位置相比偏差应不大于10mm；施工结束后的现场验收，以评定碳纤维布与混凝土之间的粘结质量为主。用小锤等工具轻敲碳纤维布表面，以回声来判断粘结效果。

要求空鼓总面积小于粘结总面积的5%。当碳纤维布空鼓面积小于10000mm^{2}时，可采用针管注胶的方法进行补救。空鼓面积大于10000mm^{2}时，则应将空鼓处的碳纤维布切除，重新搭接贴上等量的碳纤维布，搭接长度不小于100mm；必要时对碳纤维片材和配套树脂类粘结材料进行现场取样检验。

3 结论

青山水库引水放空隧洞加固工程于2009年12月11日开工，2010年3月10日基本完工。运行10多年来，渗漏量显著减少，加固效果良好。

经过在青山水库引水放空隧洞加固工程中的应用研究和分析，可以获得下列结论：

（1）高性能胶粘剂将碳纤维布粘贴在混凝土构件表面使两者共同工作，有效提高了构件的极限承载力和改善构件的变形性能。

（2）施工简便，性能可靠。

（3）缩短了工期，降低了施工成本，经济效益显著，达到较好的加固效果，可以有效地实现混凝土洞壁与碳纤维布的共同工作。

（4）该技术在大型水利工程中，尤其是在有压隧洞加固中的推广应用做了有益的尝试。

参考文献

[1] 丁声荣，姜新佩，李彦军. 碳纤维增加聚合物加固混凝土结构的研究和发展［J］. 水科学与工程技术，2005（4）：36-38.

[2] 袁文阳，武永新，陈尚建，等. 纤维复合材料在混凝土输水洞（管）修复加固中的应用［J］. 中国农村水利水电，2005（5）：45-48.

[3] 李彦军，刘志奇. 碳纤维布加固技术在水工隧洞中的应用［J］. 人民黄河，2007（4）：66，68.

作者简介：李　涛（1982—），男，硕士，高级工程师。主要从事病险水库加固、水工结构、水库安全评价、水库蓄水鉴定等方面的研究。

但　颖（1986—），女，工学学士。主要从事工程概预算等方面的研究。

基于伦理视角的建筑工程安全关键问题分析

荀　勇[1,2]　张宏春[1,3]
（1. 盐城市土木建筑学会，江苏 盐城，224051；
2. 盐城工学院，江苏 盐城，224051；
3. 盐城市住房和城乡建设局，江苏 盐城，224008）

摘　要：工程中的风险、安全与责任是工程伦理中的重点内容之一，从伦理的视角分析建筑工程安全问题相较仅从技术视角更加全面和深刻。本文审视了建筑工程全生命周期的工程活动内部安全和外部安全问题，并通过典型事故案例对设计、施工、使用三个阶段的工程安全的关键管控目标展开讨论，分析了建筑工程各类安全问题的特点和相互关联性，对目前建筑工程全生命周期中各阶段关键安全问题的管控重点和智能化管控技术，提出了合理化建议。

关键词：建筑工程；工程伦理；安全管控；智能化技术；全生命周期

Analysis on important issues of construction engineering safety from the perspective of ethics

Xun Yong [1,2]　*Zhang Hongchun* [1,3]
(1. Yancheng Civil Engineering and Architecture Society, Yancheng 224051, China;
2. Yancheng Institute of Technology, Yancheng 224051, China;
3. Yancheng Housing and Urban-Rural Development Bureau, Yancheng 224008, China)

Abstract: Risk, safety and responsibility of engineering are one of the key contents in engineering ethics. The analysis of construction engineering safety from the ethical than technical perspective is more comprehensive and profound. The internal and external safety issues of engineering activities throughout the life cycle of construction projects were studied. Through typical cases, the key control objectives of engineering safety in the three stages of design, construction and usage phase are discussed. The characteristics and interrelatedness of various safety issues in construction engineering were analyzed. At present, the management and control priorities of key safety issues at each stage in the whole life cycle of construction projects, as well as intelligent management technology, are put forward.

Keywords: construction engineering; engineering ethics; safety of management and control; intelligent management technology; whole life cycle

工程风险包括工程全生命周期各个阶段工程活动内部风险和工程活动对其外部不利影响，也包括工程活动的阶段性产品［报告、图纸、临时设施、部分或全部永久性建（构）

筑物等］引起的工程活动内部和外部的风险。通常，工程风险由如下三种不确定因素引起[1]：（1）工程技术因素的不确定性：结构失效，结构与材料耐久性问题引起其腐蚀和老化，设备控制系统失灵，构配件连接节点损伤，非线性作用等因素；（2）工程外部环境因素的不确定性：意外气候条件，地震、飓风、泥石流等自然灾害因素；（3）工程中人为因素的不确定性：工程设计理念的缺陷，结构计算错误，施工质量缺陷，操作人员渎职等因素。工程活动对工程产品有直接的影响，各阶段工程活动也存在相互影响的关系。因此，各种工程风险是相互关联的，而不是孤立的，我们在研究工程风险问题时，可以抽象化建立独立的系统模型进行分析，但是在面对复杂的工程问题建立工程风险管控措施时，不能不考虑其相互关联性。目前，基于智能化技术的工程安全管控措施大多针对建筑施工阶段[2]或建筑使用阶段[3]，没有考虑各阶段的相互影响，更没有考虑工程活动引起外部人群的健康和生态安全风险。

基于工程伦理视角的建筑工程安全问题评估四个基本原则[1]：（1）以人为本的原则："人不是手段而是目的"，在风险评估中应充分体现"保障人的安全、健康和全面发展"，避免狭隘的功利主义。该原则包括重视公众对风险的及时了解，充分尊重当事人的知情同意权。（2）预防为主原则：在工程风险的伦理评估中要坚持以预防为主的风险评估原则，从事后处理转变到事先预防，做到充分预见工程可能产生的各种负面影响，加强日常安全隐患的排查，强化监督和管理，完善预警机制等。（3）制度约束原则：首先，必须建立和健全安全管理的法规体系，包括检修施工管理、安全设备管理、特种作业管理、危险源管理、危险品存储和使用管理、能源动力使用和管理、电力使用和管理、隐患排查和治理、监督检查和管理、劳动防护用品的管理、安全教育和培训、事故应急救援、安全分析预警和事故报告、生产安全事故责任追究、安全生产绩效考核奖励等；其次，建立并落实安全生产问责机制，应建立企业的主要负责人、分管安全生产负责人和其他负责人在各自职责范围内的安全生产工作责任体系，要实现分工清晰、责任具体、主体明确、权责统一。（4）整体主义原则：在工程风险的伦理评估中要有大局观念，要从社会整体和生态整体的视角来思考工程实践活动全过程所带来的影响。工程安全对公众和生态的影响不仅是工程活动参与各方内部问题，还应当建立媒体与工程安全交流机制，让公众了解重大工程项目安全的可控性，对工程中出现的安全问题，必须允许媒体曝光。

为从整体主义原则出发分析安全问题，本文首先讨论建筑工程全生命周期的阶段划分，详见表1。

建筑工程全生命周期主要安全问题 **表1**

工程阶段	工程活动		阶段产品		后续影响	
	内部	外部	内部	外部	工程活动	阶段产品
（1）规划决策阶段	（1）野外水文地质勘测；（2）协调不同意见冲突	协调公众意见	（1）内容是否准确可信；（2）内容是否涉及机密	（1）规划对环境的影响；（2）对不同群体的影响	（1）规划对原材料采购与运输的影响；（2）对工程活动环保影响	（1）规划对设计阶段的影响；（2）规划对使用阶段影响
（2）客户需求与初步设计阶段	（1）结构方案是否合理*；（2）结构荷载工况是否全面准确*	协调公众意见	（1）结构安全与抗震等级*；（2）建筑物防火等级*	（1）对环境的影响；（2）对拆迁和相邻群体的影响	（1）对施工图设计的影响；（2）对工程活动安全与环保的影响	（1）对设计阶段的影响；（2）对使用阶段影响

续表

工程阶段	工程活动		阶段产品		后续影响	
	内部	外部	内部	外部	工程活动	阶段产品
(3)施工图设计阶段	(1)结构设计符合规范要求*;(2)建筑构造合理*	协调公众意见	(1)结构安全**;(2)建筑防火与消防**;(3)突发事故逃生通道*	(1)对环境的影响;(2)对拆迁和相邻群体的影响	(1)对施工过程的影响;(2)对工程活动安全与环保的影响	对施工阶段的影响;对使用阶段的影响
(4)图纸会审阶段	(1)结构设计符合规范要求*;(2)建筑构造合理*	协调公众意见	(1)结构安全**;(2)建筑防火与消防**;(3)突发事故逃生通道*	(1)对环境的影响;(2)对拆迁和相邻群体的影响	(1)对施工过程的影响;(2)对工程活动安全与环保的影响	对施工阶段的影响;对使用阶段的影响
(5)施工阶段	(1)高空坠落**;(2)物体撞击和车辆伤害*;(3)脚手架和吊装伤害*;(4)机械伤害、触电、中毒、窒息和爆炸等其他*	(1)噪声;(2)扬尘;(3)绿化破坏	(1)结构坍塌倒塌**;(2)基坑失稳**	(1)对周边交通的影响;(2)对周边光线的影响;(3)对周边空气的影响	(1)对后续施工影响;(2)对工程验收质量影响	质量对使用阶段的影响**
(6)工程验收阶段	协调不同意见冲突	协调公众意见	质量对使用阶段影响**	质量对使用阶段外部影响**	质量对使用阶段影响**	质量对使用阶段的影响**
(7)建筑物使用阶段	(1)改造不当**;(2)周围工程活动影响*	同上	(1)耐久性问题**;(2)火灾等偶然荷载影响*	对用户周边外部环境影响	是否便于安全拆除并不影响环境	是否减少拆除对环境影响

注:* 表示较重要的重点问题;** 表示最重要的重点问题。本表省略了招标投标阶段,即没有讨论团队选择对安全的影响。全生命周期每个阶段的工作都是团队完成的,团队经验和素质对安全影响很大。

省略了招标投标阶段,表1将建筑全生命周期分为7个阶段。众所周知,所谓建筑全生命周期,即BLM(全称Building Lifecycle Management)包括规划、设计、招标投标、施工、竣工验收及物业管理等。作为BLM整体管理,需要形成能够衔接各个环节的综合管理平台,通过其信息平台,创建管理和共享统一完整的工程信息,以便于减少工程建设各阶段衔接时各参与方之间的信息丢失,从而提高建筑工程的管理效率。建筑工程项目通常具有社会影响大、施工周期长、风险高、涉及单位众多等特点,因此建筑全生命周期的划分是十分重要的工作。通常将建筑全生命周期划分为四个阶段(即规划阶段、设计阶段、施工阶段、运营阶段)的方法[4],应用于建筑工程安全管理略显简单。借用汽车行业功能安全国际标准ISO 26262标准,安全生命周期包括以下几个主要阶段:(1)概念阶段(Concept Phase):在这个阶段,定义系统的安全目标,确定安全需求和安全性概念,这部分内容涉及对预期的应用场景和安全性目标进行评估和规划。(2)需求阶段(System Level Requirements Phase):在这个阶段,明确系统功能的安全性需求、性能需求和安全性要求。确保需求是明确、可追溯和可以验证的。(3)设计阶段(System Level Design Phase):在这个阶段,系统的功能和硬件/软件架构被定义和设计,包括确定设计约束、界面需求、容错能力及其系统的分区。(4)实现和集成阶段(Component Level Design & Implementation and Integration Phase):在这个阶段,根据设计的要求,实施系统和组件的设计,包括软件开发、硬件开发、集成和测试。(5)确认阶段(Verification Phase):在这个阶段,通过验证和测试来证明系统和组件是否满足安全性要求,包括静态和动态测试、故障注入、故障处理等。(6)生产和运营阶段(Production & Operation Phase):在这个阶段，系统和组件进入正式的生产和运营，工作内容包括监控和评估系统的功能安全性，以及处理生产和运营中的问题和风险。除了上述主要阶段，ISO 26262 还增加了一些附加阶段，如安全管理和确认（Safety Management & Safety Assurance），要求在整个生命周期中采取适当的管理和确认措施确保安全性目标的实现。每个阶段都有其具体的活动、工件和审核要求，以确保车辆电子系统在开发过程中满足功能安全性。这些阶段相互衔接和交互，共同构成了一个完整的安全生命周期。根据上述全生命周期的划分方法，表 1 中讨论了建筑工程 7 个阶段的安全问题，省略了招标投标阶段。招标投标阶段的主要任务是选择工作团队，全生命周期每个阶段的工作都是团队完成的，团队经验和素质对工程安全影响很大，在实际安全管理工作中招标投标阶段是不能省略的，本文假设参与工程各方的团队是合理选择产生的，因此省略了这个环节。

从表 1 可以看出，建筑工程全生命周期各个阶段都存在安全问题，不仅本阶段活动存在对本阶段的安全影响，而且有些活动对后阶段也存在安全影响。在表 1 中，建筑工程全生命周期安全问题有轻与重、偶发与多发之分，重点问题（表 1 中用 * 或 * * 表示，* * 表示最重要的重点问题，* 表示较重要的重点问题）主要集中在设计、施工、使用三个阶段，下面针对这三阶段展开详细讨论。

（1）设计阶段。设计阶段安全问题的特点主要表现在其设计产品对后续阶段安全的影响。因设计不当导致施工时结构坍塌的典型案例是加拿大魁北克大桥悲剧［工程师之戒（Iron Ring，又译作铁戒，耻辱之戒）的故事来源于此］，1900 年，魁北克大桥开始修建，横贯圣劳伦斯河。为了建造当时世界上主跨最大的桥梁，原设计桥梁净距 487.7m，未经认真计算和校核，被工程师增长到 548.6m。1907 年 8 月 29 日下午 5 点 32 分，当桥梁即将竣工之际，发生了垮塌，造成桥上的 86 名工人中 75 人丧生，11 人受伤。事故调查显示，这起悲剧是由工程师在设计中的计算失误造成的[5]。国内也有因设计不当，或不按原设计施工导致施工过程中发生坍塌事故的案例，如：2021 年 11 月 23 日，金华经济技术开发区在建工程湖畔里项目酒店宴会厅钢结构屋面混凝土浇捣施工时发生坍塌事故；事故发生时，有 11 名作业人员进行钢结构屋面 50mm 厚 C20 细石混凝土刚性保护层施工；该事故共造成 6 人死亡、6 人受伤，直接经济损失 1097.55 万元。

某些设计虽然没有引起建筑结构在施工阶段发生坍塌，但是对使用阶段建筑结构抵抗偶然荷载的安全风险没有充分考虑，导致其风险超出预期。美国花旗集团总部大厦建成于 1977 年。这栋高达 279m 的大楼共 59 层，仅由 4 根 35m 的圆柱撑起。在这座大楼投入使用后没多久，一名工科学生在以该超高层建筑结构分析为题做毕业论文时，发现大厦不足以抵抗对角线方向风荷载的作用。原设计工程师本着对建筑结构安全高度负责的精神，考虑了这名学生的意见，对风荷载沿方形平面对角线作用的工况大楼结构性能进行了反复的试验和计算，结果他真的发现一旦纽约出现强劲飓风，将可能使某些接口部位的压力增加到 160%。而这样的压力会导致某些关键部位的连接螺栓失效，从而有可能引起整栋大楼倒塌。原设计工程师如实向花旗银行说明情况，向纽约市政报告，诚实面对媒体和群众的质疑，承认原建筑结构设计存在问题，并给出了合理的加固方案。结构加固改造主要包括加固薄弱部位连接螺栓和在楼顶安置调谐质量阻尼器两项措施。加固后，这座建筑是纽约市最安全的摩天大楼之一。

（2）施工阶段。根据有关文献统计数据分析，我国建筑工程施工阶段的安全事故主要包括：高空坠落事故，坍塌倒塌事故，物体撞击事故，吊装伤害事故，机械伤害事故，触电事故，车辆伤害事故，以及有限空间中的中毒、爆炸等。其中，高空坠落事故占到建筑工程施工阶段全部事故种类的一半左右。在高空坠落事故中，洞口和邻边部位的事故发生概率是最大的。造成这种现象的主要原因是：没有设置完全封闭的安全网，没有贴上警告标志；接近相邻洞口，交叉作业，违规攀爬；作业人员没有按照规定穿戴能够形成保护的安全装置等。因此，在施工安全管控过程中，必须对“高空坠落”给予足够的关注，设法将事故的发生降到最低。和高处坠落相比，“坍塌”发生频率不高，但是一旦发生，通常是重大事故。因此，坍塌也是施工阶段的安全管控重点。一般坍塌包括施工阶段建筑结构坍塌和施工临时设施（如脚手架等）的坍塌。

因建筑结构改造方法不当引起的施工阶段安全问题较多。其中之一是苏州市吴江区“7·12”四季开源酒店辅房坍塌事故（该事故发生于2021年7月12日，其楼体前身为吴江山湖饭店）。苏州吴江四季开源酒店辅房是一幢3层3跨大楼（中间为内走廊），结构改造方案是拆除底层中部走廊的两堵纵向承重墙（图1），由于该设计方案错误，导致拆除墙体过程中先发生建筑中部偏西区域开始下沉，然后在8s之内建筑完全坍塌，当时有20多人被困在楼内。该起事故造成17人死亡、5人受伤，直接经济损失约2615万元。

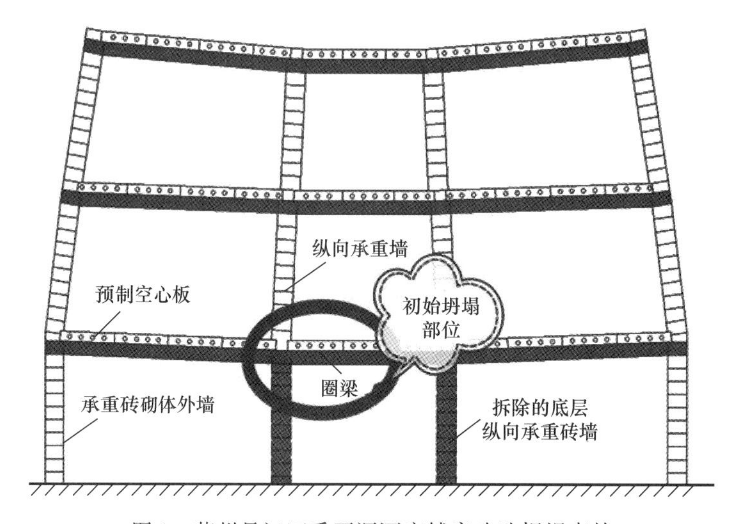

图1　苏州吴江四季开源酒店辅房改造坍塌事故

近十年来施工临时设施（如脚手架等）的坍塌的重大事故当数2016年11月24日江西丰城电厂冷却塔施工平台发生坍塌案，该事故造成73人死亡，2人受伤，直接经济损失10197.2万元。施工操作不规范，也会引起施工过程中的分部分项工程发生坍塌。北京市海淀区清华大学附属中学体育馆及宿舍楼工程工地基坑的钢筋绑扎过程中，筏形基础的钢筋体系发生坍塌，造成10人死亡、4人受伤。经调查，事故直接原因是，施工现场未按照方案要求堆放物料，钢筋绑扎过程中马凳与钢筋未形成完整的结构体系，致使基础底板钢筋整体坍塌。

住房和城乡建设部连续7年“房屋市政工程生产安全事故情况通报”的事故率均值比例见图2。

（3）使用阶段。2020年8月29日襄汾县陶寺乡安李村村民在聚仙饭店举办25桌宴席的寿宴，当天9时40分左右，该饭店宴会厅、北楼二层南半部分和钢结构采光顶棚突然发生坍塌，造成了29人死亡和28人受伤，直接经济损失1164.35万元。事故调查组调查认定，聚仙饭店“8·29”坍塌事故是由于多次盲目改造扩建导致在经营活动中部分建筑物坍塌，是一起重大生产安全责任事故。事故直接原因是，聚仙饭店建筑结构整体性差，经多次加建后，使宴会厅东北角承重砖柱长期处于高应力状态；北楼二层 A 区屋面预制板长期处于超负荷状态，在其上部高炉水渣保温层的持续压力下，发生脆性断裂，形成对宴会厅顶板的猛烈冲击，导致东北角承重砖柱崩塌，最终造成北楼二层南半部分和宴会厅整体坍塌。

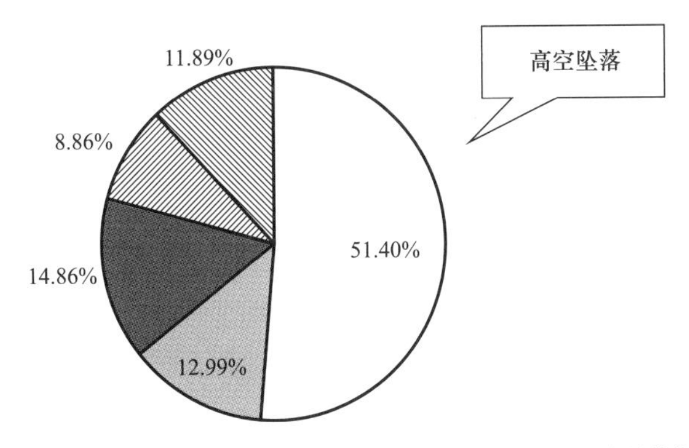

图 2　房屋市政工程施工阶段各类安全事故发生的概率分析

因周边工程活动引起使用阶段建筑物坍塌和倒塌的典型案例有齐齐哈尔市第三十四中学体育馆屋顶坍塌和上海闵行区莲花河畔景苑小区 13 层楼倒塌。前者因与体育馆毗邻的教学综合楼施工过程中，施工单位违规将保温建筑材料珍珠岩堆置体育馆屋顶；受降雨影响，由于珍珠岩浸水增重导致屋顶荷载增大而引发了坍塌事故。后者因紧贴发生事故的楼北侧，在很短的时间内堆土速度和高度过高，最高处达 10m 左右；与此同时，紧邻该大楼南侧的地下车库基坑正在开挖，开挖深度达 4.6m，大楼两侧的压力差迫使土体产生了水平位移，过大的水平力超过了桩基的侧向承载力，导致房屋倾倒。

施工质量也是影响使用阶段建筑工程安全的重要因素之一，《中华人民共和国刑法》第 137 条规定："建设单位、设计单位、施工单位、工程监理单位违反国家规定，降低工程质量标准，造成重大安全事故的，对直接责任人员，处五年以下有期徒刑或者拘役，并处罚金"；《中华人民共和国建筑法》第三条规定："建筑活动应当确保建筑工程质量和安全，符合国家的建筑工程安全标准"。众所周知的重庆綦江彩虹桥是典型的工程质量问题引起使用中垮塌的工程事故。工程不是在实验室中进行的实验，而是在社会规模尺度上以人类为对象的试验（因为工程风险是始终存在的，所以称其为试验）。

地震、爆炸、撞击、火灾、台风和暴雨等偶然荷载考虑不充分也会对建（构）筑物使用带来一定的安全隐患。如：2024 年 5 月 1 日广东梅大高速茶阳路段发生塌方特大安全事故；5 月 2 日，全国重点文保单位河南大学大礼堂着火等。通常情况下应对偶然荷载的设计目标不是完全消除安全风险，而是在可能的情况下，将偶然荷载作用下安全事故的发生概率降低到人们能够接受的范围内，因此，对安全事故进行智能化监测和预警就显得十分重要。目前，人们不仅研究建筑结构设计安全问题，而且研究施工安全管理信息化与智能化问题，更研究使用过程中建筑结构安全健康监测先进技术[6]。

综上所述，工程全生命周期各阶段都充满安全风险，决策失误会导致安全事故、设计不当会导致安全问题、建造过失会出现安全事故、使用和运行管理不当也会出现安全问题、工程废弃阶段也有安全风险（如福岛核电站等）。由以上案例分析可见，"设计阶段工作对施工和使用阶段的安全影响""施工阶段高空坠落和坍塌等问题""使用阶段结构改造、周边工程活动、施工质量对使用中工程建（构）筑物的影响”是建筑工程全生命周期安全的三个关键问题。

《中国工程师联合体工程伦理守则》（征求意见稿）第一条，“把公众的安全、健康和福祉以及生态环境保护放在首位”，因此，我们提出如下建议：

（1）加强工程伦理教育，提高工程管理主体各方代表和工程师以及工程从业人员的工程伦理意识，完善和遵守工程伦理守则。从工程伦理的高度，强调建筑工程安全工作的重要性。

（2）按职业伦理的要求主动降低事故率较高的工程阶段的安全风险，加强对建筑结构全生命周期重点安全问题的分析和认识，并重视对各类建筑工程中安全管控重点环节的研究；关注个体经营户和中小型私营企业主自建房屋、租购置物业的设计、改造、施工和使用中的安全问题，强化建筑改造过程中结构安全问题的管控力度；在深刻认识建筑工程安全事故对“人民生命财产损失”危害的同时，正确认识工程活动和工程产品（设施）对自然生态环境可能带来的伤害。

（3）建立城镇建筑档案数据库，并建立归档规则和专家对结构安全的评价内容，把结构安全健康监测和城镇建筑档案大数据技术结合起来；进一步研究建筑工程施工中各类事故发生的原因和特点，基于多维度的工程信息大数据，增扩建筑工程施工智能化监控软件中安全影响因素分析模块，把引起建筑工程施工安全风险的原因和现象结合起来，增强智能化系统学习和预警能力。

（4）重视图纸会审环节和竣工验收环节工作质量，努力把建筑全生命周期中的上阶段工作质量对下阶段安全影响降低到可控范围内；江苏建安企业要认真执行和落实《江苏省建筑施工安全管理实用手册（2023版）》中各项制度和措施，努力把施工安全预控与总结工作落实到每个分部分项工程之前和之后，并保证在每个分部分项工程施工过程中，安全工作绝不缺位。

（5）重视建筑防火通用规范，建筑设计防火规范，消防设施通用规范，人民防空工程设计防火规范，汽车库、修车库、停车场设计防火规范，自动喷水灭火系统设计规范，自动喷水灭火系统施工及验收规范，建筑给水排水设计标准等规范和标准的执行和各类防火措施的落实，提高消防管控水平。

（6）加强台风和龙卷风多发地区（比如苏北沿海地区）偶然风荷载对各类建筑物影响的研究，分析超强偶然风荷载出现频率和作用规律，研究建筑物抵抗超强风的措施[7]。对于确实难以考虑到的偶然荷载，建议相应的结构设计引入“鲁棒性”（Robustness）设计方法以减少局部事故对整体结构的影响[8]。

本文重点讨论建筑工程全生命周期的关键安全问题，没有涉及城市安全。建筑工程安全与城市安全有着密切的关系，如何考虑建筑工程安全风险对城市安全的影响，如何在城市安全的框架下考虑建筑工程安全问题，有待进一步研究。

参考文献

[1] 李正风，丛杭青，王前，等. 工程伦理［M］. 第2版. 北京：清华大学出版社，2019.

[2] 袁超超. 基于智慧工地的建筑工程安全管理研究［D］. 济南：山东建筑大学，2023.

[3] 王海渊. 面向建筑结构安全监测的语义传感器Web关键技术研究［D］. 北京：北京工业大学，2016.

[4] 陆惠民，苏振民，王延树. 工程项目管理［M］. 第3版. 南京：东南大学出版社，2015.

［5］ 叶华文，张澜，秦健淇，等. 魁北克大桥垮塌全过程分析［J］. 中外公路，2015，35（5）：138-142.
［6］ 吴智深，张建. 结构健康监测先进技术及理论［M］. 北京：科学出版社，2015.
［7］ 荀勇. 盐城地区龙卷风灾害链及其风险评估与对策［J］. 盐城工学院学报（自然科学版），2020，33（1）：1-5.
［8］ 张雷. 钢框架结构抗连续性倒塌机理及鲁棒性提升方法研究［D］. 哈尔滨：哈尔滨工业大学，2020.

作者简介： 荀　勇（1964—），博士，教授（二级）。主要从事土木工程专业教学和科研工作。

张宏春（1964—），本科，兼职教授，一级调研员。主要从事工程建设宏观管理和组织协调工作。

基于MATLAB的纤维增强混凝土微观结构分析

张亚东
（济宁港航建设有限公司，山东 济宁，272000）

摘　要：通过采用基于照片的图像识别、结构计算、多次试验的方法，对典型预拌砂浆截面组成进行精细识别。基于MATLAB图像识别技术，对砂浆截面图片进行图像反转、去除噪点、闭运算、填补区域以及膨胀腐蚀等操作，还原预拌砂浆内部的真实骨料排布情况，分析在预拌砂浆中增加纤维类附加材料，有效控制开裂问题，且有效增加了构件的材料性能，可降低模具成本、加快施工速度，提高经济效益。通过分析改性聚丙烯纤维的加入可以从整体上改善砂浆的工作性能。它不仅提高了砂浆的早期抗折强度和韧性，还改善了其抗渗性能，使得砂浆在各种复杂和苛刻的工程环境下都能表现出优异的性能，符合当前可持续发展和绿色低碳环保的节能理念。同时纤维墙体符合节能减排、低碳环保的理念，社会效益显著，有助于在市场快速推广。

关键词：MATLAB；预拌砂浆；纤维材料；微观结构

Microstructure analysis of fiber reinforced concrete based on MATLAB

Zhang Yadong
(Jining Port Construction Co., Ltd., Jining 272000, China)

Abstract: By using the methods of image recognition, structure calculation and many tests based on photos, the section composition of typical ready-mixed mortar is accurately identified. Based on MATLAB image recognition technology, image inversion, noise removal, closing operation, area filling, expansion corrosion and other operations are carried out on the mortar cross section picture to restore the real aggregate layout inside the ready-mixed mortar, analyze the addition of additional fiber materials in the ready-mixed mortar, effectively control the cracking problem, and effectively increase the material properties of components. It can reduce the mold cost, speed up the construction speed and improve the economic benefit. The performance of mortar can be improved by adding modified polypropylene fiber. It not only improves the early folding strength and toughness of the mortar, but also improves its impermeability, making the mortar in a variety of complex and harsh engineering environment can show excellent performance. In line with the current sustainable development and green low-carbon environmental protection energy saving concept. At the same time, the fiber wall is in line with the concept of energy saving and emission reduction, low-carbon environmental protection, and has significant social benefits, which is conducive to rapid promotion in the market.

Keywords: MATLAB; ready-mixed mortar; fibrous materials; microstructure

引言

在现阶段，科学技术的进步带来了人们生产和生活质量水平的提高，也带来了基础建设的现代化，实现了住宅建设由粗放型向集约化、提高住宅质量、节约住宅能耗的转变。绿色建筑及建筑产业化是未来建筑业发展的方向，研究分析对比不同配合比下纤维材料性能，从技术、经济和可实施性的角度综合考虑纤维材料的选取与应用[1]。通过综合考虑外加剂的原材料供应、现场配合比难易程度、人员生产效率等因素，得出添加纤维材料的墙体经济性远优于其他类型的外墙[2]。且在长期使用过程中，安全可靠性也在纤维材料发挥自身材料性能优势的基础上，与其他材料结合后更加安全环保，经久耐用，材料稳定性强[3]。钢筋混凝土外墙的力学性能、抗渗性和抗裂性普遍不足，但在混凝土中掺入钢纤维有利于提高混凝土的抗拉强度、抗压强度、抗折强度与折压比[4]。纤维材料添加至预拌砂浆具有良好的耐久性能和力学性能，如具有良好的耐火、耐腐蚀、抗渗等耐久性能和良好的抗剪、拉伸、弯曲、变形等力学性能，极大地弥补了钢筋混凝土外墙的缺陷[5]。改性聚丙烯纤维在砂浆中的应用已经得到广泛的认可和实践证明[6]。这些纤维通过其独特的物理和化学特性，能够显著提高砂浆的各项性能，特别是在早期抗折强度、韧性以及抗渗性能方面的表现尤为突出[7]。现阶段，多位学者分析了添加纤维材料下的预拌砂浆性能变化，如通过分析在已知水胶比、胶凝材料掺量的条件下，不同纤维掺量下纤维自密实混凝土的弯曲韧性，探究添加纤维的预拌砂浆明显应变率强化效应和温度损伤效应[8]；分析玻璃纤维增强聚合物（GFRP）筋对混凝土柱承载力的影响；探究聚丙烯纤维对构件断裂过程的影响等[9]。而现阶段少有使用 MATLAB 软件进行砂浆细微结构分析的研究，如干拌砂浆经过干法筛选处理后的骨料和水泥，并根据不同组分的性能，按一定比例在专业生产厂搅拌，在使用场所按照指定比例的水或支撑液混合使用干混混合料。本文通过 MATLAB 图像识别技术，对砂浆截面图片进行图像反转、去除噪点、闭运算、填补区域以及膨胀腐蚀等操作，还原预拌砂浆内部的真实骨料排布情况。分析改性聚丙烯纤维的加入从整体上改善砂浆的工作性能，此技术不仅可以用于材料科学的研究，还可以为建筑材料的开发和生产提供有力的支持。同时，纤维墙体的推广和应用有助于实现节能减排和低碳环保的目标，具有重要的社会意义和经济价值。

1 MATLAB

由于 MATLAB 软件的各类性能特点，适宜被选用来搭建砂浆微观结构特征提取平台。

（1）高效的数值计算和符号计算功能

特点描述：MATLAB 具有强大的数值计算和符号计算能力，这使得用户可以从繁杂的数学运算中解脱出来，更加专注于核心的科研或工程问题。

对砂浆材料微观结构特征提取的意义：在处理和分析预拌砂浆的微观结构时，需要进行大量的数值计算，如统计分析、图像处理和数学建模等。MATLAB 的这一功能可以大大提高计算效率和精度，从而加速特征提取和分析的过程。

（2）完善的图形处理功能

特点描述：MATLAB 提供了完善的图形处理功能，使计算结果可视化。

对砂浆材料微观结构特征提取的意义：通过可视化，可以直观地展示砂浆微观结构的特征，便于观察和分析。同时，可视化也有助于验证和优化特征提取算法的效果。

（3）友好的用户界面及自然化的数学表达式语言

特点描述：MATLAB 的用户界面友好，其数学表达式语言自然化，使得程序员易于学习和掌握。

对砂浆材料微观结构特征提取的意义：对于初学者或非专业程序员来说，MATLAB 的易用性可以帮助他们快速上手，减少学习成本，从而更专注于特征提取算法的开发和优化。

（4）应用工具箱功能丰富

特点描述：MATLAB 提供了各种应用工具箱，如信号处理工具箱、通信工具箱等，这些工具箱的功能非常丰富，提供了大量方便实用的处理工具。

对砂浆材料微观结构特征提取的意义：这些工具箱可以提供一系列预先编写和优化的函数与模块，可以直接用于砂浆材料微观结构特征提取任务，减少从零开始开发的难度和工作量。

综上所述，MATLAB 的这些性能特点使其成为搭建砂浆材料微观结构特征提取平台的理想选择。它能够满足砂浆材料微观结构特征提取中对高效计算、可视化、易用性和丰富工具的需求。

2 模拟原理

2.1 处理流程

如图 1 所示，通过相机对标准砂浆试块截面进行拍照后，使用 MATLAB 图像识别函数，对图片进行图像反转、去除噪点、闭运算、填补区域以及膨胀腐蚀后，获得干法筛选处理后的骨料和水泥的二值图像，为后续图片处理做好准备。

2.1.1 使用 MATLAB 进行图像处理

通过相机拍摄预拌砂浆试块的截面照片，然后使用 MATLAB 进行图像处理。这一系列操作包括图像反转、去除噪点、闭运算、填补区域以及膨胀腐蚀等，目的是更好地识别和区分预拌砂浆中的干法筛选处理后的骨料与水泥部分，从而生成二值图像。

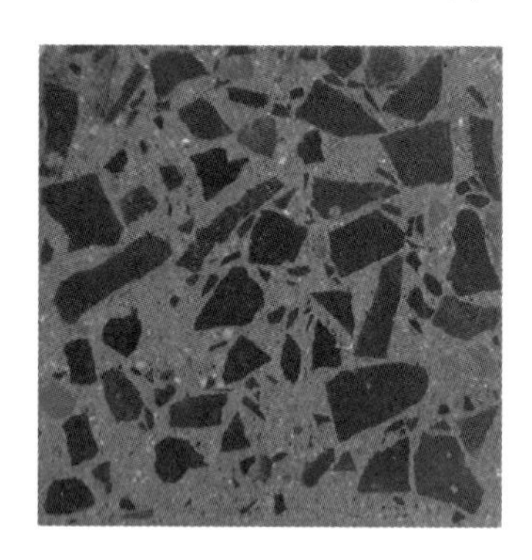

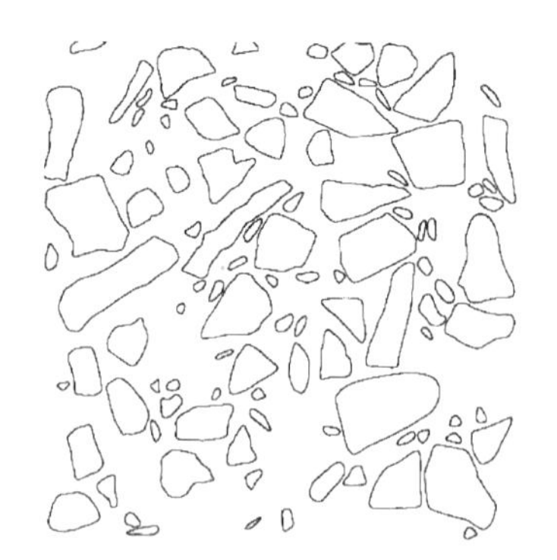

图 1 砂浆构件切片的截面照片、识别完成的二值图像、边界识别的图像

2.1.2 二值图像的网格划分与 ABAQUS 模型生成

使用 FORTRAN 对二值图像进行网格划分，进而生成适用于 ABAQUS 模拟的模型文件。这一步确保了后续的模拟分析能够在精确的模型上进行。

2.1.3 纤维材料的模拟分析

在 ABAQUS 中，对添加的钢纤维材料进行模拟分析。由于模型的生成和图像截取过程中存在一定的误差，一些关键参数如干法筛选处理后的骨料含量、最大骨料所占截面百分比等数据统计结果可能偏小。

2.1.4 分析结论

尽管存在一定的数据偏差，但该偏差仍在合理范围内。分析结果显示，添加钢纤维材料能有效降低构件的开裂风险。根据试验结果，分析纤维等附加材料对预拌砂浆开裂的影响。通过对比不同试验的结果可以得出结论，即在预拌砂浆中增加纤维类附加材料可以有效控制构件的开裂问题。

综上所述，整个流程结合了图像处理、网格划分和模拟分析等方法，旨在探究钢纤维材料对预拌砂浆抗裂性能的影响。通过严谨的试验设计和数据分析，得出有益的结论。通过采用基于照片的图像识别、结构计算和多次试验的方法，可以对典型预拌砂浆截面组成进行精细识别，并得出结论：在预拌砂浆中增加纤维类附加材料可以有效控制构件的开裂问题。这种方法对于优化预拌砂浆的性能和提高其耐久性具有重要的意义。

2.2 注意事项

通过采用基于照片的图像识别、结构计算、多次试验的方法，对典型预拌砂浆截面组成进行精细识别。以下是详细的注意事项：

图像采集：首先需要采集预拌砂浆截面的高分辨率照片，以便能够清晰地捕捉到预拌砂浆的细节。

图像预处理：基于 MATLAB 的图像识别技术，对采集到的预拌砂浆截面图片进行预处理。值得注意的是，在图像反转、去除噪点、闭运算、填补区域及膨胀腐蚀等操作过程中，需要始终保持图像的清晰度和可识别度，以便能够更准确地识别预拌砂浆的组成。

图像识别：使用 MATLAB 的图像识别功能，对预处理后的图像进行精细识别。这包括对预拌砂浆中骨料的形状、大小、排列等进行识别，以及识别预拌砂浆中的其他附加材料，如钢纤维。

结构计算：根据识别的结果，进行结构计算。这包括计算骨料的排列方式、密度等结构参数，以及分析附加材料（如杂乱钢纤维）在预拌砂浆中的作用。

多次试验：基于识别的结果和计算的结构参数，进行多次试验。这些试验可以模拟实际环境下的构件，观察其性能和开裂情况。

3 试验

3.1 试验背景

在现阶段的预制构件中，夹心保温三明治板是一种常见的保温外墙构造形式，由外叶板、保温板和内叶墙组成。这种构造形式的优点在于具有良好的保温性能和结构强度，同时能够有效地减少冷热桥现象。然而，这种构造形式也存在一些问题，其中最突出的问题就是外叶板表面出现裂缝。外叶板表面出现裂缝的原因可能有很多，比如材料变形、施工误差、气候条件等。在构件生产后，由于材料自身的变形或者施工误差，可能会导致外叶板表面出现龟裂或贯通现象。此外，由于保温外墙板长期处于室外环境中，受到温度、湿度等气候条件的影响，也可能会导致外叶板表面出现裂缝。

纤维材料在预拌砂浆中起到重要的增强作用，可以显著提高抗裂性能和抗渗性能。纤维材料可以有效地阻断砂浆中的毛细裂缝，减少裂缝的数量、长度和宽度，降低生成贯通裂缝的可能性。这主要得益于纤维的拉结作用，它能使预拌砂浆内部形成一种紧密的网状结构，提高了韧性和抗裂性。此外，纤维材料还可以降低预拌砂浆内水分、氯离子和空气的转移率。这意味着水分和有害物质在预拌砂浆内部的传输受到限制，从而延缓了钢筋的锈蚀过程。这不仅提高了耐久性，还增强了结构的稳定性。

3.2 试验材料

预拌砂浆作为建筑工程中不可或缺的材料，其性能的优化一直是行业关注的焦点。为提高预拌砂浆的抗塑性、抗裂性、抗渗性以及整体性、柔韧性、连续性和耐久性，纤维材料的引入成为重要的技术手段。目前，预拌砂浆中普遍采用的纤维材料主要包括化学合成纤维、木纤维和玻璃纤维等。

3.2.1 化学合成纤维

化学合成纤维，如聚丙烯短纤维、丙纶短纤维等，是目前应用最广泛的砂浆纤维材料。这类纤维经过表面改性后，具有优良的分散性和较低的掺量。在预拌砂浆中加入这些化学合成纤维，可以显著提高其抗塑性、抗裂性，同时对硬化砂浆的力学性能影响较小。此外，聚丙烯纤维作为混凝土抗裂增强材料，已被证明能有效地解决砂浆制品的脆性大、抗拉强度低、干收缩大、抗冲击性能差等问题。

3.2.2 木纤维

木纤维作为一种天然纤维材料，在预拌砂浆中也有应用。木纤维的直径较小，掺加木纤维时应注意其对砂浆需水量的增加。尽管木纤维的加入可能会对砂浆的某些性能产生一定影响，但在某些特定应用场景下，如抹面砂浆、内外墙腻子粉、保温材料薄罩面砂浆等，木纤维的加入仍具有一定的优势。

3.2.3 玻璃纤维

玻璃纤维是一种具有重量轻、耐腐蚀、机械强度高等特点的砂浆增强材料。它可以有效地加强砂浆的抗裂性和抗拉强度，常被用作钢筋的替代品，在加强混凝土破坏区域、加强砂浆等方面具有较好的效果。然而，玻璃纤维在预拌砂浆中的应用相对较少，这可能与其成本较高、施工工艺较复杂等因素有关。

在实际工程中，应根据不同的应用场景和需求选择合适的纤维材料和掺量。同时，为了更好地发挥纤维材料的作用，还需要进一步优化施工工艺和配合比设计。

3.3 试验过程

通过分析解决墙体的裂缝问题需要从多个方面入手，包括材料优化、减少钢筋使用、数值模拟分析、考虑环境因素和加强施工控制等。通过综合施策，可以有效减少裂缝的产生和扩大，提高外叶板的整体刚度和耐久性。建立数值模拟模型可以对优化后的外叶板进行详细的分析和研究。通过模拟不同工况下的受力情况和变形情况，可以预测外叶板在不同使用条件下的表现，进一步优化其设计。

如图2所示，为确定最优的墙体构件材料配合比，通过试验室材料力学和物理性能的测试来进行对比和筛选。通过构件不同配合比作用下试验室材料力学和物理性能，对比添加不同纤维材料混凝土墙体配合比下材料试验数据，筛选确定最优构件材料配合比。采用添加钢纤维类附加材料，改善预制混凝土裂缝开裂现象技术方案，分析对比不同纤维材料性能，从技术、经济和可实施性综合考虑钢纤维材料的选取与应用。以下是一些可能的试验步骤：

准备不同配合比的保温材料和钢纤维材料，并按照不同的配合比进行混合，制备出不同的试样。对试样进行材料力学性能测试，例如抗压强度、抗折强度、弹性模量等，以评估不同配合比下材料的力学性能。对试样进行物理性能测试，例如导热系数、密度、吸水率等，以评估不同配合比下材料的物理性能。

根据试验数据，对比不同配合比下材料的性能表现，筛选出具有最优性能的配合比。分析钢纤维材料的性能特点，从技术、经济和可实施性等方面综合考虑钢纤维材料的选取和应用。结合实际工程需求和施工条件，对筛选出的最优配合比进行进一步优化和完善，最终确定适用于构件的材料配合比。

图 2　添加纤维材料的外墙不同配合比试验

通过以上试验和分析，可以确定一种最优的材料配合比，采用添加纤维类附加材料的方法，提高和改善构件裂缝开裂现象。同时，从技术、经济和可实施性等方面综合考虑纤维材料的选取和应用，为实际工程提供可靠的依据和支持。

4　分析

4.1　配合比选取

4.1.1　存在问题

纤维材料搅拌时易结团，预拌砂浆和易性差，泵送困难，难以施工且易锈蚀。钢纤维被拔出而非拉断，对抗渗、冻融等性能的提高不明显，钢纤维密度过大和振动浇筑时下沉。钢纤维在使用过程中破坏形态主要是被拔出，而不会被拉断，这说明钢纤维与混凝土的粘附性不足，会影响提高混凝土抗拉强度的效果。钢纤维增韧增强的原理是当裂缝产生后由于钢材的高模量和单根的高抗拉强度，阻止了裂缝的进一步开展，但由于数量有限，对微观裂缝约束效果不大，对抗渗、冻融等性能提高并不明显。

4.1.2 解决方式

在进行配合比试验时，重点选取能增强混凝土的韧性、抗疲劳性，提高混凝土抗冲磨性能的最优配合比。搅拌时将钢纤维搅拌均匀，择优选取钢纤维，保证钢纤维质量，防止钢纤维在施工中锈蚀。虽然钢纤维混凝土在许多方面具有优势，但在实际应用中也存在一些挑战和限制。通过持续的研究、试验和改进，可以克服这些挑战并进一步提高钢纤维混凝土的性能。

为减少结团现象，可以使用钢纤维分散机或专门的分散设备来确保钢纤维在混凝土中均匀分布；为提高混凝土和易性，可以调整配合比或使用外加剂；对于泵送困难的问题，可以在泵送前对钢纤维混凝土进行充分搅拌和混合，以确保其均匀性和流动性。

针对易锈蚀现象，钢纤维的防腐处理是一个重要的考虑因素，可使用涂层或防腐涂层来保护钢纤维免受腐蚀，选择具有防腐性能的材料或对钢纤维进行适当的表面处理也是一种解决方案。

针对钢纤维被拔出而非拉断，表明钢纤维与混凝土之间的粘附性不足，可尝试使用不同的钢纤维表面处理方法或改变配合比，以提高两者之间的粘附力。

对于抗渗、冻融等性能的要求，除了钢纤维外，还可以考虑使用其他增强材料或技术，如防水剂、防冻剂等。进一步研究和开发新型的钢纤维混凝土配方是必要的，以满足这些特定的性能要求。

针对钢纤维密度过大和振动浇筑时下沉，通过合理的配料和搅拌技术，可以解决钢纤维分布不均的问题。例如，使用适当的搅拌设备和搅拌技术，确保钢纤维在混凝土中均匀分布，在浇筑过程中进行适当的振动和夯实也是必要的，以确保钢纤维在混凝土中稳定且均匀地分布。

4.2 经济性与安全性

4.2.1 存在问题

经济性与安全可靠性要在纤维材料发挥自身材料性能的基础上，确保材料本身和其他材料共用时安全环保，经久耐用。在长期使用过程中，化学及力学性能不会发生根本性变化。

4.2.2 解决方式

在进行配合比试验时，重点考虑外加剂原材料供应、现场配合比难易程度、人员生产效率及配置设备费用等综合因素。选取能增进混凝土的韧性、抗疲劳性，提高混凝土抗冲磨性能的最优配合比，进而分析对比采用钢纤维材料的经济性和安全可靠性。然而，由于砂浆自身的脆性较大、抗拉强度低等特点，容易产生裂缝，从而影响其使用寿命和安全性。通过在预拌砂浆中掺入乱向分布的纤维，以形成一种新型的多相复合材料——纤维增强砂浆。

纤维增强砂浆中的纤维材料能够有效地阻碍砂浆内部微裂缝的扩展及宏观裂缝的形成。这些乱向分布的纤维在砂浆中起到桥接和增强的作用，当砂浆受到外力作用时，纤维可以承受部分拉应力，从而减轻砂浆的脆性。此外，纤维还可以吸收砂浆中的能量，减少裂缝的产生和发展。纤维增强砂浆可以显著减少裂缝的数量、长度和宽度，避免生成贯通裂缝；可显著改善砂浆的早期抗裂性能，并有效抑制砂浆基体塑性裂纹的产生和发展。这对于提高砂浆的抗裂性、耐久性和整体性能具有重要意义。同时，纤维的掺入还可以改善砂浆的工作性能，如提高砂浆的流动性、减少泌水等。

5 讨论

在实际工程中，纤维增强砂浆的应用前景广阔。它可以用于各种需要高性能砂浆的场合，如建筑物的内外墙抹灰、地面铺设、瓷砖粘贴等。通过选择合适的纤维材料和掺量，可以根据具体工程需求定制具有不同性能的纤维增强砂浆。未来在纤维增强砂浆的研究方面，需要深入探索纤维与砂浆之间的相互作用机制，优化纤维的类型和掺量，以提高砂浆的综合性能。同时，还需要研究纤维增强砂浆的施工工艺和质量控制方法，确保其在实际工程中的应用效果。此外，随着科技的发展，未来还可能涌现出更多新型、高性能的纤维材料，为纤维增强砂浆的研究和应用提供更多的可能性。

在使用钢纤维的预拌砂浆构件中，不仅有效减少了构件表面出现的龟裂、裂缝等问题，且有效地优化了构件的材料性能，可以降低模具成本、加快施工速度，提高经济效益，符合当前可持续发展和绿色低碳环保的节能理念。同时添加纤维材料的墙体符合节能减排、低碳环保的理念，社会效益显著，有助于在市场快速推广。建议未来在预拌砂浆纤维材料的研究方面，可以关注以下几个方面：一是深入研究不同纤维材料对预拌砂浆性能的影响机制和影响因素；二是探索新型的、具有更好性能的纤维材料，如高性能合成纤维、纳米纤维等；三是研究纤维材料与其他外加剂的复合作用，以提高预拌砂浆的综合性能；四是优化施工工艺和配合比设计，使纤维材料在预拌砂浆中得到更好的应用。

6 结论

通过数值模拟分析、试验操作、同时依托工程实践经验，系统分析研究外墙表面裂缝的原因，通过添加纤维以及附加纤维类材料，不仅有效减少了预拌砂浆构件表面裂缝、崩角、表面弯曲等问题，而且有效提高了预制构件产品的质量，同时减少运输过程中由于碰撞导致的掉角、裂缝的产生，且在长期使用过程中，化学及力学性能不会发生根本性变化。从分析结果可知，预拌砂浆中掺入改性聚丙烯纤维可显著改善砂浆的早期抗裂性能，并有效抑制砂浆基体塑性裂纹的产生和发展。附加纤维类材料极大提高了混凝土的耐久性，降低生成贯通裂缝的可能性，起到阻断预拌砂浆构件内毛细裂缝的作用，使构件的抗渗性、抗裂性能得到明显改善，同时起到延缓钢筋锈蚀的作用。这一改进对于提高砂浆的质量和性能至关重要，特别是在需要高抗裂性和耐久性的建筑应用中。可以预期的是，在未来结构中，纤维材料添加的预拌砂浆构件的使用可获得更高的耐久性能和力学性能。

参考文献

[1] 陆建南，辜凯，张浩. 不同纤维材料对混凝土力学及耐久性能的影响研究 [J]. 混凝土世界，2024 (1)：22-27.

[2] 周平，王志杰，雷飞亚，等. 考虑层间效应的钢纤维混凝土隧道单层衬砌受力特征模型试验研究 [J]. 土木工程学报，2019，52 (5)：116-128.

[3] 张亚东，段宜栋，梁美清. 添加纤维材料的混凝土预制复合墙体应用分析 [J]. 混凝土与水泥制品，2022 (7)：80-82.

[4] 伍凯，徐超，曹平周，等. 型钢-钢纤维混凝土组合梁抗弯性能试验研究 [J]. 土木工程学报，2019，52 (9)：41-52.

［5］ 焦红娟，刘丽君，史小兴．改性聚丙烯纤维在预拌干混砂浆中的应用［J］．建筑装饰材料世界，2009（3）：42-45.
［6］ Jun Kil Park，Tri Thuong Ngo，Dong Joo Kim．Interfacial bond characteristics of steel fibers embedded in cementitious composites at high rates［J］．Cement and Concrete Research．2019，123（9）：105802.
［7］ 彭帅，李亮，吴俊，等．高温条件下钢纤维混凝土动态抗压性能试验研究［J］．振动与冲击，2019，38（22）：149-154.
［8］ 宋天威，左彦峰，林洛亦，等．基于改进的半经验超高性能混凝土配合比设计方法研究［J］．混凝土世界，2024（1）：39-45.
［9］ 许颖，樊悦，王青原，等．基于DIC的聚丙烯纤维增强混凝土断裂过程分析［J］．华中科技大学学报（自然科学版），2024，52（2）：103-111.

作者简介：张亚东（1990—），男，硕士，工程师。主要从事结构工程、工程结构抗震方面的研究。

关于某园区钢结构厂房结构安全性的鉴定

姚　兵
（徐州市建设工程检测中心有限公司，江苏 徐州，221003）

摘　要：钢材具有优良的强度、韧性和抗震性能，且施工方便、布置灵活，近年来在国内得到了广泛应用。本文为了解某园区钢结构厂房主体结构的安全性，对主体结构的楼面外观、钢结构构件现状进行了现场检查试验，并对结构的承载力进行了校核。通过对某钢结构厂房结构安全性进行分析，针对现场试验过程中发现的问题提出相关建议，可为既有建筑的安全评价提供参考。
关键词：钢结构；厂房；安全性鉴定

Identification of structural safety of steel structure plant in a park

Yao Bing
（Xuzhou Construction Engineering Testing Center Co.，Ltd.，Xuzhou 221003，China）

Abstract： Steel has excellent strength，toughness and seismic performance，and convenient construction，flexible layout，in recent years has been widely used in China. In order to solve the safety of the main structure of the steel structure plant in a certain park，the floor appearance of the main structure and the status quo of the steel structure members are inspected and tested，and the bearing capacity of the structure is checked. Based on the analysis of the safety of a steel structure plant，some suggestions are put forward for the problems found in the field test，which can provide reference for the safety evaluation of existing buildings.
Keywords： steel structure；factory building；safety evaluation

引言

门式刚架轻钢结构建筑体系自 20 世纪 90 年代传入我国后，随着我国改革开放的不断深入，经济的快速增长，得到了快速的发展，特别是在东南沿海地区，一些小规模的企业逐渐发展为现代化的大企业，其生产和安装质量也逐步提高，创造了很多高质量的工程。近年来，随着国家城镇化的不断发展，门式刚架轻钢结构在内陆地区逐渐发展起来，但其生产安装质量参差不齐，设计不准确，存在诸多安全质量问题。

1　建筑概况

某园区厂房为单层单跨门式刚架结构建筑，采用 H 型钢柱、钢梁承重，总长约

42.0m，总宽约8.5m，建筑面积约360m²。该建筑建成于2010年，为了解该厂房主体结构的安全性，对其主体结构进行安全性鉴定。

2 结构情况调查结果

通过该建筑的使用条件调查、地基基础现状调查与检测、结构体系与布置及构造、连接调查、结构构件缺陷与损伤检查、围护系统调查、构件截面尺寸测量、钢材抗拉强度检测、屋面钢梁侧向弯曲矢高检测、柱轴线垂直度偏差检测、结构构件承载力验算分析，对其进行安全性鉴定评级。

2.1 使用条件调查

2.1.1 结构上的作用

（1）永久作用

经查，结构上的永久作用主要为结构构件、建筑配件等自重。

（2）可变作用

依据设计图纸及《建筑结构荷载规范》GB 50009—2012，该建筑屋面活荷载标准值取0.50kN/m²；基本雪压为0.40kN/m²（100年重现期），基本风压为0.40kN/m²，地面粗糙度类别为B类。经现场调查，该建筑未受到不可忽略的温度作用，建筑附近无大量排灰建（构）筑物、设备。

（3）偶然作用

依据《建筑抗震设计规范》GB 50011—2010规定，该地抗震设防烈度为7度，地震分组为第二组，基本地震加速度取值为0.10g。经调查，该建筑未经历过火灾、爆炸、撞击等作用。

2.1.2 使用历史

经调查了解可知，该建筑建于2010年，目前作为仓库使用，自竣工至今未进行过大规模维修、用途变更与改扩建等活动，无超载历史以及受灾害和事故等情况。

2.2 建筑结构调查

2.2.1 地基基础现状调查

现场对该建筑主要承重构件、墙体和地坪等现状进行检查，未见因基础整体或不均匀沉降而引起的上部结构裂纹、变形和位移等现象，地基基础工作状态正常。

2.2.2 上部承重结构调查

（1）结构体系与布置及构造、连接调查

经现场检查，该建筑主体结构为单层单跨门式刚架结构，建筑平面呈矩形，沿东西向布置，东西向共设7个开间，开间均为6.0m，总长约42.0m，南北向共设一跨，跨度约8.5m，檐高约6.5m，脊高约7.2m。该建筑采用H型钢柱、钢梁承重，1/B轴、8/B轴处各设一根H型钢抗风柱，其结构布置符合设计要求，屋面结构平面布置如图1所示。

该建筑1～2轴、7～8轴屋面钢梁间各设2组“X”形圆钢，横向水平支撑间各设一道圆钢管刚性系杆，檐口及屋脊处各设一道圆钢管刚性系杆；1～2轴、7～8轴开间设上下柱间支撑；屋面钢梁下翼缘与屋面檩条间设有隅撑，隅撑间隔檩条布置，间距约3.0m。

支撑系统杆件布置及杆件形式均符合设计要求。

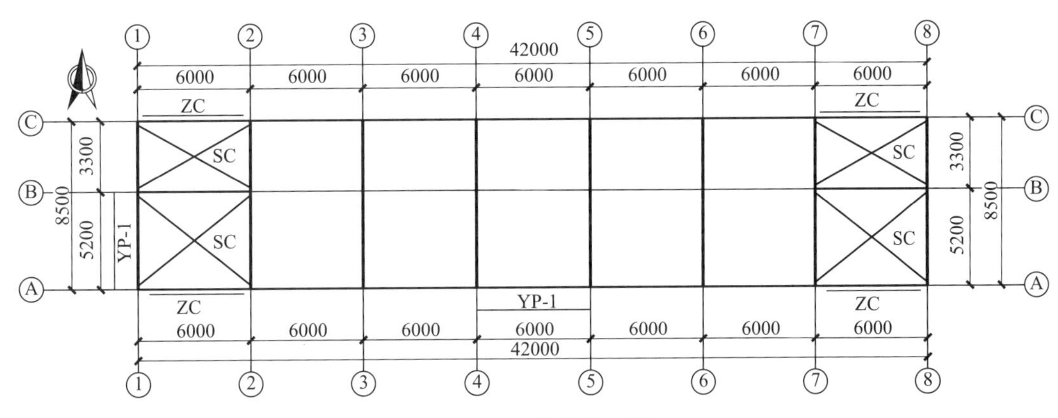

图 1　屋面结构布置图

该建筑钢梁与钢柱间采用 8 套 M16 高强度螺栓连接副连接，柱脚采用 4 颗 M24 锚栓连接，符合设计要求。

该建筑门式刚架与支撑系统杆件水平支撑、系杆、柱间支撑间均采用普通螺栓连接，符合设计要求。

（2）结构构件缺陷与损伤检查

现场未见构件存在局部变形、锈蚀等损伤现象；钢结构高强度螺栓连接副连接质量良好，螺栓丝扣外露 2～3 扣，未见高强度螺栓连接摩擦面有明显间隙、螺栓松动等连接不良现象，高强度螺栓连接副连接摩擦面干燥、整洁；焊缝外观质量基本完好，焊缝表面未见明显的气孔、弧坑、咬边、裂纹等外观质量缺陷。

2.2.3　围护结构系统调查

（1）围护结构布置及构造连接

经现场检查，该建筑屋盖为钢结构单坡屋盖，屋盖做法自上而下依次为：夹心彩钢板、铝箔、不锈钢丝网、C 形钢檩条，檩条跨中设一道直拉条，檐口及屋脊处檩条间设斜拉条及撑杆，屋面做法符合设计要求。

墙面做法自外向内依次为：单层彩钢板、C 形钢墙梁，非门窗洞口的墙梁间跨中设有拉条，最上层墙梁处设有斜拉条；窗洞两侧设有 C 形钢边框，与洞口上下沿墙梁连接，其做法符合设计要求。

屋面檩条与拉条、墙梁与拉条及门式刚架与檩条、墙梁均采用普通螺栓连接，窗洞口边框与其端部墙梁间采用焊接，符合设计要求。

（2）围护结构现状调查

经现场调查，该建筑屋面板、墙面板、屋面檩条及墙梁的工作状态正常，未见明显变形与锈蚀损伤等。屋面排水设施基本完好，未见明显的损伤、排水不畅和渗漏现象；围护墙体外观完好，无渗漏现象。门窗外观基本完好，无剪切变形迹象，开闭、推动自如。

2.3　检测结果

2.3.1　构件截面尺寸测量

根据现场实际情况，对该建筑部分构件截面尺寸进行测量，测量结果见表 1。

构件截面尺寸测量结果　表1

序号	构件名称及位置	设计截面尺寸（mm）	实测截面尺寸（mm）
1	柱2/A	H280×180×6.0×8.0	H281×181×6.1×8.2
2	柱2/B	H280×180×6.0×8.0	H282×180×6.2×8.0
3	柱3/B	H280×180×6.0×8.0	H280×182×6.2×8.1
4	钢梁2/A～C	H280×180×6.0×8.0	H282×180×6.0×8.1
5	钢梁3/A～C	H280×180×6.0×8.0	H281×181×6.1×8.0
6	典型隅撑	∟50×3.0	∟50×3.1
7	典型系杆	A89×3.5	A89×3.5
8	典型水平支撑	A20	A20
9	典型柱间支撑	A20	A20

注：依据《钢结构工程施工质量验收标准》GB 50205—2020，焊接H型钢的允许偏差为：当截面高度 $h<500$mm 时允许偏差为±2.0mm，当截面高度 $500\text{mm}\leqslant h\leqslant 1000$mm 时允许偏差为±3.0mm，当截面高度 $h>1000$mm 时允许偏差为±4.0mm；截面宽度的允许偏差为±3.0mm。

根据表1，所测构件截面尺寸均符合设计要求。

2.3.2 钢材抗拉强度检测

设计图纸中该建筑钢柱、钢梁的钢材强度等级为Q235级。根据现场实际情况及相关规范要求，随机抽取该建筑部分上部结构钢构件，采用里氏硬度法对该建筑部分构件钢材抗拉强度进行检测，所检刚架的钢材抗拉强度推定值满足Q235级钢材要求，满足设计要求。

2.3.3 屋面钢梁侧向弯曲矢高检测

根据现场实际情况，采用高精度全站仪对该建筑部分屋面钢梁侧向弯曲矢高进行检测，其中包含施工误差和使用过程中出现的永久性变形，检测结果见表2。

屋面钢梁侧向弯曲矢高检测结果　表2

序号	屋面钢梁位置	检测值（mm）	跨度（m）	允许偏差（mm）
1	3/A～C轴	4.4	8.5	8.5
2	4/A～C轴	6.6		
3	5/A～C轴	4.7		

注：依据《钢结构工程施工质量验收标准》GB 50205—2020，钢梁跨度 $l\leqslant 30$m 时，侧向弯曲矢高的允许偏差为 $l/1000$，且不应大于10.0mm。

根据表2，所检屋面钢梁侧向弯曲矢高均未超出《钢结构工程施工质量验收标准》GB 50205—2020规定的允许值。

2.3.4 柱轴线垂直度偏差检测

根据现场实际情况，对该建筑部分柱的轴线垂直度偏差进行检测，其中包含施工误差和使用过程中出现的永久性变形，检测结果见表3。

柱轴线垂直度偏差检测结果　表3

序号	柱位置	轴线垂直度偏差（mm）	高度（m）	规范限值（mm）
1	2/A轴	南2 东4	6.5	6.5
2	3/A轴	南2 西3		

续表

序号	柱位置	轴线垂直度偏差（mm）	高度（m）	规范限值（mm）
3	2/C 轴	南 5 东 3	7.2	7.2
4	3/C 轴	北 2 西 6		

注：依据《钢结构工程施工质量验收标准》GB 50205—2020，单层柱轴线垂直度偏差的允许值为 $H/1000$，且不大于 25.0mm。

根据表 3，所检柱轴线垂直度偏差均未超出《钢结构工程施工质量验收标准》GB 50205—2020 规定的允许值。

3 建筑结构安全性鉴定评级

3.1 结构构件承载力验算分析

结构上的作用标准值按实际调查与检测结果、规范要求布置；作用效应的分项系数和组合系数按《建筑结构荷载规范》GB 50009—2012 及《建筑抗震设计规范》GB 50011—2010 的规定确定。

根据设计图纸及现场调查、检测结果，材料强度及相关参数取值如下：

材料强度：刚架 Q235；屋面恒荷载标准值 0.30kN/m^2；屋面活荷载标准值 0.50kN/m^2；风雪荷载：基本雪压 0.40kN/m^2（100 年重现期），基本风压为 0.40kN/m^2，地面粗糙度类别为 B 类；地震信息：抗震设防烈度为 7 度，基本地震加速度值为 0.10g，地震分组为第二组。

依据国家设计标准、规范、规程等，按照结构实际受力和构造状况建立计算模型，对该建筑所检结构构件按承载能力极限状态进行验算分析，验算分析采用北京构力科技有限公司开发的 PKPM2021 软件，结果见表 4。

结构构件承载能力验算结果 **表 4**

序号	构件名称	构件位置	$R/\gamma_0 S$	项目等级
1	钢柱	全数	≥1.0	a
2	屋面钢梁	全数	≥1.0	a
3	屋面檩条	全数	≥1.0	a
4	墙梁	全数	≥1.0	a

注：表中 R 为结构构件的抗力，γ_0 为结构重要性系数，S 为承载能力极限状态下作用组合的效应设计值。

3.2 构件安全性鉴定评级

根据调查、检测及结构构件承载力验算分析结果，结合《工业建筑可靠性鉴定标准》GB 50144—2019，对该建筑所检钢结构构件的安全性等级进行评定，评定结果见表 5。

钢构件的安全性等级评定　　表5

序号	构件名称及位置		项目等级		安全性等级
			承载能力	构造和连接	
1	钢柱	全数	a	a	A
2	屋面钢梁		a	a	A
3	屋面檩条		a	a	A
4	墙梁		a	a	A

注：依据《工业建筑可靠性鉴定标准》GB 50144—2019，钢构件的安全性等级应按承载能力、构造两个项目评定，并应取其中较低等级作为构件的安全性等级。

3.3 结构系统安全性鉴定评级

3.3.1 地基基础

经现场对该建筑主要承重构件、墙体和地坪等现状进行检查，未见因基础整体或不均匀沉降而引起的上部结构裂纹、变形和位移等现象，地基基础工作状态正常。依据《工业建筑可靠性鉴定标准》GB 50144—2019，评定该建筑地基基础的安全性等级为B级。

3.3.2 上部承重结构

（1）结构整体性等级的评定

根据现场检查、检测结果，该建筑结构布置合理，体系完整，传力路径明确，结构形式和构件选型、整体性构造和连接等符合国家现行标准的规定；支撑系统布置合理，传力体系完整，能有效传递各种侧向作用；支撑杆件长细比及节点构造符合国家现行标准的规定，无明显缺陷或损伤。依据《工业建筑可靠性鉴定标准》GB 50144—2019，评定该建筑结构整体性等级为A级。

（2）承载功能等级的评定

根据结构构件安全性等级评定结果，按照《工业建筑可靠性鉴定标准》GB 50144—2019，对该建筑上部承重结构的承载功能等级进行评定，评定结果见表6。

上部承重结构的承载功能等级评定　　表6

序号	构件集名称	构件等级情况	构件集安全性等级	上部承重结构的承载功能等级
1	钢柱	均为a级构件	A	A
2	屋面钢梁	均为a级构件	A	

依据结构整体性及承载功能的评定结果，按照《工业建筑可靠性鉴定标准》GB 50144—2019，评定该建筑上部承重结构的安全性等级为A级。

3.3.3 围护结构系统

（1）承载功能等级的评定

根据结构构件安全性等级评定结果，按照《工业建筑可靠性鉴定标准》GB 50144—2019，对该建筑围护结构系统的承载功能等级进行评定，评定结果见表7。

围护结构系统的承载功能等级评定　　表7

序号	构件集名称	构件等级情况	构件集安全性等级	围护结构系统的承载功能等级
1	屋面檩条	均为a级构件	A	A
2	墙梁	均为a级构件	A	

（2）构造连接

该建筑围护结构构造合理，连接方式正确，基本符合国家现行标准的规定，无缺陷或损伤，工作无异常，构件选型及布置合理，对主体结构的安全无不利影响，评定该建筑围护结构构造连接项目等级为 A 级。

结合围护结构的承载功能和构造连接两个项目的安全性等级，依据《工业建筑可靠性鉴定标准》GB 50144—2019，评定该建筑围护结构系统的安全性等级为 A 级。

3.4 建筑物的安全性鉴定评级

根据地基基础、上部承重结构和围护结构系统的安全性等级评定结果，按照《工业建筑可靠性鉴定标准》GB 50144—2019，对该建筑按一个鉴定单元进行安全性等级评定，评定结果见表 8。

建筑物安全性等级评定 **表 8**

鉴定单元	结构系统名称	结构系统安全性等级	鉴定单元安全性等级
某园区钢结构厂房	地基基础	B	二级
	上部承重结构	A	
	围护结构系统	A	

4 鉴定结论及建议

4.1 结论

本次对某园区钢结构厂房的安全性进行了鉴定，评定其安全性等级为二级。

4.2 建议

（1）建议对该建筑破损检测部位进行修复。

（2）建筑物使用过程中，未经技术鉴定或设计许可，不得改变结构的布置、用途和使用环境，使用荷载不得大于设计及验算荷载。

（3）考虑到作为工业建筑，该建筑在今后的使用过程中，可能会遇到生产工艺调整、使用环境变化等情况，需定期对其主要受力构件制定切实可行的检查、维护、修缮计划。

作者简介：姚　兵（1993—），男，硕士，工程师。主要从事结构检测与房屋安全鉴定工作。

塑性混凝土防渗墙在均质土坝防渗加固中的应用

李 涛[1,3] 但 颖[2]
（1. 长江勘测规划设计研究有限责任公司，湖北 武汉，430010；
2. 长江水利水电开发集团（湖北）有限公司，湖北 武汉，430010；
3. 国家大坝中心，湖北 武汉，430010）

摘 要： 龙须湖水库建于20世纪60年代，水库大坝为均质土坝，由于清基不彻底、坝体填土压实度和渗透系数不满足规范要求，虽经多次加固，坝体和坝基仍渗漏严重。为此，结合均质坝的特点，坝体采用塑性混凝土防渗墙与坝基帷幕灌浆相结合的加固方案进行防渗处理。经蓄水后观测，加固后浸润线明显降低，防渗效果显著，可为类似条件下均质土坝的防渗设计、施工和管理提供参考。
关键词： 塑性混凝土防渗墙；防渗；低弹模；均质土坝

Application of plastic concrete anti-seepage wall in anti-seepage reinforcement of homogeneous earth dams

Li Tao[1,3] *Dan Ying*[2]
(1. Changjiang Survey, Planning, Design and Research Co., Ltd., Wuhan 430010, China;
2. Changjiang Water Resources and Hydropower Development Group (Hubei) Co., Ltd., Wuhan 430010, China;
3. National Dam Center, Wuhan 430010, China)

Abstract: Longxu Lake Reservoir was built in the 1960s. The dam of the reservoir is a homogeneous soil dam. Due to incomplete foundation cleaning, inadequate compaction and permeability coefficient of the dam filling, despite multiple reinforcement efforts, the dam and foundation still suffer from severe leakage. Therefore, based on the characteristics of homogeneous dams, a reinforcement scheme combining plastic concrete anti-seepage walls and dam foundation curtain grouting is adopted for anti-seepage treatment of the dam body. After observation after water storage, the infiltration line was significantly reduced after reinforcement, and the anti-seepage effect was significant. This can provide reference for the anti-seepage design, construction, and management of homogeneous earth dams under similar conditions.
Keywords: plastic concrete anti-seepage wall; anti-seepage; low elastic modulus; homogeneous earth dam

引言

我国已建水库大坝中约95%为土石坝，而土石坝中约有66%为均质土坝。该坝型具有体型和坝料填筑简单等优点。但我国的大多数均质土坝兴建于20世纪50～70年代，由于受当时条件的限制，普遍存在填筑压实度差、土质混杂、防渗性能差或坝基清基不彻底等造成大坝渗漏、坝体浸润线偏高和坝坡不稳定等问题，必须进行加固处理才能保证安全运行。

1 工程概况

安徽省宣城市郎溪县龙须湖水库位于长江流域水阳江水系郎川河支流钟桥河上游，距郎溪县城约6km，坝址控制流域面积25km^2，是一座以灌溉为主，兼顾防洪、城市供水等综合利用的中型水库。水库设计灌溉面积2.5万亩；防洪保护下游郎溪县城、建平、钟桥、东夏等乡镇4.0万人、3.0万亩耕地及214省道；设计年供水量为300万t。该工程由大坝、正常溢洪道、非常溢洪道、放水箱涵等建筑物组成。工程设计标准：100年一遇洪水设计，2000年一遇洪水校核；正常蓄水位28.00m，设计洪水位29.25m，校核洪水位29.8m。总库容3250m^3。

工程于1959年冬动工兴建，施工断断续续，1976年底大坝达到现有规模。大坝为均质土坝，坝体为重粉质壤土，最大坝高17.0m，坝顶长度569m，坝顶高程33.0m（吴淞高程，下同），坝顶宽4.5m。迎水面坡比从上至下分别为1∶3.0、1∶3.5，高程26.50m设宽2～15m的马道，采用干砌块石护坡；背水面坡比从上至下分别为1∶2.75、1∶3.0，高程25.00m设宽2～3m的马道，坡脚平台高程20.50m，宽18.5m，干砌石护坡厚度40cm。

由于大坝存在安全隐患，2003年被鉴定为病险水库三类坝。为此，除险加固工程建设于2008年开工，2010年底完成。经过近2年的运行观测，加固工程达到设计要求，工程隐患得到彻底根除。

经过水库大坝安全评价分析和除险加固工程初步设计阶段补充勘探及分析，龙须湖水库大坝主要存在以下问题：

（1）坝体分多期填筑完成，填料分别来自库内、坝后的农田灰白色砂壤土、溢洪道处棕红色粉质壤土及山坡风化砂性土等，大坝填筑土料差异较大、成分各异。现场取样分析显示，坝体填筑质量差，坝体压实度和防渗性能均不满足规范要求，坝体渗透系数$K=0.28\times10^{-4}\sim17\times10^{-4}$cm/s，平均渗透系数$K=2\times10^{-4}cm/s>1.0\times10^{-4}$cm/s，不满足规范要求。

（2）坝基透水率达10～20Lu，不满足规范要求；同时坝肩存在绕坝渗漏，并有集中渗漏点；坝脚存在大面积散渗。渗流有限元计算成果显示：①坝体浸润线出逸点偏高，出逸点最大高程为24.90m，不利于下游坝坡稳定；②坝体出逸点及下游渗出段的渗透比降大于允许比降0.25，下游渗出段的部分剖面垂直渗透比降接近淤泥质壤土的允许比降0.50，坝体可能发生渗透破坏。

（3）下游坝坡的抗滑稳定安全系数不满足规范要求。

2 大坝防渗设计

2.1 防渗方案比较

根据大坝存在的问题，对大坝的防渗分别研究了混凝土防渗墙和高压旋喷灌浆两个方案。

（1）塑性混凝土防渗墙加固方案

沿坝顶中心线增设混凝土防渗墙对塑性坝体进行防渗加固，防渗墙入岩0.5～1.0m，墙下基岩采用帷幕灌浆加固。混凝土防渗墙0.6m厚，并在墙中预埋灌浆钢管，钢管直径110mm。防渗墙轴线长518m，顶高程31.40m，最大墙深24.7m。帷幕灌浆采用单排孔，孔距1.6m，深度至透水率小于10Lu以下5m。灌浆段长度分为：第1段2m，第2段3m，以下各段5m。帷幕灌浆防渗线总长466.0m，最大孔深36.3m。混凝土防渗墙是一种地下连续墙，具有较好的整体性与防渗性能。它是利用专门的造槽机械钻造槽孔，并在槽孔内注满泥浆，防止槽壁坍塌，最后用导管在注满泥浆的槽孔中浇筑水下混凝土，将泥浆置换，筑成墙体。混凝土防渗墙广泛应用于大坝防渗加固。

（2）高压旋喷灌浆方案

沿坝顶中心线增加高压旋喷灌浆对坝体和坝基覆盖层进行防渗加固，以下的强风化岩层透水率大于10Lu的基岩采用帷幕灌浆与之相连接，帷幕灌浆底线至10Lu线以下5m。高压旋喷灌浆防渗总长518m，最大孔深23.7m。帷幕防渗总长466.0m，最大孔深36.3m。帷幕灌浆与上部旋喷灌浆同孔，先进行下部基岩帷幕灌浆施工，然后进行上部旋喷灌浆施工。帷幕灌浆采用自上而下分段阻塞灌浆。旋喷灌浆单排孔距0.80m，最大深度23.7m。基岩灌浆为单排孔，孔距1.6m。帷幕灌浆防渗标准为10Lu。

高压旋喷灌浆法于20世纪70年代由日本引进，20世纪80年代初开始在我国迅速推广，并用于水库坝基防渗，取得了一定效果。高压喷射灌浆是利用钻机造孔，把带有喷头的灌浆管下至土层的预定位置，以高压把浆液或水从喷嘴中喷射出来，形成喷射流冲击破坏土层，土粒从土体中剥落下来后，一部分细小土粒随着浆液冒出地面，其余部分与灌入的浆液混合掺搅，在土体中形成凝结体。

（3）加固方案的比选

塑性混凝土防渗墙方案优点是，加固工程施工质量容易控制，防渗可靠性较高；缺点是，施工速度较慢，施工工期较长，费用略高；高压旋喷灌浆方案优点是，施工速度较快，工期较短，费用略低；缺点是，穿过不同介质的复杂地层时，施工质量较难控制，防渗可靠性受到影响。经综合比较，推荐塑性混凝土防渗墙加固方案。

2.2 塑性混凝土防渗墙设计

塑性混凝土防渗墙沿坝顶中心线布置，深度按入岩1m控制，断层及裂隙密集带适当加深。

（1）按经验计算防渗墙厚度

根据计算，墙体厚度为17.8cm可满足抗渗要求，混凝土防渗墙采用钻凿法施工，墙厚采用0.6m。

（2）塑性防渗墙的使用年限分析

塑性混凝土防渗墙耐久性主要受渗流溶蚀作用控制。使用年限根据经验公式计算 $T=$

103 年。根据规范，龙须湖水库大坝采用 0.6m 厚的塑性混凝土防渗墙可满足 50 年设计基准期的要求。

（3）防渗墙混凝土指标

28d 立方体抗压强度≥10.0MPa，弹性模量＜15000MPa，抗渗强度等级＞W6，允许渗透比降［J］＞60。

2.3 坝基帷幕灌浆设计

基岩帷幕灌浆采用自上而下的施工方法，防渗标准：透水率小于 10Lu。灌浆材料采用普通硅酸盐水泥浆液，水泥强度等级不低于 42.5 级。浆液水胶比采用 3∶1、2∶1、1∶1、0.8∶1、0.6∶1（重量比）。灌浆分段及压力：第 1 段长 2m，压力 0.35MPa；第 2 段长 3m，压力 0.5MPa；第 3 段长 5m，压力 0.8MPa；第 4 段及以下长 5m，压力 1.2MPa。

2.4 大坝渗流有限元分析

根据土坝的坝型特点，大坝加固前后抗渗稳定计算选择最大坝高断面作为计算分析剖面（图 1）。

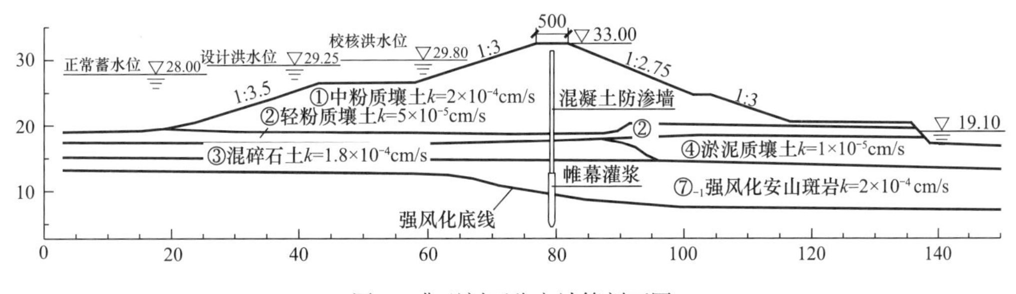

图 1　典型剖面稳定计算剖面图

（1）计算方法与程序

计算程序采用理正渗流有限元软件，该软件基于二维稳定—非稳定渗流理论，用有限元法求解渗流水头并计算渗漏流量。

（2）计算成果及分析

大坝防渗加固前、后渗流计算分析工况：水库正常运用（正常蓄水位、设计洪水位和正常蓄水位降至死水位）条件和非常运用（校核洪水位和校核洪水位降至正常蓄水位）条件的稳定渗流场分析。加固前后关键部位渗流出逸点高程和渗透比降见表 1；加固前后的典型渗流等势线如图 2、图 3 所示。

大坝典型剖面渗流计算成果表　　　　**表 1**

工况		土层及位置	渗透比降	允许比降	坝坡浸润线逸出点高程（m）	渗流量（$m^3/d/m$）
加固前	正常蓄水位 28.00	①中粉质壤土（A 点）	0.26	0.25	23.57	0.218
		④淤泥质壤土（B 点）	0.45	0.5		
	校核洪水位 29.80	①中粉质壤土（A 点）	0.29	0.25	24.90	0.338
		④淤泥质壤土（B 点）	0.50	0.5		

续表

工况		土层及位置	渗透比降	允许比降	坝坡浸润线逸出点高程（m）	渗流量（$m^3/d/m$）
加固后	正常蓄水位 28.00	①中粉质壤土（A点）	0.12	0.25	21.40	0.128
		④淤泥质壤土（B点）	0.30	0.5		
		混凝土防渗墙（C点）	5.34	60		
	校核洪水位 29.80	①中粉质壤土（A点）	0.16	0.25	21.81	0.159
		④淤泥质壤土（B点）	0.31	0.5		
		混凝土防渗墙（C点）	6.42	60		

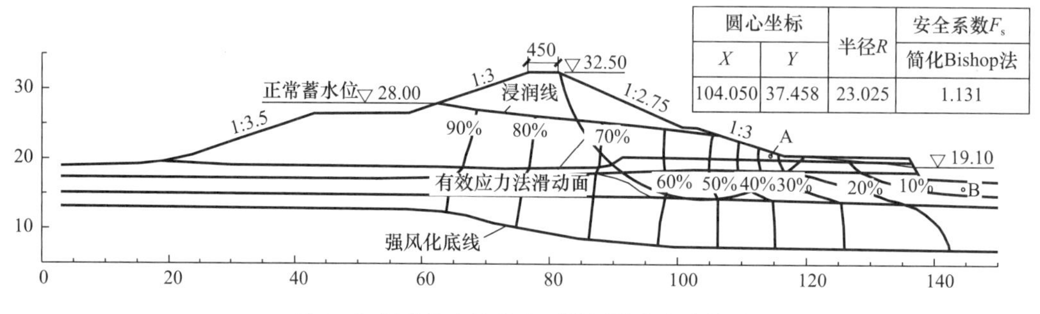

图2　加固前稳定渗流和下游坝坡稳定成果图

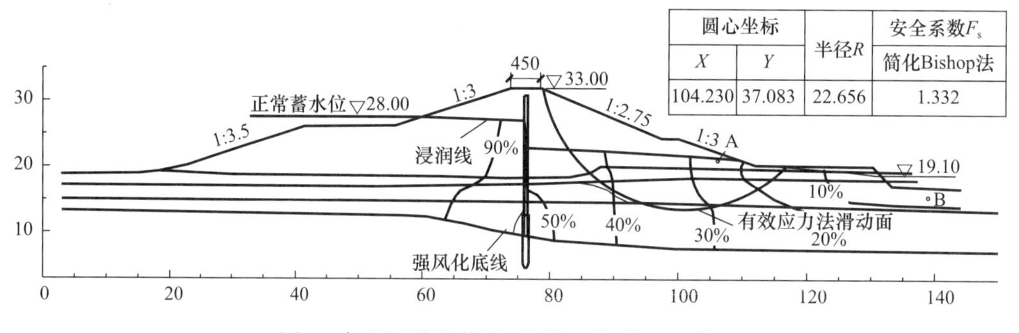

图3　加固后稳定渗流和下游坝坡稳定成果图

渗流分析计算成果显示：①混凝土防渗墙和帷幕灌浆可有效降低下游坝体土层的浸润线、并降低坝体渗漏量，坝体浸润线逸出点高程降低了2～3m；②大坝混凝土防渗墙最大渗透比降为21.3，小于其允许比降，满足要求。

2.5　大坝坝坡稳定分析

根据均质土坝的坝型特点，加固前后抗渗稳定计算选择最大坝高断面作为计算分析剖面。

（1）计算方法与程序

计算程序采用中国水利水电科学研究院编制的土质边坡稳定分析程序STAB2009，该程序为水利水电规划设计总院有限公司正式批准的设计程序。该程序可以进行土石坝和土坡的施工期、正常蓄水期、库水位降落、地震等工况的有效应力分析或总应力分析及水位骤降时的总应力分析。计算采用简化毕肖普法。稳定计算分析主要考虑自重、水荷载、水位降落动水荷载、渗流荷载及地震荷载等，其中坝体浸润线采用渗流计算结果。

（2）计算成果及分析

加固处理前，由于大坝浸润线偏高，在校核洪水位时下游坝坡抗滑稳定不满足规范要求，加固处理后，大坝上、下游坝坡抗滑稳定安全系数在各工况下均满足规范要求。采取混凝土防渗墙加固措施后，下游坝坡浸润线显著降低，抗滑稳定性得到较大增强。

3 大坝防渗施工

3.1 塑性混凝土防渗墙施工方法

（1）进行防渗墙成槽施工：根据本工程特点，选用低固相膨润土泥浆固壁。槽孔终孔验收合格后进行清孔换浆。清孔验收合格后浇筑防渗墙混凝土。

（2）防渗墙混凝土浇筑采用泥浆下直升导管浇筑方式。导管底口距槽底控制在15～25cm范围内，导管的组合由长短管组成，以便在开浇后不久就可拆除，浇筑后期，导管要勤提勤放，保证混凝土达到设计要求。

浇筑混凝土时导管埋入深度应＞1.0m且＜6.0m；保持混凝土面均匀上升且速度不小于2.0m/h，每30min测定一次深度，保证混凝土面高差控制在0.5m内；孔口设盖板以防杂物掉入。

槽孔浇筑严格遵循先深后浅的顺序，即从最深的导管开始，由深到浅连续浇筑。浇筑过程中，施工与质检人员严格检测导管安装下设、混凝土面深测量等技术指标。

（3）防渗墙连接采用接头板法，在Ⅰ期槽孔浇筑前下设直径略小于槽宽的钢制接头板，孔口固定后进行混凝土浇筑。在Ⅱ期槽孔混凝土浇筑前，严格进行接头面刷洗，经监理检验合格后方可进行下道工序施工。

3.2 帷幕灌浆的施工方法

帷幕灌浆采用孔口封闭法，自上而下分段施工，即每钻进一段进行一段灌浆。单排布孔，孔距1.6m，分三序施工。帷幕沿防渗线每隔19.2m间距布设一个先导孔，在两岸坝肩坡度较陡、地形变化较大的部位，先导孔间距适当加密。帷幕灌浆先导孔应深入防渗帷幕底线以下5.0m。

在灌浆前，应对所有灌浆孔（段）进行裂隙冲洗（混凝土段除外）和压水试验。冲洗水压采用80%的灌浆压力，压力超过1MPa时，采用1MPa；冲洗风压采用50%灌浆压力，压力超过0.5MPa，采用0.5MPa。裂隙冲洗应冲至回水澄清10min后结束，孔内残留沉积物厚度不得超过20cm。压水试验采用“简易压水”或“单点法”。

大坝防渗帷幕灌浆必须在相应部位防渗墙混凝土施工完成28d后进行。帷幕灌浆钻孔直径为76mm，顶部起灌高程29.25m。坝体部分混凝土防渗墙施工时预埋帷幕灌浆管，预埋管选用直径110mm的钢管，预埋管施工采用“导向架”施工工艺。

帷幕灌浆时要求尽快达到设计压力，注入率较大时采用分级升压；当某一级水胶比浆液注入量已达300L以上，或灌注时间已达1h，而灌浆压力和注入率均无显著改变时，应换浓一级水胶比浆液灌注；当注入率大于30L/min时，根据施工具体情况，可越级变浓。灌浆结束标准：在规定的压力下，当注入率不大于0.4L/min时，继续灌注60min；或注入率不大于1.0L/min时，继续灌注90min。

帷幕灌浆采用SGB6-10型灌浆泵，容许工作压力大于最大灌浆压力的1.5倍，并且有足够的排浆量和稳定的工作性能。配备JJS-2B立式双层搅拌桶。射浆管下放至距离孔底0.5m，并在进浆口等处安装压力表读记灌浆的压力，随时记录灌浆参数。

每个灌浆孔全孔灌浆结束、验收合格才能进行封孔。帷幕灌浆封孔采用分段压力灌浆封孔法。全孔灌浆结束后，自下而上分段进行灌浆封孔，每段长度15～20m，灌浆水胶比为0.5∶1的浓浆，灌注压力与该段的灌浆压力相同，当注入率不大于1L/min，延续30min停止，在孔口段延续60min停止，灌浆结束后闭浆24h。

3.3 防渗工程质量检测及观测成果分析

项目开工后，项目法人委托河海大学实验中心对工程进行第三方检测。

（1）防渗墙混凝土取芯检测

取芯孔位为混凝土防渗墙的6号、36号、58号、59号、60号槽段。检测成果显示：混凝土芯样大多连续，胶结较好，粗细骨料分布较均匀，表面较光滑，多呈柱状及少部分长柱状，断口基本吻合；防渗墙芯样物理力学性能指标均满足设计要求。

（2）防渗墙与帷幕灌浆压水试验

检测部位和试验具体部位：6号、36号、58号、59号、60号等槽段；41号、175号、274号等帷幕灌浆孔。检测成果显示：防渗墙渗透系数$k<i\times10^{-7}$cm/s（$1<i<10$），帷幕灌浆透水率$q<10$Lu，均满足设计要求。

（3）防渗墙开挖检测

开挖部位为67号与68号槽段的接缝处，开挖深度2.3m左右，长6.1m。经开挖检查检测，墙体厚度大于0.6m，槽孔接缝良好，基本为竖直方向，泥皮较薄，墙体连续。

（4）防渗墙混凝土超声检测

防渗墙混凝土超声检测采用点、面结合的方法，主要对施工接缝处、施工段中间部位进行重点检测。点检测6组，主结合取芯钻孔进行，在墙轴线上与取芯孔相隔2m的地方钻孔，放入声测探头按照试验步骤进行检测。面检测20组，主要利用帷幕灌浆埋管孔进行检测。进行了27孔检测，声速检测值为3.108～4.653km/s，平均值3.776km/s，防渗墙混凝土连续性较好，墙体连续可靠。

4 施工及运行的情况

龙须湖水库采用塑性混凝土防渗墙和帷幕灌浆相结合的防渗方案。共完成防渗墙施工面积9160m^2，帷幕灌浆长度7554m。经有限元计算分析，加固后浸润线明显降低，渗漏量显著减少，同时使大坝下游坝坡抗滑稳定性达到规范要求。大坝蓄水后的测压管观测数据显示，防渗效果明显，防渗上、下游水头差平均达3.6m，略大于渗流有限元计算值，说明防渗墙加固效果较好。

5 结论

龙须湖水库除险加固工程初设批复总投资约0.3亿元，工程于2008年10月开工，2010年进行了蓄水验收，水库运行至今已有14年时间，效果良好。

经过在龙须湖水库除险加固工程中的应用研究和分析，可以获得下列结论：

（1）塑性混凝土防渗墙是采用黏土和膨润土加入混凝土形成的一种具有柔性的防渗体，相对于普通混凝土防渗墙，对地层的适应性更强，弹性模量比较低，耐久性、抗震以及抗渗性能更好。

(2) 具有成本低、成墙整体性好、厚度均匀连续、质量可靠、防渗效果好。

(3) 具有在低强度和低弹性模量下适应地基应力变化的特点，确保墙体不被外力破坏，而不需提高混凝土的等级或增加钢筋笼，故能大大节省工程投资。

(4) 塑性混凝土的极限应变值比普通混凝土大得多，普通混凝土的受压极限应变值为 $e=0.08\%\sim0.3\%$，而塑性混凝土在无侧限条件下的极限应变超过1%，比普通混凝土大几倍甚至几十倍。

参考文献

[1] 陶景良. 混凝土防渗墙施工 [M]. 北京：水利水电出版社，1988.
[2] 高钟璞. 大坝基础防渗墙 [M]. 北京：中国电力出版社，2002.

作者简介： 李　涛（1982—），男，硕士，高级工程师。主要从事病险水库加固，水工结构，水库安全评价，水库蓄水鉴定等方面的研究。

但　颖（1986—），女，工学学士。主要从事工程概预算等方面的研究。

建筑楼内基于单片机智能灯控系统的研究及设计

傅海森
（广州建筑工程监理有限公司，广东 广州，440100）

摘　要：为了更好地节约建筑楼内的电能资源，避免不必要的电能消耗，建筑楼内采用了一种基于物联网多传感器联合编程的智能灯控照明系统，通过必要的绘图仿真编程软件进行系统的仿真及硬件调试。该系统具有智能、节约电能资源、低成本等优点，可以满足低碳生活的要求，对今后房屋建筑的照明系统及其他应用领域有一定的参考价值。
关键词：电能消耗；智能灯控照明系统；低碳生活

Research and design of intelligent light control system based on single chip microcomputer in building

Fu Haisen
（Guangzhou Construction Engineering Supervision Co.，Ltd.，Guangzhou 440100，China）

Abstract：In order to better save the energy resources in the building and avoid unnecessary energy consumption. An intelligent light control lighting system based on multi-sensor joint programming of the Internet of Things is adopted in the building，and the system simulation and hardware debugging are carried out through the necessary drawing simulation programming software. The system has the advantages of intelligence，saving power resources and low cost，and can meet the requirements of low-carbon life. It has certain reference value for the lighting system and other application fields of the building in the future.
Keywords：electric energy consumption；intelligent light control lighting system；low-carbon life

引言

自钨丝电灯泡的发明到现在 LED 智能灯的普遍使用，从功能单一、耗电大实现了功能多样化、节能环保等，这证明了时代在进步、创新及发展。随着科技的迅速发展，物联网已应用在生活中的方方面面，而建筑楼内楼道及走廊智能灯就是一个普遍的例子。王林青[1] 等设计了一种可以随着外界光照强度的变化来调节照明设备光亮强弱的控制系统。该控制系统是从节能环保理念出发，避免了电力资源的浪费。早期，建筑大楼内每层的楼道及走廊的照明灯泡基本是用单一开关控制的，当天黑打开开关后就一夜开到天亮，甚至有时忘记关，造成了电能的普遍浪费，这也会给社会经济带来了较大的损失。国内楼宇的传统照明系统控制及功能单一导致电能浪费等问题，不符合当代低碳生活的要求[2]。基于生活中的种种电力资源浪费，从节能环保角度出发，设计了一种基于单片机智能灯控系统。该研究与以往的研究都是从节能环保的目标出发，但此单片机智能灯控系统对比已有智能灯控系统可以实现更智能、更节能、更加符合低碳生活的要求的目标。

1　设计思路

21世纪是人工智能的时代，自动化技术及物联网技术在生活中应接不暇，而智能灯控系统就是一个很好的体现，建筑楼内基于单片机智能灯控系统设计主要通过声音控制、光照控制以及人体红外感应控制三部分来共同实现。系统控制设计了两种模式来控制灯泡开启与关闭，模式一主要利用声音与光照强度来共同控制灯的开启与关闭；模式二主要根据光照强度和人体红外线感应来共同控制灯的点亮与熄灭。模式一情况下，在白天光线很亮的时候人们可以正常通行所以灯泡不需要打开，光线很暗或者到了晚上后就需要将灯泡开启，但是由于晚上建筑楼内楼道及走廊过道不需要灯泡一直开启，这样将会造成许多电能资源浪费，所以需要通过声音控制来实现灯泡的开启与关闭：当白天光线较暗或者天黑条件下有人经过楼道及走廊过道的时候发出声响，灯泡就会自动开启，延时一段时间后灯泡自动关闭，从而节约了大量的电力资源。模式二情况下，也是同样的道理，在白天光线较暗或者天黑条件下有人经过楼道及走廊过道的时候灯泡就会自动开启，一段时间后自动熄灭[3]。设计两种模式是解决以往单调性的设计方案，以往设计是基于一种模式情况下的，控制效果不佳，不能很好地达到建筑节能减排的要求。比如，模式一情况下，当白天光线较暗或者天黑条件下有人经过楼道及走廊过道的时候没有发出声音，此时灯不会开启，这显然不符合照明系统的设计要求。模式二情况下，在白天光线较暗或者天黑条件下，当人在一定距离时发出声响，此时灯也不会开启，这也不符合照明要求。两种模式弥补了以往设计的不足之处，更能达到智能照明系统及建筑节能减排的要求。

2　系统硬件设计

系统主要的核心硬件为单片机，其他辅助硬件有声控传感器、光控传感器、人体红外传感器及继电器等。单片机是一种微型计算机，是整个系统的心脏部位，此处不再过多叙述单片机，接下来主要介绍光控电路模块、声控电路模块、人体红外感应电路模块及继电器驱动电路模块。

2.1　光控电路模块

如图1所示是光控电路图：在光敏电阻受到太阳光的照射时，电阻会逐渐减小，运放同向输入端此时为低电平，端口1输出则为低电平；当光照强度减弱情况下，电阻会逐渐增加，运放同向输入端此时与前者相反为高电平，端口1输出则为高电平。光控电路的输出信号经过电压比较器后，将比较微弱的电流信号放大成单片机能够识别的电流信号，然后由运放输出端将放大后的信号传给单片机的P3.1口。

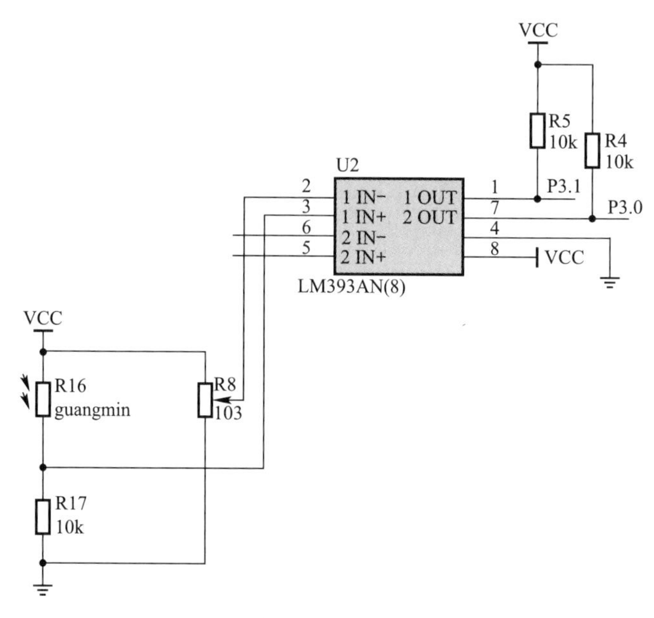

图1 光控电路图

2.2 声控电路模块

声控电路部分电路图如图2所示：驻极体话筒将接收到的声音信号转换成微弱的电压信号，然后，微弱的电压信号经过两级放大器的放大，将放大后的信号电压通过迟滞比较器转变成单片机识别的高低电平信号，经过双向稳压管变成翻转电平信号，然后传给单片机的外部中断P3.0口。

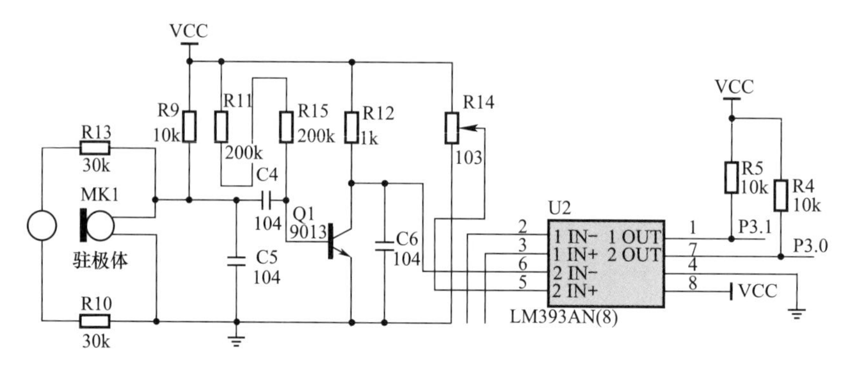

图2 声控电路图

2.3 人体红外感应电路模块

人体红外感应模块默认设置为可重复触发模式，即感应输出高电平后，在延时时间段内，如果有人体在其感应范围内活动，其输出将一直保持高电平，直到人离开后才延时将高电平转为低电平（感应模块检测到人体的每一次活动后会自动顺延一个延时时间段，并且以最后一次活动的时间为延时时间的起始点）。所以，当有人体经过的时候OUT会发生电平的转换，输出到如图3所示的CPU的P3.2引脚。

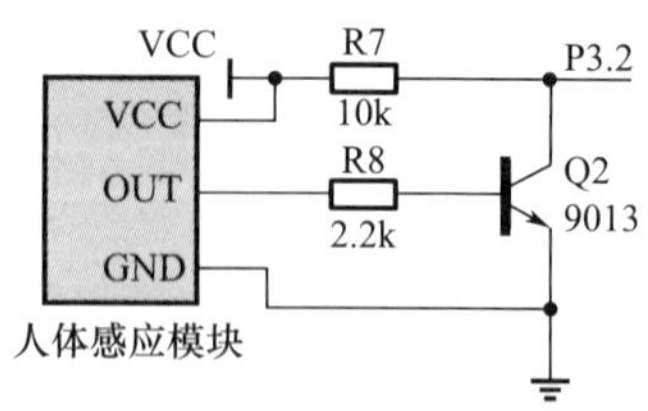

图3 人体红外感应电路图

2.4 继电器驱动电路模块

继电器驱动电路只要当继电器线圈通电之后，就能够实现对触点的吸合或者释放。如图 4 所示，整个继电器电路原理类似蜂鸣器电路，但是这里使用 PNP 三极管。当 9012 起到开关作用，其基极的低电平使三极管饱和导通，线圈通电而吸合。而基极高电平则使三极管关闭，线圈不吸合。所以当 CPU 的 P2.6 输出一个高电平则继电器不工作，若是 P2.6 输出低电平则驱动继电器吸合工作。

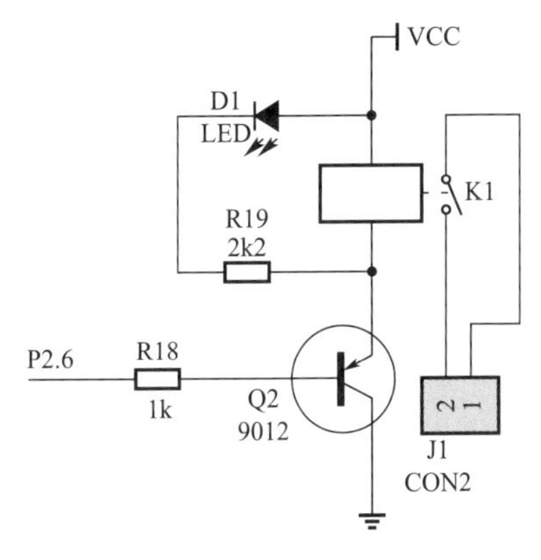

图 4　继电器驱动电路图

2.5 电路参数选择

单片机型号选用 STC89C52，其工作频率范围：0～40MHz，工作电压为 3.8～5.5V。在 STC89C52 单片机内部有一振荡电路，只要在单片机的 XTAL2（18）和 XTAL1（19）引脚外接石英晶体（简称晶振），就构成了自激振荡器并在单片机内部产生时钟脉冲信号。如图 5 所示电容 C2 和 C3 的作用是稳定频率和快速起振，电容值在 5～30pF，典型值为 30pF。晶振 CYS 的振荡频率范围在 1.2～12MHz 间选择，典型值为 12MHz 和 11.0592MHz。该系统采用 12MHz 石英晶振。

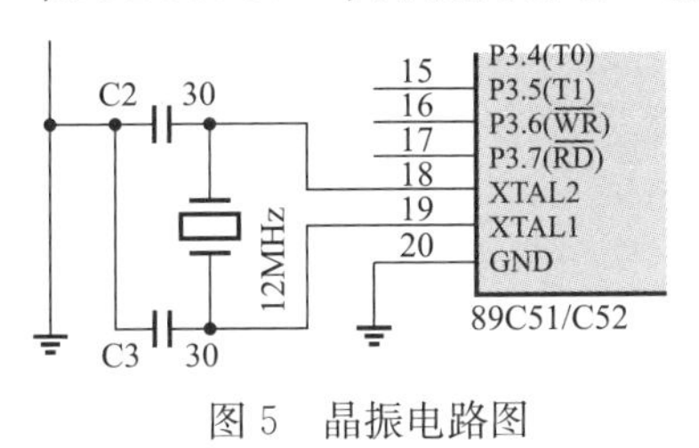

图 5　晶振电路图

2.6 电路板布局

系统设计回路中将单片机最小模块、声控模块、光控模块、人体红外感应模块与发光二极管正确连接，整个系统的电路图就绘制完成了，系统电路连接图如图 6 所示。双击单片机 AT89C52 将通过 Keil 软件生成 .hex 文件载入，仿真过程会出现一些元器件库里没有或者重名等情况，通过一些通用元器件的替换和重新命名等手段最终得到正确的仿真图。对此次硬件电路设计总结：主控电路使用了九个引脚，分别是 VCC、GND、P0.0、P0.1、P2.6、P3.0、P3.1、P3.2、P3.3。其中 VCC，GND 不多说。P0.0 和 P0.1 分别连接一个 LED 作为传感器状态指示灯和模式指示灯。P2.6 连接继电器电路，继电器可以连接外部元器件并为其供电。P3.0 连接声控电路，作为声控电路的输出端，主控芯片的输入端，检测是否有声信号的输入。P3.1 连接光控电路，作为光控电路的输出端，主控芯片的输入端，检测光信号的强弱。P3.2 连接人体感应电路，由于此传感器的缘故，默认由此人体热释传感器从 P3.2 输入高电平到 CPU，当 CPU 检测 P3.2 为低电平则检测到了人体经过。P3.3 连接按键电路，当按下按键 P3.3 由高电平转变为低电平，以此作为可以执行其他模块的功能的判断条件。而 LED 电路本身只是由一个二极管加电阻组成，所以没有专门用一个标题去介绍。电源电路实际上就是按键电路，只不过此按键是一个自锁开关能锁死按键状态。

结合设计思路将光控电路模块、声控电路模块、人体红外感应电路模块、继电器驱动电路模块、晶振电路等集成设计成一个整体电路。根据 PCB 板连线精简、安全载流、电磁抗干扰等原则将总体电路原理图设计成如图 7 所示的 PCB 图。

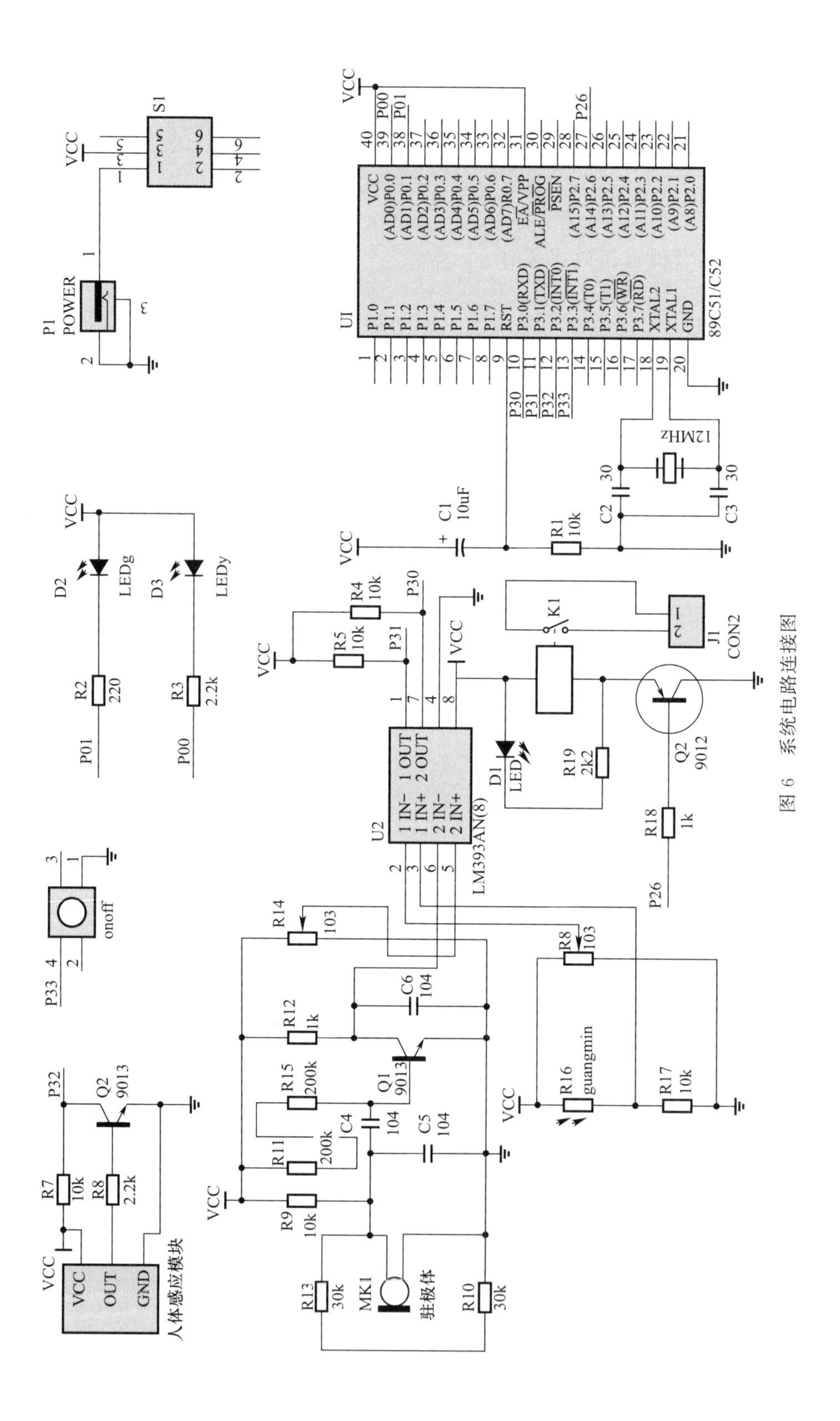
S1
VCC
P1
POWER
D2
LEDg
D3
LEDy
R2
220
R3
2.2k
P01
P00
VCC
P00
P01
P26
UI
89C51/C52
VCC
P30
P31
P32
P33
12MHz
C1
10uF
R1
10k
C2
30
C3
30
R4
10k
R5
10k
K1
J1
CON2
D1
LED
R19
2k2
Q2
9012
R18
1k
U2
LM393AN(8)
1 OUT
2 OUT
1 IN−
1 IN+
2 IN−
2 IN+
onoff
P33
P32
Q2
9013
R7
10k
R8
2.2k
人体感应模块
VCC
OUT
GND
R14
103
R8
103
C6
104
R12
1k
Q1
9013
R15
200k
C4
104
C5
104
R11
200k
R9
10k
R13
30k
MK1
驻极体
R10
30k
R16
guangmin
R17
10k

图 6　系统电路连接图

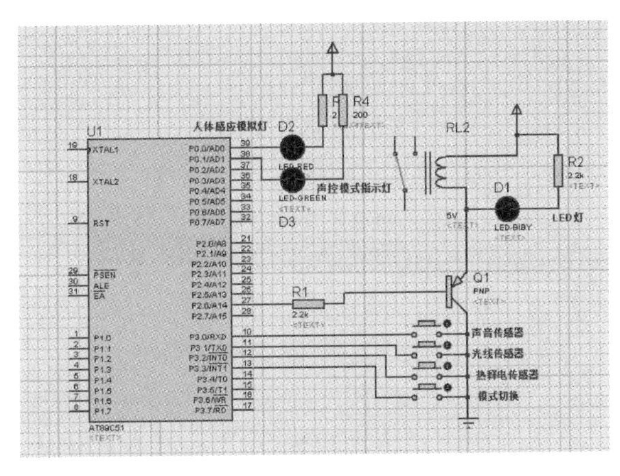

图 7　PCB 设计图

3　系统软件设计

系统主要利用 STC89C52 单片机、光敏电阻、人体感应模块、声控感应模块来设计一个智能照明装置。光敏电阻起到判断是白天还是夜晚的作用，主要实现的是在白天，即光线足够强的情况下，灯无论是在声音多大、人体感应多强烈的时候都不会点亮。而在夜晚的时候，即光线阴暗的情况下，可根据所按下按键设置的模式决定是因为声控导致的灯亮还是人体感应导致的灯亮。当灯亮 30s 之内，若持续不断地感应到有声音或者周围感应到了人体，则灯光重复计时 30s，无干扰 30s 后熄灭灯亮。此设计大大提高了灯光的使用率，避免了电能损耗。

3.1　程序设计流程图

图 8 是智能灯控系统程序设计流程图，从开始至初始化到结束所经过的步骤比较清晰明了，逻辑性符合智能灯控系统的科学性及低碳节能要求。

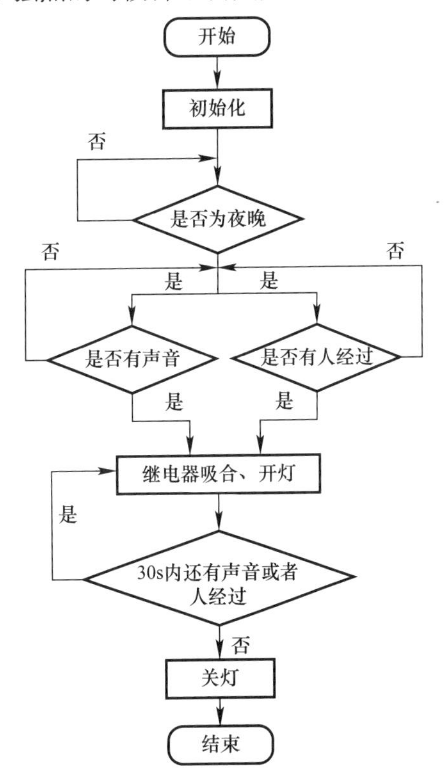

图 8　智能灯控系统程序设计流程图

3.2　单片机控制程序

通过 Keil 软件新建工程，选好芯片，编写程序，编译准确无误后生成 .hex 文件，利用 Keil 编译好的程序生成 .hex 文件后加载到 Proteus 绘制好的单片机中，进行仿真及硬件调试，系统源程序在此处不再过多罗列。

3.3　程序结构设计

系统程序主要由位定义、主程序、延时程序、按键检测程序、定时器计数等程序构成。下面主要介绍关于位定义及主程序的具体设计，延时程序、按键检测程序、定时器计数等程序不再过多介绍。

3.3.1 位定义

下列程序代码为系统所用到的全部位定义：

```
sbit light=P3^1;           //光线输入
sbit sound=P3^0;           //声音输入
sbit rsd=P3^2;             //人体热释电输入
sbit change=P3^3;          //按键模式切换
sbit LED_MODE=P0^1;        //模式灯
sbit led_sensor=P0^0;      //传感器状态感应灯
sbit OUT=P2^6;             //输出控制灯
bit Mode=0;                //0声控模式;1人体感应模式
```

以上代码所表示的位定义意思如下所示：light 表示在单片机中的 P3 口第 1 位，功能是输入光信号；sound 表示在单片机中的 P3 口第 0 位，功能是输入声信号；rsd 表示在单片机中的 P3 口第 2 位，功能是输入人体热释信号；change 表示在单片机中的 P3 口第 3 位，功能是输入一个高低电平的转换以此来实现声控模式或者人体感应模式的切换；LED_MODE 表示在单片机的 P0 口的第 1 位，功能是显示目前在什么模式下；led_sensor 表示在单片机的 P0 口的第 0 位，功能是检测是否有声信号或者人体热释信号的产生；OUT 表示在单片机的 P2 口的第 6 位，功能是检测是否在光线不足的情况下产生了声信号或者人体热释信号；Mode 是一个特殊变量，存储的只有 0 和 1，当 Mode=0 的时候代表声控模式，Mode=1 的时候代表人体感应模式。

3.3.2 主程序

主程序所用主函数程序代码如下：

```
void main()
{
    init();                                //调用定时器初始化函数
    LED_MODE=Mode;                         //控制模式指示灯的开关:初始位自动模式
    while(1)                               //进入while死循环
    {
        key();                             //按键扫描,模式切换
        if(Mode==0)                        //声控模式时判断是否都满足条件
        {
            if(sound==0&&light==0)//若是有声音信号并且光线暗
            {
                OUT=0;                     //点亮产生信号灯
                TR0=1;                     //打开定时器
                sec=0;                     //sec清零
            }
            if(sound==0)                   //如果有声音信号
            led_sensor=0;                  //信号指示灯亮
            else if(sound==1)              //如果没有声音信号
            led_sensor=1;                  //信号指示灯灭
        }
```

```
        else if(Mode==1)              //人体感应模式时判断是否都满足条件
        {
            if(rsd==0&&light==0)      //若是有人体热释信号并且光线暗
            {
                OUT=0;                //点亮产生信号灯
                TR0=1;                //打开定时器
                sec=0;                //sec 清零
            }
            if(rsd==0)                //若是有人体热释信号
            led_sensor=0;             //信号指示灯亮
            else if(rsd==1);          //若是没有人体热释信号
            led_sensor=1;             //信号指示灯灭
        }
    }
}
```

此程序在进入主函数后首先对定时器的配置进行初始化，接下来进入 while 死循环中不断对按键进行检测，对声音信号、光信号、人体热释信号进行判断。当按键切换到声控模式时，即是 Mode=0 对声音信号和光信号都进行检测，如果声音信号和光信号都输入为 0 时，则输出灯点亮并且打开定时器由 0s 开始计时。即使光信号输入不为 0，只要声音信号输入为 0 时，传感器状态感应灯也会点亮。当按键切换到人体感应模式时，Mode=1 对人体热释信号和光信号都进行检测，如果人体热释信号和光信号都输入为 0 时，则输出灯点亮并且打开定时器由 0s 开始计时。即使光信号输入不为 0，只要人体热释信号输入为 0 时，传感器状态感应灯也会点亮。传感器状态感应灯起到一个检测是否有传感器信号输入的作用。

4 仿真软件 Proteus 测试

将利用 Keil 编译好的程序生成 .hex 文件后加载到 Proteus 绘制好的 51 单片机中，进行仿真，如图 9 所示是线路已连好的系统仿真图。

由于灯泡模块这部分不易仿真，为简化设计使试验现象更为简洁，将灯泡模块这个整体用一个发光二极管或者 LED 灯代替，发光二极管亮表示灯泡工作；发光二极管不亮表示灯泡不工作，然后进行仿真。

由于声控模块、光控模块和人体红外感应模块等部分不易仿真，为简化设计使试验现象更为简洁，将声控模块、光控模块和人体红外感应模块各个整体，用一个按键开关和电阻组成的简易模块代替，然后进行仿真。系统在不同条件下的仿真图有以下几种情况。

4.1 没有按任何按键时

整个电路连接后之后检查所连电路是否正确，如果不正确重新检查所连电路的正负极，特别要注意发光二极管的正向导通性以及检查电路各个器件的端口是否需要连接电源端和接地，检查电路准确无误后进行仿真。回路没有按下任意按键时，默认此时是模式一，模拟灯一直亮着，如图 10 所示，说明系统设计回路电路连接正确。如果模拟灯不亮，说明程序代码有 bug（缺陷），有可能位定义定错或者电路连接不正确，具体问题具体分析。

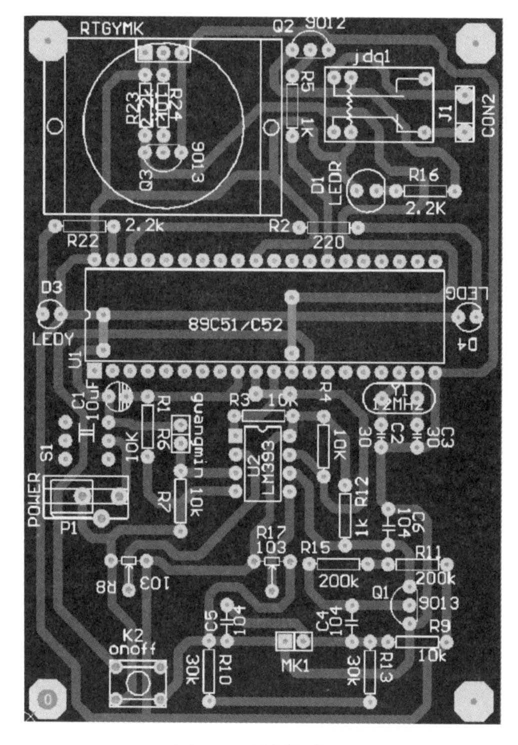

图 9　系统仿真图

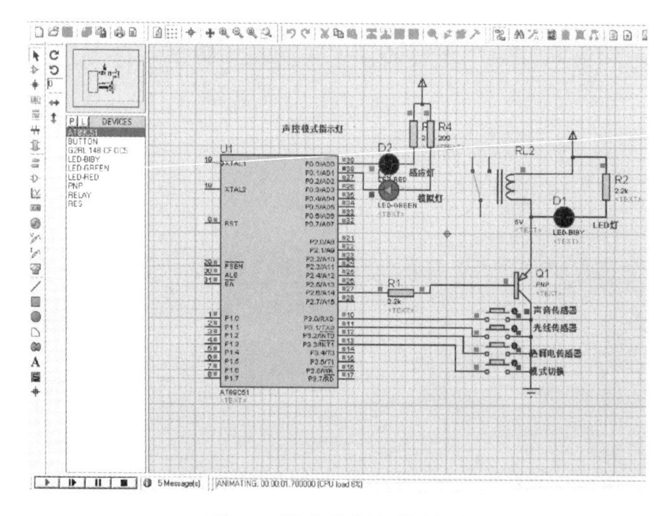

图 10　没有按任何按键时

4.2　白天声控模式

回路中光控传感器未按下，即是白天条件，绿色模式灯亮了说明是模式一声控模式，当声音检测按键按下，表明有声音输入，感应灯亮，LED 灯不亮，如图 11 所示。如果此时 LED 亮了，说明不符合系统设计要求，程序有问题，需要重新更改程序文件再仿真直到符合预期要求。

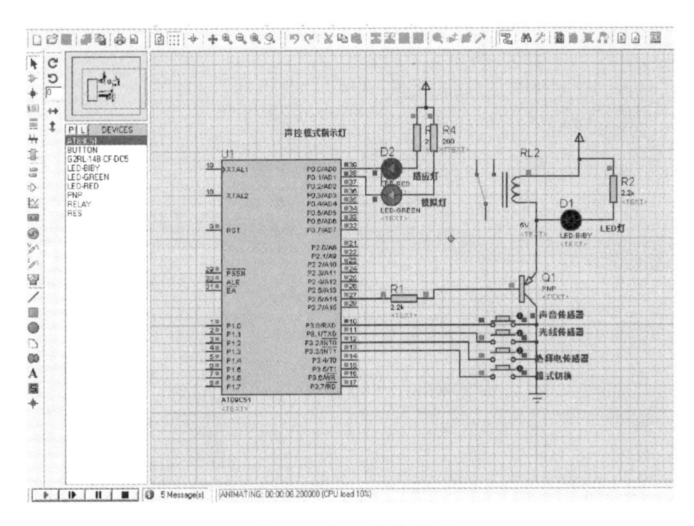

图 11　白天声控模式

4.3　白天人体感应模式

在白天条件下，绿色模式灯不亮则说明是模式二人体感应模式，当将人体感应按下，感应灯亮，LED 灯不会亮，如图 12 所示。这说明在白天强光条件下，任何情况都不会导致 LED 灯亮，表明此仿真现象符合预期设计。如果 LED 灯此时亮了说明不符合预期要求，需要重新分析原因，其中的原因可能是程序代码问题或者线路连接出现问题。

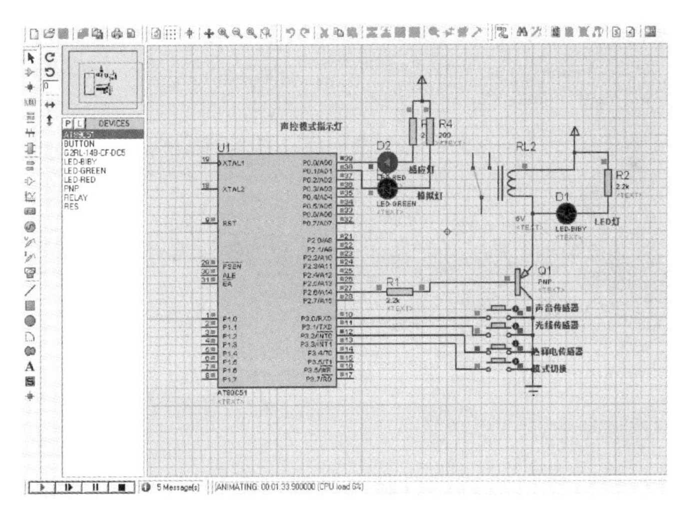

图 12　白天人体感应模式

4.4　夜晚声控模式

当光敏电阻按下，即是夜晚条件，绿色模式灯亮了说明是模式一声控模式，当声音检测按键按下，表明有声音输入，此时感应灯亮，LED 也亮，如图 13 所示。这说明在夜晚条件下，当为声控模式的时候，有声音输入时 LED 灯就会亮，表明此仿真现象符合预期设计。如果不亮则系统不符合要求，需要重新修改程序或者更正线路。

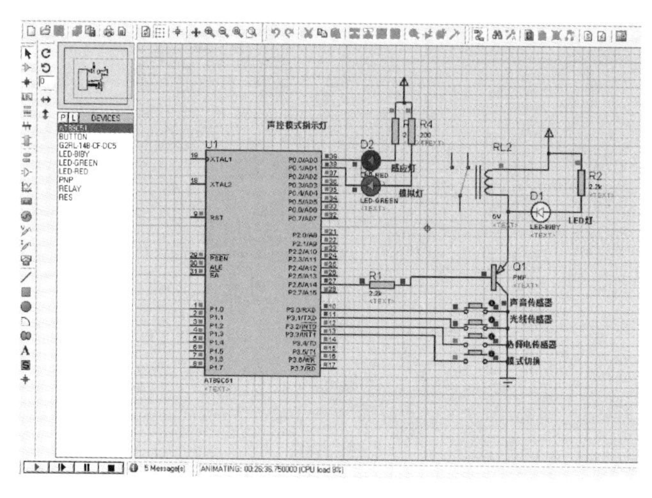

图13　夜晚声控模式

4.5　夜晚人体感应模式

当光敏电阻按下，即是夜晚条件，绿色模式灯不亮说明是模式二人体感应模式，当人体感应检测按键按下，表明附近有人体，此时感应灯亮，LED也亮，如图14所示。这说明在夜晚条件下，当为人体感应模式的时候，附近有人经过，LED灯就会亮，表明此仿真现象符合预期设计。

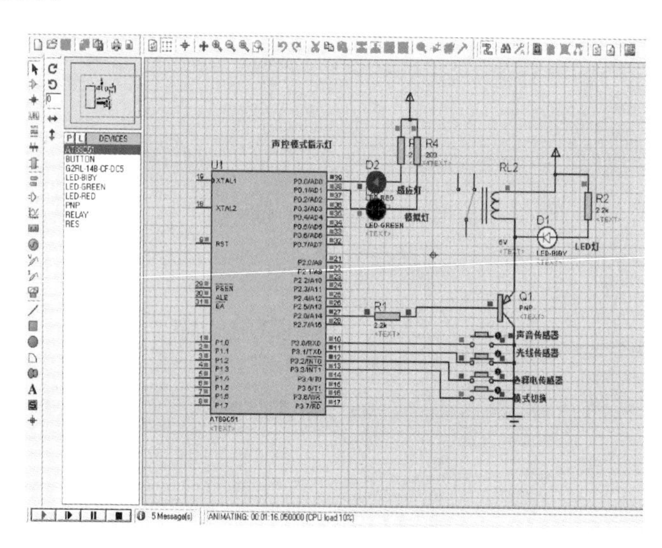

图14　夜晚人体感应模式

5　实物的制作与调试

系统设计完成后将PCB图发送给制作电路板的厂家直到打完板，接下来就是对各种元器件进行焊接，在焊接的过程中尽量遵循先焊难焊的元器件这个原则，每当焊接完一个器件之后使用万用表对其测量是否连通，接下来可继续下一个，以此类推直至将整个元器件清单上的材料全部焊接成功。这样制作实物就避免全部一次性焊接完之后发现错误无法及时找出问题，消耗时间又浪费精力。其实严格来说，实物的制作过程就只有焊接，这对设计者的烙铁功底是一个考验。制作的实物如图 15 所示。当整个系统接入 DC 电源并且按下自锁开关之后，整个系统处于默认模式，对整个系统进行调试，并且进行结果分析。调试一：在默认模式（声控模式）下，即主控芯片右边的绿色 3mmLED 亮，在光亮充足的条件下，灯控系统周围发出声响。结果分析：发现主控芯片左边的黄色 3mmLED 会随着声音的变化不断亮灭，但是最上方 5mm 红色 LED 不会亮，并且继电器不会吸合。此结果表明该调试符合程序要求，属于智能灯控系统白天条件下声控模式的现象。调试二：在默认模式（声控模式）下，即主控芯片右边的绿色 3mmLED 亮，用物体遮住光敏电阻，灯控系统周围发出声响。结果分析：发现主控芯片左边的黄色 3mmLED 会随着声音的变化不断亮灭，最上方红色 5mmLED 会亮，并且继电器吸合。若是在此条件下持续不断地发出声响，则最上方红色 5mmLED 持续亮，若无声响，最上方红色 5mmLED 在 30s 后熄灭。此结果表明该调试符合程序要求，属于智能灯控系统夜晚条件下声控模式的现象。调试三：按下按键（人体感应模式），即主控芯片右边的绿色 3mmLED 灭，在光亮充足的条件下，灯控系统周围有人体。结果分析：发现主控芯片左边的黄色 3mmLED 会每隔 3s 亮灭一次，最上方红色 5mmLED 不会亮，并且继电器不会吸合。此结果表明该调试符合程序要求，属于智能灯控系统白天条件下人体感应模式的现象。调试四：按下按键（人体感应模式），即主控芯片右边的绿色 3mmLED 灭，用物体遮住光敏电阻，灯控系统周围有人体。结果分析：发现主控芯片左边的黄色 3mmLED 会每隔 3s 亮灭一次，最上方红色 5mmLED 会亮，并且继电器吸合。若是系统周围一直感应到人体，芯片左边黄色 3mmLED 会持续不停地亮灭，最上方红色 5mmLED 也会持续亮，直至周围没有感应到人体，黄色 3mmLED 会灭，红色 5mmLED 会在 30s 后灭，此结果表明该调试符合程序要求，属于智能灯控系统夜晚条件下人体感应模式的现象。如果所产生现象与预期的结果不符，那就需要排查元器件的问题，检查相关元器件是否烧坏或者损坏。

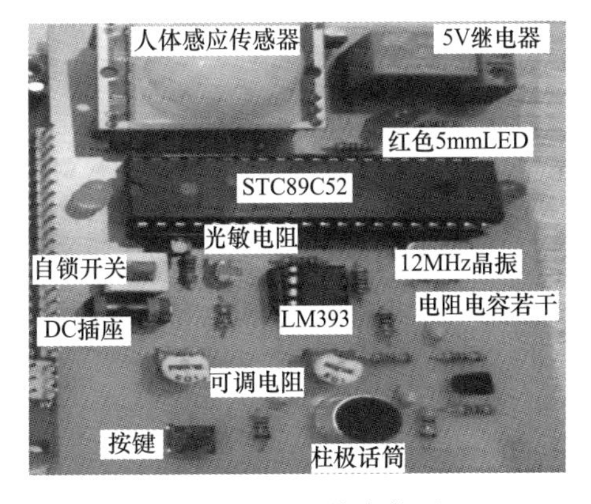

图 15　整个系统实物图

6　结论

智能灯控照明系统能够节约电能，可靠性好，制造成本低，具有很大的社会意义和经济效益。智能灯控照明系统既能满足人们的照明需要，又符合了环保节能以及具有方便使用等功能[4]，对提高用电效率、节能环保有很大帮助，应用前景广阔[5]。智能灯控照明系统符合低碳环保的时代要求，也是时代进步的体现，可以在大中型的住宅楼、商业大厦及教学楼加以应用，如此一来将会节约大量的电能资源，对社会的节能环保工作有很大的推进作用。然而，智能灯控照明系统技术难度相对较大。智能灯控照明系统涉及多种核心技术，需要专业技术人员来进行安装、调试和维护，因此安装成本及后期维护成本相对较高。同时，智能灯控照明系统的功能较为复杂，需要使用者进行相应的培训和学习，以便更好地使用系统的各项功能。在未来，实现灯远程智能控制，支持内置 5G 微基站，推动 5G 行业快速发展是智能灯控系统朝着人工智能、物联网平台、5G 及 IoT 网关（物联网网关）完善的方向。

参考文献

[1] 王林青，李雪莱，张嘉琦. 教学楼智能灯控系统的设计 [J]. 电脑知识与技术，2020，16（24）：87-88.

[2] 刘荣市，张今朝，戴婷，等. 智能楼宇照明灯控系统的研究与设计 [J]. 科技创新与应用，2020（16）：98-100.

[3] 郭鹏程，王新元，叶其忠. 基于51单片机的智能台灯设计 [J]. 科技展望，2016，26（11）：171.

[4] 张慧，丁锦宏. 一种智能楼道门禁灯控系统的设计 [J]. 金华职业技术学院学报，2016，16（6）：63-67.

[5] 赵亮，鲁云，陈晓东，等. 基于STC单片机的智能灯控系统设计 [J]. 电子设计工程，2012，20（14）：105-108.

作者简介：傅海森（1994—），男，工学学士，助理工程师。主要从事电气工程技术、工程管理及工程监理等方面的研究。

利用静载快速维持荷载法对太仓地区项目桩基承载力快速检测的应用研究

冯欣羽　刘国民

（太仓市建设工程质量检测中心有限公司，江苏 太仓，215400）

摘　要： 对于基桩竖向抗压静载荷试验，根据各级荷载维持时间长短及各级荷载作用下基桩沉降的收敛情况，分为慢速维持荷载法及快速维持荷载法。通过对静载荷试验快速法与慢速法对比试验数据及曲线中快速法与慢速法沉降与承载力差异规律的分析，将快速法试验下得出的单桩承载力特征值修正为快速法试验下得出的单桩承载力特征值的回归方程。这证明采用快速法静载荷试验检测工程桩承载力是可行的，可以使检测周期较慢速法明显缩短，带来明显的经济和社会效益

关键词： 桩基检测；静载荷试验；快速法；慢速法；沉降；承载力

Research on the application of testing the bearing capacity of piles with quick mehod of load pile static test in Taicang area

Feng Xinyu　Liu Guomin

(Taicang Construction Engineering Quality Testing Center Co., Ltd.,
Taicang 215400, China)

Abstract: For the vertical compressive static load test of foundation piles, it is divided into slow maintenance load method and fast maintenance load method based on the duration of each level of load maintenance and the convergence of foundation pile settlement under each level of load. By comparing the experimental data and analyzing the differences in settlement and bearing capacity between the fast and slow methods in the static load test, a regression equation is obtained to correct the characteristic value of single pile bearing capacity obtained under the fast method test to the characteristic value of single pile bearing capacity obtained under the fast method test. This proves that using the fast method static load test to detect the bearing capacity of engineering piles is feasible, which can significantly shorten the testing period compared to the slow method and bring significant economic and social benefits.

Keywords: pile foundation testing; static load test; quick and slow load method; settlement; bearing capacity

引言

桩基竖向抗压静载试验是目前公认的最直观可靠的单桩竖向承载力检测方法，可根据各级荷载维持时间长短及各级荷载作用下基桩沉降的收敛情况，分为慢速维持荷载法及快

速维持荷载法[1]。慢速法是一种已经被认可的试验桩和工程桩的承载力试验方法，因而成为我国现行标准中推荐的方法。国外许多国家的维持荷载法的最少持载时间为1h，相当于我国的快速维持荷载法，并规定了较为宽松的沉降相对稳定标准，已在工程桩验收检测中广泛运用。而我国的快速维持荷载法试验在20世纪70年代才开始研究，与慢速维持荷载法相比缺乏实践经验，目前根据规范规定仅能作为工程桩验收的检测依据。

一直以来我们在太仓地区都是采用慢速维持荷载法进行承载力检测。然而对于一些工期紧张的项目，我们全部按照平时使用的静载慢速维持荷载法无法按时完成检测任务，采用静载快速维持荷载法可极大地加快检测速度。由于太仓地区缺乏使用快速维持荷载法检测的实践经验，我们决定结合生产实践开展静载快速维持荷载法的应用研究，以找出在不同荷载下两种试验方法测出的单桩极限承载力和沉降的差异规律，并将快速维持荷载法静载试验下得出的沉降和承载力修正成慢速维持荷载法静载试验的沉降和承载力。

1 试验方案

1.1 桩型选择

由于预应力管桩的桩身质量好、强度高，成桩工艺好控制，因此可靠性高；采用该桩型可以增加试验成功的概率。因此，桩型选用预应力管桩。

1.2 场地选择

为了使比对试验的结果更具可信度，我们选取了三处具有代表性的场地，分别位于太仓市浏河镇（图1项目一）、陆渡镇（图1项目二）和浮桥镇（图1项目三），涉及的地质条件在整个太仓地区都具有代表性。

项目一 堆载试验图

项目二 堆载试验图

项目三 堆载试验图

图1 堆载试验图

1.3 试验工作量

本次试验共进行静载试验 18 组（36 根），试验桩两根为一组进行快速维持荷载法和慢速维持荷载法的比对试验，同一组的两根桩的桩型尺寸，设计承载力值和土层条件、静载试验条件等都尽可能相同。其中 9 组加荷至单桩抗压设计极限承载力，9 组加荷至破坏。对于加荷至单桩抗压设计极限承载力的试验桩，观察两根桩沉降量的差异；对于加荷至破坏的试验桩，观察两根桩极限承载力的差异。

1.4 试验方法

依据《建筑基桩检测技术规范》JGJ 106—2014、《建筑地基基础检测规程》DB 32/T 3916—2020 规定：

慢速维持荷载法：

加载时，按第 5min、10min、15min、30min、45min、60min 各记录一次，之后每隔 30min 记录一次。卸载时，每级荷载维持 1h，卸载至零后，继续记录至 3h。

加载的第一级加载量取分级荷载的 2 倍，之后逐级加载；卸载量每级取分级荷载的 2 倍。

快速维持荷载法：

加载时，按第 5min、10min、15min、30min、45min 各记录一次，之后每隔 10min 记录一次。卸载时，每级荷载维持 20min，卸载至零后，继续记录 20min。

加载的五级加载量分别取分级荷载的 2 倍、5 倍、7 倍、9 倍、10 倍；卸载分 3 级，载荷量分别取分级荷载的 5 倍、2 倍、0 倍。

2 试验结果和分析

2.1 试验曲线特性分析

通过对比可以看出快速维持荷载法静载荷试验与慢速维持荷载法静载荷试验所得出的 Q-s 曲线和 s-lg$t$ 曲线表现出相同的特征。两者的 Q-s 曲线（图 2）均反映出桩-土压缩变形的三个阶段：在荷载较低时 Q-s 曲线近似为直线段，此时桩-土压缩变形处于弹性变形阶段；随着荷载增加（达到特征值），Q-s 曲线开始弯曲，此时桩-土压缩变形处于弹、塑性变形阶段；随着荷载进一步增加（达到极限值），Q-s 曲线发生陡变，此时桩-土压缩变形处于塑性变形阶段（破坏阶段）。快速维持荷载法的特征点要比慢速维持荷载法略高。两者 s-lg$t$ 曲线均反映出：在桩所受荷载不变的情况下，桩的沉降随时间增长而增加，并经过一段时间趋于稳定。这表明在同等荷载作用下，快速维持荷载法静载荷试验与慢速维持荷载法静载荷试验在沉降上虽有差异，但并没有造成曲线性状上的差异。

慢速维持荷载法静载荷试验要求在各级荷载作用下 1h 内沉降值小于 0.1mm 为沉降稳定标准，在实际试验中，各级荷载维持时间在 2h 及以上；快速维持荷载法静载荷试验要求在各级荷载作用下，15min 内沉降值小于 0.1mm 为沉降稳定标准，实际试验中，各级荷载维持时间大多在 1h；当荷载接近极限荷载时，稳定时间有所延长，但一般不超过 90min，这些是因为桩周土的时间效应的影响。

工程名称：项目一										
试验桩号：G1-1					测试日期：2022-04-16					
桩长：30m					桩径：400mm					
荷载(kN)	0	364	546	728	910	1092	1274	1456	1628	1820
累计沉降(mm)	0.00	4.94	5.30	5.76	6.24	7.01	7.37	7.94	8.54	9.14

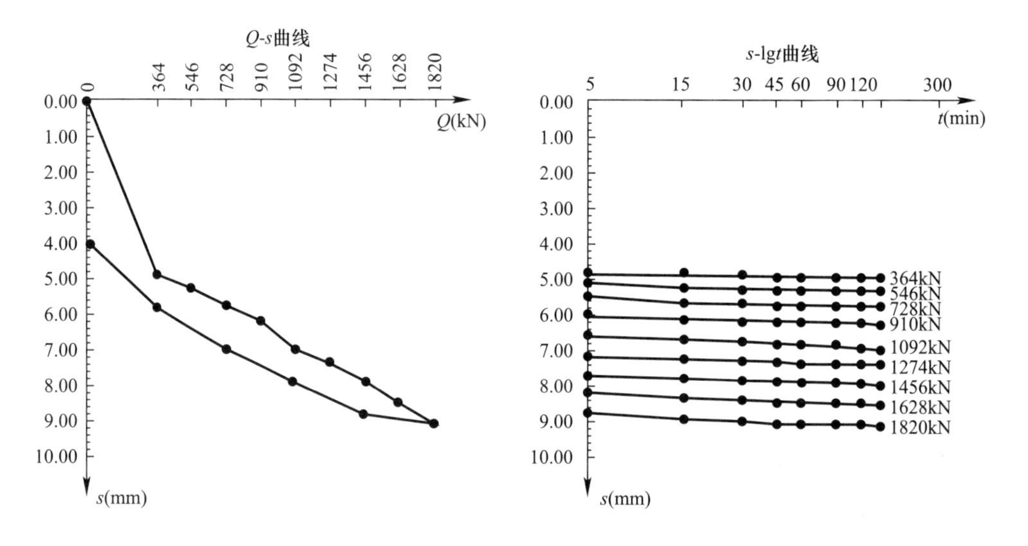

工程名称：项目一										
试验桩号：G1-2					测试日期：2022-04-18					
桩长：30m					桩径：400mm					
荷载(kN)	0	364	546	728	910	1092	1274	1456	1628	1820
累计沉降(mm)	0.00	3.76	4.91	5.39	5.82	6.36	6.88	7.44	8.07	8.78

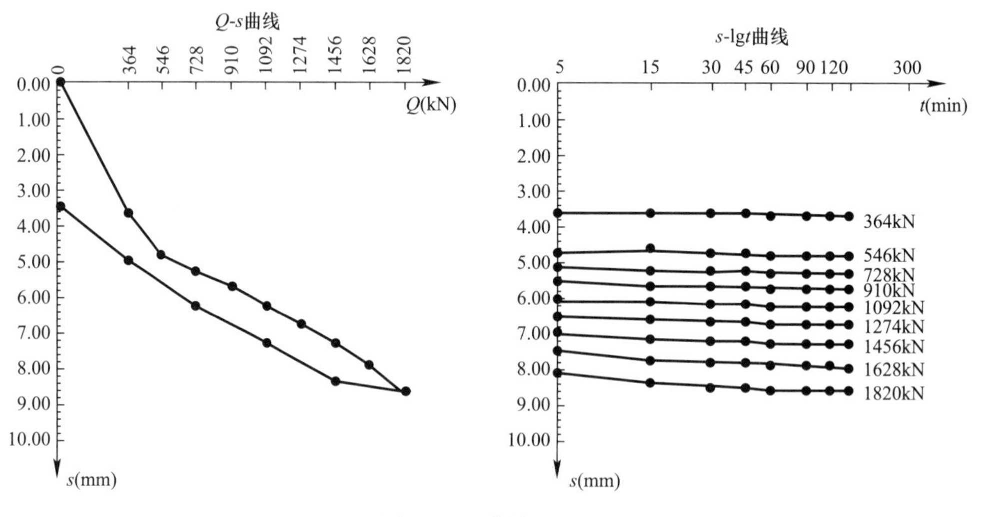

图 2 Q-s 曲线（一）

<table>
<tr><td colspan="11">工程名称：项目一</td></tr>
<tr><td colspan="5">试验桩号：G1-3</td><td colspan="6">测试日期：2022-04-20</td></tr>
<tr><td colspan="5">桩长：30m</td><td colspan="6">桩径：400mm</td></tr>
<tr><td>荷载(kN)</td><td>0</td><td>364</td><td>546</td><td>728</td><td>910</td><td>1092</td><td>1274</td><td>1456</td><td>1628</td><td>1820</td></tr>
<tr><td>累计沉降(mm)</td><td>0.00</td><td>2.94</td><td>3.34</td><td>3.76</td><td>4.28</td><td>4.76</td><td>5.30</td><td>5.86</td><td>6.48</td><td>7.24</td></tr>
</table>

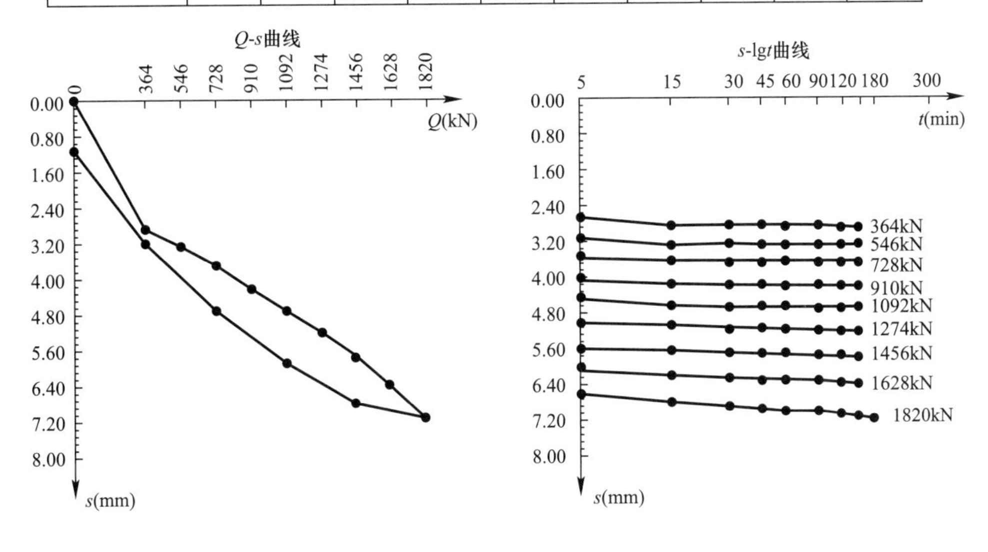

<table>
<tr><td colspan="7">工程名称：项目一</td></tr>
<tr><td colspan="3">试验桩号：G1-1k</td><td colspan="4">测试日期：2022-04-17</td></tr>
<tr><td colspan="3">桩长：30m</td><td colspan="4">桩径：400mm</td></tr>
<tr><td>荷载(kN)</td><td>0</td><td>364</td><td>910</td><td>1274</td><td>1628</td><td>1820</td></tr>
<tr><td>累计沉降(mm)</td><td>0.00</td><td>4.34</td><td>5.52</td><td>6.66</td><td>7.95</td><td>8.38</td></tr>
</table>

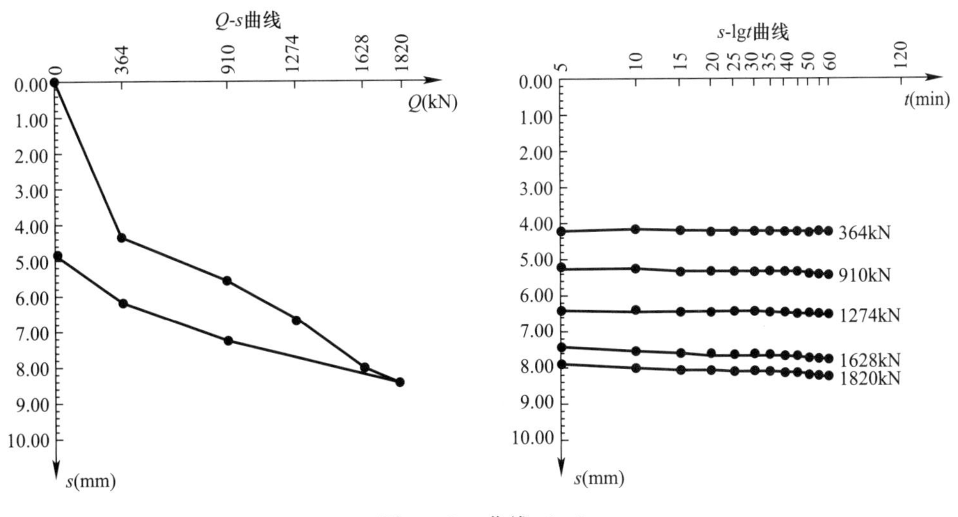

图 2　Q-s 曲线（二）

工程名称：项目一						
试验桩号：G1-2k			测试日期：2022-04-19			
桩长：30m			桩径：400mm			
荷载(kN)	0	364	910	1274	1628	1820
累计沉降(mm)	0.00	3.34	5.14	6.10	6.94	7.50

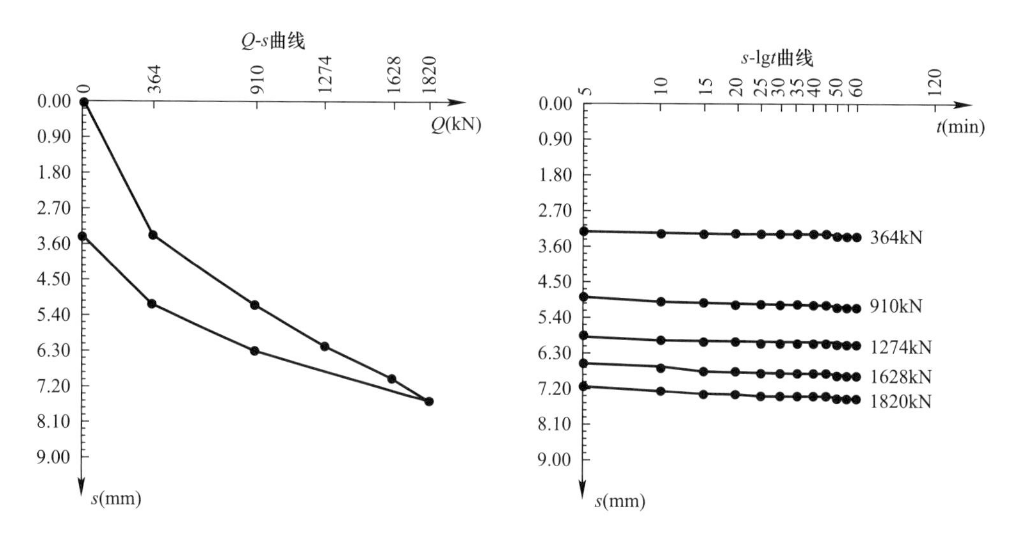

工程名称：项目一						
试验桩号：G1-3k			测试日期：2022-04-21			
桩长：30m			桩径：400mm			
荷载(kN)	0	364	910	1274	1628	1820
累计沉降(mm)	0.00	2.92	3.92	4.77	5.74	6.30

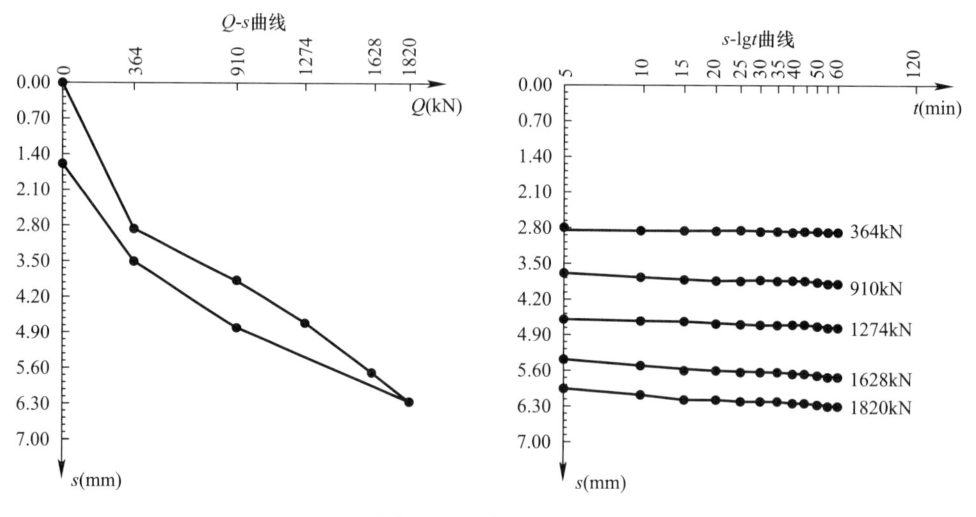

图2 Q-s 曲线（三）

工程名称：项目二										
试验桩号：G2-1					测试日期：2022-05-11					
桩长：34m					桩径：400mm					
荷载(kN)	0	336	504	672	840	1008	1176	1344	1512	1680
累计沉降(mm)	0.00	3.57	4.89	6.28	7.54	8.59	9.64	11.14	12.62	14.22

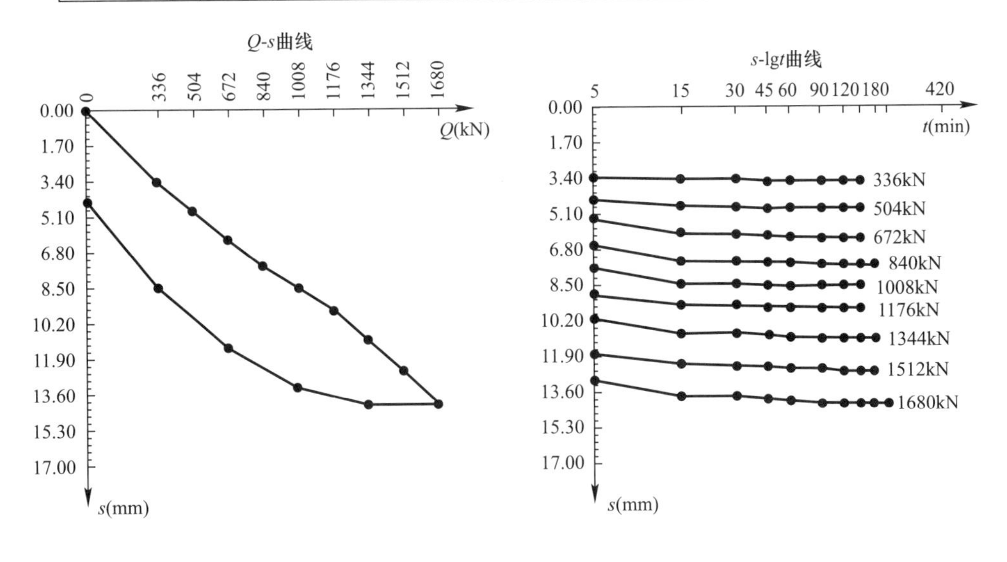

工程名称：项目二										
试验桩号：G2-2					测试日期：2022-05-15					
桩长：34m					桩径：400mm					
荷载(kN)	0	336	504	672	840	1008	1176	1344	1512	1680
累计沉降(mm)	0.00	2.09	2.48	3.25	4.35	6.07	7.87	9.53	11.84	13.21

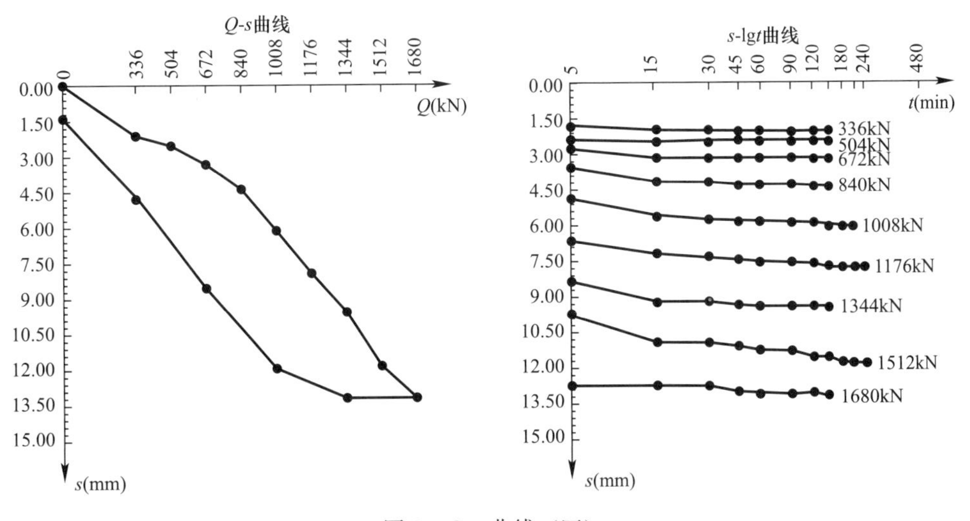

图 2　Q-s 曲线（四）

工程名称：项目二										
试验桩号：G2-3					测试日期：2022-05-19					
桩长：34m					桩径：400mm					
荷载(kN)	0	336	504	672	840	1008	1176	1344	1512	1680
累计沉降(mm)	0.00	3.98	5.12	6.46	7.56	8.64	9.62	11.16	12.86	14.42

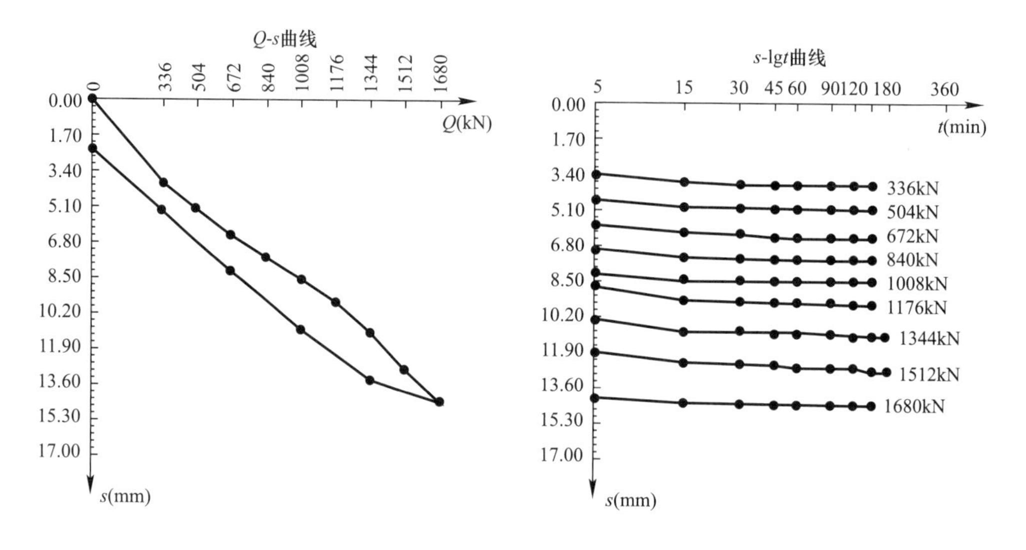

工程名称：项目二						
试验桩号：G2-1k				测试日期：2022-05-14		
桩长：34m				桩径：400mm		
荷载(kN)	0	336	840	1176	1512	1680
累计沉降(mm)	0.00	3.24	6.00	7.87	10.49	11.74

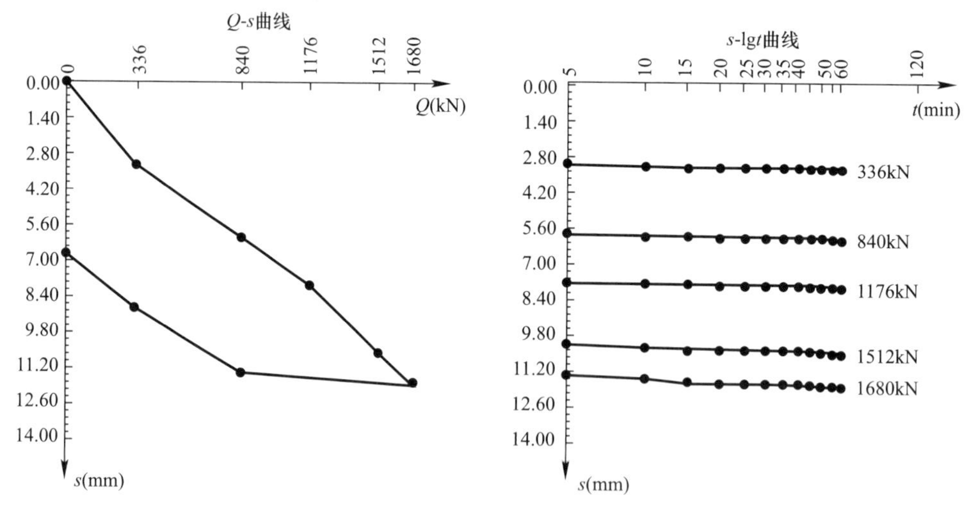

图2　Q-s 曲线（五）

工程名称：项目二						
试验桩号：G2-2k			测试日期：2022-05-18			
桩长：34m			桩径：400mm			
荷载(kN)	0	336	840	1176	1512	1680
累计沉降(mm)	0.00	1.53	4.51	6.94	10.20	11.66

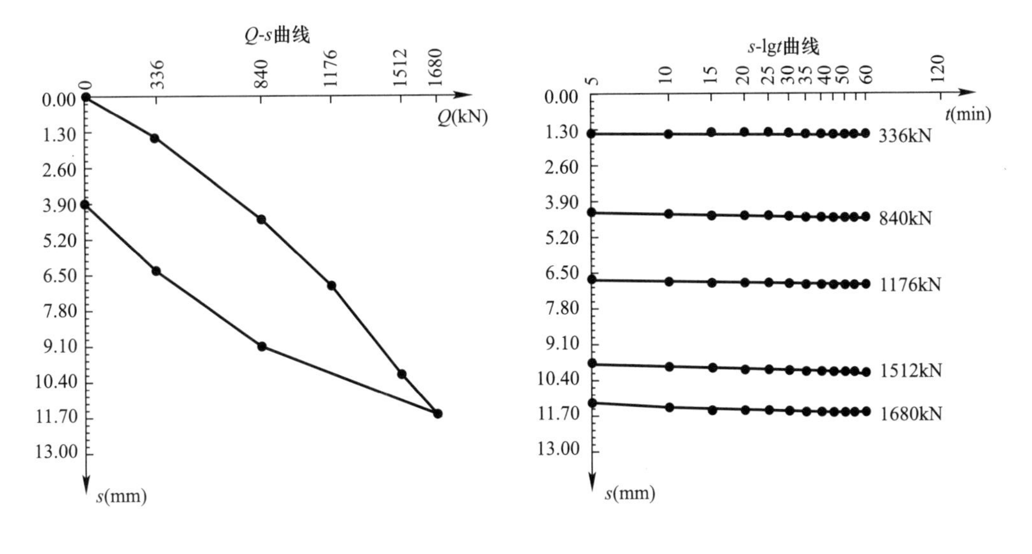

工程名称：项目二						
试验桩号：G2-3k			测试日期：2022-05-22			
桩长：34m			桩径：400mm			
荷载(kN)	0	336	840	1176	1512	1680
累计沉降(mm)	0.00	3.81	6.51	8.66	11.08	12.10

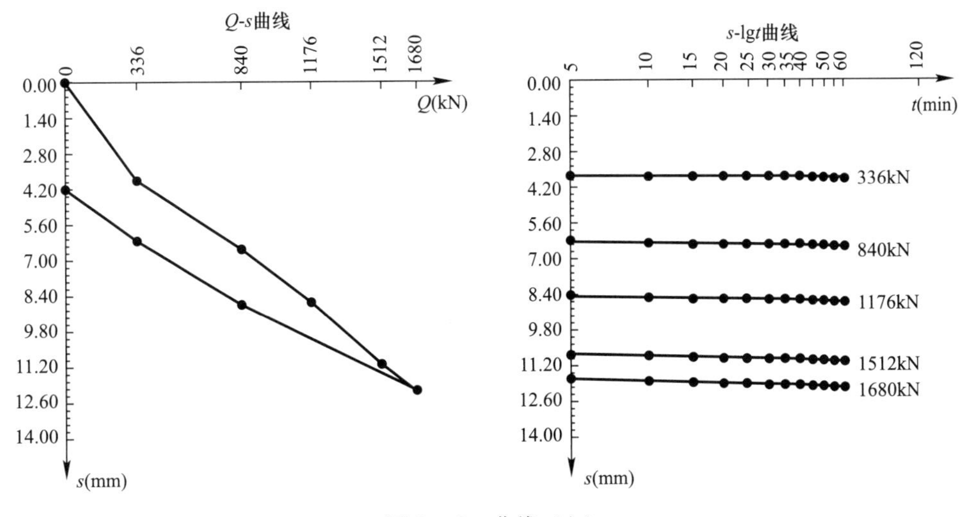

图 2　*Q-s* 曲线（六）

工程名称：项目三										
试验桩号：G3-1					测试日期：2022-06-11					
桩长：40m					桩径：500mm					
荷载(kN)	0	630	945	1260	1575	1890	2205	2520	2835	3150
累计沉降(mm)	0.00	5.50	6.88	8.19	9.45	10.65	11.80	12.99	14.18	16.46

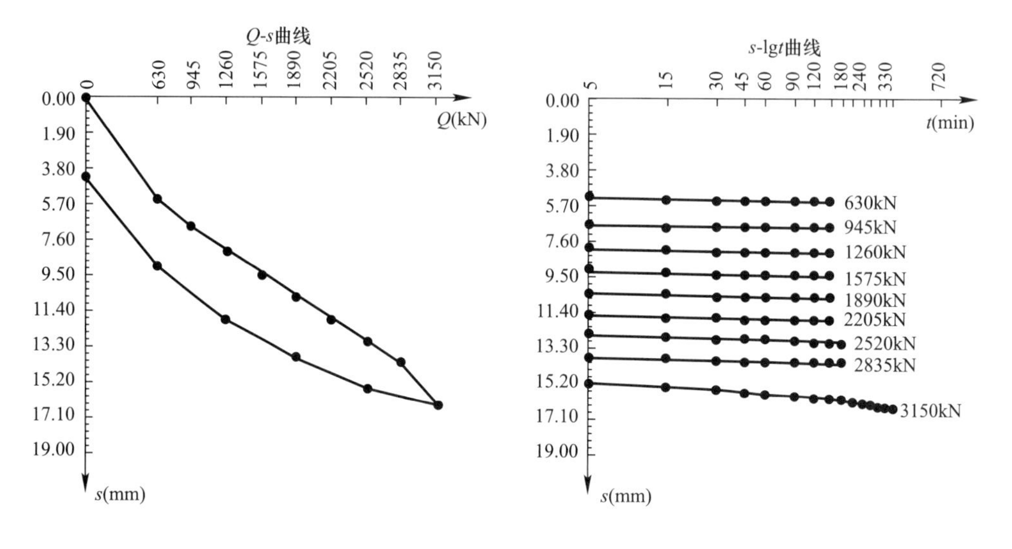

工程名称：项目三										
试验桩号：G3-2					测试日期：2022-06-15					
桩长：40m					桩径：500mm					
荷载(kN)	0	630	945	1260	1575	1890	2205	2520	2835	3150
累计沉降(mm)	0.00	4.16	5.66	6.98	8.22	9.40	10.50	11.62	12.77	14.76

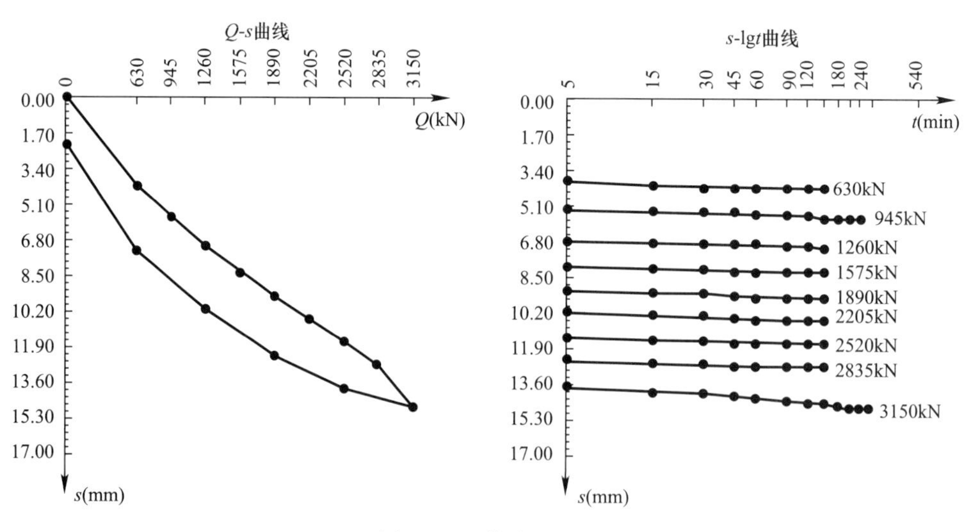

图 2 Q-s 曲线（七）

工程名称：项目三										
试验桩号：G3-3					测试日期：2022-06-19					
桩长：40m					桩径：500mm					
荷载(kN)	0	630	945	1260	1575	1890	2205	2520	2835	3150
累计沉降(mm)	0.00	5.90	7.30	8.64	9.93	11.08	12.11	13.14	14.61	17.03

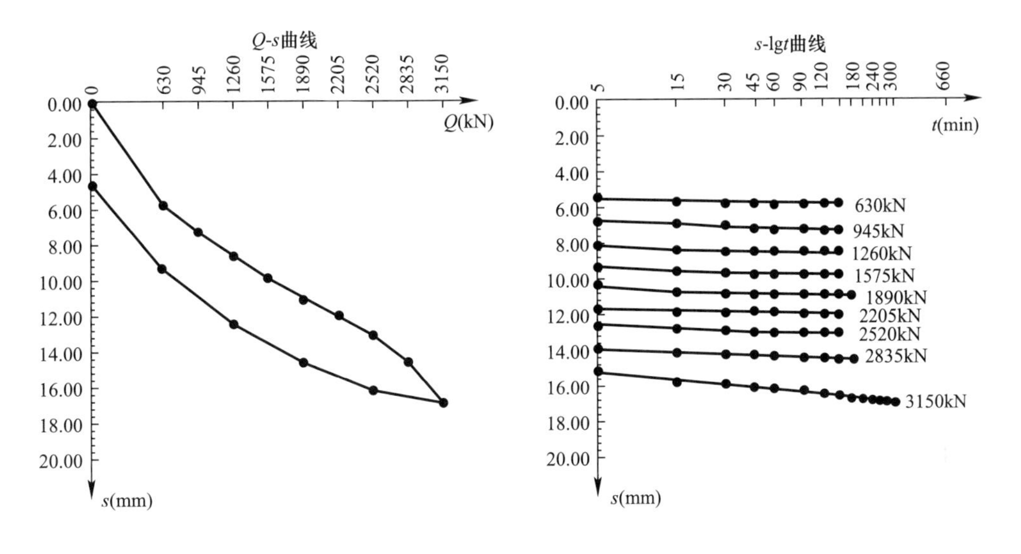

工程名称：项目三						
试验桩号：G3-1k				测试日期：2022-06-14		
桩长：40m				桩径：500mm		
荷载(kN)	0	630	1575	2205	2835	3150
累计沉降(mm)	0.00	5.12	7.88	9.40	11.45	13.11

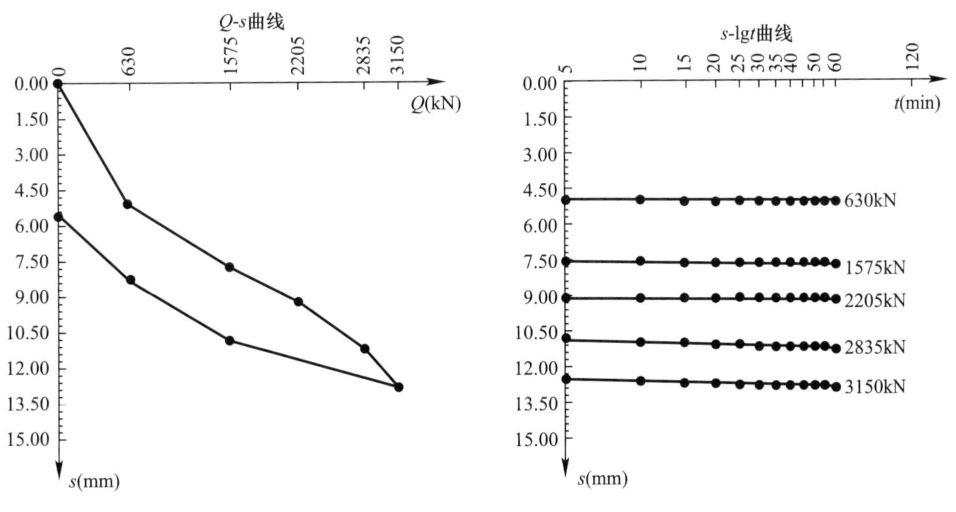

图 2　Q-s 曲线（八）

工程名称：项目三						
试验桩号：G3-2k				测试日期：2022-06-18		
桩长：40m				桩径：500mm		
荷载(kN)	0	630	1575	2205	2835	3150
累计沉降(mm)	0.00	3.49	7.32	9.21	10.87	12.53

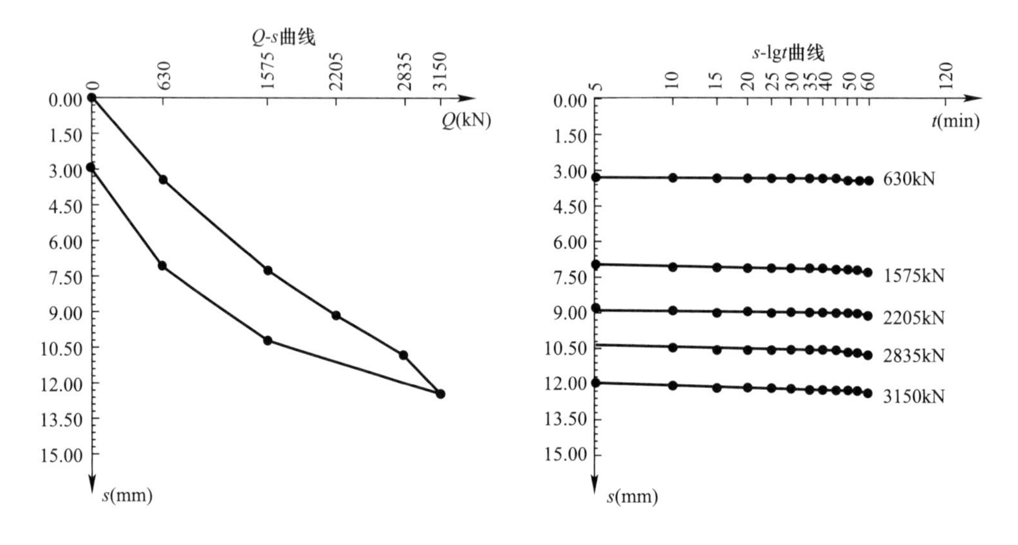

工程名称：项目三						
试验桩号：G3-3k				测试日期：2022-06-22		
桩长：40m				桩径：500mm		
荷载(kN)	0	630	1575	2205	2835	3150
累计沉降(mm)	0.00	5.04	8.45	10.72	12.93	14.95

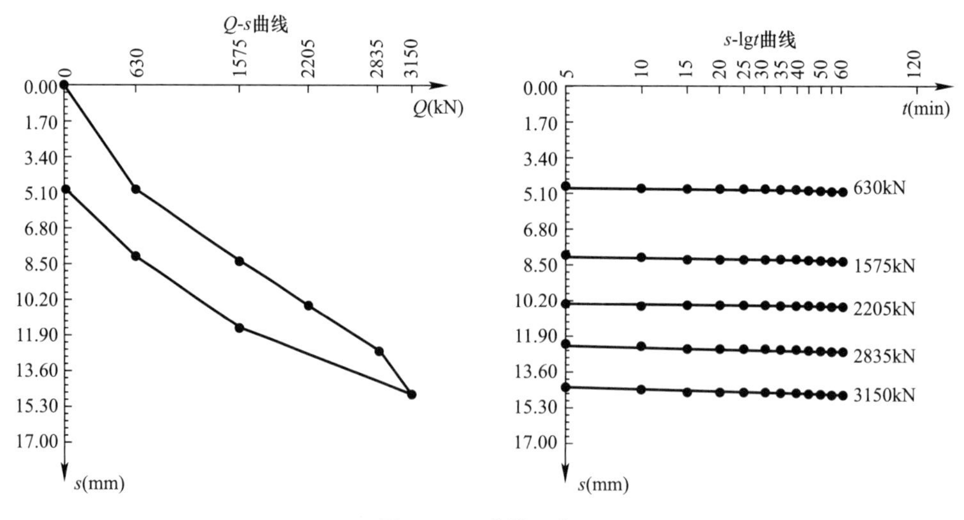

图 2　Q-s 曲线（九）

工程名称：项目一

试验桩号：S1-1　　测试日期：2022-04-02

桩长：37m　　桩径：400mm

荷载(kN)	0	320	480	640	800	960	1120	1280	1440	1600	1750	1900	2050	2200	2350	2500	2650	2800	2950	3100	3250	3400	3550	3700
累计沉降(mm)	0.00	0.40	0.67	1.00	1.47	2.03	2.73	3.59	4.67	5.97	6.93	8.21	9.64	1.23	3.01	4.80	4.89	9.11	1.47	4.35	7.35	2.38	6.50	6.20

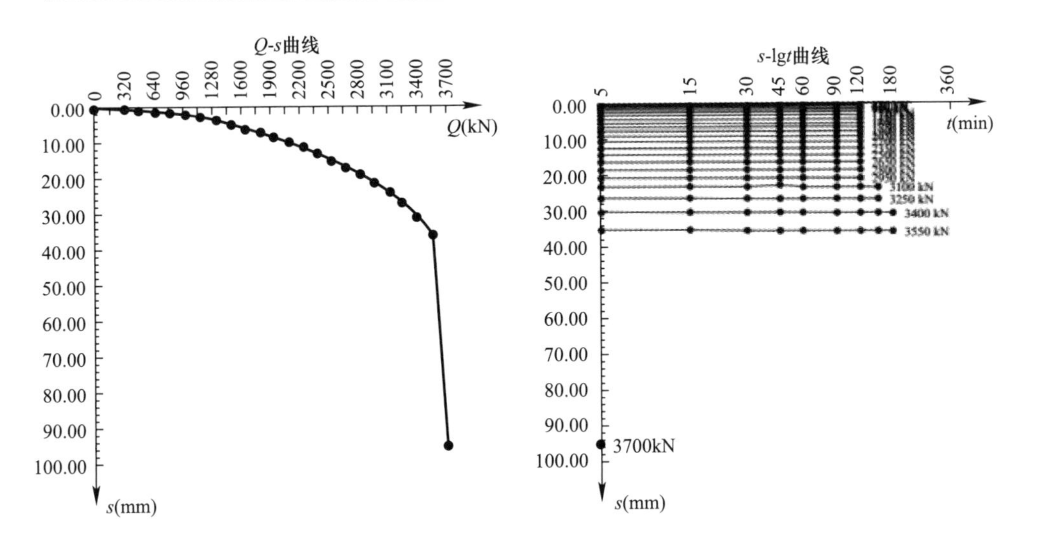

工程名称：项目一

试验桩号：S1-2　　测试日期：2022-04-06

桩长：37m　　桩径：400mm

荷载(kN)	0	320	480	640	800	960	1120	1280	1440	1600	1750	1900	2050	2200	2350	2500	2650	2800	2950	3100	3250	3400
累计沉降(mm)	0.00	0.34	0.59	0.90	1.34	1.89	2.61	3.55	4.65	5.99	7.05	8.23	9.64	1.21	2.91	4.99	97.3	10.00	73.45	98.35	55.48	96.71

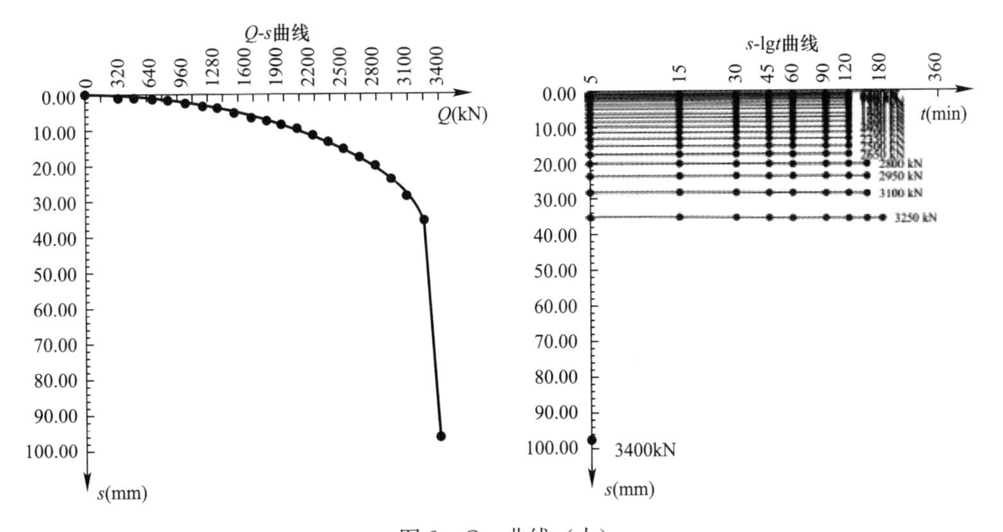

图 2　Q-s 曲线（十）

<table>
<tr><td colspan="23">工程名称：项目一</td></tr>
<tr><td colspan="11">试验桩号：S1-3</td><td colspan="12">测试日期：2022-04-10</td></tr>
<tr><td colspan="11">桩长：37m</td><td colspan="12">桩径：400mm</td></tr>
<tr><td>荷载(kN)</td><td>0</td><td>320</td><td>480</td><td>640</td><td>800</td><td>960</td><td>1120</td><td>1280</td><td>1440</td><td>1600</td><td>1750</td><td>1900</td><td>2050</td><td>2200</td><td>2350</td><td>2500</td><td>2650</td><td>2800</td><td>2950</td><td>3160</td><td>3250</td><td>3400</td></tr>
<tr><td>累计沉降(mm)</td><td>0.00</td><td>0.30</td><td>0.54</td><td>0.84</td><td>1.27</td><td>1.81</td><td>2.46</td><td>3.28</td><td>4.27</td><td>5.46</td><td>6.55</td><td>7.81</td><td>9.26</td><td>0.91</td><td>2.75</td><td>4.88</td><td>7.27</td><td>0.33</td><td>4.23</td><td>9.53</td><td>6.79</td><td>7.49</td></tr>
</table>

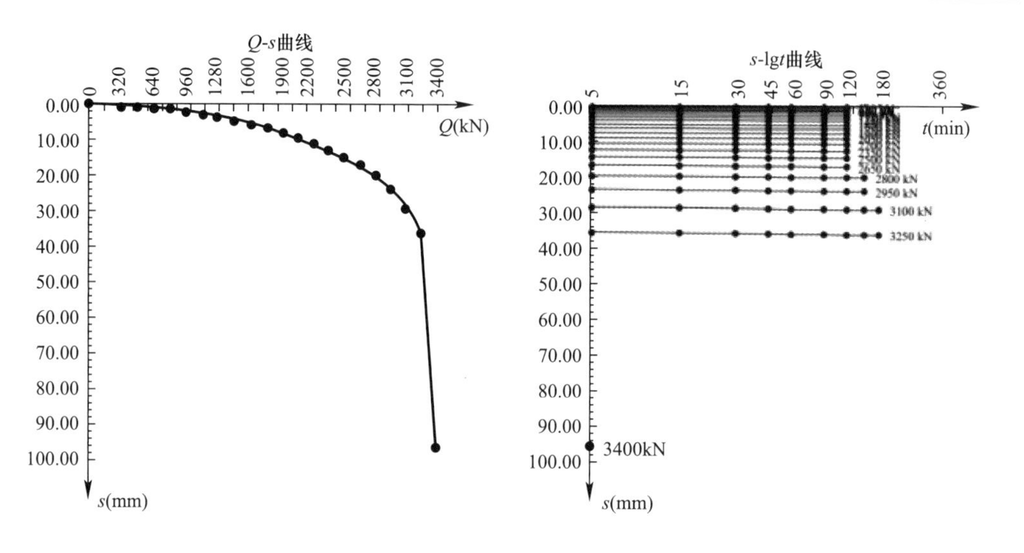

<table>
<tr><td colspan="28">工程名称：项目一</td></tr>
<tr><td colspan="13">试验桩号：S1-1k</td><td colspan="15">测试日期：2022-04-04</td></tr>
<tr><td colspan="13">桩长：37m</td><td colspan="15">桩径：400mm</td></tr>
<tr><td>荷载(kN)</td><td>0</td><td>320</td><td>480</td><td>640</td><td>800</td><td>960</td><td>1120</td><td>1280</td><td>1440</td><td>1600</td><td>1750</td><td>1900</td><td>2050</td><td>2200</td><td>2350</td><td>2500</td><td>2650</td><td>2950</td><td>1080</td><td>1950</td><td>1040</td><td>1550</td><td>1650</td><td>1700</td><td>1850</td><td>1900</td><td>1950</td></tr>
<tr><td>累计沉降(mm)</td><td>0.00</td><td>0.40</td><td>0.80</td><td>0.10</td><td>1.29</td><td>1.04</td><td>2.49</td><td>1.19</td><td>1.94</td><td>1.85</td><td>1.32</td><td>2.54</td><td>0.80</td><td>0.22</td><td>2.0</td><td>3.46</td><td>6.1</td><td>6.3</td><td>9.2</td><td>4.8</td><td>4.0</td><td>6.2</td><td>8.9</td><td>1.6</td><td>5.4</td><td>9.8</td><td>8.8</td></tr>
</table>

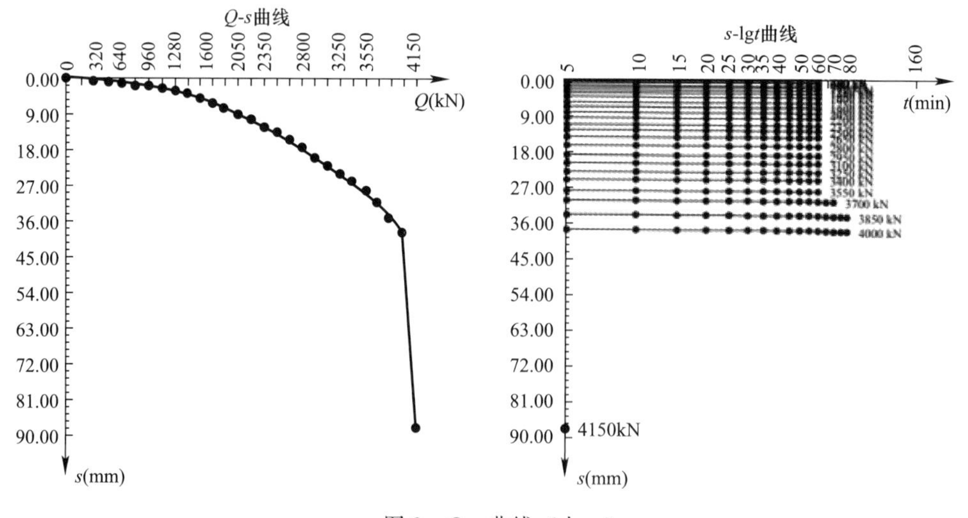

图 2　Q-s 曲线（十一）

工程名称：项目二																							
试验桩号：S1-2k										测试日期：2022-04-08													
桩长：37m										桩径：400mm													
荷载(kN)	0	320	480	640	800	960	1120	1280	1440	1600	1750	1900	2050	2200	2350	2500	2650	2800	2950	3100	3250	3400	3550	3700
累计沉降(mm)	0.00	0.15	0.30	0.87	1.29	1.70	2.18	2.72	3.46	4.41	5.29	6.45	7.67	9.01	10.5	12.20	4.00	5.80	8.02	0.85	4.13	7.30	2.18	2.90

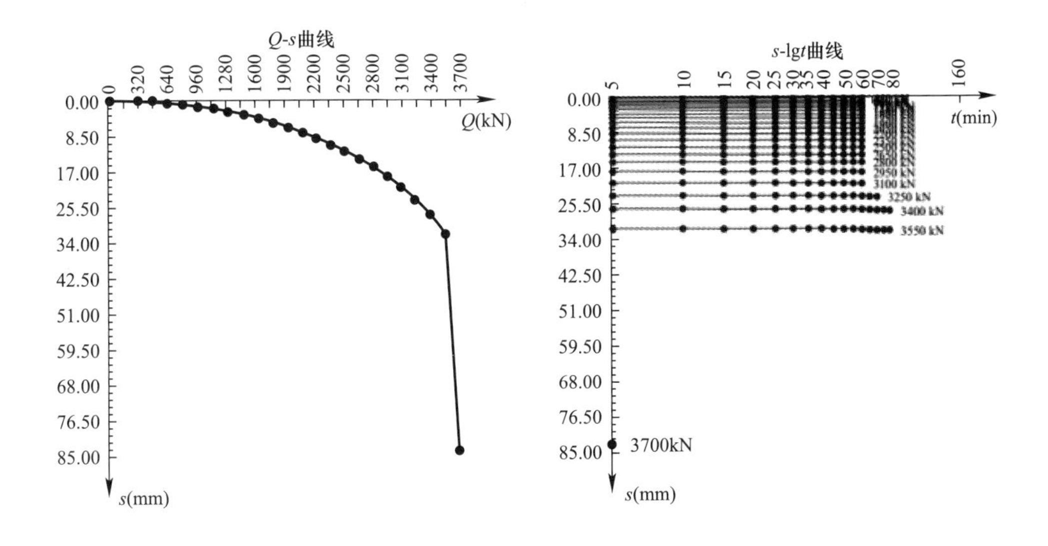

工程名称：项目二																									
试验桩号：S1-3k											测试日期：2022-04-12														
桩长：37m											桩径：400mm														
荷载(kN)	0	320	480	640	800	960	1120	1280	1440	1600	1750	1900	2050	2200	2350	2500	2650	2800	2950	3100	3250	3400	3550	3700	3850	4000
累计沉降(mm)	0.00	0.43	0.80	0.10	1.29	1.92	2.33	3.19	9.94	4.95	5.85	6.86	7.96	9.28	0.90	3.2	8.9	7.8	5.7	9.9	2.9	5.0	8.9	4.7	6.4	9.72

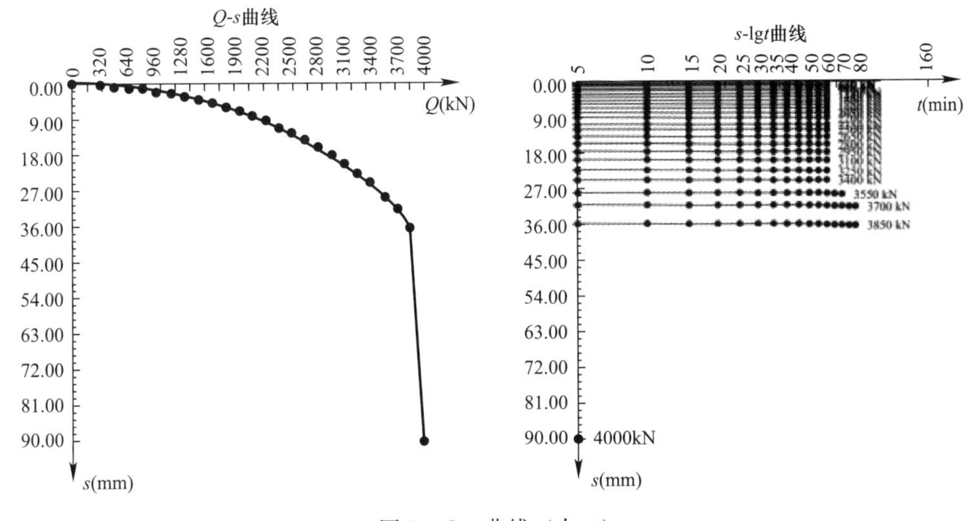

图 2　Q-s 曲线（十二）

工程名称：项目二										
试验桩号：S2-1					测试日期：2022-04-25					
桩长：32m					桩径：400mm					
荷载(kN)	0	324	486	648	810	972	1134	1296	1458	1620
累计沉降(mm)	0.00	0.74	2.00	3.82	6.20	9.20	12.81	17.22	22.55	95.72

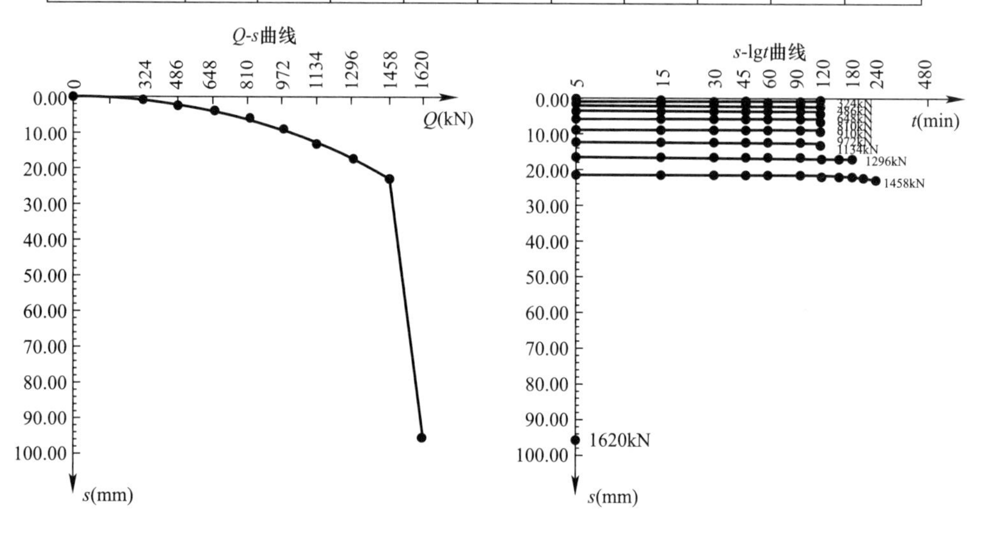

工程名称：项目二										
试验桩号：S2-2					测试日期：2022-04-28					
桩长：32m					桩径：400mm					
荷载(kN)	0	328	492	656	820	984	1148	1312	1476	1640
累计沉降(mm)	0.00	0.68	2.02	4.13	6.97	10.52	14.83	19.92	26.33	95.59

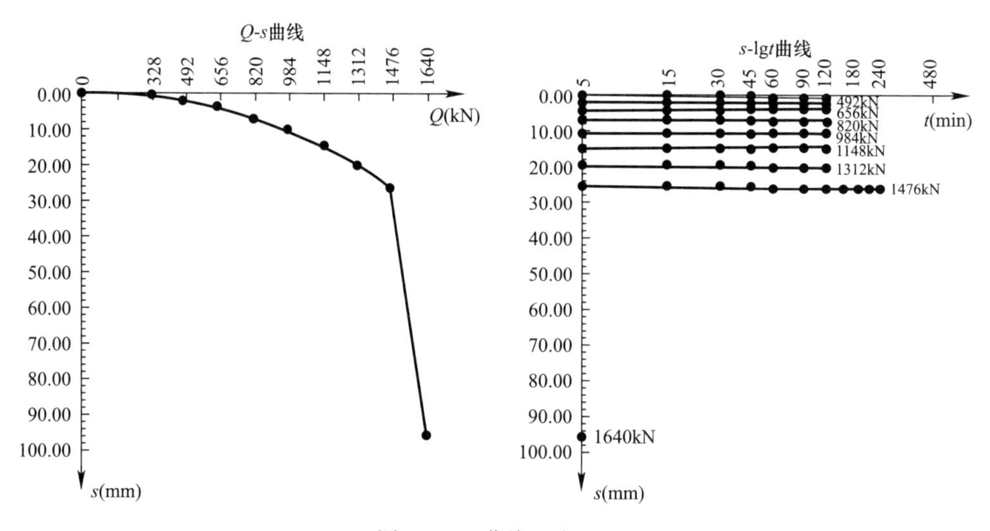

图2 Q-s 曲线（十三）

工程名称：项目三										
试验桩号：S2-3					测试日期：2022-05-01					
桩长：32m					桩径：400mm					
荷载(kN)	0	336	504	672	840	1008	1176	1344	1512	1680
累计沉降(mm)	0.00	0.62	1.82	3.59	6.00	9.01	12.70	16.97	22.28	95.58

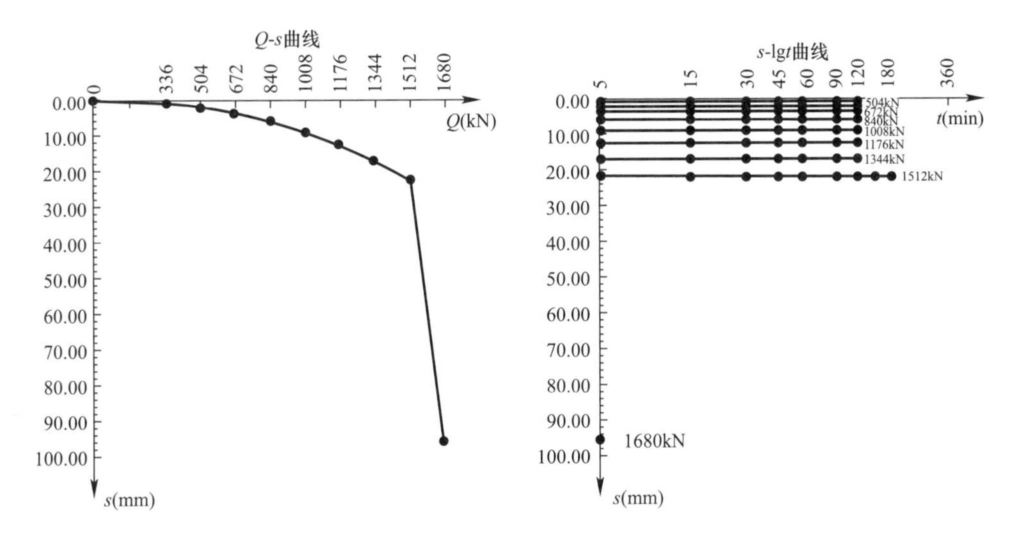

工程名称：项目二											
试验桩号：S2-1k						测试日期：2022-04-27					
桩长：32m						桩径：400mm					
荷载(kN)	0	324	486	648	810	972	1134	1296	1458	1620	1782
累计沉降(mm)	0.00	0.80	1.69	3.10	5.08	7.50	10.04	13.03	16.82	22.01	85.79

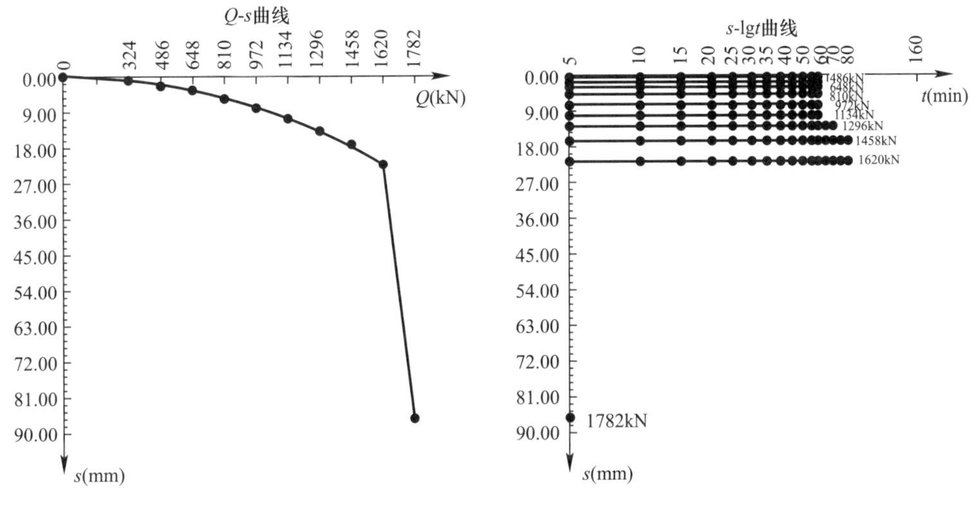

图 2　Q-s 曲线（十四）

工程名称：项目二										
试验桩号：S2-2k						测试日期：2022-04-30				
桩长：32m						桩径：400mm				
荷载(kN)	0	328	492	656	820	984	1148	1312	1476	1640	1804
累计沉降(mm)	0.00	0.51	1.30	2.71	4.51	6.66	9.25	12.47	16.65	23.02	83.12

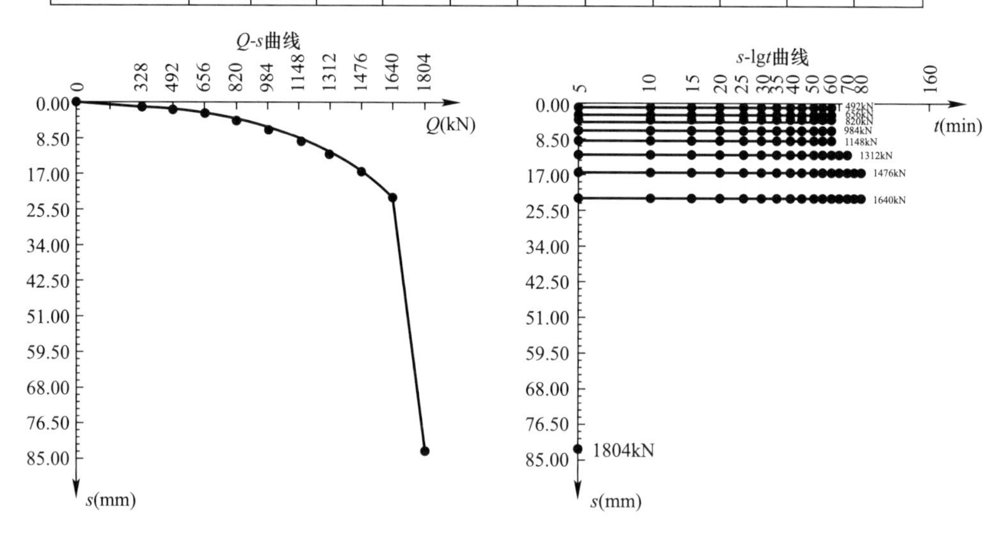

工程名称：项目二										
试验桩号：S2-3k						测试日期：2022-05-03				
桩长：32m						桩径：400mm				
荷载(kN)	0	326	504	672	840	1008	1176	1344	1512	1680	1838
累计沉降(mm)	0.00	0.85	1.60	2.93	4.64	6.87	9.70	12.90	17.21	22.65	84.15

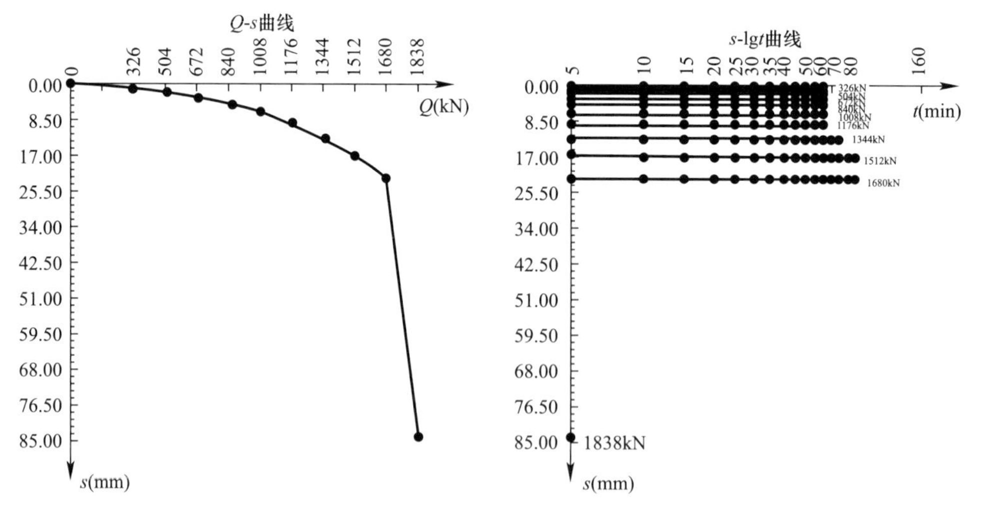

图2 Q-s曲线（十五）

工程名称：项目三									
试验桩号：S3-1					测试日期：2022-05-25				
桩长：36m					桩径：500mm				
荷载(kN)	0	540	810	1080	1350	1620	1890	2025	2160
累计沉降(mm)	0.00	3.28	5.41	7.64	9.93	14.04	18.70	23.72	113.86

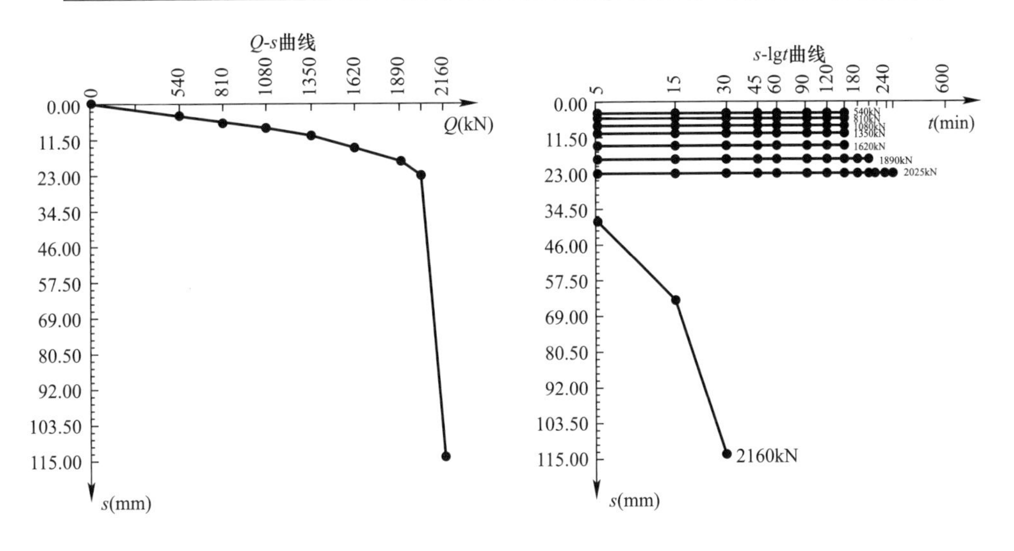

工程名称：项目三									
试验桩号：S3-2					测试日期：2022-05-28				
桩长：36m					桩径：500mm				
荷载(kN)	0	540	810	1080	1350	1620	1890	2025	2160
累计沉降(mm)	0.00	3.18	5.18	7.53	10.53	14.11	19.03	23.19	128.56

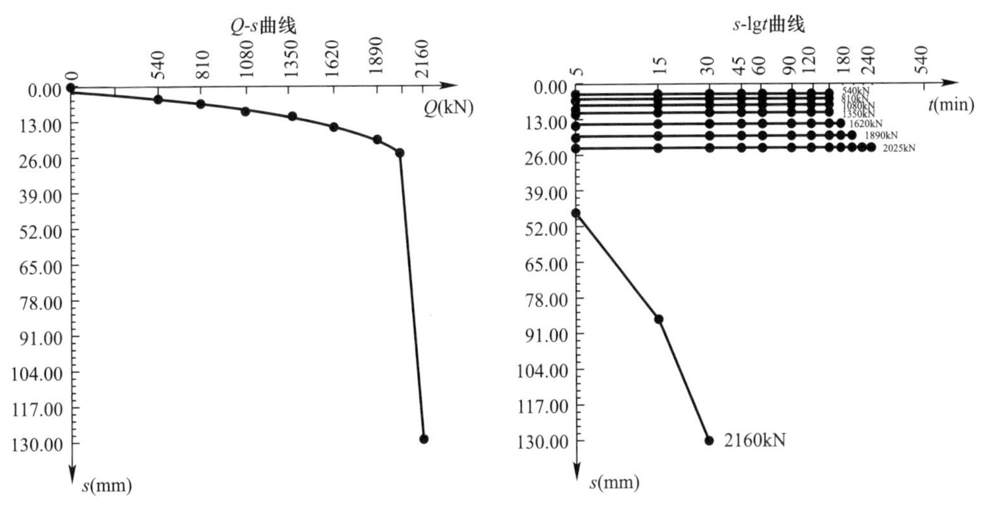

图 2 Q-s 曲线（十六）

工程名称：项目三									
试验桩号：S3-3					测试日期：2022-05-31				
桩长：36m					桩径：500mm				
荷载(kN)	0	540	810	1080	1350	1620	1890	2025	2160
累计沉降(mm)	0.00	2.64	4.65	6.95	10.46	13.75	19.98	24.49	109.96

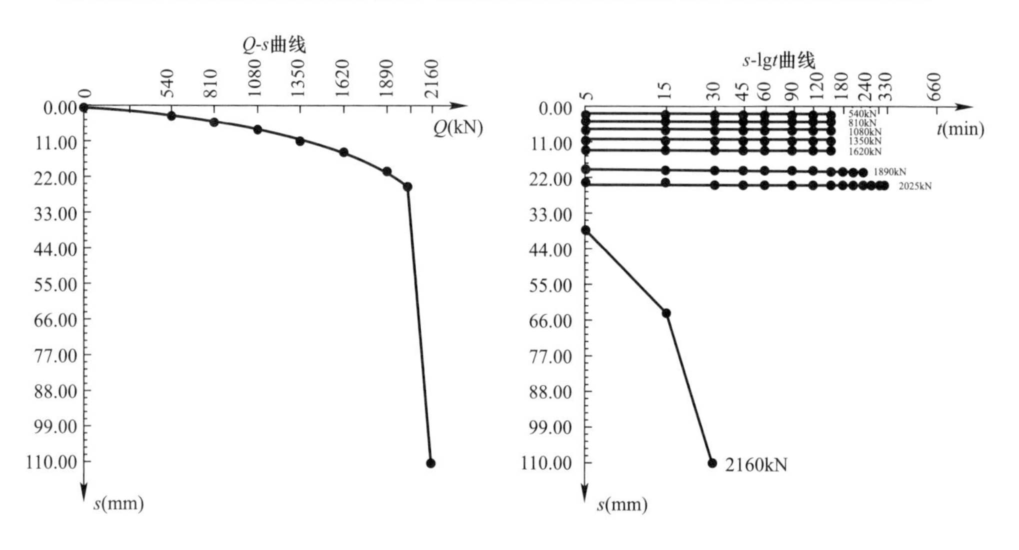

工程名称：项目三											
试验桩号：S3-1k						测试日期：2022-05-27					
桩长：36m						桩径：500mm					
荷载(kN)	0	540	810	1080	1350	1620	1890	2025	2160	2295	2430
累计沉降(mm)	0.00	1.91	3.31	5.42	8.23	11.74	15.65	17.76	19.87	23.08	103.21

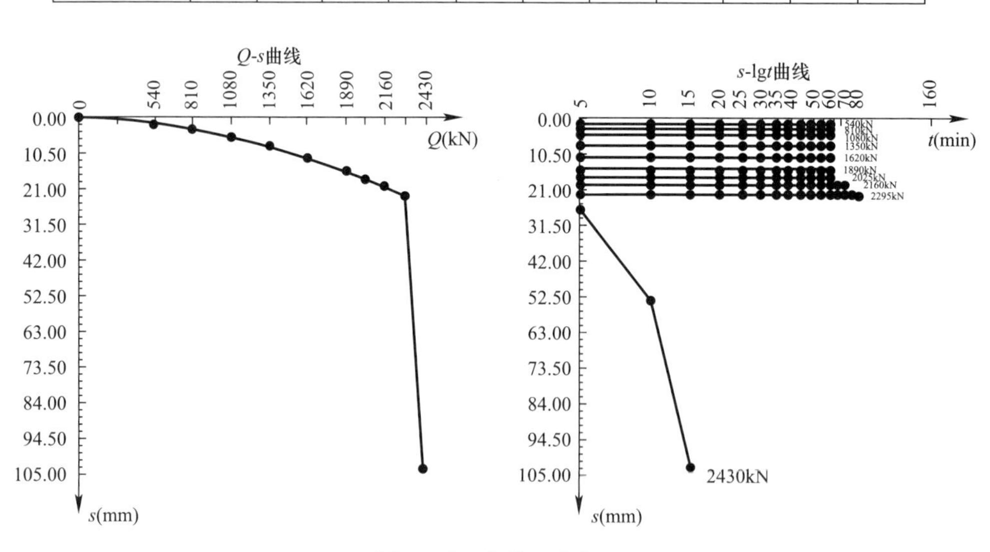

图2 Q-s 曲线（十七）

工程名称：项目三											
试验桩号：S3-2k						测试日期：2022-05-30					
桩长：36m						桩径：500mm					
荷载(kN)	0	540	810	1080	1350	1620	1890	2025	2160	2295	2430
累计沉降(mm)	0.00	1.91	3.31	5.27	7.57	10.14	13.63	15.93	18.24	21.99	99.73

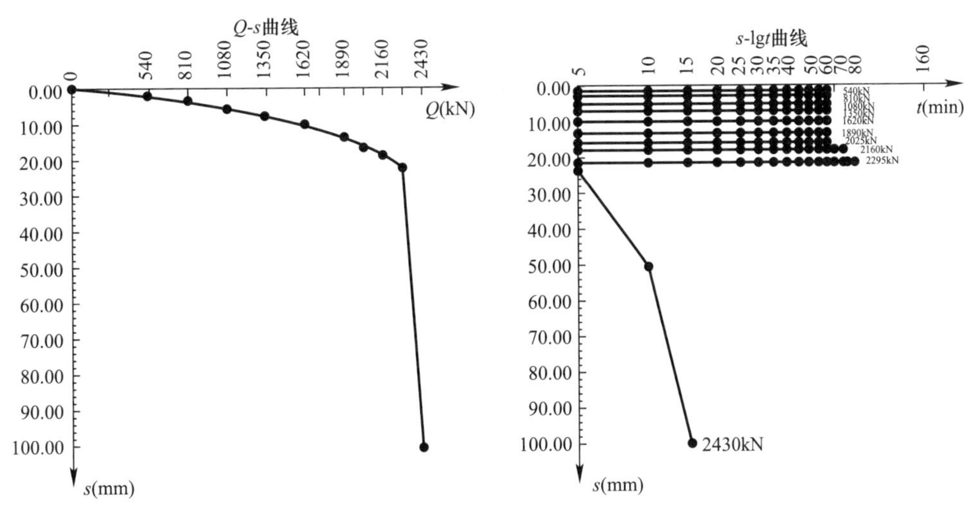

工程名称：项目三											
试验桩号：S3-3k						测试日期：2022-06-02					
桩长：36m						桩径：500mm					
荷载(kN)	0	540	810	1080	1350	1620	1890	2025	2160	2295	2430
累计沉降(mm)	0.00	1.91	3.45	5.64	8.34	11.41	15.61	17.62	20.50	23.57	96.99

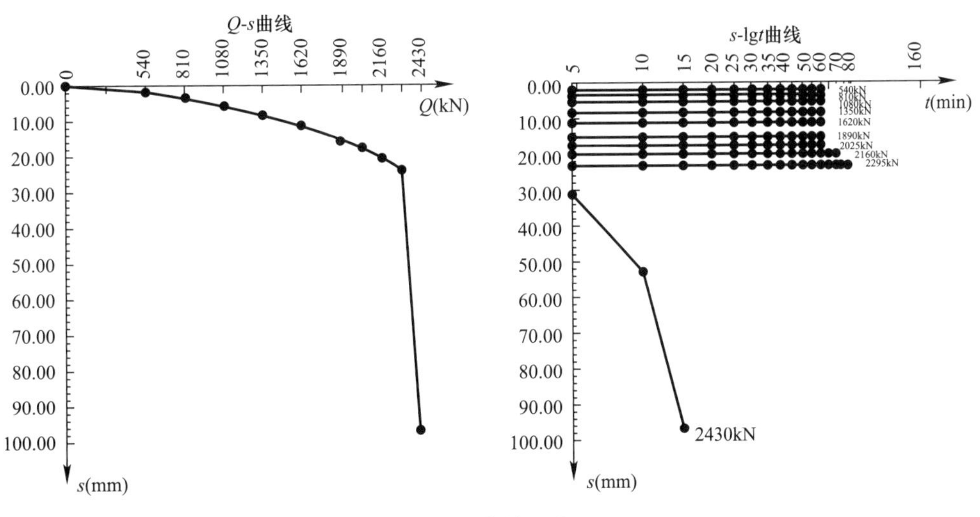

图 2　Q-s 曲线（十八）

2.2　沉降差异分析

通过对三处项目共 9 组工程桩试验数据的统计，我们分别为每个项目的 3 组试验结果取平均值并计算了在各个荷载级数的快、慢沉降量比值（表 1～表 3）且绘制了图片（图 3～图 5）。

项目一的沉降量对比　　表1

荷载级数	0	2	3	4	5	6	7	8	9	10
加载量（kN）	0	364	546	728	910	1092	1274	1456	1628	1820
慢速维持荷载法沉降量（mm）	0	3.88	4.52	4.97	5.45	6.04	6.52	7.08	7.70	8.37
快速维持荷载法沉降量（mm）	0	3.53	—	—	4.86	—	5.84	—	6.85	7.39
快、慢沉降量比值	—	0.91	—	—	0.89	—	0.90	—	0.89	0.88

项目二的沉降量对比　　表2

荷载级数	0	2	3	4	5	6	7	8	9	10
加载量（kN）	0	336	504	672	840	1008	1176	1344	1512	1680
慢速维持荷载法沉降量（mm）	0	3.21	4.16	5.33	6.48	7.77	9.04	10.61	12.44	13.95
快速维持荷载法沉降量（mm）	0	2.86	—	—	5.67	—	7.82	—	10.59	11.83
快、慢沉降量比值	—	0.89	—	—	0.88	—	0.87	—	0.85	0.85

项目三的沉降量对比　　表3

荷载级数	0	2	3	4	5	6	7	8	9	10
加载量（kN）	0	630	945	1260	1575	1890	2205	2520	2835	3150
慢速维持荷载法沉降量（mm）	0	5.19	6.61	7.94	9.20	10.38	11.47	12.58	13.85	16.08
快速维持荷载法沉降量（mm）	0	4.55	—	—	7.94	—	9.75	—	11.75	13.45
快、慢沉降量比值	—	0.88	—	—	0.86	—	0.85	—	0.85	0.84

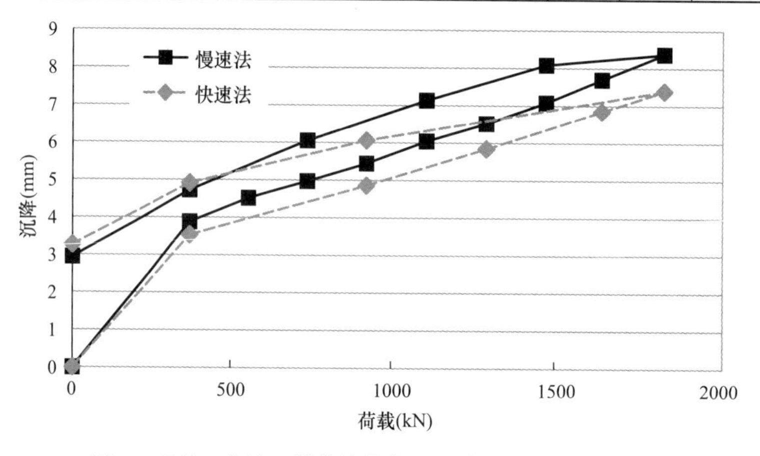

图3　项目一的快、慢维持荷载法沉降量与荷载的关系图

从表中我们可以看到沉降比在大体上随加载级数的增加而略有减少，从数值上看，项目一的沉降比为0.88～0.92，而项目二和项目三的沉降比较为接近，为0.84～0.89。结合两点看沉降比和沉降量呈现负相关关系，即沉降量越大，快速维持荷载法造成的相对于慢速维持荷载法试验的沉降量的减小就越明显。据此我们绘制了所有数据的沉降比与快速维持荷载法沉降量关系图（图6），并给出回归方程：

$$Y=-0.0061X+0.9189$$

式中，Y代表沉降比，X代表快速法的沉降量（mm）；相关系数$R=-0.909$，为强负相关。根据回归方程我们可以基于快速法测得的沉降量估算出沉降比并将其修正为慢速维持荷载法的沉降量。

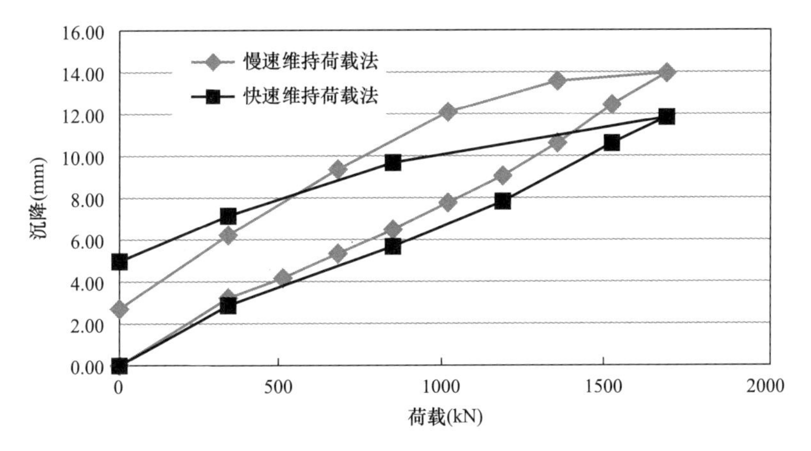

图 4　项目二的快、慢维持荷载法沉降量与荷载的关系图

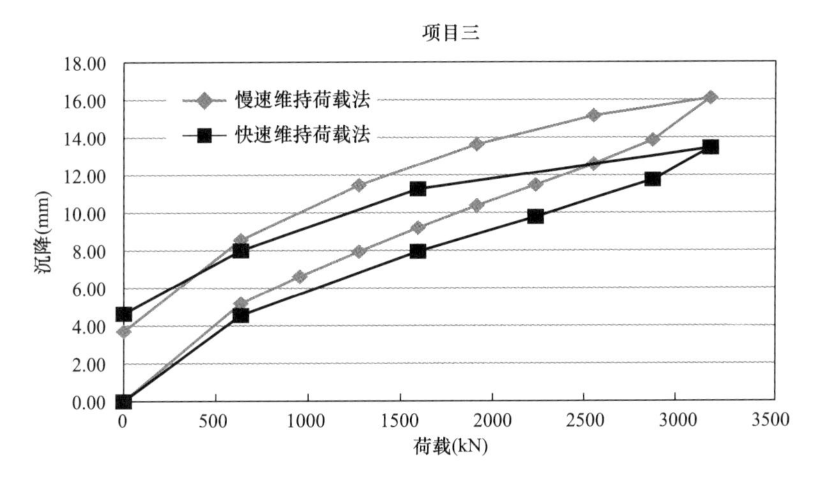

图 5　项目三的快、慢维持荷载法沉降量与荷载的关系图

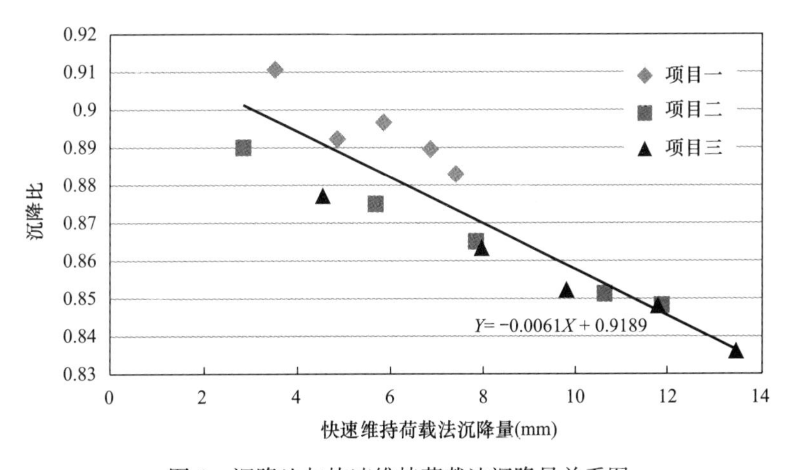

图 6　沉降比与快速维持荷载法沉降量关系图

2.3　极限承载力差异分析

以上 9 组工程桩（共 18 根）比对试验无论是用快速维持荷载法还是慢速维持荷载法，测得的单桩极限抗压承载力都满足设计要求。而对于研究极限承载力差异的比对试验，我

们采用另外9组试桩（共18根）加载至破坏极限，取前一级作为极限抗压承载力。我们统计了每一组试验的快、慢极限承载力及其比值（表4）。

快、慢极限承载力统计表 **表4**

桩号	S1-1	S1-2	S1-3	S2-1	S2-2	S2-3	S3-1	S3-2	S3-3
慢速维持荷载法极限承载力（kN）	1620	1640	1680	2160	2160	2160	3700	3400	3400
快速维持荷载法极限承载力（kN）	1782	1804	1838	2430	2430	2430	4150	3700	4000
快、慢极限承载力比值	1.10	1.10	1.09	1.13	1.13	1.13	1.12	1.09	1.18

由表4可见：快速维持荷载法静载试验得出的极限承载力较慢速维持荷载法静载试验得出的极限承载力高，范围在9%～18%，平均值为12%。这是由于在各级荷载作用下，快速维持荷载法的沉降相对于慢速维持荷载法而言时间短，沉降量没有达到稳定状态，因此沉降量小于同等条件下慢速维持荷载法得出的沉降量。因此，在相同沉降下，快速维持荷载法得出的极限承载力较慢速维持荷载法得出的极限承载力略有偏高。

3 结论

（1）由于加载速度不同，在相同荷载作用下的快速维持荷载法静载试验的沉降与慢速维持荷载法静载试验的沉降存在一定差异，并且其差异存在一定的规律性。在与试验条件相近的工况下，可以使用回归方程 $Y=-0.0061X+0.9189$ 估算沉降比，再用沉降比将快速维持荷载法的沉降量修正为慢速维持荷载法的沉降量。

（2）由于加载速度不同，快速维持荷载法极限承载力与慢速维持荷载法极限承载力存在一定差异，其比值在109%～118%。可以将快速维持荷载法静载试验的极限承载力除以1.12修正成慢速维持荷载法静载试验的极限承载力。

（3）相比而言，使用慢速维持荷载法静载试验完成一根桩的承载力检测用时将近30h，而快速维持荷载法静载试验只需用6h即可完成一根桩的检测，可极大地缩减试验成本，缩短工期。以上的研究表明使用经验公式将快速维持荷载法静载试验得出的承载力和沉降量换算成慢速维持荷载法静载试验的值在实践中是可行的，在未来积累了足够多实践经验后可使快速维持荷载法逐步取代慢速维持荷载法。

（4）由于本次研究受限于样本数量和土层条件，以上经验公式在适应面上仍受到限制，因此在以后的工作中应加强不同土层条件、不同桩基类型的研究，进一步加大数据量，改善经验公式形式，提高其在太仓地区的适用性。

参考文献

陈凡，徐天平，陈久照，等. 基桩质量检测技术［M］. 北京：中国建筑工业出版社，2003.

作者简介： 冯欣羽（1991—），男，工学学士，工程师。主要从事桩基检测的工作。
刘国民（1980—），男，工学学士，工程师。主要从事桩基检测的工作。

关于窗框比对门窗传热系数影响的研究

顾燕斌　李维锋

（太仓市建设工程质量检测中心有限公司，江苏 太仓，215400）

摘　要：建筑行业在国家指导下正朝着绿色节能方向发展，也在一步步实现能效的提升。本文拟通过收集普通铝合金窗、断桥隔热铝合金窗、PVC塑料窗在不同窗框面积比（以下简称窗框比）与玻璃类型组合下的传热系数数据，进行一些可行性的数据比对和统计分析，建立窗框比与门窗传热系数的数学关系式，获得提高传热系数的同时又节约材料的途径。

关键词：窗框比；传热系数；型材玻璃；建筑门窗

Study on the influence of window frame ratio on the heat transfer coefficient of door and window

Gu Yanbin　Li Weifeng

(Taicang Construction Engineering Quality Testing Center Co., Ltd.,
Taicang 215400, China)

Abstract: The article intends to collect data on heat transfer coefficients of ordinary aluminum alloy windows, broken bridge heat insulating aluminum alloy windows, and PVC plastic windows under different window frame ratios and glass types, perform feasible data comparison and statistical analysis, establish a mathematical relationship between window frame ratios and window heat transfer coefficients, and find ways to improve heat transfer coefficients while saving materials.

Keywords: window frame ratio; heat transfer coefficient; profile glass; building doors and windows

引言

随着国家对环境保护的重视，社会群体节能环保意识的增强，节能环保的理念将会贯穿于社会的任何一个行业，同样的中国建筑行业在国家指导下正朝着绿色节能方向发展。为此，提升建筑保温性能，是一种经济有效的节能措施。我国的建筑节能目标是在1980～1981年的建筑能耗基础上，一步步实现能效的提升。总体来说：

第一步节能：1986年实施标准《民用建筑节能设计标准（采暖居住建筑部分）》JGJ 26—1986，在1980～1981年的基础上实现30%的节能。

第二步节能：1996年实施标准《民用建筑节能设计标准》JGJ 26—1995，这次目标是在第一步节能的基础上再次节能30%，达到总体51%的节能效果。

第三步节能：2010年实施标准《严寒和寒冷地区居住建筑节能设计标准》JGJ 26—

2010，在第二步节能的基础上再次节能30％，最终实现总体65％的节能效果。

当今社会，我国的公共建筑和住宅基本执行节能65％的标准。从2015年开始，一些寒冷和严寒地区已经开始实施第四阶段节能标准，就是在65％的基础上再节能30％，总体达到75％的节能效果，从而满足《建筑节能与可再生能源利用通用规范》GB 55015—2021的要求。这些措施不仅有助于减少资源消耗，还可以降低建筑成本，提高室内的舒适度。

在国内的建筑市场上，为了提高窗户的保温性能，采用各种窗框材料、玻璃种类的窗户越来越多。作为建筑检测机构，我们不仅要做好监督检验工作，确保质量过关，同时也应向门窗单位提供合理的建议，促进他们采用新技术、新工艺来改进窗户的保温性能，本次研究依据门窗保温性能国家标准检测方法《建筑外门窗保温性能检测方法》GB/T 8484—2020检测，此方法是目前国内现行有效的方法，能够准确得出试验数据，确保研究结果的可靠性。对目前市场上常见的PVC塑料型材、断桥隔热铝合金型材、普通铝合金型材配以单层玻璃、中空玻璃组成6种规格的窗户进行试验，最终将数据进行收集整理，通过对比不同窗框比的窗户与传热系数数值的关系，分析其中的对应关系，获得提高窗户保温性能并且节约建筑成本的途径。

1　窗户的传热系数试验

1.1　试验装置与试验过程

1.1.1　试验装置

试验装置如图1所示，采用沈阳合兴自动化设备有限公司生产的门窗传热系数检测设备，该装置具备全自动检测系统，经过数小时的运行，仪器达到稳定状态，形成稳定的温度后，自动采集有关数据，计算外窗试件的传热系数。

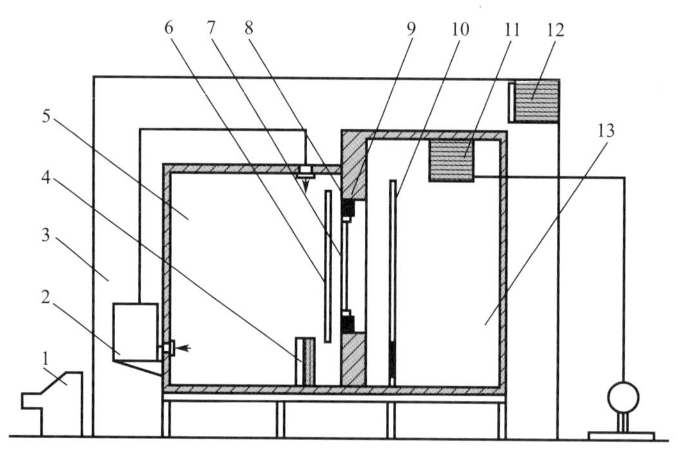

说明：

1——控制系统；
2——控湿系统；
3——环境空间；
4——加热装置；
5——热箱；
6——热箱导流板；
7——试件；
8——填充板；
9——试件框；
10——冷箱导流板；
11——制冷装置；
12——空调装置；
13——冷箱

图1　建筑门窗传热系数检测装置

1.1.2 试件安装

试件安装时，检测试件的面积应大于 0.8m^2，构造应符合设计和安装要求，不应附加多余的配件或者采用特殊的加工工艺，试件热侧表面应与填充板热侧表面齐平，试件与洞口周围之间的缝隙采用泡沫塑料条填充，并采用密封胶密封，试件的开启缝应该双面密封，保证密封严实。试件与试件框之间的填充板宽度不应小于 200mm，厚度不应小于 100mm 且不应小于试件边框厚度。

1.1.3 试验过程

在进行传热系数试验之前，需先对设备按照门窗保温性能检测现行有效的国家标准《建筑外门窗保温性能检测方法》GB/T 8484—2020 的要求进行标定，确保接下来试验的准确性。

试验前先用钢卷尺量得试件的长和宽以及试件中玻璃的长和宽，通过计算得到窗面积 $A$$m^2$、玻璃面积 $B$$m^2$，最后通过 $(A-B)/A$ 得出窗框比。

确认试件安装完毕后，启动检测装置，设定热、冷箱和环境温度；当热、冷箱和环境温度达到设定值时，且测得的冷箱和热箱的空气平均温度每小时变化的绝对值分别不大于 0.1K 和 0.3K，热箱内外表面面积加权平均温度差值和试件框冷热侧表面面积加权平均温度差值每小时变化的绝对值分别不大于 0.1K 和 0.3K，且不是单向变化时，说明传热过程已达到稳定状态；传热过程达到稳定状态后，系统自动每隔 30min 测量 1 次参数，共测 6 次；试验结束，记录数据。

1.2 数据收集整理

本次研究的窗型包含 PVC 塑料型材、断桥隔热铝合金型材、普通铝合金型材配以单层玻璃、中空玻璃组成的 6 种型号，并且全部选择平开窗，另外窗户的尺寸不大于 1500mm×1500mm，结果按照玻璃品种分成 2 个表格统计（表 1、表 2）。

单层玻璃试验数据　　表 1

玻璃规格：普通单层玻璃					
PVC 塑料型材		普通铝合金型材		断桥隔热铝合金型材	
窗框比	传热系数	窗框比	传热系数	窗框比	传热系数
20	5.28	20	6.15	20	4.89
20	5.25	21	6.15	20	4.85
20	5.25	21	6.15	20	4.85
21	5.17	22	6.16	20	4.84
21	5.15	22	6.15	21	4.76
21	5.12	22	6.16	21	4.74
22	5.10	22	6.17	21	4.72
22	5.12	23	6.17	22	4.66
22	5.10	23	6.17	22	4.65
22	5.06	23	6.18	22	4.66
24	4.95	23	6.18	22	4.65

续表

玻璃规格：普通单层玻璃					
PVC 塑料型材		普通铝合金型材		断桥隔热铝合金型材	
窗框比	传热系数	窗框比	传热系数	窗框比	传热系数
24	4.94	24	6.18	22	4.64
24	4.95	25	6.18	24	4.51
25	4.88	25	6.18	24	4.46
25	4.87	25	6.18	24	4.46
25	4.86	25	6.18	24	4.45
26	4.82	25	6.17	25	4.37
26	4.82	26	6.18	26	4.35
26	4.80	28	6.19	26	4.35
28	4.75	28	6.20	28	4.26

中空玻璃试验数据 **表 2**

玻璃规格：中空玻璃					
PVC 塑料型材		普通铝合金型材		断桥隔热铝合金型材	
窗框比	传热系数	窗框比	传热系数	窗框比	传热系数
20	2.32	20	2.54	20	2.18
20	2.33	21	2.56	20	2.20
20	2.30	21	2.56	20	2.22
21	2.28	22	2.60	20	2.20
21	2.26	22	2.62	21	2.24
21	2.26	22	2.58	21	2.26
22	2.24	22	2.62	21	2.26
22	2.25	23	2.65	22	2.34
22	2.24	23	2.66	22	2.35
22	2.22	23	2.67	22	2.34
24	2.20	23	2.66	22	2.35
24	2.18	24	2.72	22	2.36
24	2.18	25	2.76	24	2.39
25	2.18	25	2.75	24	2.38
25	2.19	25	2.76	24	2.38
25	2.16	25	2.78	24	2.40
26	2.15	25	2.78	25	2.46
26	2.15	26	2.86	26	2.48
26	2.13	28	2.92	26	2.49
28	2.10	30	3.02	28	2.54

2 试验分析

2.1 窗框比与传热系数的关系

图 2 中●是普通铝合金窗，▲断桥隔热铝合金窗，■PVC 塑料窗，图中虚线是表 1 中数据经过 Excel 软件通过线性拟合产生，从图中可以看出当玻璃为单层时，普通铝合金窗窗框比与传热系数数值呈正相关，窗框比越大，传热系数越大；断桥铝合金窗与 PVC 塑料窗的窗框比与传热系数数值呈负相关，窗框比越大，传热系数越小。

图 3 中●是普通铝合金窗，▲断桥隔热铝合金窗，■PVC 塑料窗，图中虚线是表 2 中数据经过 Excel 软件通过线性拟合产生，从图中可以看出当玻璃是中空玻璃时，普通铝合金窗跟断桥铝合金窗的窗框比与传热系数数值呈正相关，窗框比越大，传热系数越大；PVC 塑料窗的窗框比与传热系数数值呈负相关，窗框比越大，传热系数越小。

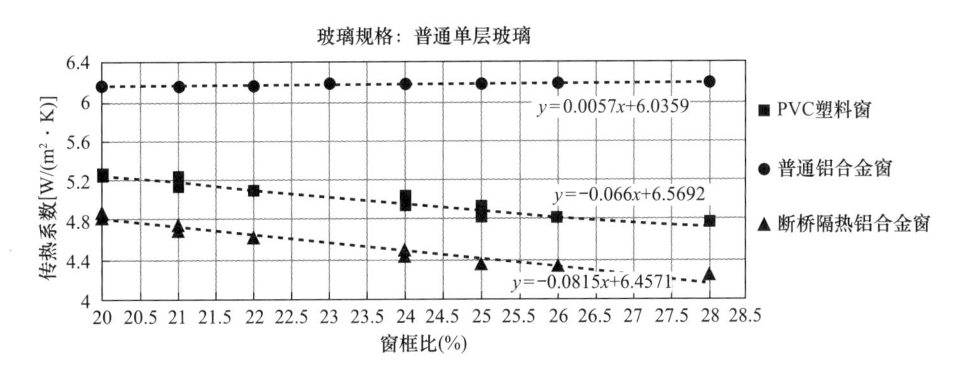

图 2 单层玻璃窗框比与传热系数关系（x＝窗框比，y＝传热系数）

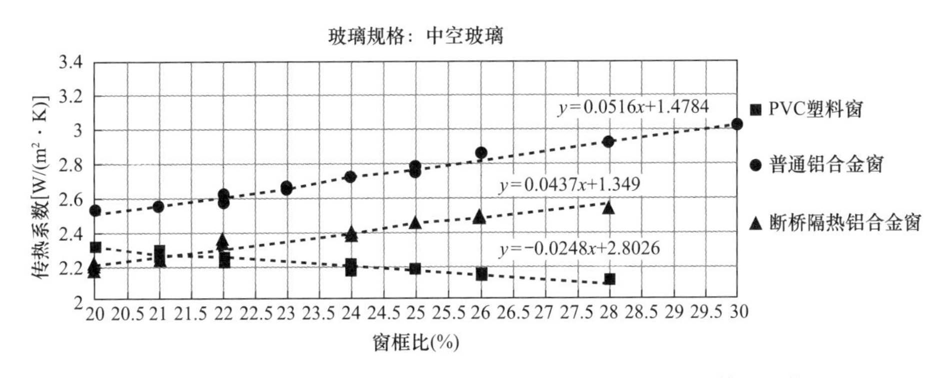

图 3 中空玻璃窗框比与传热系数关系（x＝窗框比，y＝传热系数）

将图 2、图 3 中 6 种组合的试验数据通过 Excel 软件进行线性拟合，得出表 3 中 6 个线性公式。

不同型材玻璃组合的线性关系 **表 3**

窗扇组合	线性拟合趋势线
普通铝合金窗＋单层玻璃	$y=-0.066x+6.5692$
断桥铝合金窗＋单层玻璃	$y=-0.0815x+6.4571$
PVC 塑料窗＋单层玻璃	$y=0.0057x+6.0359$

续表

窗扇组合	线性拟合趋势线
普通铝合金窗＋中空玻璃	$y=0.0516x+1.4784$
断桥铝合金窗＋中空玻璃	$y=0.0437x+1.349$
PVC塑料窗＋中空玻璃	$y=-0.0248x+2.8026$

2.2 其他参数对传热系数的影响分析

收集市面上常见的型材与玻璃，测得的传热系数数据如表4、表5中所示。

普通铝合金、断桥铝合金、PVC塑料传热系数［$W/(m^2 \cdot K)$］ **表4**

型材种类	普通铝合金	断桥铝合金	PVC塑料
传热系数	6.2	4.0	1.9

普通玻璃、中空玻璃传热系数［$W/(m^2 \cdot K)$］ **表5**

玻璃种类	普通玻璃	中空玻璃
传热系数	5.4	2.2

在试验中，我们发现玻璃种类也是影响窗户传热系数的重要因素，采用双层玻璃和镀膜玻璃能明显改善窗户的传热系数，双层玻璃中充入氩气、采用优异的密封条同样也能增强窗户的保温性能，并且三玻两腔的窗户传热系数尤其优异。同样的，在同种规格玻璃的情况下，型材的传热系数越低，窗户的保温性能越高。结合表4与图1～图3的分析，发现窗框传热系数与窗户整体的传热系数有着密切关系，当玻璃种类与窗框比相同时，窗框的传热系数越低，窗户的传热系数也越低。

3 结论

通过对6种组合的窗户在试验条件下的研究，发现窗框比在整体窗户的保温性能中起着决定性作用，同时窗框的传热系数也影响着整窗的传热性能。当面板为单层玻璃时，提高铝合金与断桥铝合金窗型的窗框比，可以提高整窗的传热系数；当面板玻璃是中空玻璃时，且窗框的传热系数远大于玻璃的传热系数时，窗框比降低可以明显增加窗户整体的保温性能，如使用铝合金、断桥铝合金窗型，对于窗框的传热系数远小于玻璃的传热系数时，窗框比降低可以明显增加窗户整体的保温性能，如PVC塑料窗。根据表3中中空玻璃窗的线性方程可以看出，在PVC塑料窗型中增加塑料所占窗框比可提高此类窗户保温性能；同样的，对于铝合金和断桥铝合金材质的窗型，降低其窗框比既可提高其保温性能又节约了金属材料，降低了成本。

作者简介： 顾燕斌，男，（1990—），工程师。主要从事门窗检测工作。
李维锋，男，（1987—），工程师。主要从事门窗隔声检测工作。

长距离顶管隧道施工对既有轨道交通高架桥桥桩基础的影响研究

周 丹 余 涛 邱滟佳 吴桂生
（长江勘测规划设计研究有限责任公司，湖北 武汉，430010）

摘 要： 在复杂城市环境下进行顶管隧道施工不可避免地会对周边建（构）筑物造成影响，威胁周边建（构）筑物的运营安全。依托武汉某电力通道土建工程，利用三维有限元数值模拟分析的方法，探究了长距离顶管隧道施工对周边既有轨道交通区间和车站高架桥桩基础的影响，研究结果表明：（1）长距离顶管隧道侧穿既有高架桥桩时，主要影响掘进面开挖范围之前的桥桩基础，且当开挖掘进面离既有高架桥桩达到一定距离后，桥桩基础变形基本稳定；（2）长距离顶管隧道施工对既有轨道交通高架桥桩基础的影响以垂直于顶管走向的变形为主，其最大值和平均值分别达到 2.266mm 和 1.035mm；（3）顶管隧道施工对高架区间和高架车站桥桩基础的影响规律基本一致，不过相对于高架车站桥桩基础，顶管隧道对既有高架区间桥桩基础的影响相对更大。

关键词： 高架车站；顶管隧道；桩基变形；数值模拟

Study on the influence of the construction of long-distance pipe-jacking tunnels on the pile foundation of subway vaducts

Zhou Dan Yu Tao Qiu Yanjia Wu Guisheng
(Survey, Planning, Design and Research, Wuhan 430010, China)

Abstract: The construction of pipe-jacking tunnel in complex urban environments would cause adverse effects to surrounding structures, and threaten the operational safety of structures. Based on a civil engineering project of a power channel in Wuhan, this study explores the impacts of long-distance pipe-jacking tunnel on the pile foundation of surrounding rail transit section and station viaduct bridges by three-dimensional finite element numerical simulation analysis method. The results demonstrate that: (1) The ones that have the greatest impacts on pile foundations are those located before excavation face, and the deformation of pile foundations would tend to stable, as excavation face reaches a certain distance from the existing elevated pile foundations; (2) The deformation in the direction of vertical pipe-jacking of pile foundations is the most affected by the long-distance pipe jacking tunnel construction, with the maximum and average values reaching 2.266mm and 1.035mm, respectively. (3) The impact patterns of pipe-jacking tunnels on the pile foundations of elevated sections and elevated stations are basically consistent. However, the construction of the pipe-jacking tunnels has a greater impact on the pile foundations of the elevated section, compare to the pile foundations of elevated station.

Keywords：elevated stations；pipe-jacking tunnels；pile foundation deformation；numerical simulation

引言

随着城市建设的不断推进以及既有基础设施的更新换代，在复杂环境下进行地下空间开发和地下结构建设成为各大城市发展的重要课题。在此过程中，顶管施工法因其非开挖特性，对地面和环境影响小[1]，工程投资较低等优点被广泛应用于电力通道、排水箱涵等城市地下基础设施的建设当中。此外，在 G. Milligan[2]、H. Shimada[3]、史培新[4-5] 等国内外专家的持续研究下，顶管施工的管-土相互作用机制、顶管注浆特性、顶管顶力计算方法等基础理论也越发成熟。

然而，由于城市土地资源稀缺，新建顶管隧道邻近既有建（构）筑物不可避免，顶管隧道施工会引起周边建（构）筑物产生不良影响，从而威胁周边建（构）筑物的运营安全。刘波、章定文[6] 等采用数值分析加模型试验的方法分析了大断面顶管通道近接穿越既有地铁隧道的影响，他们的研究表明顶管顶进过程中，隧道竖向位移基本经历了初始下沉、隆起增强和隆起稳定三个阶段，而初始下沉阶段产生的下沉量有助于减小隧道的最终隆起；周向阳、林清辉[7-8] 等以深圳某轨道交通顶管隧道为工程背景，分析了大断面顶管隧道施工对既有轨道交通隧道变形的影响，研究结果表明顶管下部盾构隧道在竖向以隆起变形为主，当顶管掘进面抵达隧道上方时，变形迅速增加。与此同时，张扬、林本海[9] 通过对广州地铁 6 号线新河浦涌截污管道的顶管施工、监测数据的分析，提出对顶推力、顶进速度等因素均会对既有地铁隧道的变形产生影响；杨世东、鄢海涛[10] 等利用有限元分析的方法分析了竖井群开挖及顶管施工对运营地铁区间隧道的影响，结果表明当隧道距离竖井群和顶管在 1～2 倍盾构直径时，隧道竖向位移主要由竖井群的开挖造成的土体损失和土体回弹控制；夏商周[11] 分析了顶管隧道施工过程中的土仓压力和注浆压力对周边地表变形的影响，研究发现土仓压力越大，地表沉降会降低，且过大的土仓压力会使地表出现隆起的现象。

上述研究表明，顶管隧道施工对既有轨道交通基础设施的影响不可忽视，然而现有的研究更多关注顶管施工对地铁隧道或地下车站等地下设施的影响，对高架区间或高架车站的分析相对较少。此外，顶管隧道长度较长，当顶管与既有轨道交通走向相同，顶管隧道长距离平行侧穿既有轨道交通高架桥则会使高架桥桩基础产生更加持续的影响。本文依托武汉某电力通道土建工程，利用三维有限元数值模拟分析的方法，探究了长距离顶管隧道施工对周边既有轨道交通区间和车站高架桥桩基础的影响，可为今后类似工程施工提供参考。

1　工程概况

武汉某电力顶管通道长距离平行侧穿既有轨道交通高架桥桩工程位于武汉市江岸区，新建顶管隧道及拟侧穿的既有轨道交通线路均呈东北—西南方向布置，两者线路接近平行，新建顶管隧道侧穿既有轨道交通高架区间和高架车站长度均接近 300m，见图 1。

新建顶管隧道为直径 3.22m，壁厚 260mm 钢筋混凝土圆形隧道，上部覆土 7.56m，与既有轨道交通高架桥桩基础最小水平净距约为 2m；既有高架区间和车站均为多桩承台基础，单桩为直径 1m 的摩擦桩。既有轨道交通高架桥桩基础埋深范围内自上而下的土层为：杂填土、粉质黏土、粉砂、粉细砂、中砂、卵砾石等，顶管开挖区域主要为粉质黏土层，详见图 2。

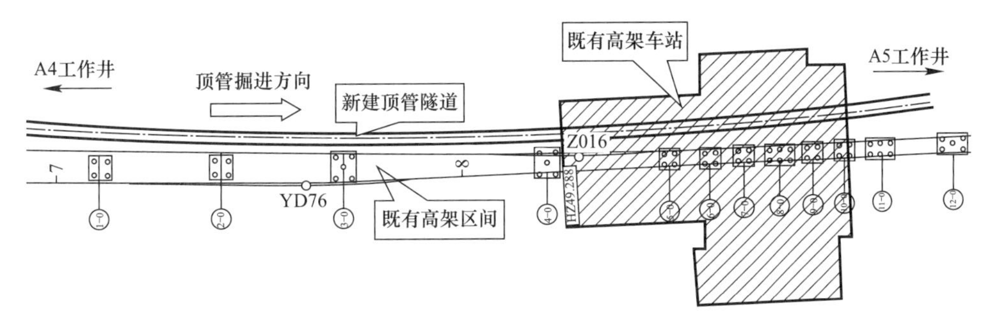

图 1　顶管隧道平行侧穿轨道交通高架桥平面布置图

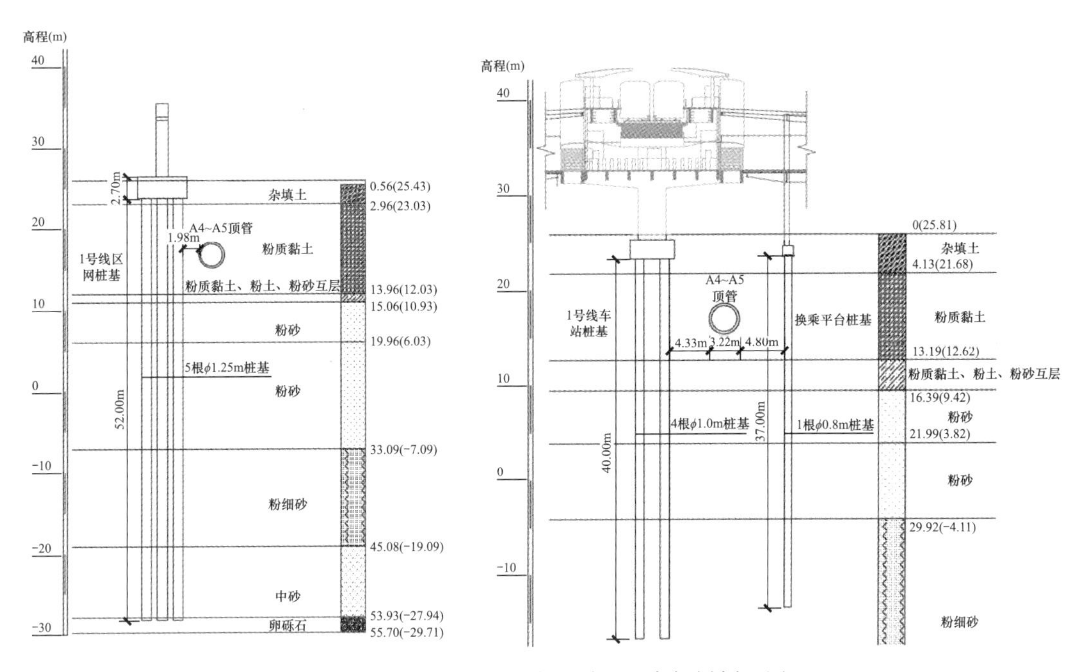

图 2　顶管隧道平行侧穿轨道交通高架桥剖面图

本顶管隧道截面大，与既有轨道交通高架桥桩基础间距小，且长距离平行侧穿既有高架桥桩基础，施工中容易引起既有轨道交通区间和车站过大变形，进而危及地铁运营安全。本研究对类似工程设计施工有较好的借鉴意义。

2　三维有限元模型的建立

2.1　模型设置

采用 Midas GTS NX 有限元分析软件对该顶管隧道长距离平行侧穿既有轨道交通高架桥桩基础的施工过程进行模拟。模型 X 方向为顶管隧道走向方向，左右边界到顶管隧道或既有桥桩基础之间的净距离取为 5 倍的隧道开挖深度，底部边界超过既有桥桩基础长 8m，本模型几何尺寸大小为 300m(X 方向)×130m(Y 方向)×60m(Z 方向)。

场地土体网格采用“四面体＋六面体”混合网格，并采用摩尔—库伦模型模拟土体的应力应变关系，各土层的参数见表1；分别采用梁单元和3D实体单元模拟既有高架桩基础和桩基承台，相关模型参数见表2；采用2D板单元模拟顶管隧道，顶管隧道单环长度为2.5m，为C50钢筋混凝土结构，均采用弹性本构模拟结构的应力应变关系。为减少网格畸变、提高计算精度，同时保证计算效率，模型中结构网格尺寸设置为0.5～2m，周围地层网格尺寸2～5m。模型四周设置为X或Y方向的单向约束，模型底部设置为固定约束，顶面为自由边界，允许其自由变形。顶管及既有桥桩基础有限元模型见图3，整体有限元模型设置见图4。

场地土体的物理参数表 **表1**

序号	岩土类型	弹性模量（MPa）	密度（kg/m^3）	泊松比	黏聚力（kPa）	摩擦角（°）
1	杂填土	2	1860	0.43	10.0	8.0
2	粉质黏土	6.5	1920	0.35	21.0	11.0
3	粉砂	14.5	1940	0.37	0	27.0
4	粉细砂	17	1910	0.3	0	34.0
5	砂砾卵石	26	1980	0.3	0	35.0

既有桥桩基础的物理参数 **表2**

桥桩基础序号	所属类型	桥桩基础类型	桩长（m）	桩直径（m）	承台尺寸（长×宽×高）（m）	混凝土级别
1Q	区间	四桩承台	52	1	5.7×5.7×2.7	C30
2Q	区间	四桩承台	52	1	5.7×5.7×2.7	C30
3Q	区间	四桩承台	52	1	5.7×5.7×2.7	C30
4Q	区间	四桩承台	52	1	5.7×5.7×2.7	C30
5Q	车站	四桩承台	40	1	4.8×4.8×2.7	C30
6Q	车站	四桩承台	40	1	4.8×4.8×2.7	C30
7Q	车站	四桩承台	40	1	4.8×4.8×2.7	C30
8Q	车站	六桩承台	40	1	7.5×4.8×2.7	C30
9Q	车站	四桩承台	40	1	4.8×4.8×2.7	C30
10Q	车站	四桩承台	40	1	4.8×4.8×2.7	C30
11Q	区间	六桩承台	40	1	7.5×4.8×2.7	C30
12Q	区间	六桩承台	40	1	7.5×4.8×2.7	C30

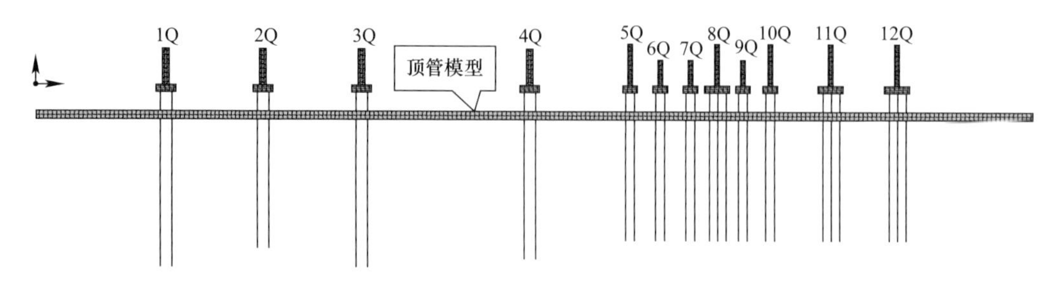

图3　顶管及既有桥桩基础有限元模型（1Q～4Q、11Q、12Q为高架区间桥桩基础、5Q～10Q为高架车站桥桩基础）

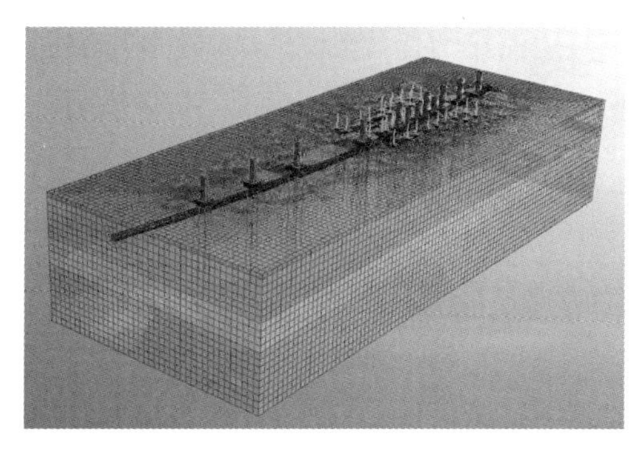

图 4　三维有限元数值模型

2.2　施工过程模拟

采用 Midas GTS NX 软件自带的单元钝化和激活功能来模拟顶管隧道的掘进过程，且由于施工中使用的减摩膨润土极大地减小了管节和侧壁的摩擦力，故在模拟中忽略了顶进过程中管节与侧壁摩擦力的影响。此外，在分析中需要先对场地土体和既有构建筑物进行原始地应力分析和地应力平衡计算，顶管隧道施工过程的模拟步骤具体见图 5。

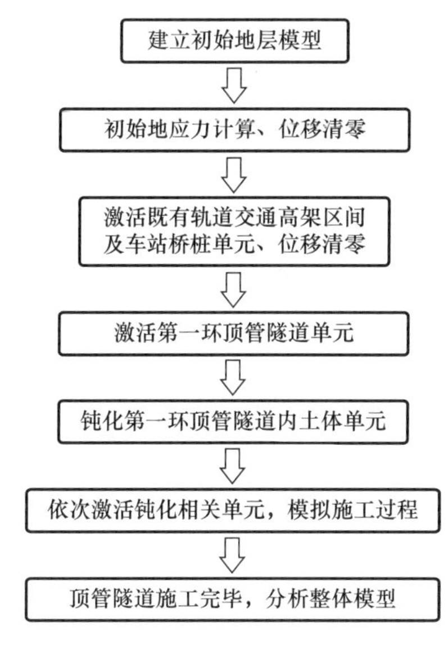

图 5　施工过程模拟步骤

3　计算结果分析

3.1　开挖过程中桥桩基础变形分析

随着顶管隧道掘进面的推进，轨道交通高架桥桥桩基础的整体变形情况如图 6 所示，相关数据见表 3。从中可知，当开挖掘进面推进至 98m 时，既有桥桩基础 1Q、2Q、3Q 产生较大的变形（变形分别为 2.484mm、2.496mm 和 1.013mm），其余桥桩基础变形较少，且 1Q、2Q 变形基本达到稳定，后续开挖对 1Q、2Q 变形增长影响不大；当开挖掘进面推进至 159m 时，既有桥桩基础 1Q～4Q 产生较大的变形，6Q～12Q 变形较小；且 1Q、2Q、3Q 的变形基本稳定。因此，长距离顶管隧道侧穿既有高架桥桩时，主要影响掘进面开挖范围之前的桥桩基础，且当开挖掘进面离既有高架桥桩达到一定距离后，桥桩基础变形基本稳定。

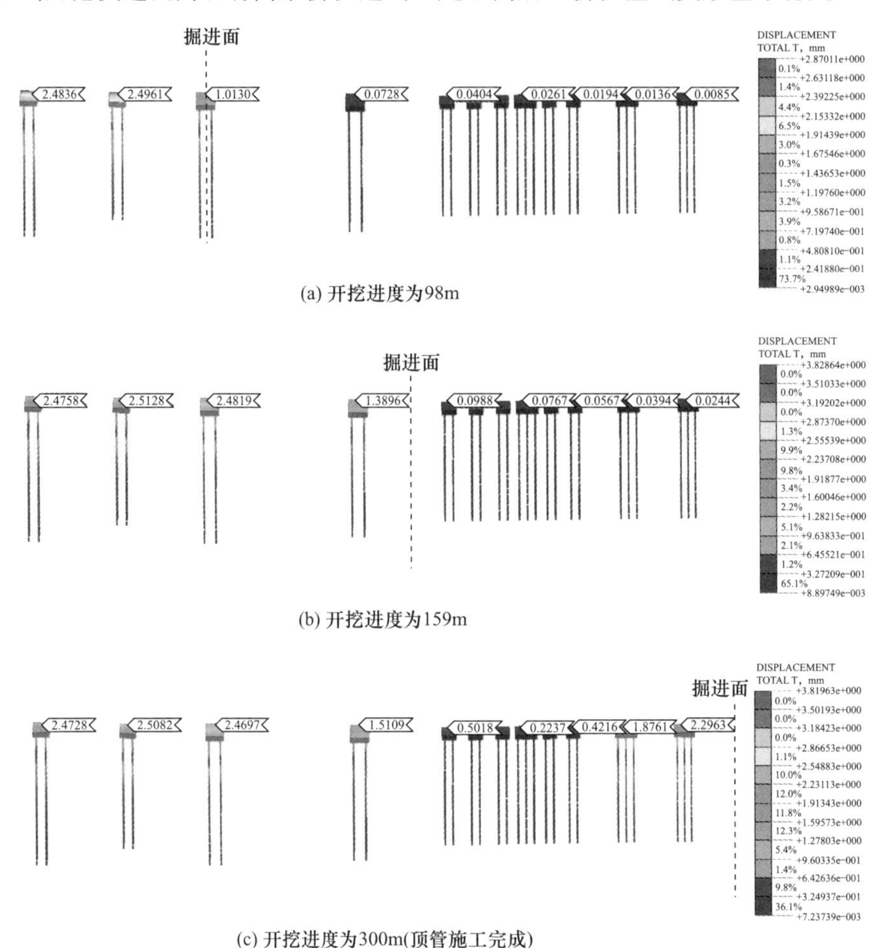

(a) 开挖进度为98m

(b) 开挖进度为159m

(c) 开挖进度为300m(顶管施工完成)

图 6　顶管隧道施工过程中桥桩基础变形云图

既有桥桩基础的总体变形进程表　　表 3

开挖进程	桥桩基础变形（mm）											
	1Q	2Q	3Q	4Q	5Q	6Q	7Q	8Q	9Q	10Q	11Q	12Q
98m	2.484	2.496	1.013	0.073	0.040	0.034	0.029	0.026	0.023	0.019	0.014	0.009
159m	2.476	2.513	2.482	1.390	0.099	0.095	0.084	0.077	0.066	0.057	0.039	0.024
300m	2.473	2.508	2.470	1.511	0.502	0.327	0.238	0.224	0.141	0.422	1.876	2.296

注：表中数据为保留三位小数后结果。

3.2　桥桩基础分类变形分析

当长距离顶管隧道施工结束后，既有轨道交通高架桥桥桩基础 X 方向（平行顶管走向方向）、Y 方向（垂直顶管走向方向）、Z 方向（竖向变形）见图 7。从中可以发现，高架桥桥桩基础 X 方向最大变形为 0.235mm，Y 方向最大变形为 2.266mm，Z 方向最大变形为 1.478mm，三个方向的变形均满足相关规范要求[12]。此外，表 4 和表 5 分别给出了所有桥桩基础三个方向变形和既有桥桩变形的统计分析，从中可以发现：(1) 长距离顶管隧道施工对周边既有轨道交通高架桥桥桩基础的影响以 Y 方向（垂直顶管走向方向）的变形为主，其最大值（2.266mm）和平均值（1.035mm）均大于 X 方向和 Z 方向的变形；（2）顶管隧道施工也会使桥桩基础产生一定 Z 方向的变形，其变形最大值和平均值分别为 1.478mm 和 0.652mm；（3）顶管隧道施工引起的桥桩基础 X 方向（平行顶管走向方向）变形最小；（4）桥桩基础三个方向变形最大值均在高架区间桥桩基础上（2Q 或 3Q），而变形最小值则均在高架车站桥桩基础上（9Q）。

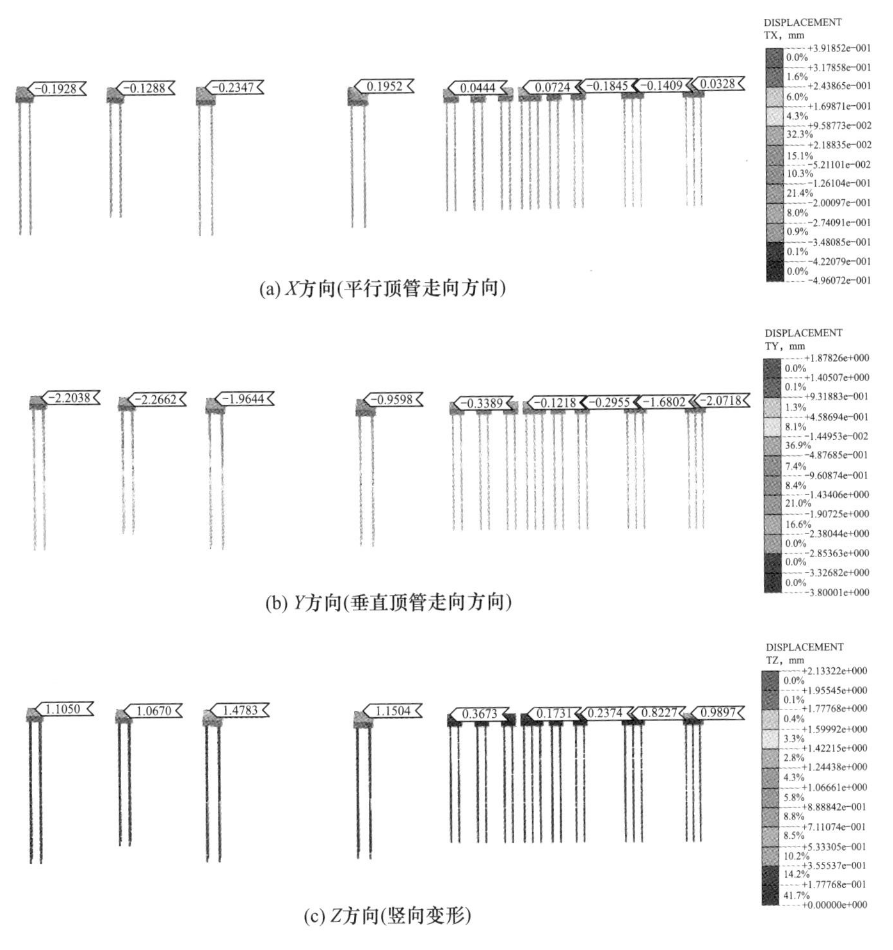

(a) X方向(平行顶管走向方向)

(b) Y方向(垂直顶管走向方向)

(c) Z方向(竖向变形)

图 7　顶管施工后桥桩基础变形云图

既有桥桩基础的分类变形分析表　　表 4

变形类型	桥桩基础变形（mm）											
	1Q	2Q	3Q	4Q	5Q	6Q	7Q	8Q	9Q	10Q	11Q	12Q
X 方向	0.193	0.129	0.235	0.195	0.044	0.063	0.083	0.073	0.012	0.185	0.141	0.033
Y 方向	2.204	2.266	1.964	0.960	0.339	0.264	0.168	0.122	0.087	0.296	1.680	2.072
Z 方向	1.105	1.067	1.478	1.150	0.367	0.182	0.147	0.173	0.110	0.237	0.823	0.990

既有桥桩基础的分类变形统计表　　表 5

变形类型	最大值（mm）	最大值桩号	最小值（mm）	最小值桩号	变形平均值（mm）
X 方向	0.235	3Q	0.012	9Q	0.116
Y 方向	2.266	2Q	0.087	9Q	1.035
Z 方向	1.478	3Q	0.110	9Q	0.652

3.3 区间和车站桥桩基础变形对比

为进一步探究长距离顶管隧道施工对既有轨道交通高架桥桥桩基础的影响，根据桥桩基础所属类型进行分类分析，得到表6、表7，从中可以发现：（1）顶管隧道对高架区间桥桩基础的变形主要为Y方向变形，其变形平均值达到1.858mm，其次为Z方向变形（平均值为1.102mm），最小为X方向变形（平均值为0.154mm）；（2）顶管隧道对高架车站桥桩基础的变形主要为Y方向变形，变形平均值为0.213mm，其次为Z方向变形（平均值为0.203mm），最小为X方向变形（平均值为0.077mm）；（3）相比于高架车站的桥桩基础，顶管隧道对高架区间桥桩基础的影响更大，高架区间桥桩基础三个方向的变形分别是高架车站的2倍、8.72倍和5.43倍。

既有区间桥桩基础的变形统计表　　表6

变形类型	分桩变形（mm）						变形最大值（mm）	变形最小值（mm）	平均值（mm）
	1Q	2Q	3Q	4Q	11Q	12Q			
X方向	0.193	0.129	0.235	0.195	0.141	0.033	0.235	0.033	0.154
Y方向	2.204	2.266	1.964	0.960	1.680	2.072	2.266	0.960	1.858
Z方向	1.105	1.067	1.478	1.150	0.823	0.990	1.478	0.990	1.102

既有车站桥桩基础的变形统计表　　表7

变形类型	分桩变形（mm）						变形最大值（mm）	变形最小值（mm）	平均值（mm）
	5Q	6Q	7Q	8Q	9Q	10Q			
X方向	0.044	0.063	0.083	0.073	0.012	0.185	0.185	0.012	0.077
Y方向	0.339	0.264	0.168	0.122	0.087	0.296	0.339	0.087	0.213
Z方向	0.367	0.182	0.147	0.173	0.110	0.237	0.367	0.110	0.203

4 结论

本文依托武汉某电力通道土建工程，利用三维有限元数值模拟分析的方法，模拟长距离顶管隧道的施工过程，探究了长距离顶管隧道对周边既有轨道交通区间和车站高架桥桩基础的影响，并得出以下结论：

（1）长距离顶管隧道侧穿既有高架桥桩时，主要影响掘进面开挖范围之前的桥桩基础，且当掘进面离既有高架桥桩达到一定距离后，桥桩基础变形基本稳定。

（2）长距离顶管隧道施工对既有轨道交通高架桥桥桩基础的影响以垂直顶管走向方向的变形为主（其最大值变形和平均变形分别为2.266mm和1.035mm），其次为桥桩基础竖直方向变形和平行顶管走向的变形。

（3）顶管隧道施工对高架区间和高架车站桥桩基础的影响规律基本一致，均以垂直顶管走向的变形为主，竖直方向变形次之，平行顶管走向的变形最小。不过相比于高架车站的桥桩基础，顶管隧道对高架区间桥桩基础的影响更大，高架区间桥桩基础X、Y、Z三个方向的平均变形分别是高架车站的2倍、8.72倍和5.43倍。

参考文献

[1] 魏纲，魏新江，徐日庆．顶管工程技术［M］．北京：化学工业出版社，2011.

[2] Milligan G, Norris P. Pipe-soil interaction during pipe jacking [J]. Proceedings of the ICE-Geotechnical Engineering, 1999, 137 (1): 27-44.

[3] Shimada H, Sasaoka T, Khazaei S, et al. Performance of mortar and chemical grout injection into surrounding soil when slurry pipe-jacking method is used [J]. Geotechnical and Geological Engineering, 2006, 24 (1): 57-77.

[4] 房营光，莫海鸿，张传英. 顶管施工扰动区土体变形的理论与实测分析 [J]. 岩石力学与工程学报，2003，22 (4)：601-605.

[5] 史培新，俞蔡城，潘建立，等. 拱北隧道大直径曲线管幕顶管顶力研究 [J]. 岩石力学与工程学报，2017，36 (9)：2251-2259.

[6] 刘波，章定文，刘松玉，等. 大断面顶管通道近接穿越下覆既有地铁隧道数值模拟与现场试验 [J]. 岩石力学与工程学报，2017，36 (11)：2850-2860.

[7] 林清辉，段景川，付江山，等. 顶管近距离上跨运营隧道施工变形实测结果分析 [J]. 公路工程，2018，43 (1)：175-180.

[8] 周向阳，林清辉. 浅覆土大断面顶管施工对运营盾构隧道变形影响及控制措施 [J]. 工程勘察，2016，44 (12)：7-12.

[9] 张杨，林本海. 管道顶管法施工对既有盾构隧道的影响分析 [J]. 广州建筑，2015，43 (5)：34-39.

[10] 杨世东，鄢海涛，黄莎莎，等. 竖井群开挖及顶管施工对运营地铁区间隧道的影响分析 [J]. 交通科技，2024，(2)：102-108.

[11] 夏商周. 电力顶管隧道施工对周边环境的影响 [J]. 工程技术研究，2023，8 (23)：17-19.

[12] 中国土木工程学会，同济大学. 城市轨道交通地下工程建设风险管理规范：GB 50652—2011 [S]. 北京：中国建筑工业出版社，2011.

作者简介： 周　丹（1980—），男，硕士，高级工程师。主要从事地下及隧道工程方面研究。

余　涛（1988—），男，硕士，高级工程师。主要从事地下及隧道工程方面研究。

邱滟佳（1994—），男，博士，工程师。主要从事地下结构抗震和土-结构动力相互作用研究。

吴桂生（1992—），男，硕士，工程师。主要从事轨道交通结构设计及风险评估方面工作。

基于3DE平台实现预应力钢束的快速参数化建模

史召锋　尹邦武

（长江勘测规划设计研究有限责任公司，湖北 武汉，430010）

摘　要：大跨径连续梁桥的预应力钢束布置非常复杂，在三维建模中对快速准确建立预应力钢束模型的需求越来越大。3DE平台软件因其自身拥有强大的曲线、曲面和空间结构设计能力，被越来越多地应用于桥梁设计阶段的三维建模。本文探索出一套快速实现预应力钢束模型的方法，基于3DE平台通过“EKL语言＋知识工程＋模板”功能调用设计常用参数表格，可精确地建立全参数化的桥梁预应力钢束三维模型，在洪门渡大桥预应力钢束建模过程中进行了应用。本文提供的方法为预应力钢束快速参数化建模提供了参考，可供同行进行借鉴，同时可结合计算机软件工程，对开发预应力钢束专用三维设计软件具有一定的指导意义。

关键词：3DE平台；快速参数化建模；大跨度连续梁桥；预应力钢束；知识工程

Realizing rapid parametric modeling of pre-stressed steel strands based on the 3DE platform

Shi Zhaofeng　Yin Bangwu

(Changjiang Survey, Planning, Design and Research Co., Ltd., Wuhan 430010, China)

Abstract: The arrangement of prestressed tendons in long-span continuous girder bridges is highly complex, and there is an increasing demand for rapid and accurate modeling of prestressed tendons in three-dimensional (3D) simulations. The 3DE platform software, with its strong capabilities in curve, surface, and spatial structure design, is being used more frequently in the 3D modeling phase of bridge design. This paper presents a method to rapidly achieve a parametric model of prestressed tendons based on the 3DE platform, utilizing the "EKL language+knowledge engineering+template" functions to call common parameter tables. This approach allows for the precise establishment of fully parametric 3D models of bridge prestressed tendons, which was applied in the modeling process of Hongmen Pass Bridge. The method provided in this paper offers a reference for rapid parametric modeling of prestressed tendons, which can be emulated by peers, and also has certain guiding significance for the development of dedicated 3D design software for prestressed tendons when combined with computer software engineering principles.

Keywords: 3DE platform; rapid parametric modeling; long-span continuous girder bridges; prestressed steel strands; knowledge engineering

引言

随着桥梁工程的快速发展，技术日益成熟，预应力混凝土连续梁（连续刚构）桥的修建越来越普及，已成为100～300m跨径范围内最具竞争力的桥型之一，具有结构整体性能好、施工工艺成熟、行车舒适性好等特点[1]。对预应力混凝土连续梁（连续刚构）桥而言，随着跨径的增大、钢束的增多，存在着大量平弯、竖弯空间组合的钢束，导致预应力钢束的形状及其布置变得愈发复杂[2-3]。基于传统二维的方式判断预应力钢束之间、钢束与普通钢筋之间以及钢束与箱梁之间的干涉与位置关系较为困难，而通过三维模型可以快速直观地看到预应力钢束在模型中的布置，判定是否存在干涉。预应力钢束的设计是一个不断调整的过程，需要三维模型能够快速响应设计的变更，参数化程度要求高。因此，建立全参数化的预应力钢束三维模型对桥梁设计有着重要的意义。

目前桥梁预应力钢束三维模型建模常用的方法是以钢束关键点（非有理）样条拟合出钢束空间轴线，该方法以钢束关键点（空间）坐标作为输入，简单高效，但精度缺乏保证，受控于样点个数和拟合方法[4]。亦有文献通过平弯和竖弯曲线来创建钢束三维模型，该方法以平弯和竖弯关键点（平面）坐标作为输入，缺乏钢束定位信息，而且只适合顶板类钢束创建，并不适合建立以曲线为参照的底板钢束[5]。综上所述，桥梁预应力钢束三维模型创建方法多以关键点作为输入条件，抛弃了设计过程，采用中间结果作为输入条件，均不是真正意义上的三维设计。本文提出以预应力钢束平弯和竖弯设计参数作为初始输入条件，提供一种正向参数化建立预应力钢束三维模型的方法，以满足桥梁预应力钢束三维设计的需要，同时基于达索系统3DE平台对该方法进行了应用，论证了方法的合理性及实用性。

1 工程概况

本文基于乌东德水电站洪门渡大桥，其桥梁跨径大、荷载重、桥面宽度窄，从而导致预应力钢束多且布置困难，分析其预应力钢束的快速化建模及参数化设计。桥梁全长522m，采用（135＋240＋135）m预应力混凝土连续刚构。上部结构采用单箱单室截面，桥墩设计为双肢薄壁空心墩，最大墩高8.5m，桥台采用重力式桥台，桥梁总体布置见图1。

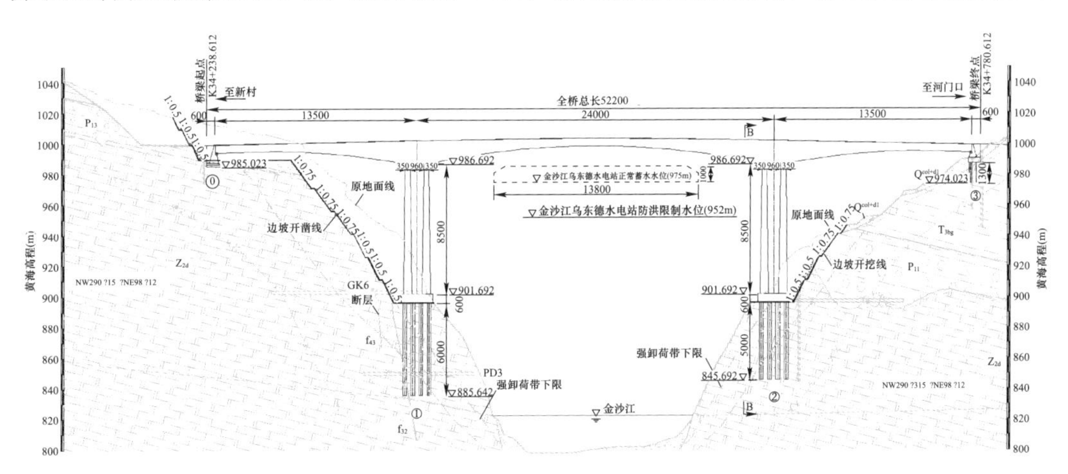

图1 桥梁结构总体布置图

2　3DE 平台的应用特点

2.1　建模原则的制定

桥梁整体模型采用“骨架驱动＋文档模板”方式进行建模，骨架为定位需要的点、线、面等基本元素，即模型中的桥轴线以及关键点、关键平面等；模板为有设计规律的结构构件，通过 EKL 语言编程进行参数化控制，如抛物线段主梁、预应力钢束等。以右手笛卡儿坐标系为基本坐标系，X、Y、Z 轴分别为桥梁顺桥向、横桥向和垂直高度方向，全桥的长度单位为厘米（cm）[6-7]。

2.2　整体骨架的构建

“骨架”类似于建筑工程中的轴网，是建模各部件定位组装的参照曲线，一般选取桥梁的中心线和桥梁墩台的中心线等具有明显定位功能的曲线作为“骨架”。目前主流三维建模软件（Revit、Bently 及 3DE 平台）中，3DE 平台中的骨架曲线需用户自行“发布”才能与其他曲线区分，“发布”后骨架曲线在结构树中单独列出，设计人员可轻松找出某一部件，方便建模时调用。对于桥梁各个组成部分，都以分布点、线等进行相互关联，通过对这些要素的修改从而使构件发生相应变化。结合 3DE 平台在产品中新建或者插入产品或零部件的关联功能可获取产品或零部件的存放路径与名称，直接调用该产品或零部件。基于以上方法建立的整体骨架和内嵌功能，实现三维设计。

2.3　知识工程技术

3DE 平台产品知识模板（Product Knowledge Template，PKT）允许设计者创建和共享存储在规则库中的企业知识工程，以进行高效的重用。知识工程不需要编程资源就可以实现企业的设计符合已创建的相关标准及流程，确保企业所有工程师都能参与到知识工程和三维设计中来。

知识工程技术主要基于 3DE 平台中内嵌的企业知识语言（Enterprise Knowledge Language，EKL）来实现。EKL 作为达索系统原生内嵌脚本语言，其使用极为灵活与方便，学习成本相对较低。使用者不但可以通过其常规使用的公式、规则、检查、设计表、知识工程阵列、行为等知识工程工具进行操作，而且可以调用 Knowledge Packages 封装的大量的知识包，能够大大提高设计开发的效率[8]。

3　参数化建立预应力钢束方法的介绍

本桥跨径大、荷载重、桥梁宽度窄，从而导致预应力钢束多、布置困难。基于传统二维的方式判断预应力钢束之间、钢束与普通钢筋之间以及钢束与箱梁之间的干涉与位置关系较为困难；而预应力钢束的设计是一个不断调整的过程，需要三维模型能够快速响应设计的变更，参数化程度要求高。因此，建立全参数化的预应力钢束三维模型对桥梁设计有着重要的意义。

3.1　定位约定

以钢束平弯曲线中点在桥轴线上的投影为原点，轴线方向为 X 轴，横桥向为 Y 轴，

高程为 Z 轴，并约定平弯面为 XY 平面，竖弯面为 XZ 平面，钢束在横断面的定位参数约定：y_0、z_0，其中底板仅用 y_0 控制，如图2所示。

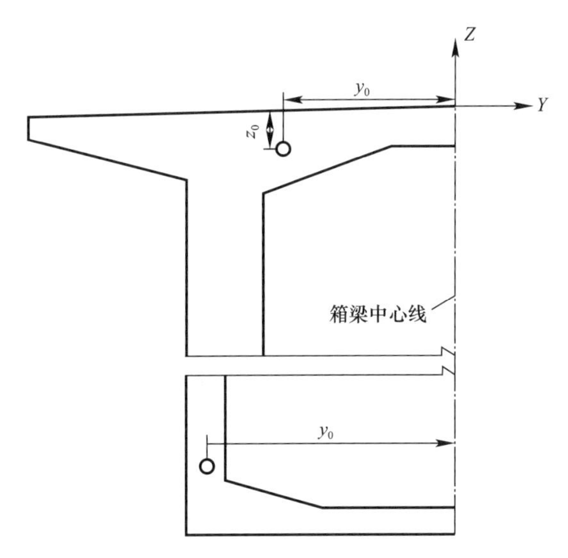

图2　定位坐标系约定

平弯参数约定：E_z、平弯半径 R_1、平弯转角 θ_1、L_1、L_3。

顶板钢束竖弯参数约定：E_y、竖弯半径 R_2、竖弯转角 θ_2。

底板钢束竖弯参数约定：E_0、底板束保护层厚度 h、竖弯半径 R_2、竖弯转角 θ_2，由于底板钢束在定位上只有 y_0，故此处与顶板竖弯相比会多一个底板束保护层厚度 h（图3）。

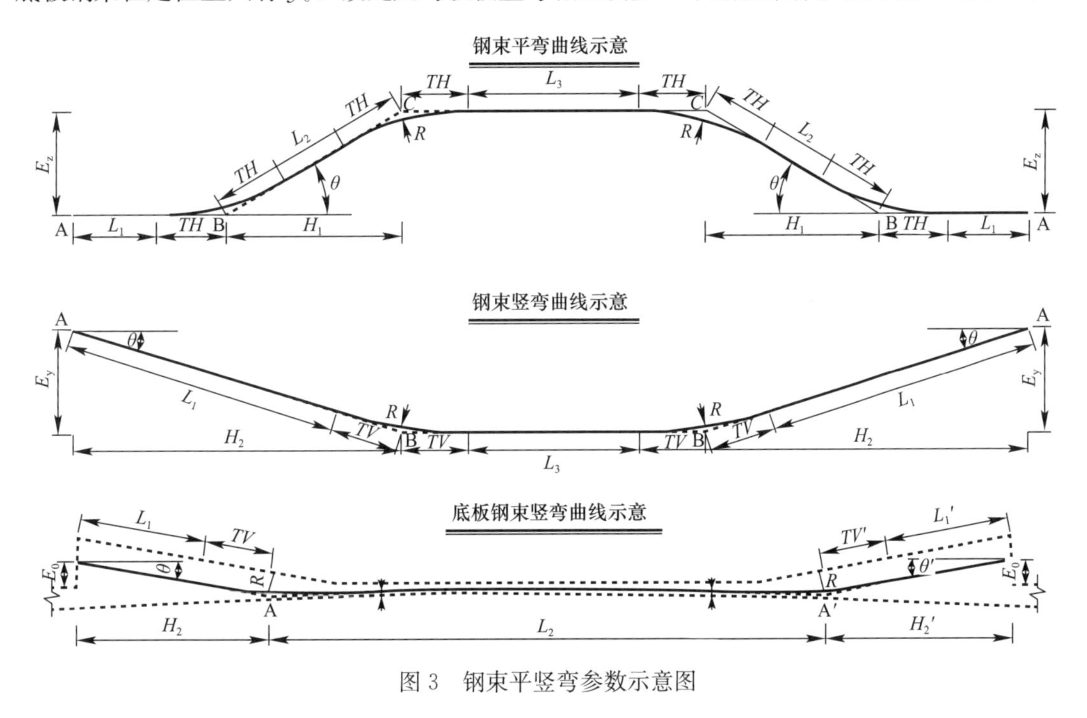

图3　钢束平竖弯参数示意图

3.2　主要实现步骤

（1）根据平弯参数建立预应力钢束平弯曲线

1）在平弯面上根据 y_0 建立平弯中点 O1，根据平弯参数 E_z、平弯转角 θ_1、L_1 和 L_3，推导各导线点的增量坐标：PC [$dx=\pm(L_3/L_2+R_1\cdot\tan(\theta_1/\theta_2))$，$dy=0$) 相对于 O1，PB [$dx=\pm(dx+E_z/\tan\theta_1)$，$dy=dy+E_z$] 相对于 PC，PA [$dx=\pm(dx+R_1\cdot\tan(\theta_1/\theta_2))$]，0) 相对于 PB，建立导线点，依次直线连接 PA、PB、PC、PC1、PB1、PA1，生成平弯导线。

2）根据平弯参数圆角半径 R_1 倒圆，并与导线修剪，生成平弯线如图 4 所示。

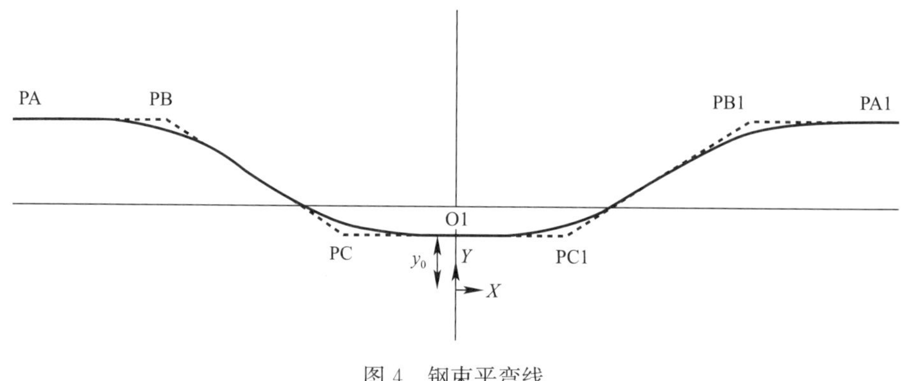

图 4　钢束平弯线

（2）根据竖弯参数建立预应力钢束竖弯曲线

1）对于顶板钢束，将平弯线中点、起点和终点在竖弯面上投影，生成临时点 O2、PT 和 PT1，可得点 O2 与 PT 和 PT1 的水平距离 x_0。根据竖弯参数 E_y、竖弯转角 θ_2，推导竖弯导线点坐标：PA($\pm x_0$，$z_0+E_y\cdot \mathrm{dir}$)，PB($dx=\pm E_y/\tan\theta_2$，$dy=-E_y\cdot \mathrm{dir}$) 相对于 PA，依次建立导线点 PA、PB、PB1、PA1，并直线连接，生成竖弯导线，如图 5 所示。

2）对于底板钢束，需准备参考曲线，一般为底板边缘线。将参考曲线偏移 h，得到曲线 C0；将参考曲线偏移 E0，得到曲线 C1，过平弯线端点 PT 做横断面与曲线 C1 相交得到 PA 点；过点 PA 做与水平夹角为 θ_2 的直线与曲线 C0 相交得 PB；同样方法可得到 PA1 和 PB1。修剪直线和曲线 C0，生成竖弯导线。

3）根据竖弯参数圆角半径 R_2 对竖弯导线做倒圆，生成竖弯线。

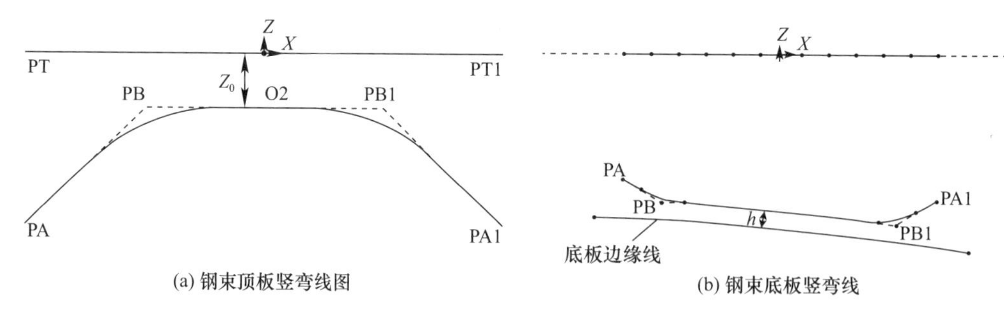

图 5　钢束顶、底板竖弯线

（3）建立预应力钢束空间轴线，沿轴线扫掠生成实体

1）将平弯线沿平弯面法线方向拉伸，将竖弯线沿竖弯面法线方向拉伸，拉伸距离足够大，确保两个曲面相交，交线即为预应力钢束空间轴线，如图 6 所示。

2）根据横截面半径沿空间轴线扫掠生成预应力钢束三维实体模型，如图 7 所示。

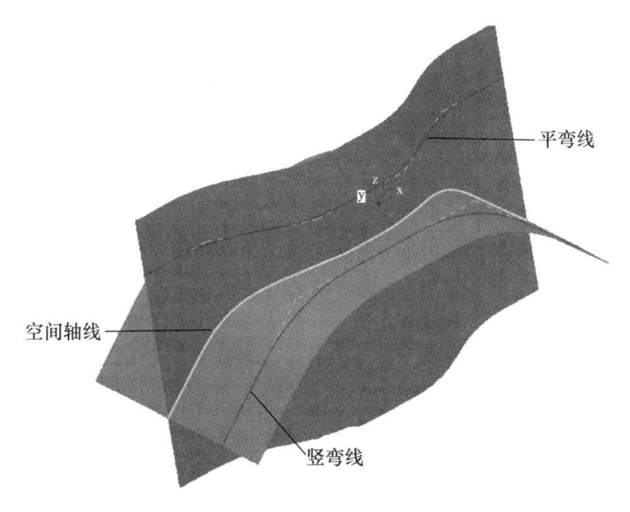

图6　预应力钢束空间线型

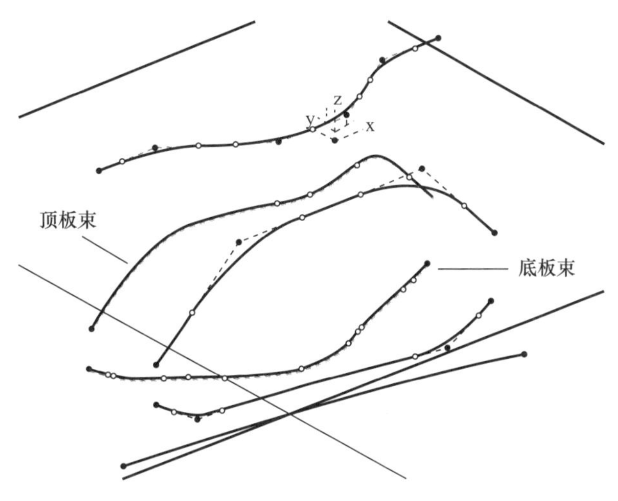

图7　预应力钢束空间实体模型

3.3　建模方法的应用

(1) 预应力钢束的快速参数化建模

基于上述提出的预应力钢束建模方法，采用洪门渡大桥的相关预应力钢束设计参数，在3DE平台中进行了预应力钢束的快速化建模尝试，通过“EKL语言+知识工程+模板”功能调用设计常用参数表格，其生成的预应力钢束三维模型如图8所示，包括：顶板束、腹板束、边跨底板束、体外束、中跨底板束、预备束等。

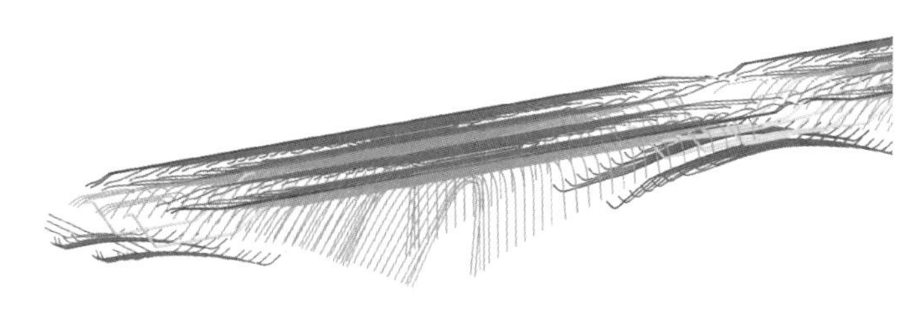

图8　洪门渡大桥预应力钢束三维模型

（2）碰撞检测

利用传统的二维平面设计模式很难发现桥梁构件在空间位置上是否发生冲突，尤其是各种类型的预应力钢束、普通钢筋等。利用3DE平台中的碰撞功能对所需要进行碰撞分析的构件进行检查，自动定位碰撞位置，如果发现空间位置冲突，及时修改桥梁的三维模型，以便减少在桥梁施工阶段可能存在的错误和返工的可能性。如图9所示，预应力钢束与普通钢筋位置发生冲突，设计人员通过自动定位碰撞位置可及时修改相应位置的设计，从而使此类问题杜绝于设计阶段，不影响后期实施。

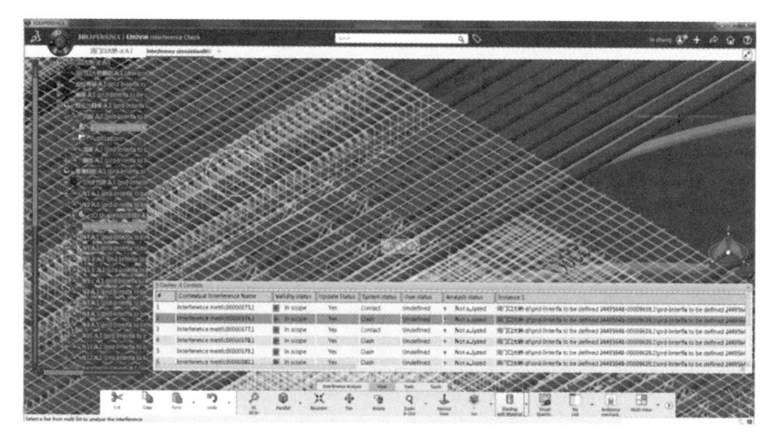

图9　预应力钢束、钢筋之间碰撞检测

（3）二维平面出图研究

基于传统的CAD出图，桥梁基本组成部分的三视图和剖面图都需要设计人员手动绘制。而且在方案修改期间，一个尺寸的改变就需要对所有视图的尺寸进行修改，这就加大了设计人员的工作量以及导致其工作效率低下。选取桥梁需要进行出图的预应力钢束以及利用3DE平台中的Drawing模块，对二维平面图进行标注以及图框的添加等，从而实现二维、三维图纸的形成。利用Drawing模块得出工程图是与三维模型相关联的，只要三维模型的尺寸发生更改，工程图就会随之改变，大大提高了工作效率，方便预应力钢束图纸的生成。

同时基于3DE平台，运用知识工程报表结合用户特征扩展类型，可实现预应力钢束参数要素表的定制生成，方便图表绘制；基于完成的三维模型，还可以进行CAD/CAE交互式设计、预应力钢束算量等操作，从而提高设计效率。

4　结论

本文探索出一套快速实现预应力钢束模型的方法，通过“EKL语言＋知识工程＋模板”功能调用设计常用参数表格，极大地提高了建模效率并能进行大范围推广。本方法以常用的简单化的设计参数描述复杂多样的预应力钢束，通过本方法的参数约定和建模方式，可精确建立全参数化的桥梁预应力钢束三维模型；同时在洪门渡大桥预应力钢束建模过程中进行了应用，基于预应力三维模型可进行钢束碰撞检测、参数表提取、二维出图、导入有限元分析计算等应用。本文提供的方法为预应力钢束快速参数化建模提供了参考，可供同行借鉴，同时可结合计算机软件工程，对开发预应力钢束专用三维设计软件具有一定的指导意义。

参考文献

[1] 姚玲森. 桥梁工程 [M]. 第2版. 北京：人民交通出版社，2009.
[2] 李广慧，刘晨宇，王用中，等. 大跨径连续梁桥的预应力钢束设计探讨 [J]. 人民黄河，2007，29 (7)：56-60.
[3] 曾绍武，张学钢，张林，等. 预应力连续刚构桥梁BIM精细化建模实例 [J]. 铁道标准设计，2016，60 (2)：71-76.
[4] 周小勇. 基于二次开发的PC桥梁三维仿真分析关键技术研究 [D]. 武汉：华中科技大学，2008.
[5] 郑岗，戴玮，谢玉萌. 三维预应力钢束辅助设计软件的研究与开发 [J]. 山西建筑，2014，40 (28)：285-287.
[6] 李兴，王毅娟，王健. 基于CATIA的BIM技术在桥梁设计中的应用 [J]. 北京建筑大学学报，2016，32 (4)：13-17.
[7] 任玉明，王磊. CATIA在桥梁BIM建模中的应用 [J]. 特种结构，2019，36 (3)：96-99.
[8] 刘飞虎. 基于CATIA高级知识工程在BIM桥梁钢筋建模中的应用 [J]. 土木建筑工程信息技术，2015，7 (3)：43-47.

作者简介： 史召锋（1978—），男，工学硕士，高级工程师。主要从事桥梁结构设计和BIM设计的研究。

尹邦武（1988—），男，工学硕士，高级工程师。主要从事桥梁结构设计和BIM设计的研究。

临湘市水环境综合治理工程地质勘察的分析与评价

王　科[1]　李娇娜[1]　王　峰[1,2,3,4]

（1. 长江勘测规划设计研究有限责任公司，湖北 武汉，430010；
2. 长江地球物理探测（武汉）有限公司，湖北 武汉，430010；
3. 国家大坝安全工程技术研究中心，湖北 武汉，430010；
4. 水利工程健康诊断技术创新中心，湖北 武汉，430010）

摘　要： 临湘市水环境综合治理工程是较为典型的沿江中小城市水环境治理项目。其中新建工程主要有雨水管网、污水管网和污水泵站。因此对于管网和泵站的工程地质情况进行分析为本项目的勘察重点。经过详细的勘察工作，发现管网建设区域整体地质情况良好，顶管施工不会产生较大的地面沉降。局部表层存在杂填土，需要进行压实或者挖除处理，泵站建设区域需要挖10m深的基坑，需进行降水措施并加强基坑的监测工作。通过本项目的实施，为长江大环保项目中类似的中小城市水环境综合治理项目积累了经验。

关键词： 水环境治理；地质勘察；污水管网；污水泵站

Analysis and evaluation of geological survey for comprehensive water environment treatment engineering in Linxiang City

Wang Ke[1]　*Li Jiaona*[1]　*Wang Feng*[1,2,3,4]

（1. Changjiang Survey，Planning，Design and Research Co.，Ltd.，Wuhan 430010，China；
2. Changjiang Geophysical Exploration & Testing Co.，Ltd.，Wuhan 430010，China；
3. National Dam Safety Engineering Technology Research Center，Wuhan 430010，China；
4. Water Conservancy Engineering Health Diagnosis Technology Innovation Center，Wuhan 430010，China）

Abstract： The comprehensive water environment management project in Linxiang City is a typical water environment management project for small and medium-sized cities along the Yangtze River. The new construction projects mainly include rainwater pipe network，sewage pipe network，and sewage pump station. Therefore，analyzing the engineering geological conditions of the pipeline network and pump station is the focus of this project's survey. After detailed survey work，it was found that the overall geological condition of the pipeline network construction area is good，and pipe jacking construction will not cause significant ground settlement. There is miscellaneous fill soil on the local surface，which needs to be compacted or excavated. A 10m deep foundation pit needs to be excavated in the pump station construction area，and precipitation measures need to be taken and monitoring of the foundation pit needs to be strengthened. Through the implementation of this project, experience has been accumulated for similar small and medium-sized city water environment comprehensive treatment projects in the Yangtze River Environmental Protection Project.

Keywords: water environment governance; geological survey; sewage pipeline network; sewage pumping station

引言

近些年，随着长江大环保战略的深入推进，沿江城市水环境治理工程在快速推进[1-3]。为积极响应习近平总书记“共抓大保护、不搞大开发”重要部署，加快补齐污水收集和处理设施短板，尽快实现污水管网全覆盖，污水全收集、全处理。按照污水治理，管网先行的思路[4]。临湘市结合城市建设的实际需要，完善中心城区排水管网建设，推动排水基础设施的顺利实施，开展了临湘市水环境综合治理工程。

本工程新建项目分为雨水管、污水管、污水泵站三部分；管道施工方法分为明挖、顶管两种类型，明挖深度一般为 2.0～5.0m、顶管最深约 9.12m，泵站沉井法开挖深度 10.0m。由于部分区域存在中等-高压缩性，且均匀性较差的表层杂填土，污水泵站基坑开挖深度较深，因此需要对相应工程部位的地质情况进行勘察和分析。

1 工程地质综合分析

本工程场地不存在发生强震的构造环境和条件，区域构造较稳定；场地及周边地带未发现崩塌、滑坡及泥石流等不良地质作用；场地不存在影响工程方案成立的重大工程地质问题，场地基本稳定，现存场地工程地质问题通过工程处理后适宜本工程建设。本工程场地地震基本烈度为 6 度、设计基本地震加速度为 0.05g、设计地震分组为第一组，抗震设防分类为乙类，属于重点设防类，建议按有关规定采取抗震设防措施，地震动反应谱特征周期为 0.35s。根据规范中有关规定，本场地不考虑砂土液化和软土震陷问题。拟建场地属建筑抗震一般地段，建筑场地类别为Ⅱ类。本场地新建项目主要为雨水管、污水管、污水泵站三部分，这三部分的地质情况应当做详细分析。

2 雨水管线地质分析与评价

本工程范围主要包括河西区、河东区及三湾工业园区，结合中心城区地势、主要受纳水体及铁路的分布情况，考虑建设方便并综合排水防涝规划的雨水分区，将本工程范围的雨水系统分为 6 个排水分区，分别为 YA 区、YB 区、YC 区、YD 区、YE 区及 YF 区，总汇水面积约为 20.3km^2（表 1）。其中 YA 区及 YE 区有新建雨水管线，具体如下：

（1）YA 区

该区域为富民路以南至三湾工业园、兆邦大道以东，长安河以西的区域，汇水面积 8.40km^2。该区域内包含三湾工业园和白云湖，三湾工业园地块雨水经毛冲路 d1200mm 管道排入长安河上游段，其余部分雨水依地势就近排入白云湖、长安河。本区域内主要为新美路（诚信路—兴钧路）1 条沿路雨水管线。

沿新美路（诚信路—兴钧路）铺设一排 d1000 雨水管道，收集和转接周边地块雨水，主管长1059m，管道坡度为1.5%，埋深为2.0～3.3m，采用放坡开挖施工，接入北侧兴钧路d1000雨水主管，新建雨水管道末端管内底标高为51.43m，现状雨水管道起端管内底标高为51.385m，能完成顺接。

管线长度约为1059m，采用明挖法施工，地面标高在54.53～72.29m。区内主要地层为①层杂填土，全场地分布，层厚0.6～1.9m，下部为$⑨_1$强风化板岩、$⑨_2$层中风化板岩，全场地分布。建议全线采用放坡开挖。

(2) YE区

该区域为临湘的老城区，主要是指富民路至长安西路及京广铁路沿线，长安河以西至临湘大道及建新北路的区域，汇水面积3.30km^2，该区域雨水经收集后排入长安河中游段。

本区域内主要包含向阳路（107国道—永昌路）、夏家巷（路中停车场—电力巷）2条沿路雨水管线。

沿向阳路（长盛东路—永昌东路）自南向北敷设一排d600污水管道，收集周边地块污水及转接长盛东路（临湘一中—五家塘水库）、芙蓉西路（桃矿铁路—向阳路）新建污水管道污水，主管长795m，管道坡度为0.1%，埋深为2.5～8m，采用放坡开挖施工及顶管施工，接入长安东路（河东路—长盛东路）新建污水管道。03A0+0～03A0+120段采用顶管法施工，03A0+120～03A0+487采用明挖法施工，03A0+487～03A0+776采用顶管法施工。地面标高在54.30～65.65m。区内主要地层为①层杂填土，钻孔揭露层厚0.60～5.80m；$②_2$层粉质黏土，钻孔揭露层厚1.4～2.50m；④层粉质黏土，钻孔揭露层厚0.70～12.44m；$⑥_3$中风化灰岩，钻孔揭露层厚1.5～2.20m；$⑧_1$全风化页岩，钻孔揭露层厚2.90m；$⑧_2$强风化页岩，钻孔揭露层厚2.60～7.17m；$⑧_3$中风化页岩，钻孔揭露层厚3.08～9.77m。建议明挖段采用钢板桩支护。

沿夏家巷（夏家巷停车场—电力巷）自西向东敷设一排d600雨水管道，收集周边地块雨水，主管长62m，管道坡度为0.3%，埋深为2m，采用放坡开挖施工，接入电力巷现状排水箱涵。新建雨水管道末端管内底标高为43.42m，现状排水箱涵内底标高为43.192m，能完成顺接。拟采用明挖法施工，地面标高在45.15～46.72m。区内主要地层为①层杂填土，钻孔揭露层厚0.80～2.60m；$②_2$层粉质黏土，钻孔揭露层厚4.5～7.2m；$⑥_2$强风化灰岩，钻孔揭露层厚0.9m。建议全线采用放坡开挖。

雨水管网改造汇总表 **表1**

序号	项目名称	主要工程内容	长度（m）	排水分区
1	新美路（诚信路—兴钧路）	新建d1000雨水管道	1150	YA
2	向阳路（长盛东路—永昌路）	新建d800～d1500雨水管道	1283	YE
3	夏家巷（路中停车场—电力巷）	新建d600雨水管道	62	
	合计		2495	

3 污水管线地质分析与评价

污水管线工程地质评价为本项目勘察的重点环节（图1）。其中本次勘察范围主要包括河西区、河东区及三湾工业园区，结合中心城区地势、城区竖向规划以及污水的排向分析，本次设计将本工程范围的污水系统分为三个排水分区（表 2），分别为三湾工业园区（WA 区）、河西片区（WB 区）、河东片区（WC 区），总纳污面积约为 20.3km^2。其中三湾工业园区的 3 个路段均采用明挖法。河西片区有 4 处采用顶管法，其余 26 处采用明挖法。河东片区有 2 处采用顶管法，其余 32 处采用明挖法。由于顶管法施工对于地质要求较高，这里对 6 处顶管法施工部位的地质情况进行分析如下。

图 1　污水系统分区图

污水系统分区一览表　　**表 2**

分区编号	纳污范围	纳污面积 (km^2)	生活污水比流量 (L/shm^2)	平均日污水量 (万 m^3)	总变化系数 K_z
WA	兆邦大道以东，京港澳高速以西，河西区以南，五尖山森林公园东侧控制线以北的区域	4.0	0.699	2.42	1.47
WB	长安河以西，五尖山森林公园东侧控制线以东，京广铁路以南，三湾工业园以北的区域	10.55	0.391	3.56	1.42
WC	长安西路、建新北路至京广铁路与临湘大道之间的区域	5.75	0.441	2.19	1.51

（1）南太路（WB 区）

沿南太路（兴钧路—长盛西路）铺设一排 d600～d1000 污水管道（其中兴钧路—桂语江南为 d600，主管长 614m，管道坡度为 0.1%；云水弯路—云湖路为 d800，主管长 537m，管道坡度为 0.08%；云湖路—长盛西路为 d1000，主管长 1468m，管道坡度为 0.06%），收集周边地块污水及转输上游污水，埋深为 5.0～9.6m，均采用顶管施工，最终接入长盛西路新建 d1000 污水管道。

采用顶管法施工，地面标高在 45.54～48.28m。区内主要地层为①层杂填土，钻孔揭露层厚 1.3～5.6m；②$_1$ 层淤泥质粉质黏土，广泛分布于场地内，钻孔揭露层厚 0.8～2.9m；②$_2$ 层粉质黏土，广泛分布于场地内，钻孔揭露层厚 0.6～6.1m；③层圆砾，广泛分布于场地内，钻孔揭露层厚 0.5～4.8m；⑤$_1$ 层全风化砾岩，局部分布，钻孔揭露层厚

0.5～2.4m；⑤$_2$ 层强风化砾岩，广泛分布于场地内，钻孔揭露层厚 0.4～10.4m；⑤$_3$ 层中风化砾岩，局部分布，钻孔揭露层厚 3.5～3.6m。

（2）沿湖路（WB区）

沿沿湖路（福兴路—河西南路）铺设一排 d400 污水管道，收集周边地块污水及转输上游污水，服务面积 9.22ha，主管长 375m，管道坡度为 1%～2%，埋深为 1.6～2.9m，采用放坡开挖施工，接入河西南路新建污水管道。

采用明挖法＋顶管施工。地面标高在 45.16～57.94m。区内主要地层为①层杂填土，钻孔揭露层厚 0.8～4.1m；②$_1$ 层淤泥质粉质黏土，局部分布，钻孔揭露层厚 1.3m；③圆砾，全场地分布，钻孔揭露层厚 1.0～5.2m。建议对①层杂填土地基进行适当压密、夯实处理。明挖段建议采用钢板桩支护开挖。

（3）长盛西路（WB区）

沿长盛西路（南太路—河西南路）南北两侧现状各铺设有一排 d1000 污水管道，但均接入现状 $B \times H = 2800 \times 2000$ 雨水箱涵，本次设计利用北侧现状 d1000 污水管，南侧新建 d1000 污水主管，主管长 614m，管道坡度为 0.06%，埋深为 6.2～8.2m，采用顶管施工，接入河西南路新建污水管道。

采用顶管施工，区内主要地层为①层杂填土，全场地分布，钻孔揭露层厚 2.6～4.1m；②$_1$ 层淤泥质粉质黏土，钻孔揭层厚 1.0～2.21m；②$_2$ 层粉质黏土，钻孔揭露层厚 1.8～4.8m。③圆砾，钻孔揭层厚 0.8～3.5m；⑤$_1$ 全风化砾岩，钻孔揭层厚 0.6～2.1m。

（4）河西北路（WB区）

沿河西北路（长安西路—麦坡西路）铺设一排 d1000 污水管道，服务面积 1573.2ha，主管长 1003m，管道坡度为 0.1%，埋深为 5.3～7.7m，采用顶管施工，主管长 1003m，收集周边地块污水及转输上游污水，最后流入长安阁污水泵站。

线路长度约 1003m，采用顶管法施工。地面标高在 40.62～44.42m。区内主要地层为①层杂填土，钻孔揭露层厚 1.9～4.9m；②$_1$ 层淤泥质粉质黏土，钻孔揭露层厚 0.7～1.8m；②$_1$ 层淤泥质粉质黏土，钻孔揭露层厚 0.7～1.8m；②$_2$ 层粉质黏土，钻孔揭露层厚 1.0～6.1m；③层圆砾，钻孔揭露层厚 2.1m；⑤$_4$ 层泥质粉砂岩，钻孔揭露层厚 1.6m。

（5）向阳路（WC区）

沿向阳路（长盛东路—永昌东路）自南向北敷设一排 d600 污水管道，收集周边地块污水及转接长盛东路（临湘一中—五家塘水库）、芙蓉西路（桃矿铁路—向阳路）新建污水管道污水，主管长 795m，管道坡度为 0.1%，埋深为 2.5～8m，采用放坡开挖施工及顶管施工，接入长安东路（河东路—长盛东路）新建污水管道。03A0＋0～03A0＋120 段采用顶管法施工，03A0＋120～03A0＋487 采用明挖法施工；03A0＋487～03A0＋776 采用顶管法施工。

地面标高在 54.30～65.65m。区内主要地层为①层杂填土，钻孔揭露层厚 0.60～5.80m；②$_2$ 层粉质黏土，钻孔揭露层厚 1.40～2.50m；④层粉质黏土，钻孔揭露层厚 0.70～12.44m；⑥$_3$ 中风化灰岩，钻孔揭露层厚 1.50～2.20m；⑧$_1$ 全风化页岩，钻孔揭露层厚 2.90m；⑧$_2$ 强风化灰岩，钻孔揭露层厚 2.60～7.17m；⑧$_3$ 中风化灰岩，钻孔揭露层厚 3.08～9.77m。建议明挖段放坡开挖施工。

（6）长盛东路（WC区）

沿长盛东路敷设一排 d400～d600 污水管道，服务面积 53.58ha，主管长 1120m，管道坡度为0.1%～3%，埋深为2～6m，采用放坡开挖施工及顶管施工，自东西两端向中间接入向阳路（长盛东路—永昌东路）新建污水管道。

A0+0～A0+583顶管施工，A0+583～A1+097采用明挖法施工。地面标高在56.60～57.72m。区内主要地层为①层杂填土，钻孔揭露层厚1.0～6.9m；②$_2$层粉质黏土，钻孔揭露层厚0.7～3.1m；④层粉质黏土，钻孔揭露层厚1.6～4.8m；⑧$_1$层全风化页岩，钻孔揭露层厚1.0～2.8m；⑧$_2$层强风化页岩，钻孔揭露层厚1.1～8.00m；⑧$_3$层中风化页岩，钻孔揭露层厚0.8～5.8m。明挖段建议采用钢板桩支护开挖施工。

4 污水泵站地质分析与评价

京港澳高速以东片区地势起伏较大，整体坡向长安河。该片区有已投入运营的临湘国际垂钓中心（地面标高52.2m）和拟开发建设的茶马古镇（50.3m）两个较大的开发项目，但分立于长安河（河岸标高44.0m）两侧，且被京港澳高速阻隔，难以直接重力接入西侧新美路污水现状管（现状管内底标高53.7m）。在该片区较低处新建一座污水提升泵站，拟建站址现状地面高程约为49.9m。污水提升泵站主要服务范围为京港澳高速以东片区内的生活污水。

一体化污水提升泵站位于长安河东侧，泵站筒体直径2m，筒体深度9.20m，占地面积25m^2。为防止偷盗及破坏行为的发生，泵池周围采用2.1m高钢栅栏进行围挡。

依据京港澳高速以东片区地形地势，污水经d400～d500污水管引入泵站，提升后经D133×4压力管道排入新美路d1000污水主管，最终排至临湘市污水处理厂进行处理。

一体化污水提升泵站开挖深度约10m，结合周边钻孔资料推测深度范围主要为人工填土、中风化板岩。沿线管道基坑明挖深度一般为2.0～6.0m、顶管最深约9.12m，泵站沉井深度约10m，对于开挖深度大于7m的基坑，基坑安全等级为二级。开挖深度小于7m的基坑，基坑安全等级为三级。

5 结语

本项目中雨水和污水管道全线基坑工程重要性等级为二级、局部三级，泵站基坑开挖最大深度约10m，安全等级为二级。顶管施工不会产生较大的地面沉降，对路面及附近建筑物不会产生较大影响，施工中仍需对邻近建筑物及管线进行必要的沉降观测，确保施工期间附近建筑物的安全。

临湘市水环境综合治理工程是长江流域中小城市水环境治理项目中较为典型的项目，通过对于本项目中较为重要的雨水、污水和泵站地质情况进行分析和研究，对于类似项目有着较好的参考意义。

参考文献

[1] 许贤芳. 流域尺度下城市海绵综合体探索：水环境综合治理工程［J］. 中国给水排水，2024，40（6）：13-17.

[2] 汤玮. 水环境综合整治类PPP项目中的文旅景观规划研究——以南宁市心圩江环境综合整治工程PPP项目为例［J］. 工程技术研究，2023，8（4）：226-228.

［3］ 刘建刚，王磊，虞金凯. 苏南太湖流域幸福河建设探讨——以常州市武进区永安河拓浚整治工程为例［J］. 中国水利，2022（8）：54-55.

［4］ Mansoor S Z，Louie S，Lima A T，et al. The spatial and temporal distribution of metals in an urban stream：A case study of the Don River in Toronto，Canada［J］. Journal of Great Lakes Research，2018，44（6）：1314-1326.

基金项目： 2022年湖北省高价值知识产权培育项目（项目编号0128）

作者简介： 王　科（1985—），男，硕士，高级工程师。主要从事水利水电工程勘察设计研究。

三维协同设计技术在水利水电工程中的应用研究

万云辉[1,2]　卢金龙[1]

（1. 长江勘测规划设计研究有限责任公司，湖北 武汉，430010；
2. 国家大坝安全工程技术研究中心，湖北 武汉，430010）

摘　要：针对水利水电工程协同设计技术难度大及推广进展较慢等，基于CATIA软件平台，构建了水利水电工程三维协同设计技术方案，简述了构建三维协同设计的基本构架、协同设计平台、三维地质建模、专业知识模板库和设计校审流程，并成功应用于巴基斯坦卡洛特水电站设计，实现了多专业三维快速建模、快速结构计算和二维图纸交付，显著提高了设计效率和准确性，为三维协同设计技术在水利水电工程应用提供了可借鉴的解决方案。

关键词：三维模型；协同设计；CATIA软件平台；水利水电工程

Application of three-dimensional collaborative design in water conservancy and hydropower project

Wan Yunhui[1,2]　*Lu Jinlong*[1]

(1. Changjiang Institute of Survey, Planning, Design and Research, Wuhan 430010, China;
2. National Dam Safety Engineering Technology Research Center, Wuhan 430010, China)

Abstract: In response to the difficulties in implementing collaborative design in water conservancy and hydropower project and the slow progress of its promotion, the technical solution of three-dimensional collaborative design was established on the CATIA software platform. This paper briefly described the basic framework of the technical solution, collaborative design platform, three-dimensional geological modeling, professional knowledge template library, and design review process. The technical solution of three-dimensional collaborative design was successfully applied to the design of the Karot Hydropower Station in Pakistan, achieving rapid multidisciplinary three-dimensional modeling, structural calculation, and two-dimensional drawing delivery. The technical solution significantly improved design efficiency and accuracy, and provided a reference solution for the application of three-dimensional collaborative design technology in water conservancy and hydropower project.

Keywords: three-dimensional model; collaborative design; CATIA software platform; water conservancy and hydropower project

引言

由于建筑信息模型（Building Information Modeling，BIM）技术中三维协同设计具有可视化、模拟性、易于协调优化等优点[1]，近年来BIM技术逐步在土木工程中得到广泛应用。三维协同设计过程采用“参数化”原则和“知识工程”体系，具有明显优势：使一个工程的模型可方便地应用到其他工程中；其模型采用关联结构，使数据能自动更新和保持一致；其显示采用三维形式，能方便查错，有效解决设计间的错、漏、碰等问题；其底层采用统一的数据源，为并行协同设计提供了条件；其设计功能可以全面覆盖工程全生命周期，是全面提高生产力的有力工具。

水利水电工程项目由于其规模大、技术复杂、涉及专业多、设计和施工周期长、受环境因素影响大等特点，特别是各种复杂异形曲面构件三维精细化建模，导致水利水电工程三维设计推广进展较慢，但BIM技术中三维协同设计为水利水电工程三维设计提供了一种新的解决方案[2,3]。新时代水利水电行业数字化在加速推进，开展水利水电工程多专业三维协同设计工作是行业发展的必然趋势，也是发展水利新质生产力的必然要求。本文基于CATIA软件平台，构建了水利水电工程三维协同设计技术方案，该方案包括基本构架、协同设计平台、三维地质建模、专业知识模板库和设计校审制度实施等要点，并将该技术应用于巴基斯坦卡洛特水电站工程设计实践。

1 三维协同设计技术方案

1.1 基本构架构建

三维协同设计采用“自上向下”的设计方法，采用骨架关联驱动的模式。所谓骨架，就是一个对象的控制参数，如一个重力坝，其骨架就是坝轴线，将坝轴线传递给各个坝段，然后加上各个坝段各自的子骨架，即断面控制参数等，便可以建立一个坝体。水利水电工程枢纽建筑物三维协同设计需进行骨架关联，即首先进行总体枢纽布置骨架设计，然后在总体骨架控制驱动下，各专业完成本专业子骨架设计，继续向下驱动、关联，直到由设计人员完成具体的细部结构零件。利用骨架关联这一概念，可分清参数的主次，并保证上下游专业和并行交叉专业之间的数据关联、一致和及时更新。

1.2 软件平台

CATIA是法国Dassauh Systemes公司开发的CAD/CAM/CAE/PDM一体化软件，在参数化设计方面具备强大的后参数化能力，其卓越的曲面建模能力可满足拱坝、水轮机、蜗壳、尾水管等水利水电工程中常见的异形结构。同时通过CATIA参数化设计和知识工程等功能可方便实现各专业间数据统一和及时更新、关联设计、骨架设计，具有方便修改设计工作、提高设计质量和设计效率，缩短设计周期等优势。因此，选用CATIA为三维协同设计基础平台，集成各专业专用设计软件，构建集测量、地质、水工、机电、金结和施工总布置等多专业于一体的水利水电工程三维协同设计集成化平台。协同设计平台应用架构如图1所示，主要分为多专业三维集成设计层（用于三维协同设计）、协同管理层（用于校审、评审和发布）和数据层（用于数据存储）。

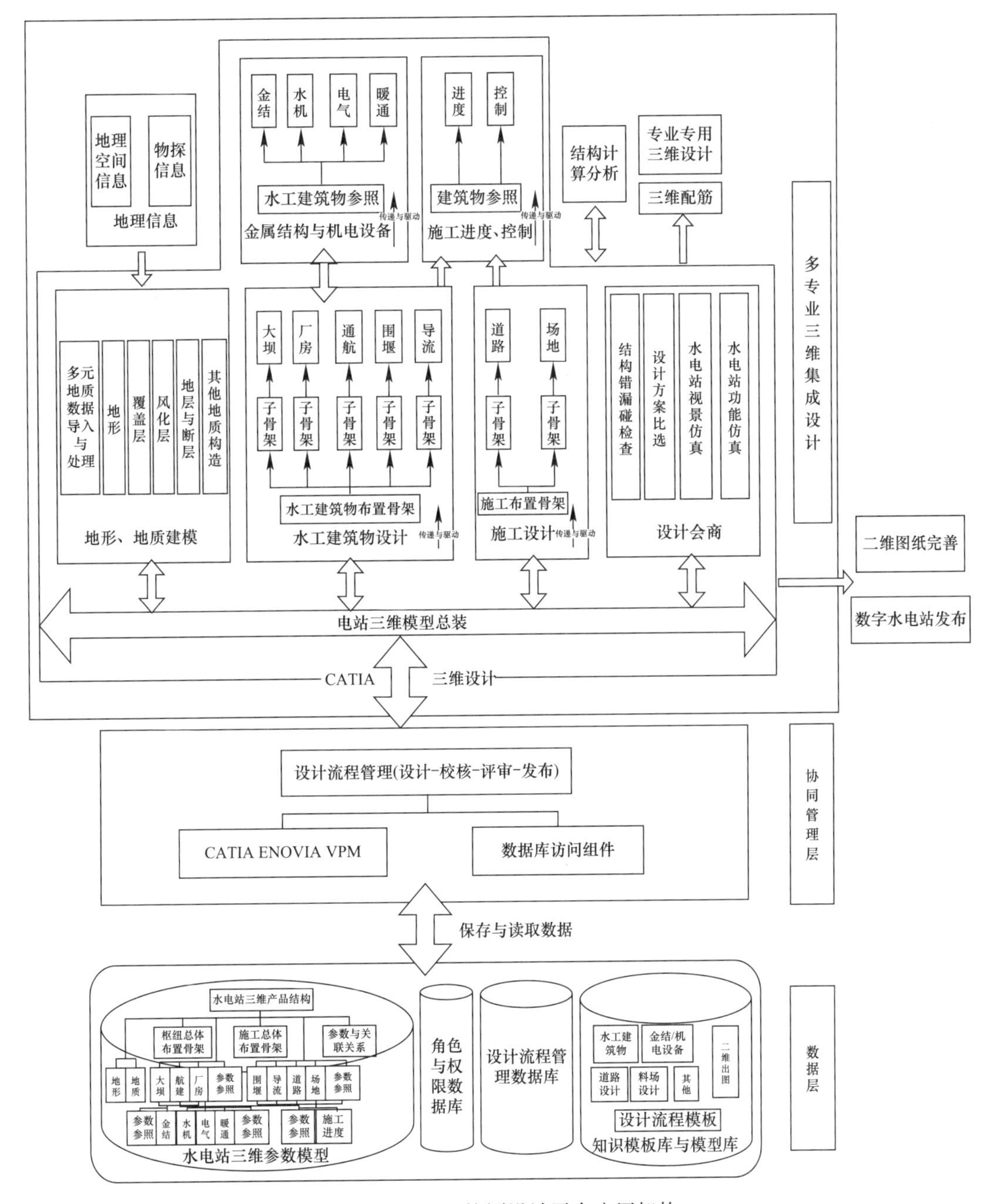

图 1　CATIA 协同设计平台应用架构

1.3　三维地质建模实施

为实现快速构建三维地质模型，开发了水利水电工程勘测三维可视化信息系统，该系统分为数据采集、数据管理、辅助绘图、统计分析、地质建模和模型应用六大模块。以 RIEGL VZ-1000 激光扫描仪为三维可视化地表扫描系统仪器设备，该设备在移动端可以实现智能数字罗盘、GPS 全球定位、嵌入式照相和地质信息采集，并形成相关地质信息数据。基于研发的地质信息数据库管理系统，在电脑端进行数据统计分析、数据浏览查询和辅助二维绘图，从数据库中获取地质点、钻孔等地质数据，自动导入 CATIA，采用 CATIA

平台曲面建模的方法构建高精度三维地质模型，如图2所示。

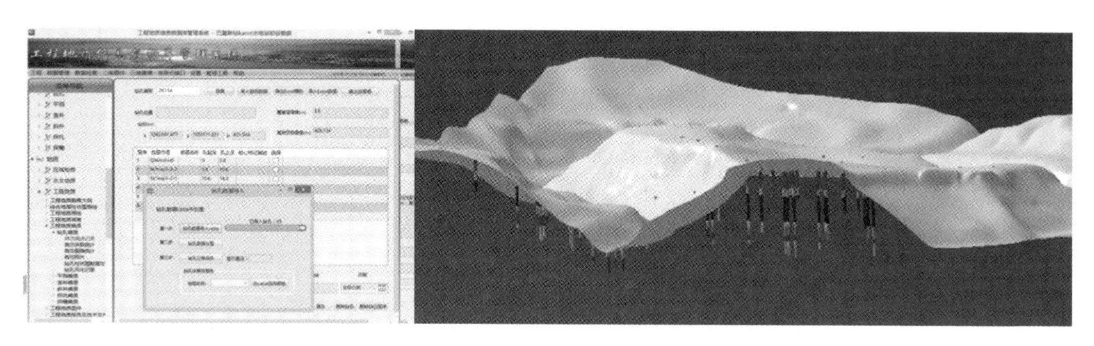

图2　地质点、钻孔等地质数据自动导入CATIA

1.4　专业知识模板库实施

在水利水电工程三维协同设计中，可对一些成熟的结构构件（如拱坝、桥梁等）建立标准化模板，通过CATIA软件中用户特征（User Defined Feature，UDF）对该类标准化模板进行封装，并经过分析、编制、调试、检测后发布形成专业知识模板。该功能可隐藏对象内部的复杂性，对外公开简单的接口便于外界调用，从而提高系统的可扩展性和可维护性，实现了通过修改参数便可建立模型的功能。各专业（如坝工专业、金结专业、机电专业等）设计人员可以根据当前设计需求，通过VPM协同平台中的专业知识模板库（图3）查调所需模板，进行必要的参数调整，快速完成设计。专业知识模板库还可使不同项目不同专业的设计人员共享设计经验，使得以往项目的设计经验在新项目设计中能够得以传递，实现知识的重用，简化设计过程，提高了设计应用自动化程度。工程设计实践已证明设计工作量会随着专业知识模板库的积累而不断降低。

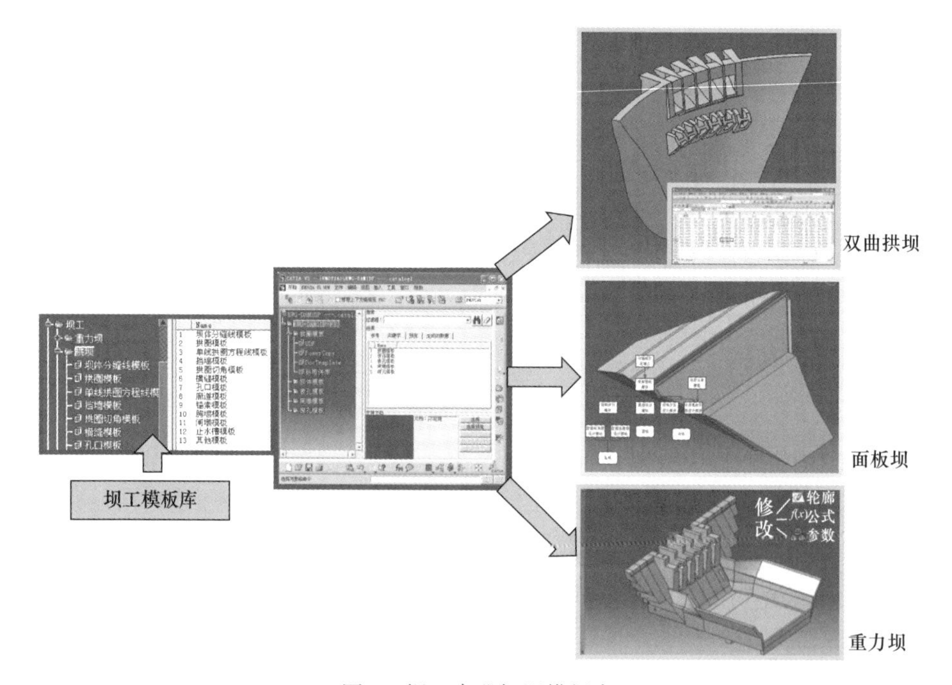

图3　坝工专业知识模板库

1.5 设计校审流程实施

三维协同设计的核心是三维信息的共享与转换，三维信息模型居于顶端的支配地位，分别由地质、水工、机电等专业建立，然后各专业根据设计阶段，通过“提取”来引用三维信息模型中自己所需的数据信息，对其进行二次建模，然后通过“发布”将自己的数据信息反馈给三维信息模型，逐步迭代直至达到设计交付要求，整个设计过程就是一个逐步求精的过程。CATIA 软件可方便地实现这一过程，通过其协同模块 VPM[4,5] 管理模型、结构、骨架、参数、关联等信息，并定义角色和即时交流。通过其“权限”机制，每个设计人员只能建立和修改与本专业相关的各种信息，其他专业的设计人员可参考但不可修改该类信息。CATIA 软件通过“发布”规则，实现只有通过具有权限的人员批准后才能提交成果，这样从机制上继承了设计院传统设计校审制度，具体作业流程如图 4 所示。

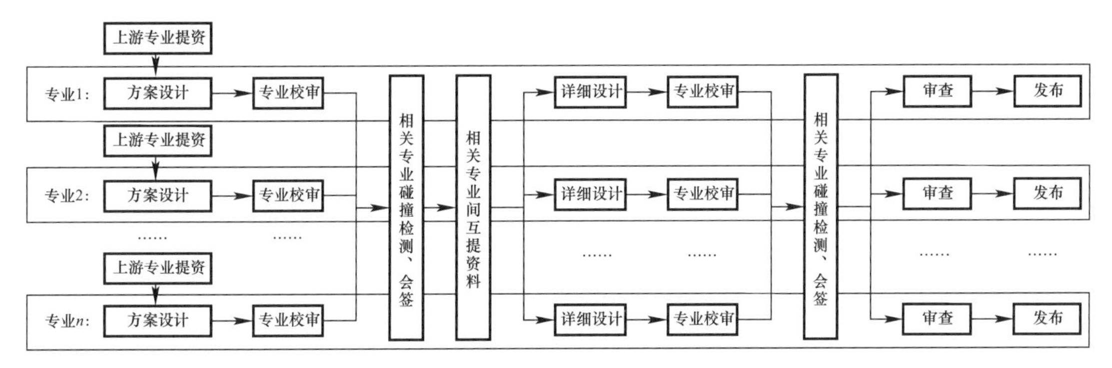

图 4　水利水电工程三维协同设计校审作业流程示意图

2　工程应用实例

2.1　工程概况

卡洛特水电站是中巴经济走廊首个大型水电投资项目，位于巴基斯坦首都伊斯兰堡东北部卡洛特村。水库正常蓄水位 461.00m，相应的水库库容为 1.52 亿 m^3；工程为单一发电任务的水电站，电站装机 720MW，多年平均年发电量 32.06 亿 kW·h。卡洛特水电站为Ⅱ等大（2）型工程，主要由挡水建筑物沥青混凝土心墙堆石坝、泄水建筑物溢洪道、地面电站厂房和引水建筑物、引水发电建筑物、导流建筑物等组成。

2.2　三维地质模型

地质专业通过水电工程勘测三维可视化信息系统创建数据，导入 CATIA 软件直接建模，其主要步骤如下：(1) 采用 RIEGL VZ-1000 激光扫描仪进行三维可视化地表扫描，实现地形数据输入和地形模型的生成；(2) 地质平面图数据导入（地层岩性分界线，断层等构造线，覆盖层边界线等）；(3) 基于地质信息数据库管理系统，从数据库中获取地质点、钻孔等地质数据；(4) 地质体的创建。基于上述步骤完成后的卡洛特水电站三维地质模型见图 5。

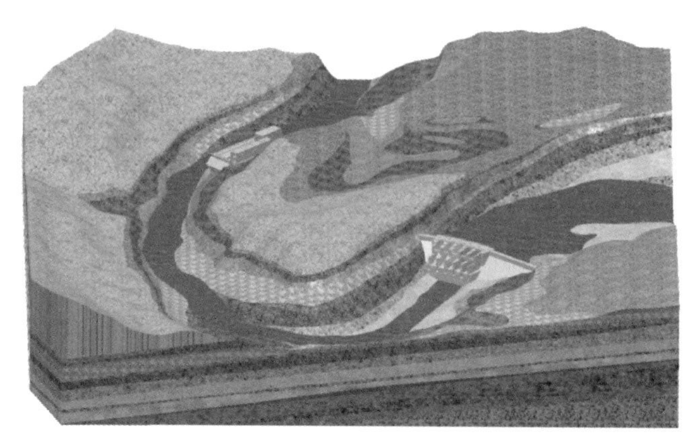

图5　卡洛特水电站三维地质模型

2.3　水工建筑物模型

基于三维协同设计解决方案，在CATIA上建立水工结构模型，可最大限度地保证其关联性和数据统一性。根据设计院专业负责制的管理体制，将水工模型分解为水工专业、机电专业、导流专业、施工专业等。每个专业单独完成自己的对象，在专业负责人校核后发布，对象本身就是水工建筑物模型的一部分，另外发布专业间的控制元素与参数以便其他专业调用。基于上述步骤完成后的卡洛特水电站水工建筑物三维模型成果见图6。

图6　卡洛特水电站工程水工建筑物三维模型

2.4　结构计算

目前CATIA和ABAQUS软件同属一家公司，两个软件之间可以无缝连接[6]，基于CATIA建立的三维模型可快速导入ABAQUS软件开展有限元计算分析工作。基于上述两个软件，对本工程进行了应力、变形和抗震计算分析，取得了良好的效果，完成后的三维数值计算模型见图7。

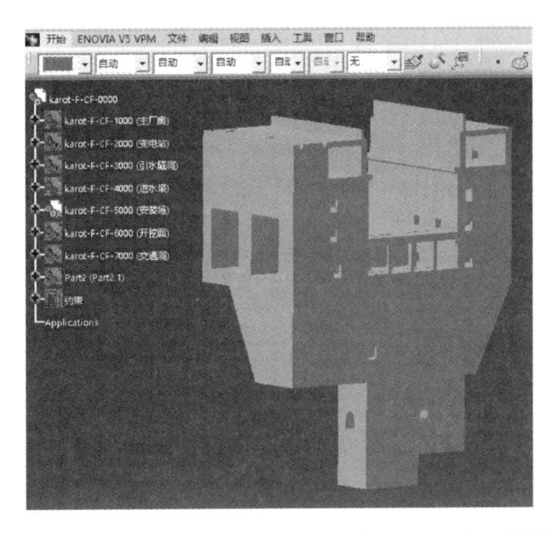

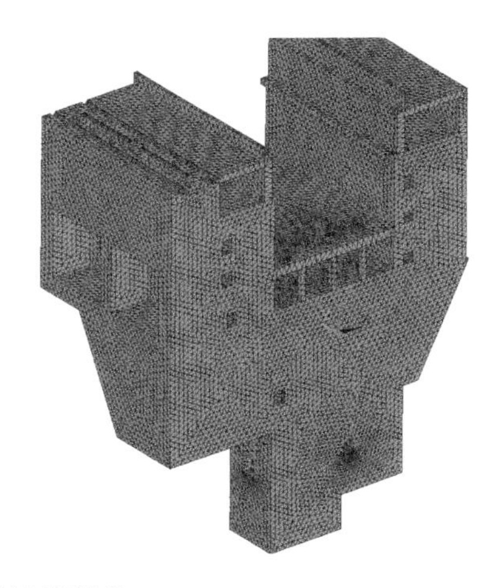

图 7　工程三维数值计算模型

2.5　二维图纸交付

按照目前的行业要求，在较长时间内设计成果的交付方式仍为二维工程图。在本项目实施过程中，对 CATIA 工程制图模块中的“图纸与图框”“投影剖切视图”“视图标注”“CATIA 投影剖切与标注标准配置”“针对水电工程制图标准的 CATIA 视图画法与注法”等关键技术问题进行了定制与二次开发，完善了 CATIA 的“三维设计、二维出图”模式，见图 8。其优势在于三维设计模型与图纸之间存在关联驱动关系，当遇到设计方案发生变更时，只需要修改参数化模型，CATIA 图纸将会跟随模型关联驱动更新，大幅省去繁杂的图纸修改工作量。如此，设计人员可以腾出更多的精力投入设计方案的优化与创新上，将会助力提升工程设计质量与水平。

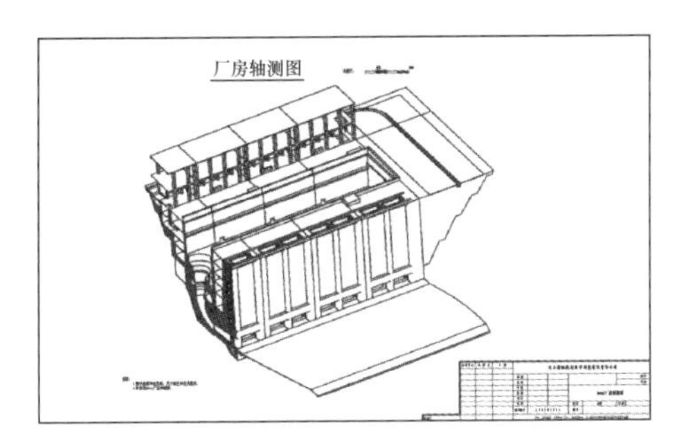

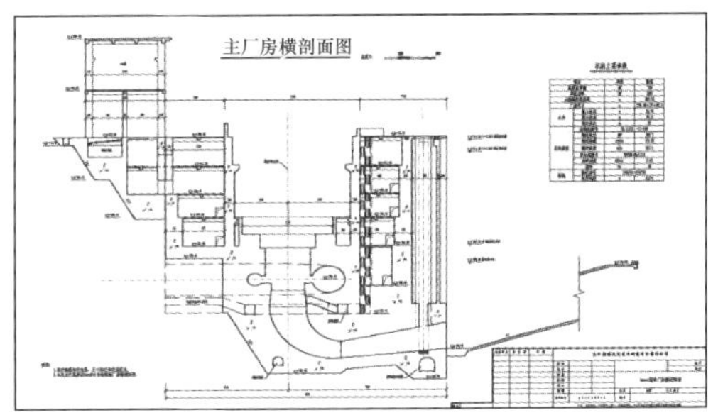

图 8　三维模型及二维剖面图纸

此外通过通用接口，CATIA 模型可便利地导入自主开发的三维配筋软件来生成钢筋图与钢筋统计表，大幅提升了施工详图阶段的出图效率。

3　结论

开展水利水电工程多专业三维协同设计工作是行业发展的必然趋势，针对水利水电工程协同设计技术难度大及推广进展较慢等，本文依托 CATIA 软件平台，论述了水利水电工程三维协同设计技术方案，并应用于巴基斯坦卡洛特水电站。

（1）三维协同设计技术方案包括基本构架构建、协同设计平台、三维地质建模实施、专业知识模板库构建和设计校审流程实施等要点，该技术方案成功应用于巴基斯坦卡洛特水电站设计，实现了多专业三维快速建模、快速结构计算和二维图纸交付，显著提高了设计效率和准确性。

（2）开发基于网络信息化的多人并发设计、实时在线协同、异地协同、离线设计等校审协同工作体系，将个人的静态单机设计扩展到整个项目的参数级互动设计，提高设计质量并缩短工程周期，快速满足、适应业主需求和市场环境，是水利水电工程三维协同设计发展方向，将使三维协同设计技术具有强有力的竞争力和更广阔的应用市场。

参考文献

[1] 樊少鹏，刘会波，熊泽斌，等. BIM协同设计在海外大型水电工程中的应用及技术研发［J］. 人民珠江，2022，43（2）：7-16，23.

[2] 高远. 基于BIM协同平台面板堆石坝三维建模技术研究［J］. 水电与新能源，2023，37（7）：23-26.

[3] 孙正华，徐林，况渊，等. BIM技术在某大型国际水电项目中的运用［J］. 水利规划与设计，2020，（9）：128-133.

[4] 王进丰，李小帅，傅尤杰. CATIA软件在水电工程三维协同设计中的应用［J］. 人民长江，2009，40（4）：68-70.

[5] 王进丰，李南辉，王宁. 基于CATEI/ENOVIA VPM的水电工程三维协同设计［J］. 人民长江，2015，46（17）：28-32.

[6] 彭成佳，李希龙，彭松涛，等. 拱坝三维设计及其与有限元技术结合初探［J］. 贵州水力发电，2010，24（4）：23-27.

作者简介： 万云辉（1981—），男，硕士，高级工程师。主要从事水利水电工程设计与BIM技术研发。

卢金龙（1982—），男，工学学士，高级工程师。主要从事水利水电工程设计与项目管理。

三维激光扫描辅助的基坑施工变形监测研究

余　郁[1]　薛玉波[1]　熊　文[2]
（1. 扬州市市政建设处，江苏 扬州，225000；
2. 东南大学，江苏 南京，211189）

摘　要：本文依托某大桥的基坑施工，进行了三维激光扫描技术辅助的基坑施工变形研究。结合实际指标监测，提出了在施工过程中对基坑进行监测的方法。首先介绍了三维激光扫描的基本原理与在工程应用中的操作方法，并对点云拼接配准的原理进行了阐述，同时介绍和对比了多种点云模型处理的方法，再以实际工程为例，依照获取模型、配准、降噪、模型测量、布置测点并进行监测等步骤，对基坑的尺寸、支撑杆挠度等参数进行测量，并对大桥基坑施工过程中桩顶位移、桩身水平位移以及支撑轴力的变化情况进行了监测讨论，验证工程施工的安全性。本文所提出的基坑施工监测方法可以监测整体变形，并进行实时监测，保证施工的安全性和稳定性。
关键词：桥梁工程；施工监测；三维点云；基坑

Research on deformation monitoring of foundation pits construction assisted by 3D laser scanning

Yu Yu[1]　*Xue Yubo*[1]　*Xiong Wen*[2]
（1. Yangzhou Municipal Construction Department，Yangzhou 225000，China；
2. Southeast University，Nanjing 211189，China）

Abstract: This paper is based on the foundation pit construction of a certain bridge and conducts research on the deformation of foundation pit construction assisted by three-dimensional laser scanning technology. Combined with actual index monitoring，a method for monitoring the foundation pit during construction is proposed. Firstly，the basic principle of three-dimensional laser scanning and its operation method in engineering application are introduced，and the principle of point cloud stitching registration is explained. At the same time，various methods of point cloud model processing are introduced and compared. Then，taking actual engineering as an example，according to the steps of obtaining the model，registration，denoising，model measurement，arranging measurement points and monitoring，the size of the foundation pit，the deflection of the support rod and other parameters are measured，and the pile top displacement，pile body horizontal displacement and support axial force changes during the construction process of the bridge foundation pit are monitored and discussed，verifying the safety of engineering construction. The foundation pit construction monitoring method proposed in this paper can monitor the overall deformation and carry out real-time monitoring to ensure the safety and stability of construction.
Keywords: bridge engineering；construction monitoring；3D point cloud；foundation pit

引言

在桥梁建设施工过程中往往需要开挖大型基坑，而基坑开挖过程中可能受到地质和周边工程的影响，导致基坑或其支撑结构变形[1,2]，给施工质量和施工安全带来极大的隐患。因此，为了对基坑施工过程中的变形以及其对周边环境的影响进行控制[3]，在桥梁基坑施工过程中需要对基坑及其支承的变形进行频繁的监控。

传统的基坑施工监测大多依靠全站仪、水准仪、RTK进行[4]。通过采集固定观测点的监测数据，对基坑在施工过程中土体的变形以及支承的变形进行监测。这种监测方法对测点的布置数量和布置情况依赖较大，为了获取精确的监测结果，需要布置大量测点。如徐凯等在监测深度为9～12m、周长为345m的基坑时，共布置了43个测点。此外，由于测点布置于固定点位，对于基坑在施工过程中监测的整体性、连续性较差。而且传统的监测工作需要大量的人工操作，工作量大、监测过程繁琐、精细度低、外业作业量大，存在安全顾虑[5]，这些因素对基坑施工监测的精度和效率存在较大影响。

随着科技的进步，三维激光扫描技术的发展为基坑施工监测提供了新的方式。三维激光扫描技术具有扫描速度快[6]、信息化程度高、人工现场作业量少、便于多个环节应用的特点，具有更加精准、安全、高效的监测效果，且可以对目标结构进行无接触监测，目前已被充分利用于土木工程领域。徐大龙[7] 采用三维激光扫描技术，对某隧道施工过程中的变形情况进行了监测，避免了传统方法无法全面测量隧道变形情况的弊端；毕波和孟涛[8] 使用三维激光扫描技术对矿山巷道的断面进行了测量；朱霖等[9] 采用三维激光扫描技术对混凝土预制梁的生产质量控制进行了研究，验证了其可靠性。在基坑施工中，通过三维激光扫描技术，可以获得基坑的高精度三维信息，对基坑和支承结构在施工过程中的变形具有较好的检测效果。基于此，本文依托三维激光扫描技术，对某大桥的基坑施工过程中的尺寸、支撑杆挠度等参数进行测量，并对施工过程中桩顶位移、桩身水平位移以及支撑轴力的变化情况进行了监测讨论，验证工程施工的安全性。本文所提出的基坑施工监测方法可以监测整体变形，并进行实时监测，保证施工的安全性和稳定性。

1　点云模型获取流程

1.1　布设测站

在实际扫描的过程中，测站的布置需要精心选择。由于光沿直线传播的特性，单个测站测量范围有限，因而需要在基坑内多次设站，并将多个测站的数据进行拼接配准，从而获得完整的基坑三维点云模型。点云测站的选择通常需要遵循以下几个原则：

（1）完整性：应保证所有测站测量结果的合集能覆盖全部待测物体；

（2）准确性：应保证测站和待测物体之间的距离满足仪器的适用范围；

（3）易于拼接配准：相邻的两个测站间应有重合部分以便于拼接。

1.2　点云降噪

为保障扫描的完整性，三维激光扫描仪扫描的范围要大于被测物体的范围；同时误入的人、飞虫、灰尘等也会被扫描仪记录，所以通常激光扫描仪在扫描的过程中会形成大量的噪点，在实际测量前需要将噪点进行清除[10]。在实际的点云降噪工程中，有以下两种方法较为常见：

（1）半径滤波过滤法：此方法先计算各点与其距离最近的 k 个点之间的距离，再去除距离最大值大于设定阈值 R 的点。

（2）体素滤波过滤法：此方法将所有点云模型用边长为 a 的小立方体进行分割，每个小正方体内点的数量为 n_i，设置筛选条件 N，删除立方体区域内点数少于 N 的方块，即清空满足 $n_i<\mathrm{N}$ 的立方区域内的所有点。

1.3 点云的拼接配准

由于不同测站的位置和测量起始角度不同，使用的坐标系是不同测站的局部坐标系，因而在得到待配准的点云模型后需要将同一日期扫描的同一基坑的所有测站进行拼接配准，使其转化为统一的坐标系[11]。

在空间坐标系转化中，需要知道至少 3 个点在两个坐标系中的坐标，记这 3 个点在某一坐标系内的坐标为（x_1，y_1，z_1）、（x_2，y_2，z_2）、（x_3，y_3，z_3），在另一坐标系内的坐标为（x_1'，y_1'，z_1'）、（x_2'，y_2'，z_2'）、（x_3'，y_3'，z_3'），坐标转化公式为：

$$\begin{bmatrix} x \\ y \\ z \end{bmatrix} = \begin{bmatrix} \Delta x \\ \Delta y \\ \Delta z \end{bmatrix} + \boldsymbol{R} \begin{bmatrix} x' \\ y' \\ z' \end{bmatrix} \tag{1}$$

式中旋转矩阵 $\boldsymbol{R}$ 可以由公式（2）进行计算，公式（2）中参数由公式（3）计算，其中 $x_{ij}=x_i-x_j$，$x_{ij}'=x_i'-x_j'$：

$$\boldsymbol{R}=(I+S)(I-S)^{-1} \tag{2}$$

$$S=\begin{bmatrix} 0 & -c & -b \\ c & 0 & -a \\ b & a & 0 \end{bmatrix}，其中 \begin{bmatrix} a \\ b \\ c \end{bmatrix} = \begin{bmatrix} 0 & -z_{12}'-z_{12} & -y_{12}'-y_{12} \\ -z_{12}'-z_{12} & 0 & x_{12}'+x_{12} \\ y_{13}'+y_{13} & x_{13}'+x_{13} & 0 \end{bmatrix} \begin{bmatrix} x_{12}-x_{12}' \\ y_{12}-y_{12}' \\ z_{13}-z_{13}' \end{bmatrix} \tag{3}$$

最后使用待定系数法确定平移变量 Δx、Δy、Δz（公式 4）。

$$\begin{bmatrix} \Delta x \\ \Delta y \\ \Delta z \end{bmatrix} = \boldsymbol{R} \begin{bmatrix} x' \\ y' \\ z' \end{bmatrix} - \begin{bmatrix} x \\ y \\ z \end{bmatrix} \tag{4}$$

2 工程实践

2.1 工程背景

本文以某跨河大桥基坑施工为例，探讨三维激光扫描点云技术在基坑施工监测中的操作方法及效果。该桥梁设置主线桥及 A、B 辅道桥。在河西岸设置引桥，采用 3×25m 预制小箱梁结构（72＋128＋72）m 预应力混凝土连续梁。沿道路中线方向河流主河槽宽 110m，上游 77m 处为铁路桥梁。考虑到本项目以及周边铁路等重要设施的安全，需要对该桥梁基坑施工的过程进行监测。本项目主要利用三维激光扫描形成的点云模型配合实际测点监测。利用点云模型监测的项目主要有基坑的尺寸、基坑四周变形情况、基坑底部沉降、基坑支撑杆的变形情况，监测频率为两天一次。本文的实际测点主要对支撑杆的变形情况进行监测，为三维点云的监测提供辅助。

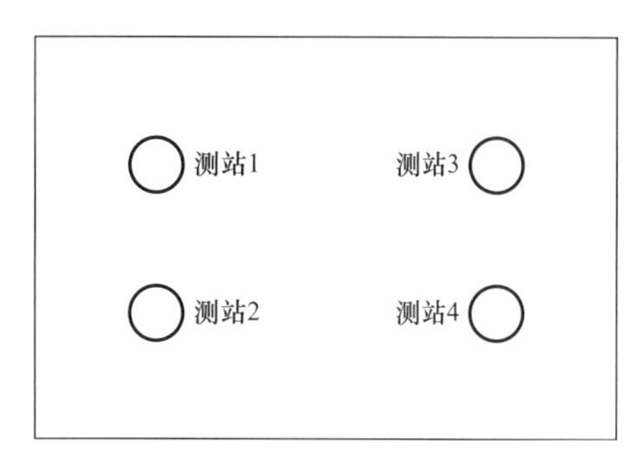

图1　测站布置俯视图

2.2　点云模型的建立

2.2.1　扫描点云数据

为获得完整的基坑及其支撑杆的点云模型，依据现场情况，拟定每次扫描在基坑的四角的距离两边5m左右位置进行设站，总共设有4站，每个测站都进行360°环绕扫描，四站扫描的结果经过后期拼接配准即可形成完整的基坑三维点云模型。测站布置情况如图1所示。

2.2.2　降噪和配准

为达到快速降噪的目的，本项目采用体素滤波过滤后再人工降噪的方式。体素滤波可以快速清除空气中的飞虫、粉尘或光折射形成的散点，但实际施工场地内还存在施工工具等不属于待测目标的杂物，为更精确地观察基坑，需要手动将其清除。图2为某一站降噪前的结果，图3为此站降噪后的结果。

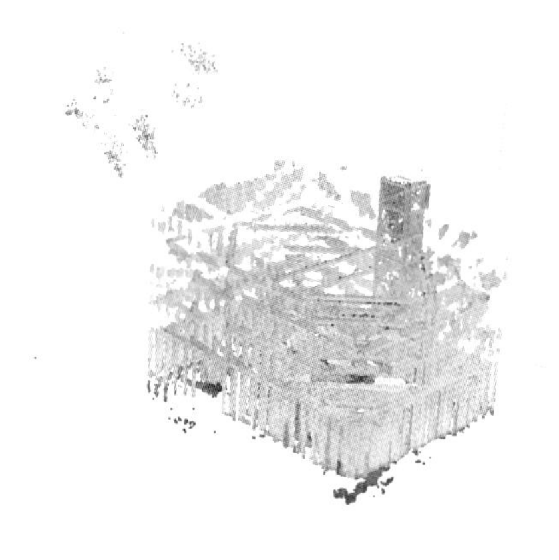

图2　降噪前点云示意图

图3　降噪后点云示意图

降噪后的点云模型将进行拼接配准，本项目采用标志物法进行配准，利用扫描仪配套的7.25cm直径标靶球，每待配准的两站间布设4个以上共同的标靶球，以此为参考，将4个同组测站的结果进行拼接，形成最终的基坑点云模型。

2.3　测量

2.3.1　基坑尺寸与基坑变形测量

基坑四壁理论上应垂直于地面，因此可截取基坑四壁的点云模型，用垂直于地面的平面进行拟合。故可先将一面基坑壁的点云投影到水平面上，进行直线拟合。

依据模型，经多次测量取平均值后可以得到某基坑尺寸如表1所示。

基坑尺寸测量表　　**表1**

测量项目	基坑长度（m）	基坑宽度（m）
实测值	20.17	16.1947
设计值	20.18	16.18

实测值和设计值偏差均在千分之一以内，基坑尺寸合格。

2.3.2 支撑杆挠度测量

支撑杆挠度通常关系着基坑整体的安全，支撑杆挠度过大则说明基坑侧壁压力过大，基坑难以承载过大的压力。因而在对基坑的监测中需要对基坑的支撑杆的挠度进行测量。利用支撑杆的点云模型（图 4）可以对挠度进行测量计算。读取待测支撑杆点云模型的一端最下方点的纵坐标（x_1，y_1，z_1），再读取另一端最下方点的纵坐标（x_2，y_2，z_2），其平均值可近似视为支撑杆中点下端的理论位置。再读取支撑杆中截面下端的实际位置（x_0，y_0，z_0），即可由公式（5）计算支撑杆挠度。

图 4　支撑杆点云示意图

$$\omega=\sqrt{\left(x_0-\frac{x_1+x_2}{2}\right)^2+\left(y_0-\frac{y_1+y_2}{2}\right)^2+\left(z_0-\frac{z_1+z_2}{2}\right)^2} \tag{5}$$

测量结果如表 2 所示（测量位置含义为：基坑编号-支撑杆位置-ND 支撑杆层数），根据测量结果支撑杆挠度均在毫米级，处在安全范围内。

监测基坑支撑杆挠度测量表（单位：m）　　**表 2**

测量位置	Z4-ZD1	Z4-ZD2	Z4-ZD3	Z4-ZD4	Z4-ZD5	Z4-ZD6	Z4-ZD7	Z4-ZD8
挠度	−0.0015	−0.0014	−0.002	−0.0107	−0.0105	−0.0016	−0.0019	−0.0012

3 实际测点监测总结

图 5、图 6 给出了监测基坑支撑杆桩顶位移。由图可以看出，监测点总体累计位移量均小于 30mm，未超过报警值（30mm），位移量较小。变形速率较平稳，未超过报警值（2～3mm/d）。桩顶水平、竖向位移累计值最大值在 16mm 左右，未超过报警值（17mm）。与三维点云计算结果相结合，证明支撑杆在施工过程中处于安全变形范围。

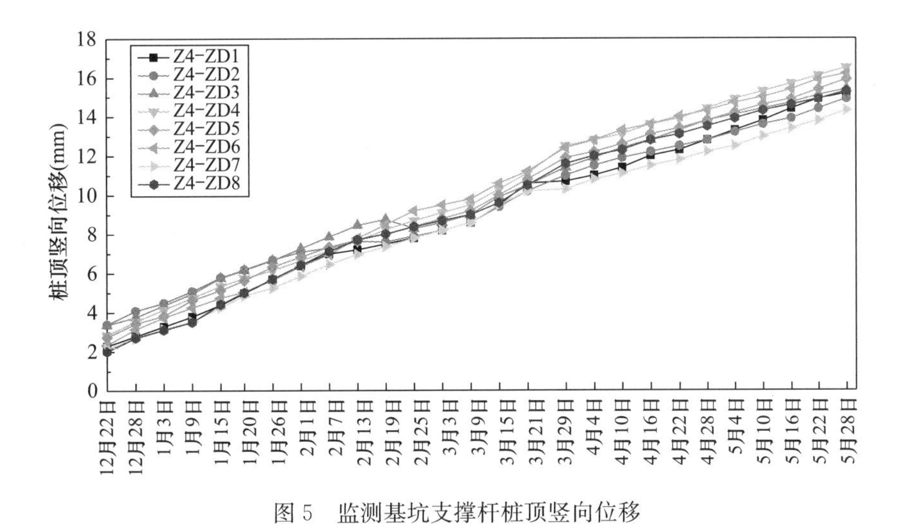

图 5　监测基坑支撑杆桩顶竖向位移

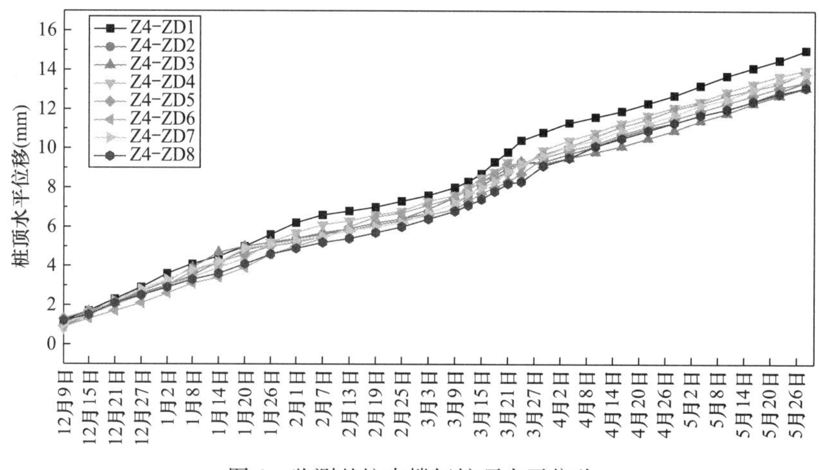

图6　监测基坑支撑杆桩顶水平位移

4　结论

本文探讨了三维激光扫描的原理以及三维激光扫描点云模型的建立与处理，并结合某大桥基坑施工工程进行实际应用，证明三维激光点云模型在工程领域有应用意义。利用三维激光扫描技术，本文对大桥基坑施工过程中的尺寸变化以及支撑杆变形进行了监测，并通过实际测点测量形变，对三维激光扫描技术得到的结果进行了验证。得到的结论如下：

（1）通过三维激光扫描技术，得到的基坑尺寸实测值与设计值偏差均在千分之一以内，基坑尺寸合格。

（2）通过三维激光扫描技术，测量支撑杆变形挠度均在毫米级，处在安全范围内；通过实际测点的测量结果，证明三维激光扫描结果准确，桩顶水平、竖向位移累计值最大值在16mm左右，未超过报警值，满足施工安全要求。

本文所提出的三维激光扫描技术辅助的基坑施工监测方法利用三维激光扫描点云技术，建立模型以监测基坑的沉降和支撑杆的变形。该方法有实际的应用价值，其具有信息化可视化程度高、外业作业少、高效全面的特点，在土木工程领域具有应用前景。

参考文献

[1] 徐吉伟. 变形监测技术在基坑施工中的应用分析 [J]. 交通科技与管理，2023，4（22）：137-139.

[2] 徐敏，王敬敬，刘立飞. 软土场地上跨既有地铁隧道基坑施工控制与监测 [J]. 地基处理，2023，5（S1）：118-125.

[3] 罗晶. 大型深基坑施工监测及变形分析 [J]. 江西建材，2023（8）：125-127.

[4] 吕树春. 基于三维激光扫描技术的基坑滑坡监测方法研究 [J]. 测绘与空间地理信息，2023，46（5）：216-218.

[5] 南竣祥，田文涛，王爽，等. 地面三维激光扫描技术在沿黄公路边坡地质灾害监测中的应用 [J]. 测绘标准化，2022，38（3）：90-93.

[6] 熊文，石颖，丁旭东，等. 基于点云模型的桥梁构件形态变化趋势识别与分析 [J]. 桥梁建设，2018，48（6）：35-40.

[7] 徐大龙. 基于三维激光扫描的隧道全断面变形量测方法 [J]. 资源导刊，2024（10）：51-53.

[8] 毕波，孟涛. 三维激光扫描技术在矿山巷道断面测量中的应用 [J]. 大众标准化，2024（9）：162-164.

[9] 朱霖，何磊，程潜，等. 基于三维激光扫描的混凝土预制梁生产质量控制研究［J］. 公路，2024，69（4）：304-308.
[10] 李嘉禾，李国柱，赵子龙，等. 三维激光扫描技术在地下空间测量中的应用［J］. 城市勘测，2022（3）：109-113.
[11] 张莞玲，赵莲莲. 基于三维激光扫描的公路沉降监测研究［J］. 自动化与仪器仪表，2022（5）：74-78.

作者简介： 余　郁（1970—），硕士，教授级高级工程师。主要从事交通工程领域的技术工作。
薛玉波（1976—），学士，教授级高级工程师。主要从事市政工程领域的技术工作。
熊　文（1982—），博士，教授。主要从事桥梁工程领域的技术工作。

地震作用下地铁车站与周边高层建筑耦合响应分析

邱滟佳[1,2]　周　丹[1]　王　聪[1]
（1. 长江勘测规划设计研究有限责任公司，湖北 武汉，430010；
2. 北京交通大学土木建筑工程学院，北京，100044）

摘　要： 为探究复杂城市环境下邻近地面建筑地铁车站地震响应的特性，基于小变形下的弹性假设对地铁车站-场地-地面建筑动力相互作用问题进行理论分析，并从运动相互作用和惯性相互作用角度揭示了周边地面建筑对地铁车站地震响应影响的内在机理。之后利用时域内的数值模拟方法验证了理论分析的结果，并系统地探究了各种因素对邻近地面建筑地铁车站地震响应的影响。结果表明：从产生机制上，邻近地面建筑地铁车站的地震响应可以分解为由场地运动引起的运动相互作用和由地面建筑振动引起的惯性相互作用；不同因素对车站运动相互作用和惯性相互作用的影响各不相同；当地面建筑接近于场地自振频率时车站的地震响应会显著增大，且邻近地面建筑地铁车站地震响应的大小受地震输入波特性的影响较大。

关键词： 地铁车站；时域分析；土-结构相互作用；数值模拟

Time domain analysis of impact of adjacent buildings on the seismic response characteristics of subway stations

Qiu Yanjia[1,2]　*Zhou Dan*[1]　*Wang Cong*[1]
(1. Changjiang Survey, Planning, Design and Research Co., Ltd., Wuhan 430010, China;
2. School of Civil Engineering Beijing Jiaotong University, Beijing 100044, China)

Abstract: To explore the seismic response characteristics of the subway stations adjacented to ground buildings in complex urban environment, a theoretical analysis on the dynamic interaction of subway station-soil-ground building is carried out based on elasticity assumption under small deformation, and the mechanism of seismic responses of the subway stations adjacented to ground buildings is revealed from the viewpoint of kinematic and inertia interactions. Then, the results obtained in theoretical analysis are verified by the numerical simulation on time domain and the effects of different factors on seismic responses of the subway station adjacented to ground buildings are parametric discussed, systematically. The results demonstrate that: The seismic responses of the subway stations adjacented to ground buildings can be distinguished as the kinematic interaction induced by the field movement and the inertial interaction induced by the vibration of ground building, according to generation mechanism; The influences of various factors on seismic response of the subway station adjacented to ground building are different; The seismic responses of subway stations will increase significantly when the natural frequency of ground building is close to the site, and the characteristics of the seismic inputs have great effects on seismic responses of the subway stations adjacented to ground buildings.

Keywords: subway station; time domain analysis; soil-structure interaction; numerical simulation

引言

地震作用下地下结构的动力响应一直是土与结构相互作用问题的研究热点。现有研究对一般地下结构地震响应的认识基本一致，即地震对地下结构的作用以场地动力变形为主，惯性作用不显著[1-2]。然而与单一车站不同，在复杂城市环境下的邻近地面建筑地铁车站除了会受到场地动力变形影响外，地面建筑在地震过程中产生的惯性力也会通过场地传递给车站。因此，邻近地面建筑地铁车站地震响应的特性会有别于单一车站。

Glenda 等[3-4] 以完整的全耦合有限元模型探究了包括上部建筑的地铁网络上一个断面在预期地震作用下的动力响应特性，并分析了隧道、场地土体及建筑物的相互影响；Wang 等[5-6] 研究了地铁车站和周边桩基建筑物的动力相互作用，分别分析了地下结构对地面建筑地震响应的影响和地面建筑对地下结构的影响；此外，Gillis[7] 和 Hashash 等[8] 以离心试验和数值分析的方法研究了 13 层的高层和 42 层超高层建筑对浅埋明挖地下结构和支撑开挖基坑地震响应的影响。他们的研究无不表明地面建筑对车站地震响应的影响很大。

周边建筑的存在对地下结构地震响应的影响显著，然而现有的研究更多的是具体案例的分析[3-8]，针对地面建筑对地下结构地震响应特性影响的系统研究却很少。鉴于此，本文基于子结构法进行理论分析，从运动相互作用和惯性相互作用角度揭示了邻近地面建筑地铁车站地震响应的产生机制。之后利用时域内的数值模拟分析方法验证理论分析的结果，并系统地探究各种因素对车站地震响应的影响。

1 邻近地面建筑地铁车站的地震响应机制

如图 1 所示，取车站-场地-地面建筑相互作用体系中的车站为子结构进行分析，其存在动力控制方程如下：

$$\begin{Bmatrix} \boldsymbol{S}_{\mathrm{SS}} & \boldsymbol{S}_{\mathrm{SI}} \\ \boldsymbol{S}_{\mathrm{IS}} & \boldsymbol{S}_{\mathrm{II}} \end{Bmatrix} \begin{Bmatrix} \boldsymbol{u}_{\mathrm{S}} \\ \boldsymbol{u}_{\mathrm{I}} \end{Bmatrix} = \begin{Bmatrix} 0 \\ \boldsymbol{Q}_{\mathrm{I}} \end{Bmatrix} \tag{1}$$

式中下标 S 表示地铁车站，I 表示地铁车站和场地的接触面；$\boldsymbol{Q}_{\mathrm{I}}$ 表示车站受到的动土压力；$\boldsymbol{u}$ 为结构的动力变形；此外，矩阵 $\boldsymbol{S}$ 为动刚度矩阵：

$$\boldsymbol{S} = -\omega^2\boldsymbol{M} + i\omega\boldsymbol{C} + \boldsymbol{K} \tag{2}$$

式中，矩阵 $\boldsymbol{M}$、$\boldsymbol{C}$ 和 $\boldsymbol{K}$ 分别为质量、阻尼和刚度矩阵；ω 表示角频率；i 是虚数单位。

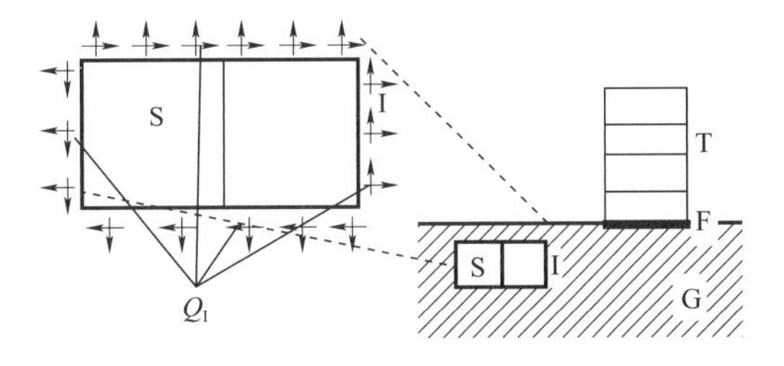

图 1　地铁车站的子结构分析模型

基于叠加原理，Qiu等[9] 计算出邻近地面建筑地铁车站地震响应的动态控制方程可转化为：

$$\begin{Bmatrix} \boldsymbol{S}_{SS} & \boldsymbol{S}_{SI} \\ \boldsymbol{S}_{IS} & \boldsymbol{S}_{II}+\boldsymbol{S}_{II}^{g} \end{Bmatrix} \begin{Bmatrix} \boldsymbol{u}_{S} \\ \boldsymbol{u}_{I} \end{Bmatrix} = \begin{Bmatrix} 0 \\ \boldsymbol{S}_{II}^{g}\boldsymbol{u}_{I}^{f}+\boldsymbol{P}_{I}^{f} \end{Bmatrix} + \begin{Bmatrix} 0 \\ \boldsymbol{S}_{II}^{g}\boldsymbol{u}_{I}^{T}+\boldsymbol{P}_{I}^{T} \end{Bmatrix} = \begin{Bmatrix} 0 \\ \boldsymbol{S}_{II}\boldsymbol{u}_{I}^{f} \end{Bmatrix} + \begin{Bmatrix} 0 \\ \boldsymbol{S}_{II}\boldsymbol{u}_{I}^{T} \end{Bmatrix} \tag{3}$$

式中，上标f表示没有任何结构的自由场、g表示除去地铁车站以后的空腔场、T表示在地面建筑作用下场地的响应。此外，$\boldsymbol{S}_{II}^{g}$ 表示场地对地铁车站的阻抗，计算公式为[10]：

$$\boldsymbol{S}_{II}^{g}(\omega)=\boldsymbol{K}_{I0}^{g}+i\omega\boldsymbol{C}_{I1}^{g} \tag{4}$$

根据公式（3）可以看出有两个效应增大车站的地震响应，分别为 $\boldsymbol{u}_{I}^{f}$ 和 $\boldsymbol{u}_{I}^{T}$。其中 $\boldsymbol{u}_{I}^{f}$ 表示自由场下车站和场地接触面上的位移响应；而 $\boldsymbol{u}_{I}^{T}$ 表示在地面建筑作用下车站和场地接触面上的位移响应，计算公式为：

$$\begin{aligned} \boldsymbol{u}_{I}^{T} &= \boldsymbol{S}_{II}{}^{-1}\boldsymbol{S}_{IG}\boldsymbol{u}_{G}^{T} \\ &= \boldsymbol{S}_{II}{}^{-1}\boldsymbol{S}_{IG}\boldsymbol{S}_{GG}{}^{-1}\boldsymbol{S}_{GF}\boldsymbol{S}_{TF}{}^{-1}\boldsymbol{S}_{TT}\boldsymbol{u}_{T} \\ &= \boldsymbol{S}_{II}{}^{-1}\boldsymbol{S}_{IG}\boldsymbol{S}_{GG}{}^{-1}\boldsymbol{P}_{F} \end{aligned} \tag{5}$$

式中，下标T、F和G分别表示地面建筑、建筑基础以及近场场地；$\boldsymbol{P}_{F}$ 表示地面建筑通过基础传递给场地的作用力。将公式（5）代入公式（3）中可得：

$$\begin{Bmatrix} \boldsymbol{S}_{SS} & \boldsymbol{S}_{SI} \\ \boldsymbol{S}_{IS} & \boldsymbol{S}_{II}+\boldsymbol{S}_{II}^{g} \end{Bmatrix} \begin{Bmatrix} \boldsymbol{u}_{S} \\ \boldsymbol{u}_{I} \end{Bmatrix} = \begin{Bmatrix} 0 \\ \boldsymbol{S}_{II}\boldsymbol{u}_{I}^{f} \end{Bmatrix} + \begin{Bmatrix} 0 \\ \boldsymbol{S}_{IG}\boldsymbol{S}_{GG}{}^{-1}\boldsymbol{P}_{F} \end{Bmatrix} \tag{6}$$

因为土与结构动力相互作用体系可以区分为运动相互作用和惯性相互作用两个方面，因此将上述分析中车站在地震作用下的总运动分解为运动相互作用和惯性相互作用：

$$\begin{Bmatrix} \boldsymbol{u}_{S} \\ \boldsymbol{u}_{I} \end{Bmatrix} = \begin{Bmatrix} \boldsymbol{u}_{S}^{k} \\ \boldsymbol{u}_{I}^{k} \end{Bmatrix} + \begin{Bmatrix} \boldsymbol{u}_{S}^{i} \\ \boldsymbol{u}_{I}^{i} \end{Bmatrix} \tag{7}$$

式中，上标k为运动相互作用，i为惯性相互作用。首先令周边建筑的质量为0，分析相互作用体系中的运动相互作用部分：

$$\begin{Bmatrix} \boldsymbol{S}_{SS} & \boldsymbol{S}_{SI} \\ \boldsymbol{S}_{IS} & \boldsymbol{S}_{II}+\boldsymbol{S}_{II}^{g} \end{Bmatrix} \begin{Bmatrix} \boldsymbol{u}_{S}^{k} \\ \boldsymbol{u}_{I}^{k} \end{Bmatrix} = \begin{Bmatrix} 0 \\ \boldsymbol{S}_{II}\boldsymbol{u}_{I}^{f} \end{Bmatrix} + \begin{Bmatrix} 0 \\ \boldsymbol{S}_{IG}\boldsymbol{S}_{GG}{}^{-1}\boldsymbol{S}_{GF}\boldsymbol{S}_{TF}{}^{-1}(i\omega\boldsymbol{C}_{TT}+\boldsymbol{K}_{TT})\boldsymbol{u}_{T} \end{Bmatrix} \tag{8}$$

而惯性相互作用则为整体响应减去运动相互作用部分：

$$\begin{Bmatrix} \boldsymbol{S}_{SS} & \boldsymbol{S}_{SI} \\ \boldsymbol{S}_{IS} & \boldsymbol{S}_{II}+\boldsymbol{S}_{II}^{g} \end{Bmatrix} \begin{Bmatrix} \boldsymbol{u}_{S}^{i} \\ \boldsymbol{u}_{I}^{i} \end{Bmatrix} = \begin{Bmatrix} 0 \\ -\boldsymbol{S}_{IG}\boldsymbol{S}_{GG}{}^{-1}\boldsymbol{S}_{GF}\boldsymbol{S}_{TF}{}^{-1}\omega^{2}\boldsymbol{M}_{SS}\boldsymbol{u}_{T} \end{Bmatrix} \tag{9}$$

以往的研究表明地上结构在地震过程中产生的作用力主要为惯性力[11]。因此公式（8）、公式（9）可简化为：

$$\begin{cases} \begin{Bmatrix} \boldsymbol{S}_{SS} & \boldsymbol{S}_{SI} \\ \boldsymbol{S}_{IS} & \boldsymbol{S}_{II}+\boldsymbol{S}_{II}^{g} \end{Bmatrix} \begin{Bmatrix} \boldsymbol{u}_{S}^{k} \\ \boldsymbol{u}_{I}^{k} \end{Bmatrix} \approx \begin{Bmatrix} 0 \\ \boldsymbol{S}_{II}\boldsymbol{u}_{I}^{f} \end{Bmatrix} \\ \begin{Bmatrix} \boldsymbol{S}_{SS} & \boldsymbol{S}_{SI} \\ \boldsymbol{S}_{IS} & \boldsymbol{S}_{II}+\boldsymbol{S}_{II}^{g} \end{Bmatrix} \begin{Bmatrix} \boldsymbol{u}_{S}^{i} \\ \boldsymbol{u}_{I}^{i} \end{Bmatrix} \approx \begin{Bmatrix} 0 \\ \boldsymbol{S}_{IG}\boldsymbol{S}_{GG}{}^{-1}\boldsymbol{P}_{F} \end{Bmatrix} \end{cases} \tag{10}$$

从公式（10）可以看出，从产生机制上邻近地面建筑地铁车站的地震响应可以分为两部分（图2）：周围场地运动 $\boldsymbol{u}_{I}^{f}$ 所引起的运动相互作用 $\boldsymbol{u}^{k}$ 和由建筑地震作用力 $\boldsymbol{P}_{F}$ 产生的惯性相互作用 $\boldsymbol{u}^{i}$。影响运动相互作用的主要因素是自由场的地震响应 $\boldsymbol{u}_{I}^{f}$，车站、场地以及车站与场地边界面上的动刚度 $\boldsymbol{S}_{SS}$、$\boldsymbol{S}_{II}^{g}$、$\boldsymbol{S}_{II}$；而影响车站惯性相互作用的主要因素有建筑基地作用力 $\boldsymbol{P}_{F}$，车站、界面和场地的动刚度 $\boldsymbol{S}_{SS}$、$\boldsymbol{S}_{II}^{g}$、$\boldsymbol{S}_{II}$。因此，邻近地面建筑地铁车站除了与单一车站同样受到地震动输入特性，场地、结构动刚度的影响外，还受到地面建筑动力特性等因素的影响。

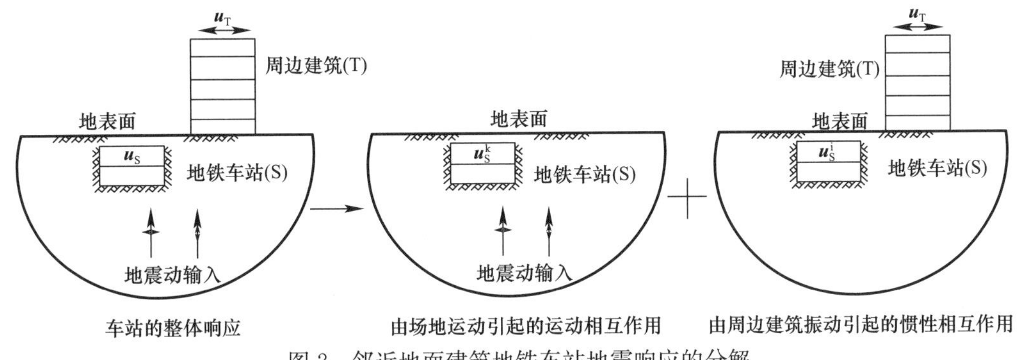

图 2　邻近地面建筑地铁车站地震响应的分解

2　数值模拟的参数化分析

为验证理论分析得到的结论并进一步探究当考虑土体非线性时车站地震响应的特性，本节基于有限元软件 ABAQUS 对完整的地铁车站-场地-地面建筑模型进行时域内的动力时程分析。

2.1　地铁车站、地面建筑及场地的建模

选取典型二层三跨明挖车站进行数值模拟，见图 3。地面建筑为典型的框架结构，为了分析地面建筑动力特性的影响，分别建立了多层（6 层）、中高层（9 层）、高层（15 层）和超高层（30 层）四种地面建筑，见图 4。中高层建筑的单层参数与多层建筑相同，而超高层建筑的单层参数与高层建筑相同。车站与地面建筑水平间距为 3m。

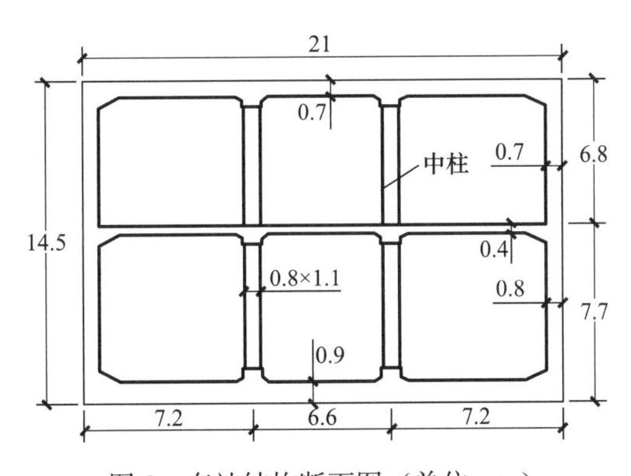

图 3　车站结构断面图（单位：m）

采用线性梁单元（B21）对结构进行建模，并采用弹性本构来表征混凝土结构的应力-应变关系，地铁车站和地面建筑的相关物理参数见表 1。简化场地土体为单一连续的饱和黏性土，在分析中通过改变土体的剪切波速来探究场地动力特性对车站地震响应的影响。场地土体采用平面应变四边形单元（CPE4R）进行建模，土体密度为 2000kg/m^3，泊松比为 0.4。为有效地模拟地震波的传播，土体网格的尺寸应满足如下公式[5]：

$$n \leqslant \frac{1}{8}\lambda_{\min} = \frac{1}{8}\frac{c_s}{f_{\max}} \tag{11}$$

式中，n 即为网格大小；λ_{min} 是最小地震波波长；c_s 是土体的剪切波速；f_{max} 表示最大分析频率。

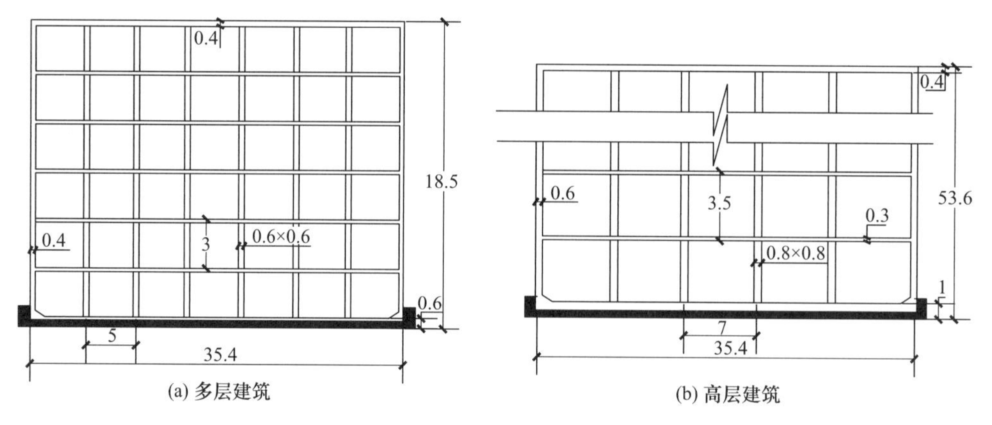

图 4　地面建筑断面图（单位：m）

地铁车站和地面建筑的物理参数　　**表 1**

结构	构件	混凝土强度等级	密度（kg/m^3）	泊松比	弹性模量（MPa）
车站	中柱	C50	2500	0.2	34500
	其他	C35	2500	0.2	31500
地面建筑	中柱	C40	2500	0.2	32500
	其他	C35	2500	0.2	31500

2.2　土体的动力本构

采用等效线性本构[12] 对土体的动力应力-应变特性进行模拟。该本构采用迭代的方式来反映土体的非弹性发展，图 5 为等效线性本构在一次迭代过程中应力-应变的滞回特性，Kelvin 模型见图 6。

$$\tau = G\gamma + \eta_G \dot{\gamma} \tag{12}$$

式中，符号 G、τ 和 γ 分别表示土体的剪切模量、剪应力和剪应变；符号 η_G 表示剪切黏度系数，可以由以下公式计算：

$$\eta_G = 2G\lambda/\omega \tag{13}$$

其中，符号 λ 为阻尼比；ω 为圆频率。

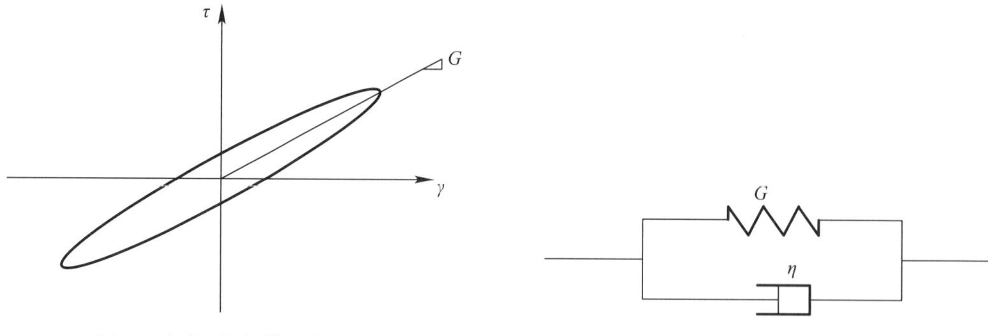

图 5　应力-应变滞回曲线图

图 6　Kelvin 模型示意图

每一迭代步中输入的参数（等效剪切模量 $\overline{G}$ 及等效阻尼比 $\bar{\lambda}$）均根据前一迭代步中的最大剪切应变和土体的模量退化曲线获得。采用 SEED 和 IDRISS 在 1970 年通过试验测得的黏性土剪切模量衰减曲线和阻尼曲线来反映土壤性质，如图 7 所示。

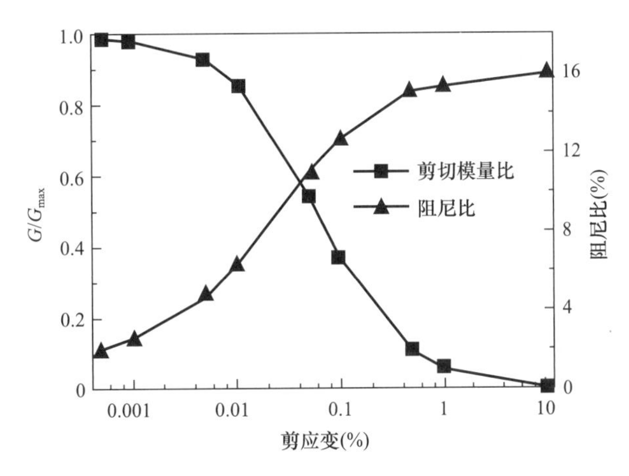

图 7　土体的剪切模量衰减曲线

2.3　动力人工边界和模型范围

为避免繁琐的参数设置，模型的动力人工边界选择为水平滑移边界，模型的计算范围满足结构到模型边界的距离大于 5 倍的模型厚度[13]。因此，有限元模型设置为宽度 650m，厚度 50m，如图 8 所示。参考过往文献[3-6]，土体与车站以及地面建筑之间采用耦合连接，即假定力和变形在接触面直接传递。

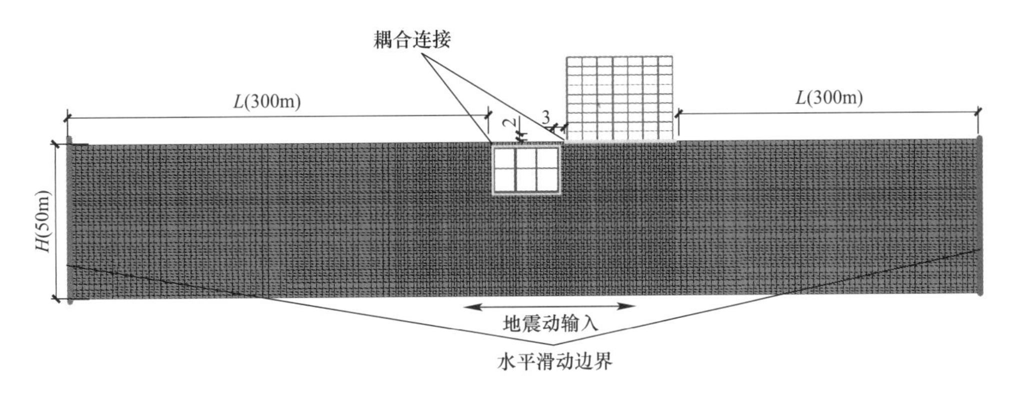

图 8　有限元模型的设置

2.4　地震动输入

地震动输入包括 3 条频率特性不同的天然地震波和 1 条人工波，图 9 为这 4 条地震波的加速度时程（最大加速度均调整到 0.1g），地震动以 X 方向加速度的形式施加在模型底部。这 4 条地震波在 5%阻尼下的加速度反应谱见图 10，卓越周期和平均周期等信息见表 2。根据 Tso[14] 的方法，选用的 3 条天然波中 El-Centro 波为低频波；Loma_Prieta 波为中频波；Landers 波为高频波。

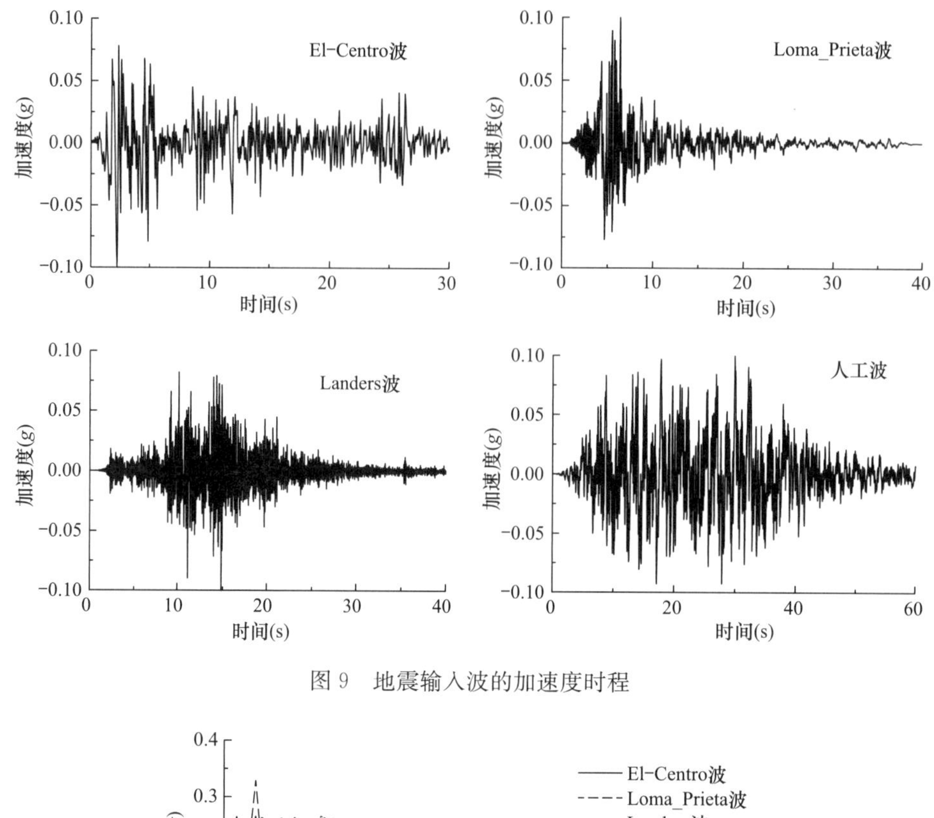

图9 地震输入波的加速度时程

图10 地震输入波的反应谱

地震输入波信息 **表2**

序号	地震波记录	简称	卓越周期 T_p(s)	平均周期 T_m(s)	PGA/PGV
1	El-Centro 1940/05/18	EL	0.26	0.54306	0.61725
2	Loma_Prieta 1989/10/18	LP	0.22	0.61979	0.80638
3	Landers 1992/06/28	LD	0.08	0.16533	2.4225
4	人工波	AR	0.76	0.92353	0.75722

3 结果与讨论

选取顶底相对变形为主要指标来反映车站在地震过程中的动力响应，其计算公式如下：

$$\Delta r(t)=r_r(t)-r_f(t) \tag{14}$$

式中，$r_r(t)$、$r_f(t)$ 分别是车站顶、底板的位移时程。此外，重点分析设计中最为关注的结构变形峰值 $(\Delta r)_{max}$，并引入周边建筑影响系数 ξ 来量化地面建筑对车站变形峰值的影响：

$$\xi=\frac{(\Delta r_{\mathrm{T}})_{\max}-(\Delta r_0)_{\max}}{(\Delta r_0)_{\max}} \tag{15}$$

式中，$(\Delta r_{\mathrm{T}})_{\max}$、$(\Delta r_0)_{\max}$ 分别是邻近地面建筑车站和单一车站的变形峰值。

在进行参数化分析之前，先对主要模型进行模态分析。4 种地面建筑在底部固定时的前 5 阶自振频率见表 3；不考虑土体刚度退化时不同场地的前 5 阶自振频率见表 4。

地面建筑的前 5 阶自振频率　　表 3

结构	自振频率（Hz）				
	1 阶	2 阶	3 阶	4 阶	5 阶
多层	1.90	6.06	11.01	14.06	14.75
中高层	1.27	3.92	6.89	10.01	10.23
高层	0.53	1.65	2.97	4.56	6.26
超高层	0.26	0.75	1.28	1.87	2.46

场地的前 5 阶自振频率　　表 4

场地剪切波速（m/s）	自振频率（Hz）				
	1 阶	2 阶	3 阶	4 阶	5 阶
200	1.01	3.02	5.03	7.01	8.03
300	1.51	4.54	7.54	10.52	12.03
400	2.02	6.05	10.05	14.03	16.05

3.1 地面建筑的影响

本小节单独分析地面建筑动力特性对车站地震响应的影响，分析中固定其他因素如下：场地剪切波速 300m/s、地震动输入为 0.1g 的人工波。图 11 为单一车站和邻近地面建筑车站顶底相对变形时程及其傅氏谱图，表 5 总结了地面建筑对车站变形峰值的影响，可以发现：

（1）单一车站的变形峰值为 8.49mm，其地震响应的频率范围主要集中在 1.22Hz（即场地的自振频率。1.22Hz 小于表 4 中场地自振频率 1.51Hz，是因为时程分析中考虑了土体剪切模量的衰减，场地的自振频率会略有降低）。

（2）多层建筑的存在对车站变形峰值的影响为 10.13%；而由于中高层建筑自振频率和场地自振频率较接近，会产生共振的现象，地面建筑对车站变形峰值的影响最大，达到 23.32%；此外，车站在中高层建筑自振频率 1.08Hz（场地对建筑的约束作用有所降低，故在场地中建筑的自振频率会略低于表 3 中底部固定的结果）存在峰值。

（3）相对于中高层建筑，高层和超高层建筑对车站变形峰值的影响更小，高层建筑是 16.02%，而超高层建筑仅为 4.12%。这说明为了保证车站的安全性应尽可能避免周边建筑与场地发生共振。

（4）邻近高层和超高层建筑车站的地震响应会在两个频率处有明显峰值——场地自振频率 1.22Hz 处，以及建筑自振频率处，分别为 0.483Hz（高层建筑）和 0.23Hz（超高层建筑）。这样的结果很好地吻合了理论分析的结果，同时也说明邻近地面建筑地铁车站的地震响可区分为由场地运动引起的运动相互作用和由地面建筑振动引起的惯性相互作用。

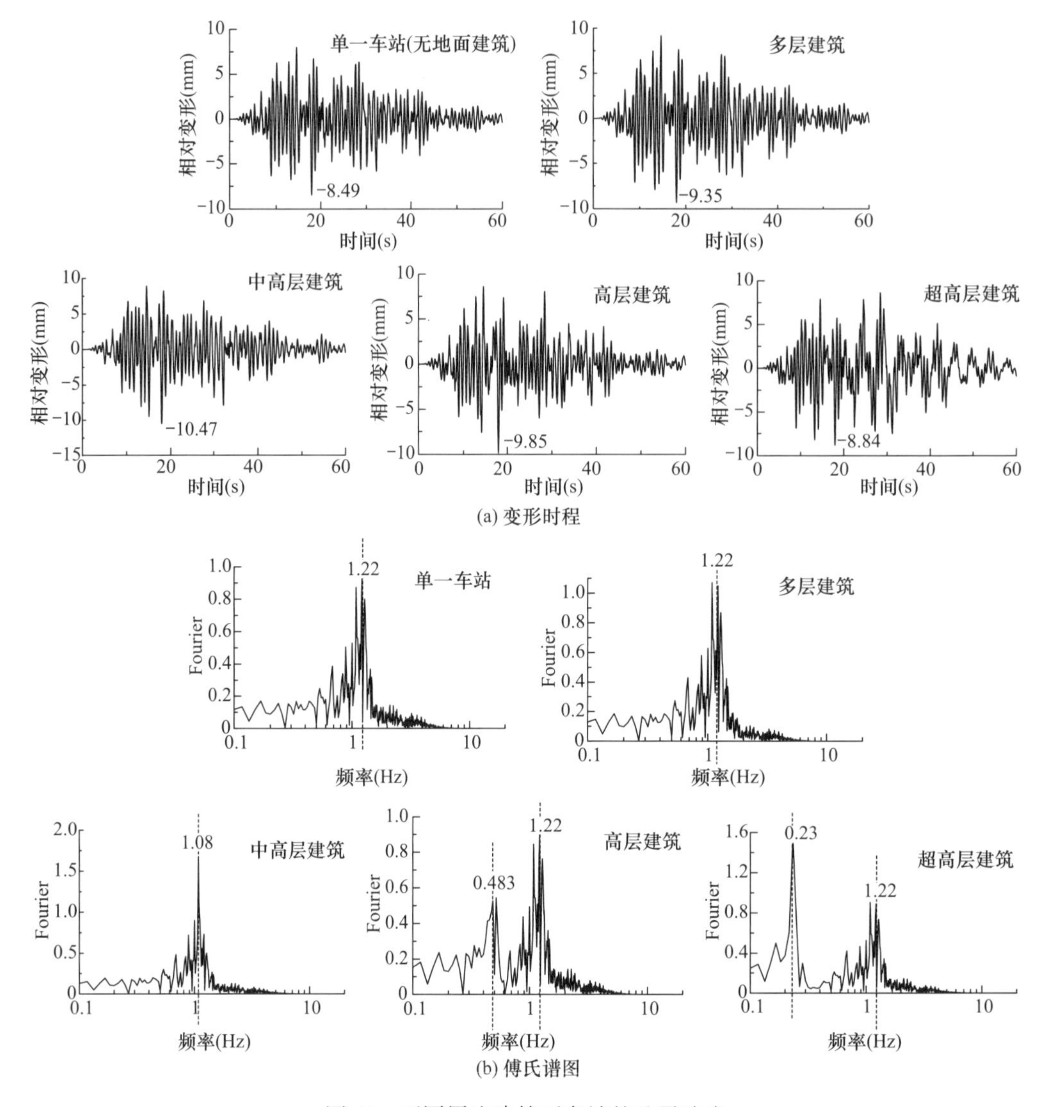

图 11　不同周边建筑下车站的地震响应

地面建筑对车站变形峰值的影响　　表 5

地面建筑	变形峰值（mm）	影响系数 ξ（%）
无	8.49	—
多层	9.35	10.13
中高层	10.47	23.32
高层	9.85	16.02
超高层	8.84	4.12

3.2　场地动力特性的影响

本小节单独分析场地动力特性的影响，分析中固定其他因素如下：周边建筑为 15 层高层建筑；地震动输入为 0.1g 的人工波。

如图 12 所示无论场地剪切波速为多少，地铁车站地震响应的频率特性都存在两个明显的峰值，分别在场地和地面建筑的自振频率处。随着场地剪切波速的增大，地铁车站地震响应的运动相互作用和惯性相互作用都在减小，这与理论分析得到的公式（10）相吻合，即随着场地刚度 $\boldsymbol{S}_{\text{II}}^{\text{g}}$ 的增大，车站的运动相互作用和惯性相互作用均会减小。此外，不同场地下地面建筑对车站变形峰值的影响都较大，均超过 10%（表 6）。

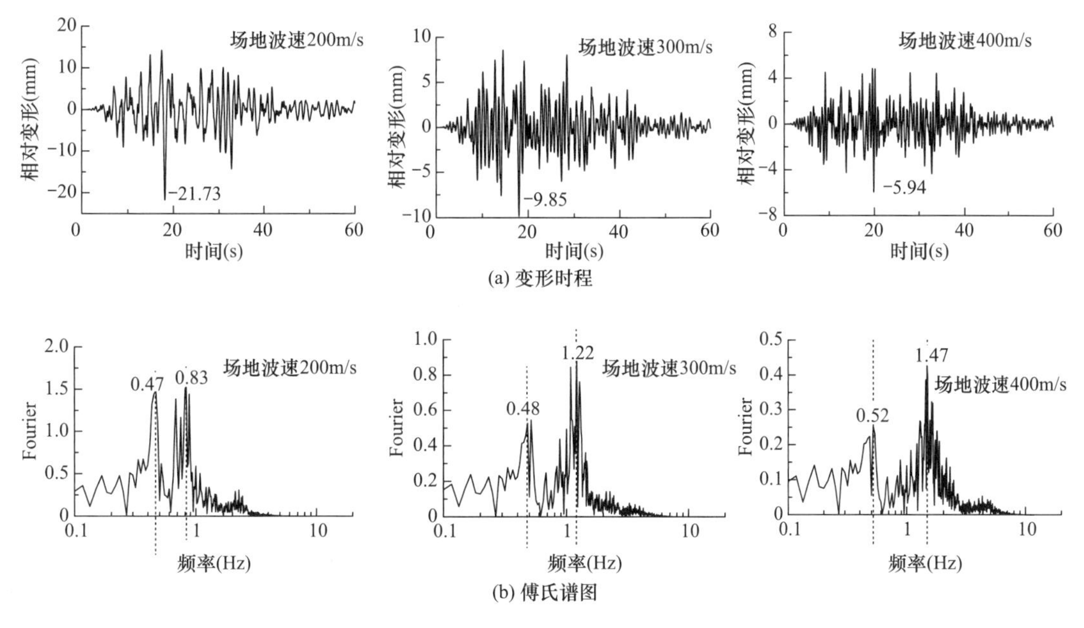

图 12　不同场地下车站的地震响应

不同场地下车站的变形响应　　表 6

场地波速（m/s）	周边建筑	变形峰值（mm）	影响系数 ξ（%）
200	无	19.63	—
	高层	21.73	10.70
300	无	8.49	—
	高层	9.85	16.02
400	无	5.27	—
	高层	5.94	12.71

3.3　地震输入波特性的影响

本小节单独研究地震输入波的影响，分析中固定其他因素如下：场地剪切波速为 300m/s、周边建筑为 15 层建筑、输入波强度均为 0.1g，如图 13 所示。

（1）单一车站地震响应的傅氏谱图都会在场地自振频率 1.2Hz 附近有峰值，不过由于不同输入波下场地的响应不同，土体刚度退化的程度也不同，场地的自振频率会存在一定差异。

（2）邻近地面建筑地铁车站地震响应的频率特性存在两个明显的峰值，分别为场地自振频率（运动相互作用）和地面建筑自振频率（惯性相互作用），地面建筑的存在显著增大了车站的惯性相互作用，而对运动相互作用影响较小。

（3）地震波特性对车站运动相互作用和惯性相互作用的大小均有显著影响。例如高频波 Landers 波，由于其频率集中的区域远离场地及地面建筑的自振频率，在 Landers 波作用下地铁车站的运动相互作用和惯性相互作用均远小于其他地震波；而对于在整体频率范围均较为丰富的人工波，在其作用下车站的地震响应往往最大。

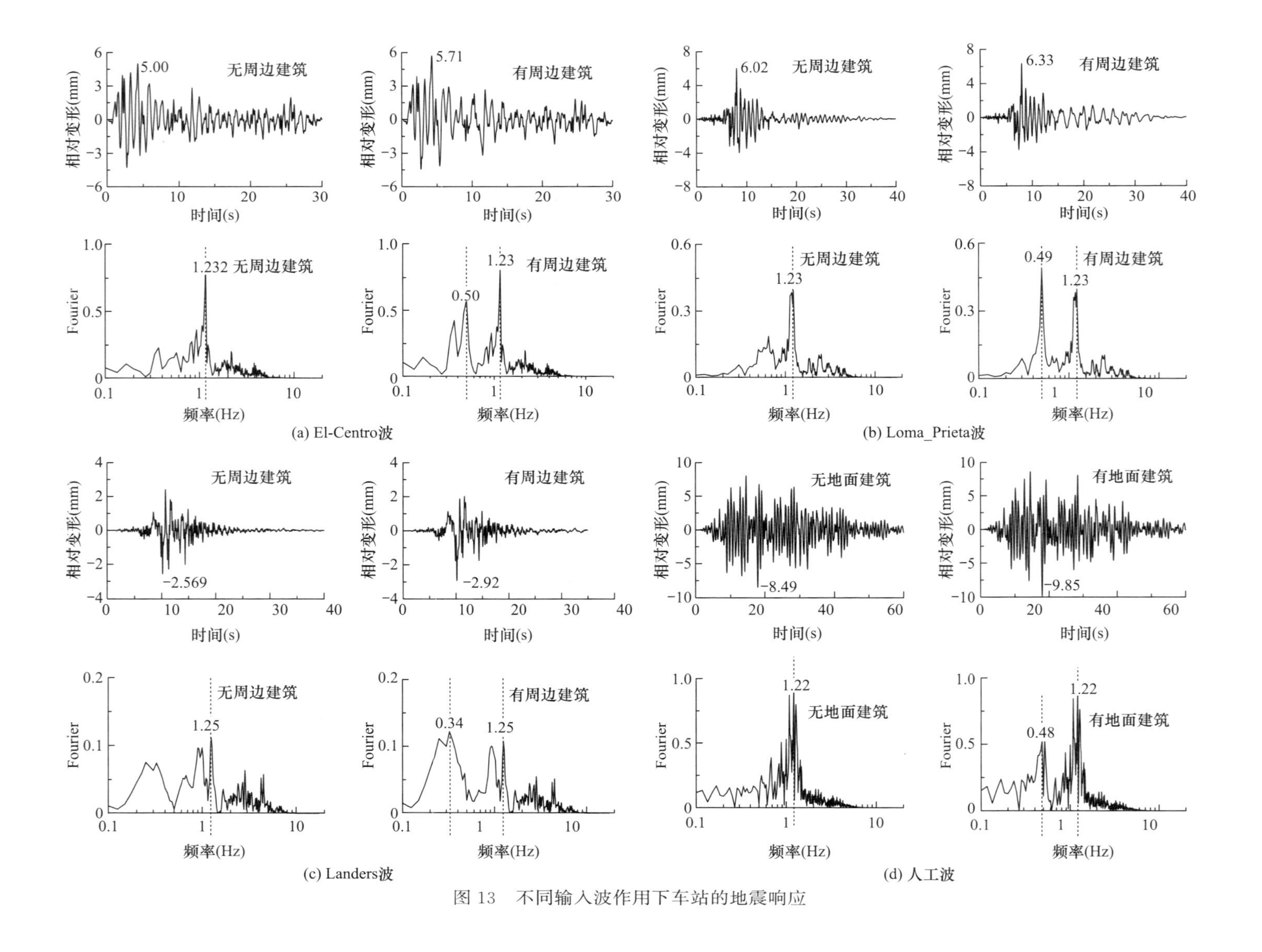

图 13　不同输入波作用下车站的地震响应

此外，表 7 总结了不同输入波下，周边建筑对车站变形峰值的影响，结合图 13 可以发现：

（1）无论是否存在地面建筑，输入波特性对车站变形峰值的影响都非常大。其中在频率主要集中于高频区的 Landers 波作用下，车站的变形峰值最小；而在人工波作用下，车站的变形峰值最大。

（2）无论在何种地震波作用下，地面建筑的存在都会改变车站变形峰值的大小，周边建筑影响系数最大达到 16.02%（输入波为人工波）。

不同地震波作用下车站的变形响应 **表 7**

地震动输入	无建筑变形（mm）	有建筑变形（mm）	影响系数 ξ(%)
EL	5.00	5.71	14.20
LP	6.02	6.33	5.15
LD	2.57	2.92	13.62
AR	8.49	9.85	16.02

3.4 输入波强度的影响

本小节单独研究输入波强度的影响，分析中固定其他因素如下：场地剪切波速为 300m/s，周边建筑为 15 层的高层建筑，地震输入为频率范围较广的人工波，如图 14 所示。

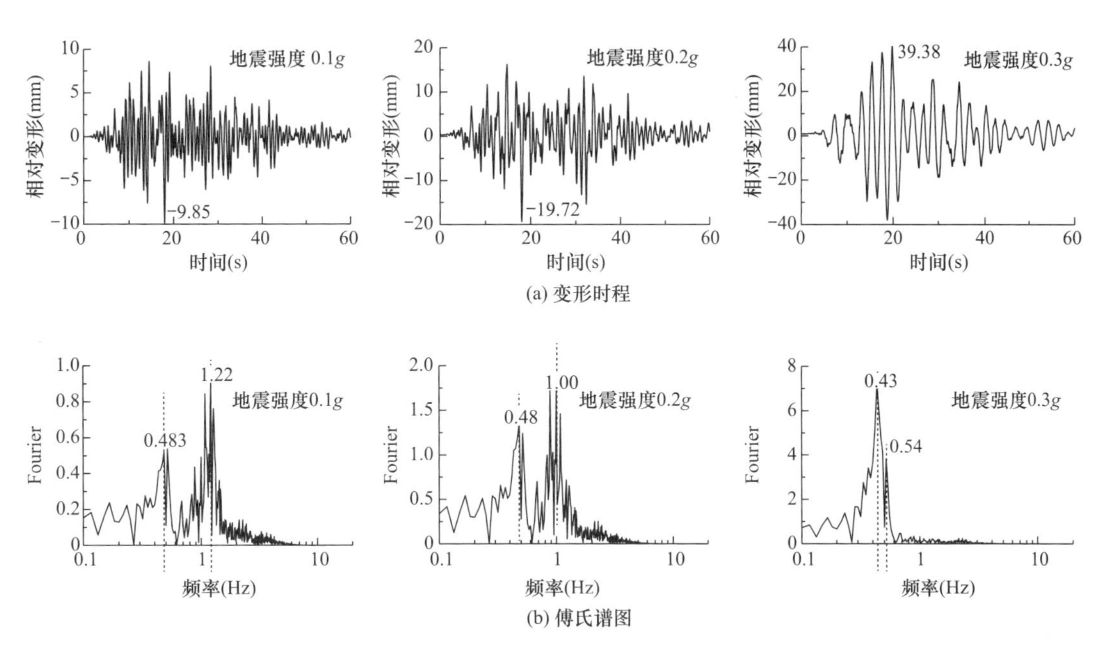

图 14 不同地震动强度下车站变形时程及其傅氏谱图

与之前的分析相同，邻近地面建筑地铁车站地震响应的频率特性存在两个明显峰值，分别为场地自振频率和地面建筑的自振频率。不过随着输入波强度的增大，车站的运动相互作用和惯性相互作用都会明显增大（一方面是地震荷载增大，另一方面是场地动刚度减小）。此外，在输入波强度为 0.3g 时，场地自振频率降低至 0.54Hz，已经非常接近周边建筑的自振频率 0.43Hz，此时场地和地面建筑产生共振，地铁车站的惯性相互作用显著增大。

表8总结了不同输入波强度下周边建筑对车站变形峰值的影响。随着输入波强度的增大，周边建筑的影响系数也会增大，尤其是当输入波强度为0.3g时，周边建筑的影响系数达到106.50%。

不同地震动强度下车站的变形响应　　表8

地震动强度（g）	无建筑变形（mm）	有周边变形（mm）	影响系数ξ(%)
0.1	8.49	9.85	16.02
0.2	15.76	19.72	25.13
0.3	19.07	39.38	106.50

4　结论

本文从运动相互作用和惯性相互作用角度揭示了邻近地面建筑地铁车站地震响应的产生机制，之后利用数值模拟的方法验证了理论分析的结果，并系统地探究了各种因素对车站地震响应的影响，最终得到以下结论：

（1）从产生机制上，邻近地面建筑地铁车站的地震响应可以分解为由场地运动引起的运动相互作用和由地面建筑振动引起的惯性相互作用。

（2）外界因素虽然会影响车站地震响应的大小，但并不改变其产生机制。其中，地面建筑动力特性会影响车站惯性相互作用但不会改变车站运动相互作用。当地面建筑自振频率接近场地自振频率时，车站的惯性相互作用增大，而随着场地剪切波速的增大，邻近地面建筑地铁车站地震响应的运动相互作用和惯性相互作用都在减小。

（3）地震波特性对车站运动相互作用和惯性相互作用的大小都有显著影响。当输入波频率集中在场地及地面建筑的自振频率附近时，车站的响应较大，反之则较小。

（4）当输入波强度增大后，会导致土体的动刚度进一步退化，且当场地自振频率降低至接近高层建筑的自振频率时，就会发生共振现象，此时周边地面建筑对地铁车站地震响应的影响会显著增大。

参考文献

[1] 林皋．地下结构抗震分析综述（上）[J]．世界地震工程，1990（2）：1.

[2] 林皋．地下结构抗震分析综述（下）[J]．世界地震工程，1990（3）：2.

[3] Glenda A, Maria R M. Numerical modelling of the seismic response of a tunnel-soil-aboveground building system in Catania [J]. Bulletin of Earthquake Engineering, 2017 (15): 475.

[4] Glenda A, Maria R M. Parametric analysis of the seismic response of coupled tunnel-soil-aboveground building systems by numerical modelling [J]. Bulletin of Earthquake Engineering, 2017 (15): 449.

[5] Wang Huaifeng, Lou Menglin, Xi Chen, et al. Structure-soil-structure interaction between underground structure and groundstructure [J]. Soil Dynamics and Earthquake Engineering, 2013 (11): 33.

[6] Wang Huaifeng, Lou Menglin, Zhang Rulin. Influence of presence of adjacent surface structure on seismic response of underground structure [J]. Soil Dynamics and Earthquake Engineering, 2017 (5): 135.

[7] Gillis K M. Seismic response of shallow underground structures in dense urban environments [D]. Boulder: University of Colorado at Boulder, 2015.

[8] Hashash Y M A, Dashti S, Musgrove M, et al. Influence of tall buildings on seismic response of shallow underground structures [J]. Journal of Geotechnical and Geoenvironmental Engineering,

2018, 144 (12): 04018097-02.

[9] Qiu Y J, Zhang H R, Yu Z Y, et al. A modified simplified analysis method to evaluate seismic responses of subway stations considering the inertial interaction effect of adjacent buildings [J]. Soil Dynamics and Earthquake Engineering, 2021 (11): 03.

[10] 邱滟佳，张鸿儒，于仲洋. 受周边地上建筑影响地铁车站的抗震设计方法 [J]. 岩土力学，2021，42 (5): 1445.

[11] Scargone R, Morigi M, Conti R. Assessment of dynamic soil-structure interaction effects for tall buildings: a 3D numerical approach [J]. Soil Dynamic and Earthquake Engineering, 2020 (1): 11.

[12] 邱滟佳，张鸿儒，于仲洋. 利用双参数地基模型修正反应位移法弹簧 [J]. 哈尔滨工业大学学报，2021，53 (5): 151.

[13] Yu Miao, Yi Zhong, Bin Ruan, et al. Seismic response of a subway station in soft soil considering the structure-soil-structure interaction [J]. Tunnel Underground and Space Technology, 2020 (12): 7.

[14] Tso W K, Zhu T J, Heidebrecht A. Engineering implication of ground motion A/V ratio [J]. Soil Dynamic and Earthquake Engineering, 1992, 11: 137.

基金项目： 国家自然科学基金（52078033）

作者简介： 邱滟佳（1994—），男，博士，工程师。主要从事地下结构抗震和土-结构动力相互作用的研究。

周　丹（1980—），男，硕士，高级工程师。主要从事地下结构及隧道工程方面的研究。

王　聪（1981—），男，硕士，高级工程师。主要从事城市轨道交通地下结构及隧道工程方面的研究。

浅谈再生骨料超流态低收缩流态固化土在施工中的应用

丁孝朋　刘运衡　张晓达
（中建八局第三建设有限公司，江苏 南京，210023）

摘　要：地下室结构渗漏是整个建筑行业的顽疾，地下室外墙渗漏水大部分原因为回填土下沉导致的外墙防水开裂、拉裂，因此解决回填土的下沉问题，可减少80%以上侧墙渗漏水问题，本论文所涉及的再生骨料超流态低收缩流态固化土技术的应用，可大大减少建筑垃圾对环境的污染，环境友好，降低施工成本，具有非常高的推广价值。
关键词：再生骨料；超流态低收缩；流态固化土制备；流态固化土施工

The application of solidified soil in construction

Ding Xiaopeng　Liu Yunheng　Zhang Xiaoda
(The Third Costruction Co., Ltd. of China Construction Eighth Engineering Division, Nanjing 210023, China)

Abstract: Basement structure leakage is the ills of the whole construction industry, basement wall leakage mostly for backfill sinking exterior wall waterproof cracking, crack, so solve the problem of backfill subsidence, can reduce more than 80% side wall leakage problem. This paper involved in the regeneration of aggregate ultra flow low shrinkage of curing soil technology, can greatly reduce the construction waste pollution to the environment, environment friendly, reduce the construction cost, has very high promotion value.
Keywords: recycled aggregate; superfluid low shrinkage; liquid curing soil preparation; fluid curing soil construction

引言

随着建筑业的高速发展，施工过程产生的垃圾越来越多，据不完全统计达到15.5亿～24亿t，主要由旧建筑物、施工现场临时设施拆除等形成。建筑垃圾的处理，给环境带来了巨大的负面影响，国家亦是通过各种政策引导垃圾资源的再利用，尤其是利用价值较高的拆除垃圾、混凝土垃圾等，再生骨料流态固化土的出现，可大大减少狭窄肥槽回填土的下沉从而导致的渗漏水隐患，并且可对部分建筑垃圾进行再利用，具有环保、环境友好特点，有较高的经济价值，可大力推广。

1 工程概况

园博园二期Ⅰ标段项目，占地5.4万 m^2，地下室单层建筑面积2.5万 m^2，基础埋深15m，防水设计为2mm厚非固化沥青防水涂料＋3mm厚自粘SBS卷材，外保护层为50厚挤塑板＋120厚灰砂砖挡墙。

本工程地处永定河畔，地下水位常年稳定在底板以上4m左右，地下室的防渗漏是防水管理的重中之重。

从环境友好、施工成本、技术参数等多方面考量后，项目拟定采用环保型再生骨料超流态低收缩流态固化土并进行一系列试验确保其应用可靠。

2 再生骨料超流态低收缩流态固化土应用解决方案

流态固化土行业目前尚无国家、行业标准，个别省市有地方标准或团体标准，再生骨料流态固化土的应用，主要需控制泥块杂物含量、颗粒级配、固化剂配合比、水泥掺量[1]，并对配合比进行设计和性能试验分析。

（1）泥块、有机物等杂物控制，确保泥块等杂物含量满足《预拌流态固化土填筑工程技术标准》T/BGEA 001—2019的相关要求；

（2）颗粒级配控制，因为流态固化土用，而非道路或结构用，因此该项指标仅作为参考指标，参照《道路用建筑垃圾再生骨料无机混合料》JC/T 2281—2014进行研判；

（3）试配试验，以满足设计抗压、低收缩、流动性等指标要求并进行性能试验分析；

（4）防水外保护墙是设置的论证分析。

3 再生骨料超流态低收缩流态固化土应用流程

3.1 再生骨料超流态低收缩流态固化土制备流程

再生骨料超流态低收缩流态固化土制备工艺流程主要包括：（1）建筑垃圾初步处理；（2）混凝土块初级破碎；（3）混凝土块二次破碎；（4）流态固化土参数确定；（5）流态固化土配合比设计；（6）外墙防水及回填节点设计；（7）流态固化土施工；（8）流态固化土回填施工。

3.2 建筑垃圾初步处理

本工程对于流态固化土收缩性能要求较高，因此选用建造垃圾宜为混凝土垃圾，需控制砖块含量、泥块杂物含量。

建筑垃圾初步处理，因混凝土、拆除建筑垃圾一般较大，可采用带破碎锤的挖掘机或锤式破碎机进行初步破碎，破碎要求为最大边长≤500mm。

3.3 混凝土块初级破碎

初步破碎采用机械颚式破碎机，破碎后颗粒直径为100～150mm，进行双层传送振动筛过筛（上方为30mm方孔，下方为5mm方孔），传送带上方设置磁悬铁设备将钢筋吸附出来，成品出料口设置吹风设备吹除杂物后可得到品质可控的粗骨料以及细骨料。

3.4 混凝土块二次破碎

首次破碎颗粒较大的混凝土块传送至采用圆锥破碎机进行二次破碎，破碎粒径为≤30mm，破碎完成后传送至双层传送振动筛同3.3所述步骤。

3.5 流态固化土参数确定

流态固化土需确认的参数包括施工参数、设计参数、优选参数等，具体论证如下：

（1）施工参数主要为流动性和终凝时间。坍落度或扩展度越大，流态固化土的收缩越大，因此在满足狭窄肥槽回填流动性的情况下，该参数越小，对收缩率的影响越小，因此选用坍落度为220～240mm，24h终凝即可满足施工要求。

（2）设计参数，主要为抗压强度≥0.4MPa，考虑车库周边仍有不少构筑物要落在肥槽内，因此提升抗压强度即为提升地基承载力，因此选定强度为0.6MPa[2] 即可。

（3）优选参数，流态固化土具有一定的抗渗能力、低收缩性能。

1）抗渗参数：在经济合理的基础上对该项参数进行具体细化和研究，流态固化土墙成为抗渗墙，有助于提升外墙整体抗渗能力，因本工程周边地质条件5m以下为砂卵石，渗透效果好，雨水渗透较快，因此流态固化土渗透系数要求达到黏土渗透系数。

2）收缩率要求

相关研究表明流态填筑材料用于地下回填工程具有良好的体积稳定性，这是因为地下环境通常温度、湿度较为恒定，固化体的收缩变形较小。

考虑地下室外墙非固化防水涂料的蠕变和卷材抗滑移能力、断裂伸长率等参数，项目拟定地下室外墙全高（10m）下沉≤4mm的安全指标，即收缩率需≤0.4‰。

3.6 流态固化土配比设计

（1）颗粒级配要求

因本工程用再生骨料已经筛分为粗骨料和细骨料，对不同批次需进行掺量试验，以满足《道路用建筑垃圾再生骨料无机混合料》JC/T 2281—2014基层中颗粒级配的要求（表1），因此再生粗骨料和再生细骨料的掺量比为1∶1（质量比）即可满足要求，以便提高施工性能。

再生粗骨料颗粒级配要求表 **表1**

筛孔尺寸	<0.075	0.6	2.36	4.75	9.50	19.0	31.5
通过质量百分率（%）	0～7	8～22	17～35	29～49	47～67	72～89	100

（2）不同配合比强度试验

配合比设计要求，应采用不少于3种配合比进行试验，因普通水泥、粉煤灰的材料价格较高，且流态固化土回填对早期强度要求不高，为控制成本，本工程拟创新采用单一固化剂添加的方式[3]，与传统配合比进行对比分析不同固化剂掺量[4] 引起的强度变化；每种配合比试验时，拌合物坍落度和扩展度均应满足施工要求；每种配合比至少应制作1组标准试件，并在20℃±2℃条件下养护至28d龄期进行试压，试验数据如表2所示，选用配合比1即可保证强度富裕系数。

不同配比强度试验数据　　表 2

项目	固化剂（kg）	再生骨料（kg）	水（kg）	坍落度（mm）	抗压强度（MPa）
配合比 1	50	1190	400	220	1.0
配合比 2	70	1170	400	225	1.5
配合比 3	90	1150	400	225	1.9
配合比 4	110	1130	400	230	2.3

（3）不同配合比抗渗试验

本工程紧邻永定河，地下水位最高为底板以上 3m，因此在采用变水头试验法测定渗透系数试验时，土样高度为最窄肥槽宽度 800mm，水头差按 3.5m 进行试验，为降低蒸发量的影响，顶部均设置开小孔的密闭盖板，试验周期 1d，试验数据如表 3 所述，渗透系数为$\leqslant 1\times10^{-7}$cm/s 的数量级要求，试验通用数据试样断面面积 $A=9000\text{mm}^2$（300mm×300mm）、玻璃管断面面积 $a=400\text{mm}^2$（20mm×20mm）、试样高度 $L=800$mm，水头高差 $\Delta h_1=3500$mm，经过试验该几种配合比均能满足抗渗需求。

不同配合比抗渗系数试验数据　　表 3

项目	Δh_2	抗渗系数
配合比 1	3488	1.41336×10^{-7}
配合比 2	3490	1.17746×10^{-7}
配合比 3	3490	1.17746×10^{-7}
配合比 4	3493	8.23869×10^{-8}

（4）不同配合比的收缩试验

采用 300mm×300mm×1000mm 高钢质容器，考虑固化土深埋地下，温度变化较小、湿度较大，因此试验在 5℃恒温、环境湿度 95%的条件进行试验，测定收缩率。收缩数据如表 4 所示，变化曲线见图 1。

不同配合比收缩试验数据　　表 4

项目	经时变化值（mm）					收缩率（‰）
	12h	24h	7d	14d	28d	
配合比 1	2.75	2.95	3.11	3.13	3.21	3.21
配合比 2	2.72	2.98	3.18	3.21	3.27	3.27
配合比 3	2.88	3.06	3.25	3.27	3.31	3.31
配合比 4	2.93	3.08	3.26	3.28	3.33	3.33

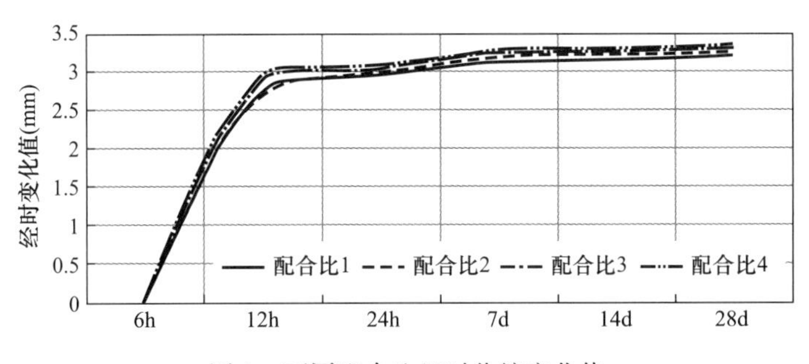

图 1　不同配合比经时收缩变化值

3.7 外墙防水及回填节点设计

本工程原设计为外墙防水外侧采用挤塑板＋砌体保护墙的保护措施，肥槽内施工流态固化土，经专家论证分析：

（1）原做法，在挤塑板和卷材之间为雨水渗透通道，若出现卷材破损问题，即会出现渗漏情况。

（2）考虑流态固化土收缩性能满足防水安全需要，抗渗性能优异，可以形成不透水层，因此对原设计做法进行了调整和优化，取消挤塑板＋砌体保护墙的做法，在不透水层紧贴防水的情况下可大大降低渗漏水隐患，并降低工程施工成本，见图2。

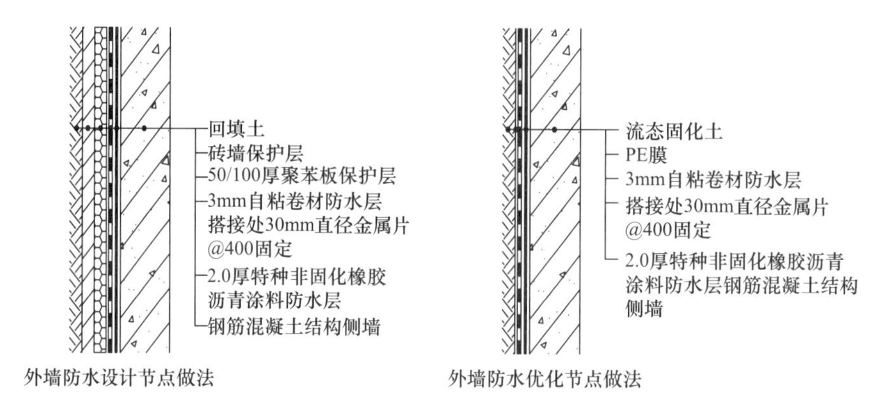

图2　外墙防水优化前后节点做法对比

3.8 流态固化土回填施工

（1）生产及运输：生产过程中需对原材的含水率进行测定，实时调整用水量，避免用水过多导致强度上升缓慢或强度不达标，运输采用混凝土罐车即可。

（2）防水施工分步进行，每步施工高度为4m，待第一步防水施工完成后进行流态固化土回填，流态固化土分两步回填，每步分两次进行浇筑回填，每次回填高度为2m。为加快回填土进度，流态固化土回填可呈阶梯状，每步间隔2m，端部砌筑2m高240厚挡墙进行浇筑，流态固化土分层示意图如图3所示。

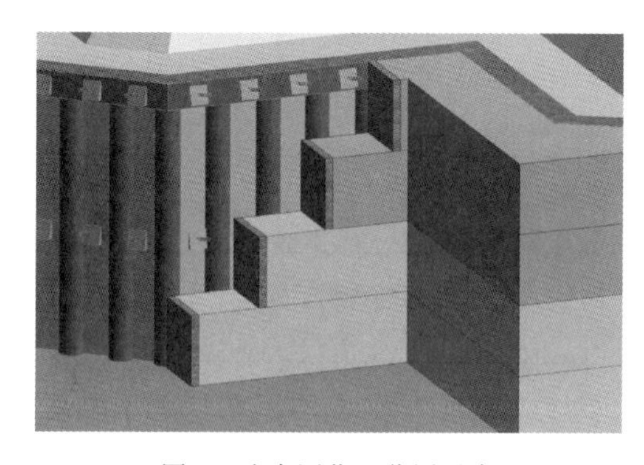

图3　流态固化土分层示意

（3）蓄水试验

蓄水工序插入时间为流态固化土施工完成48h后，蓄水高度要求最浅处100mm以上，蓄水时间24h以上，观察无渗漏情况后进行下一步工序施工。

4 实施效益

4.1 技术应用成效

该施工方法技术措施得当，研究出新型环保再生骨料超流态低收缩流态固化土，该材料具有流动性好、强度适中、低收缩、抗渗性能好、成本较低的特点，属于新材料新工艺应用。

创新取消了外墙防水外侧的保护层，使得流态固化土的抗渗墙的作用更加明显，降低了地下室渗漏水隐患。

通过对本施工方法的成功运用，土方回填施工可提前插入7d，提高了地下室外墙回填工效。

4.2 经济安全性评价

本施工方法创新研制了环保流态固化土，取消了传统外墙防水保护层，可降低材料成本及人工成本，本工程地下室周长为1200m，节约保护层人工费用约30万元，节约材料费用150万元。

通过本施工方法中再生骨料流态固化土的应用，可解决建筑垃圾约3万m^3，降低了建筑垃圾对环境的危害，没有传统流态固化土对于地材的需求，节约材料，环境保护效益良好。

5 结论

在园博园二期项目地下室肥槽回填施工过程中，在普通流态固化土技术的基础上，通过勇于创新、科技攻关，研制了新型再生骨料超流态低收缩流态固化土，可以实现：(1) 建造垃圾的再利用；(2) 节约外墙防水保护层费用，降低工程造价；(3) 流态固化土抗渗墙作用明显，降低了渗漏水隐患；(4) 本施工方法在地下室狭窄肥槽施工过程中效果明显，降低了工程造价，提升了施工效率，降低了渗漏水隐患，可大力推广。

参考文献

[1] 刘成龙. 新型预拌流态固化土性能及回填施工工艺. [J]. 山东交通学院学报，2014 (4)：91-98.
[2] 陈哲宁. 建筑废弃物再生冗余土制备预拌流态固化土及性能研究 [J]. 水泥工程，2022 (5)：63-68.
[3] 刘帅，徐玉飞，詹进生，等. 国内流态固化土的研究与应用进展 [J]. 新型建筑材料，2022 (8)：49.
[4] 朱龙飞，徐云飞，王国宇，等. 建筑垃圾渣土制备流态固化土及其性能研究 [J]. 市政技术，2023，41 (5)：246-250.

作者简介：丁孝朋（1988—），男，学士，高级工程师。主要从事建筑工程方面的研究。

BIM 技术在昆山足球场项目中的应用

张玮玮　杨　斌　薛　成　周碧云　杨晓雨
（中建八局第三建设有限公司，江苏 南京，210046）

摘　要：基于昆山足球场项目，建立钢结构、索膜、幕墙、预制看台等专业三维信息模型，以 BIM 平台为依托，进行碰撞检查、深化设计、复杂节点优化、施工方案比选等应用，推动项目信息化和精细化管理，为 BIM 技术在大型体育场馆中的应用提供参考。
关键词：BIM 技术；信息化管理；建筑信息模型；体育场馆

Application of BIM technology in Kunshan football stadium project

Zhang Weiwei　Yang Bin　Xue Cheng　Zhou Biyun　Yang Xiaoyu
（The Third Costruction Co.，Ltd. of China Construction Eighth Engineering Division，Nanjing 210046，China）

Abstract：Based on the Kunshan Football Stadium project，professional three-dimensional information models such as steel structure，cable membrane，curtain wall and prefabricated stands are established. Relying on the BIM platform，applications such as collision inspection，deepening design，complex node optimization，and comparison and selection of construction schemes are carried out to promote project informatization and fine management，and provide references for the application of BIM technology in large sports stadiums.
Keywords：BIM technology；information management；Building Information Modeling；sports venues

引言

传统大型体育场工程施工采取的管理方式多为通过二维图纸进行施工，施工人员对整个工程没有立体直观的感受，无法及时发现图纸中存在的问题，且传统管理方式无法实时调度信息数据，因而无法实现对大型体育场工程的高效管理。

本项目借助 BIM 技术，通过三维建筑模型代替二维图纸来描述建筑的基本信息，依托智慧平台，建立可视化、实时化、精细化施工管理模式。在设计、施工、运维阶段对项目进行信息化和精细化管理。本项目通过研究昆山足球场 BIM 技术运用，探索 BIM 技术在大型体育场馆项目中的应用价值[1]。

1　工程概况

昆山专业主球场位于昆山开发区东城大道以东、景王路以北，主要包括 1 个 4.5 万座位的专业足球场、约700辆车位的地下停车库、3片新建专业训练场，总建筑面积135093m²，其中专业足球场面积为107951m²，地下车库面积为27142m²。

足球场的建筑外观灵感取自江南水乡的传统“折扇”文化，俯瞰屋面如一幅扇面呈轮幅状徐徐展开，侧看膜结构幕墙犹如扇骨的折叠形态次第呈现。钢结构主要由看台桁架钢骨、钢连桥和钢屋盖组成。体育场的钢屋盖场中心对称，几何平面尺寸为长轴方向长254.6m，短轴方向宽217.5m；36榀三角桁架沿环向布置，两榀桁架端点之间的距离在长轴中部处最大，约为19m，在角部处最小，约为4.5m；桁架几何尺寸相同，长度61m，悬挑长度46.5m，桁架最高点距地面44.5m。

索膜主要由屋面索膜结构、立面索膜结构及主桁架外包的装饰内膜组成（图1）。

图1　昆山足球场项目效果图

2　项目重难点

2.1　仿清水看台桁架

仿清水看台桁架斜度大，钢骨柱整体超长、超宽且节点复杂，制作安装难度大。钢桁架与混凝土之间钢筋交错分布密集且节点空间布局复杂，现场钢筋下料和钢筋安装难度大（图2）。

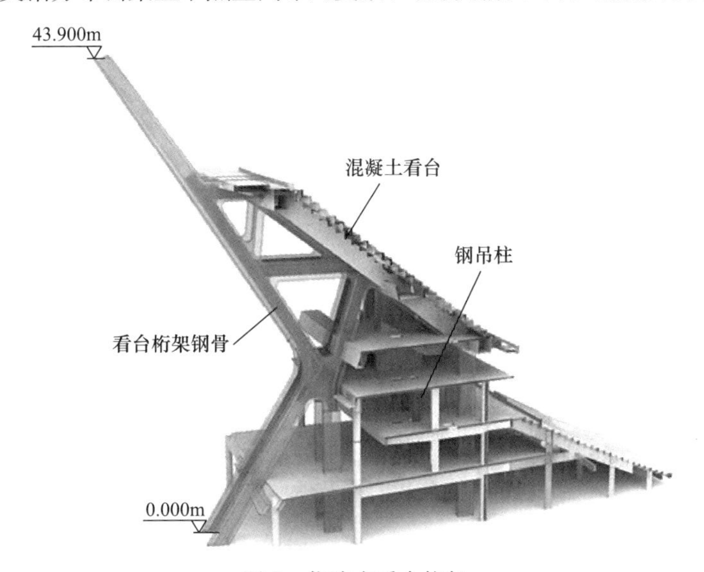

图2　仿清水看台桁架

2.2 大悬挑变截面径向三弦桁架

钢结构构件形式多样，有箱形杆件、变截面箱形杆件、多边形箱形杆件、变截面多边形杆件等，节点形式复杂，尤其是人字柱中间部位的节点板多，空间角度复杂。屋顶主桁架有截面大、延米重、悬挑跨度大（最大达61m）的特点。结构的变形是大悬臂复杂结构需要特别重视的问题（图3）。

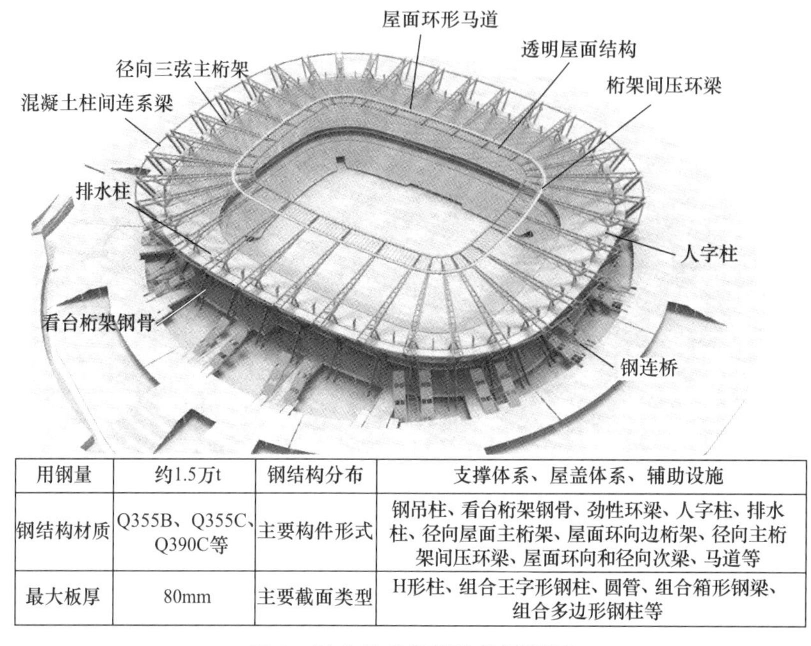

用钢量	约1.5万t	钢结构分布	支撑体系、屋盖体系、辅助设施
钢结构材质	Q355B、Q355C、Q390C等	主要构件形式	钢吊柱、看台桁架钢骨、劲性环梁、人字柱、排水柱、径向屋面主桁架、屋面环向边桁架、径向主桁架间压环梁、屋面环向和径向次梁、马道等
最大板厚	80mm	主要截面类型	H形柱、组合王字形钢柱、圆管、组合箱形钢梁、组合多边形钢柱等

图3 昆山足球场钢结构轴测图

2.3 预制清水混凝土看台

本足球场上、下层看台均为预制清水混凝土看台，其中看台板6049块，踏步板2162块，预制构件数量多，安装精度高，成型质量要求高，是本工程的施工重点（图4）。

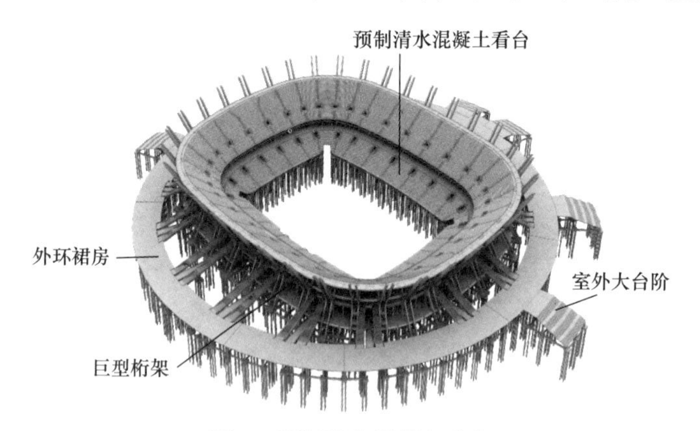

图4 预制清水混凝土看台

2.4 全张拉柔性索膜

索膜结构包含节点样式及种类较多，需要根据不同位置、不同功能完善深化设计各个节点。顶部 PTFE 膜材除桁架区域外，有一部分是需要安装在索系上的连接节点。索系体系整体为柔性，屋面膜与索为协同受力的结合体，索膜张拉后成形技术要求更高，施工难度大（图 5）。

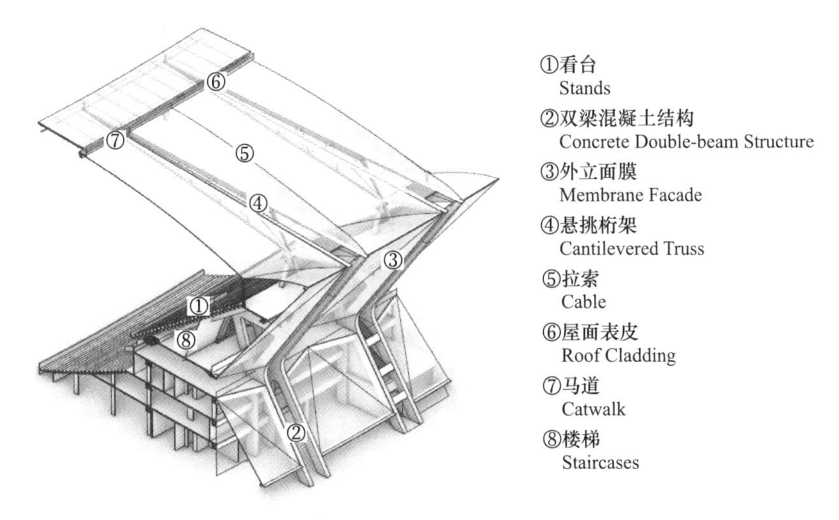

图 5　全张拉柔性索膜

3　项目 BIM 应用管理体系

3.1　应用思路

采取“总包主导，统筹分包”的 BIM 应用模式。全专业协同配合，从平台管理、智慧建造两个方面进行同步发展，以满足工程不同阶段的 BIM 应用需求。

3.2　组织架构

由公司 BIM 中心牵头，聘请专家顾问团队进行管理。建设单位定期对项目进行 BIM 工作的检查。总承包 BIM 团队协调管理整个工程参建单位的 BIM 系统建立、实施等一系列工作，各分包单位的 BIM 管理成员纳入总承包管理范畴，进行工程模型的共享，协同作业。公司 BIM 中心组织协调各专业进行综合技术和工艺的协调、进度计划的协调、施工方案协调等工作。

3.3　实施流程

通过制定相关 BIM 应用深度及标准，对各专业 BIM 团队进行交底，统一指导管理。BIM 总承包每周召开例会，汇报各单位深化工作内容及进度安排并组织协调各专业间深化问题，确保深化问题及时解决。

4　BIM 技术应用

4.1　仿清水看台桁架

4.1.1　结构分析

（1）看台桁架标高为 43.9m，倾斜角度 55°，混凝土截面尺寸为 800mm×1800mm，斜向构件斜度大，钢骨柱整体超长、超宽且节点复杂，制作安装难度大。通过建立 Tekla 模型，导入 Midas/Gen 有限元分析软件对桁架进行受力分析（图 6）。

（2）通过应力计算分析，利用钢骨自身刚度提供桁架模板加固反力，劲性钢骨变形满足规范要求，混凝土最大拉应力超出混凝土轴心抗拉强度，需对钢骨采取加固措施（图 7）。

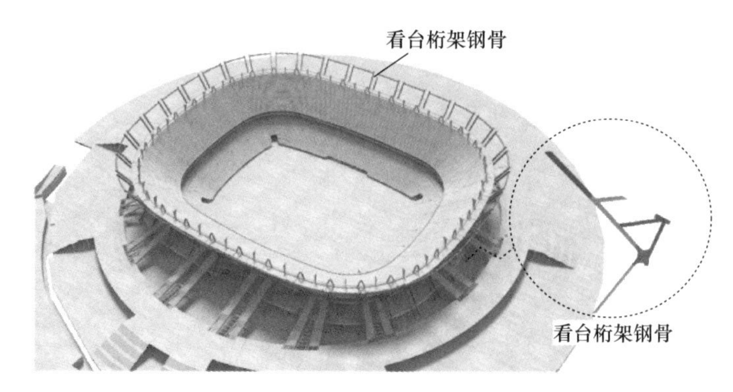

图 6　看台桁架整体图

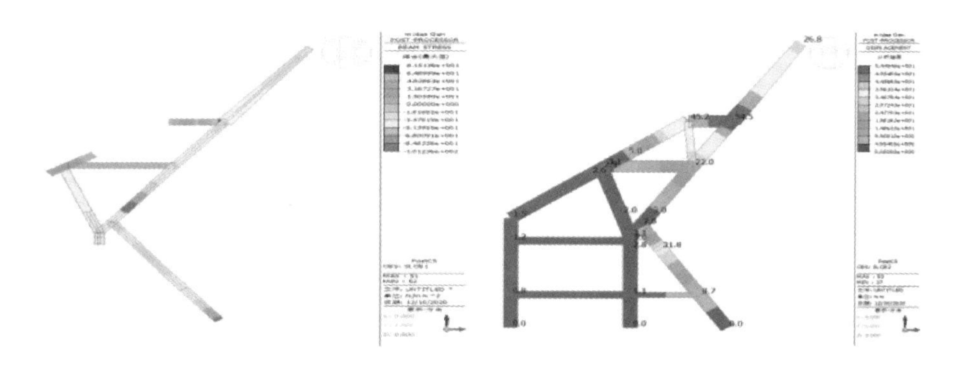

图 7　型钢及斜柱应力计算云图

4.1.2　施工段划分

（1）因 K 形劲性钢骨桁架高度过高，所需胎架标准节较多，胎架搭设占用场地过多影响施工区域混凝土浇筑及其施工进度，通过计算不同施工阶段钢骨及主体混凝土结构应力与位移，优化劲性钢骨桁架分段，将胎架法施工改为无胎架分段吊装施工。

（2）根据结构竖向施工段划分，看台桁架钢骨拟分为 5 个施工分段，采用分段安装方式，紧随土建结构插入吊装。研究钢骨吊装最优施工段划分、减少钢骨安装措施投入方案（图 8）。

（3）由于钢构件线型、截面复杂，在工厂将整榀看台桁架钢骨进行预拼装，保证构件加工质量，确保现场的顺利安装。

4.1.3　劲性钢骨钢筋节点深化

（1）针对劲性结构钢筋复杂节点，采用 Tekla、Revit 对钢骨深化同步开展，优化 K 形斜柱钢筋复杂节点，模拟钢筋碰撞和弯折位置。按 BIM 模型中钢筋长度，计算未经弯折柱纵筋下料长度，模拟施工柱筋排布，做到钢筋排布均匀，相互对齐（图 9）。

（2）根据原设计 K 形柱纵向钢筋排布方向，对钢筋进行优化，优化原则为将四个纵向钢筋优化成两个方向连通钢筋，现场两个方向钢筋分为两层通过（图 10）。

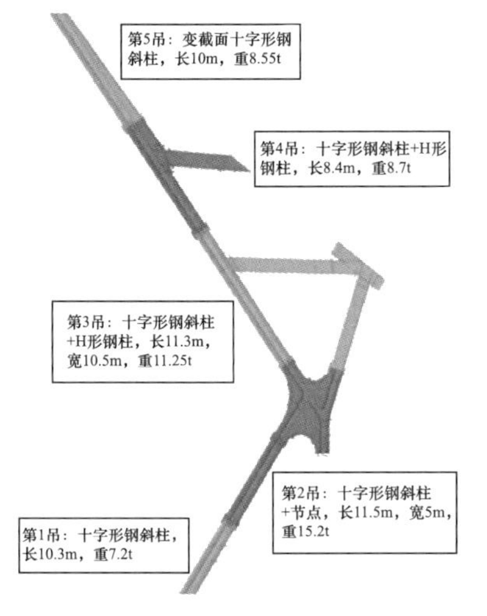

序号	吊装部分	吊装重量(t)	吊机选用及工况分析
1	第1吊	7.2	采用25t汽车式起重机，作业半径8m，额定吊重8.6t，满足吊装要求
2	第2吊	15.2	采用130t汽车式起重机，臂长29.56m，38t配重，作业半径16m，额定吊重 24t，满足吊装要求
3	第3吊	11.25	采用130t汽车式起重机，臂长42m，38t配重，作业半径20m，额定吊重16.3t，满足吊装要求
4	第4吊	8.7	采用130t汽车式起重机，臂长42m，作业半径16m，额定吊重9.5t，满足吊装要求
5	第5吊	8.55	采用 130t汽车式起重机，臂长54.4m，作业半径14m，额定吊重13t，满足吊装要求

图 8　钢骨施工段划分及吊装分析

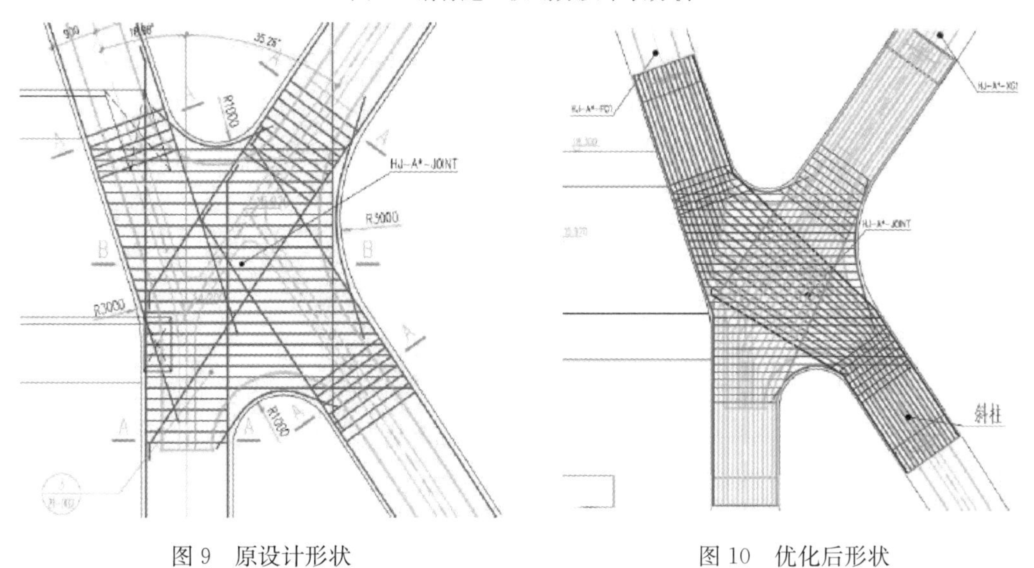

图 9　原设计形状

图 10　优化后形状

（3）在 BIM 模型中，对柱纵向钢筋进行编号，找出柱径向中心线，设置水平控制线、竖向控制线，从环向位置确定柱纵筋定位尺寸，再从径向位置确定柱纵筋定位尺寸，并定位找到柱纵向钢筋弯折点（图 11～图 13）。

4.1.4　支撑体系深化

看台桁架对模板支设要求较高，在 Revit 软件中进行设计，通过 Midas Link for Revit 导入 Midas 软件进行受力分析，决定采用以斜柱内钢骨为承重构件，辅助钢丝绳拉结（图 14），通过焊接吊杆形成吊挂模板（吊模，见图 15），底部搭设盘扣操作架的支撑体系。

4.1.5　钢骨柱安装模拟

为保证钢骨柱吊装质量与稳定性以及与土建结构错层施工，通过 Lumion 模拟钢骨柱吊装指导现场施工（图 16）。

4.1.6　应用效果评价

BIM 技术的应用提高了昆山市专业足球场主场馆 72 榀仿清水混凝土劲性钢骨桁架的施工质量，同时保证了施工工期，减少了人工及材料消耗，为类似工程积累了宝贵的经验。

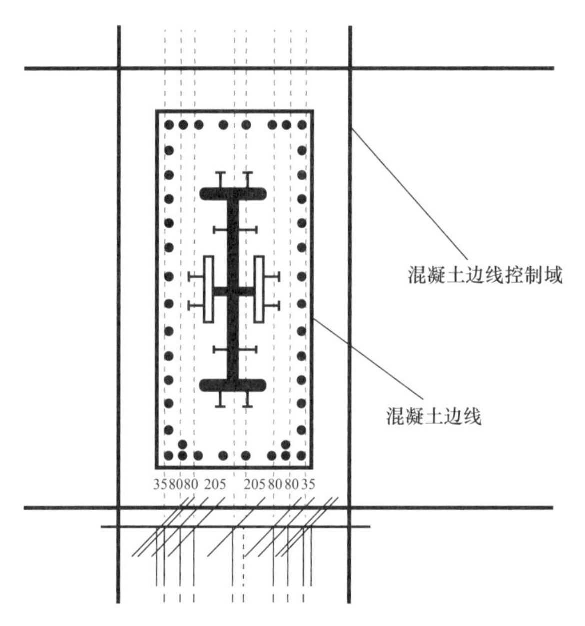

图11 K形柱纵筋环向定位尺寸图

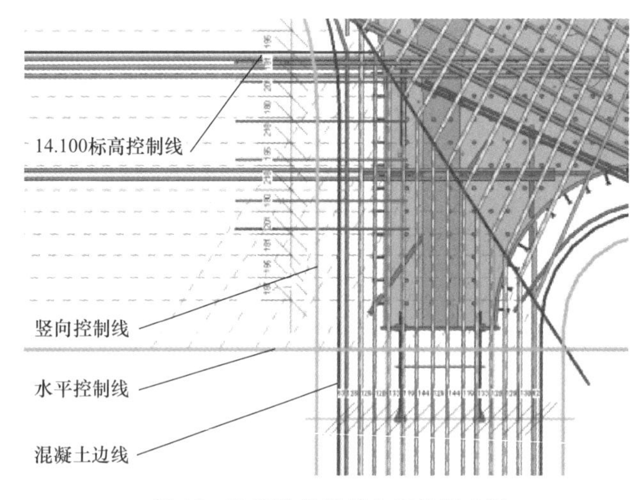

图12 K形柱纵筋径向定位尺寸图

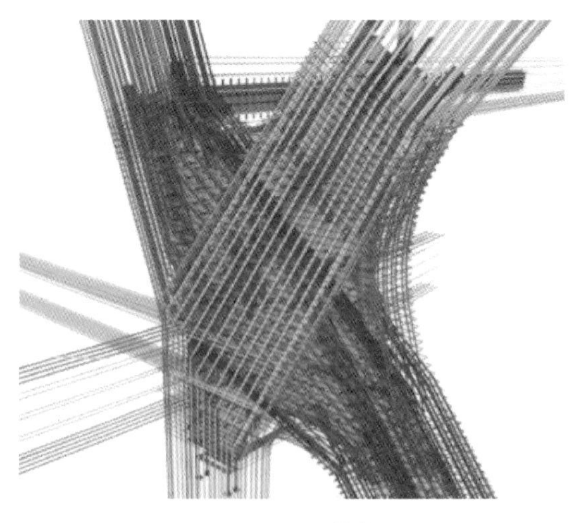

图13 K形柱钢筋轴视图

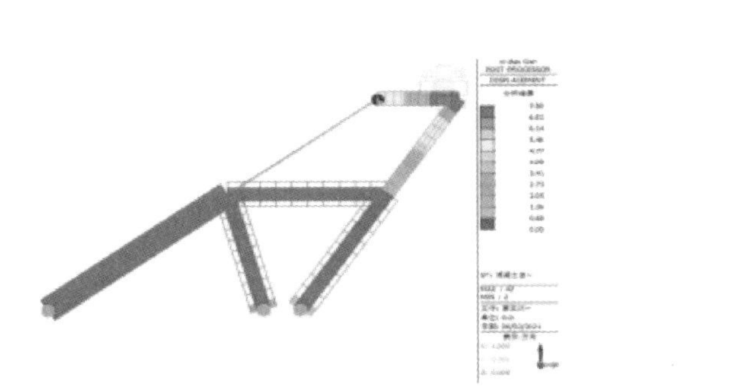

图 14　钢丝绳拉结受力模拟

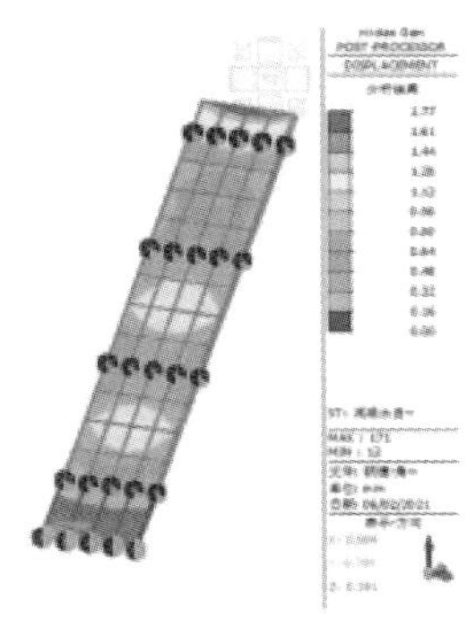

图 15　吊模施工受力分析

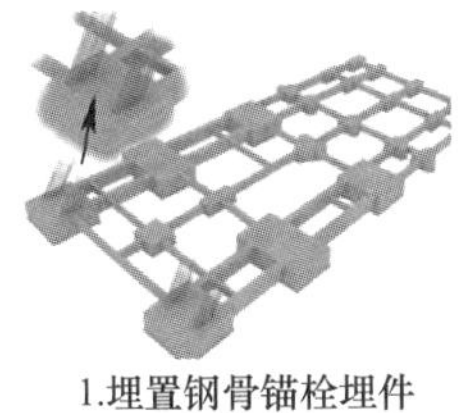

1.埋置钢骨锚栓埋件

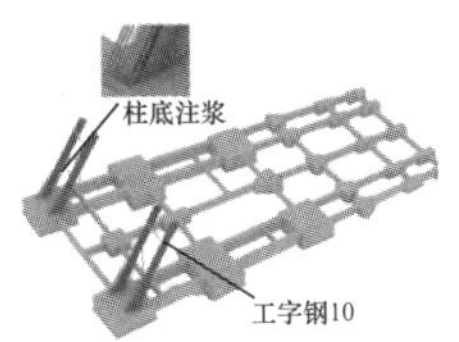

2.安装第一节钢骨柱

3.安装第二节钢骨柱

4.安装三层悬挑楼板部分第一段吊柱

5.安装第三节钢骨桁架及第二段吊柱

6.安装第四节斜钢柱及环向连系梁

7.安装第五节斜钢柱

8.对钢骨桁架进行复测和纠偏并安装顶部圆管连系梁

图 16　钢骨柱安装模拟

4.2　钢结构应用

4.2.1　深化加工

（1）根据原设计图纸利用 Tekla 软件对钢结构进行深化，出具深化图纸 336 张（图 17），针对钢桁架结构构件形式多样、节点形式复杂的问题，将钢桁架优化为 11 个节段进行工厂加工。

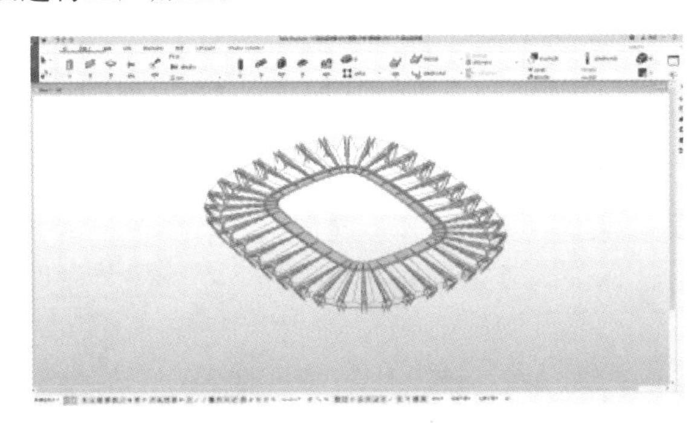

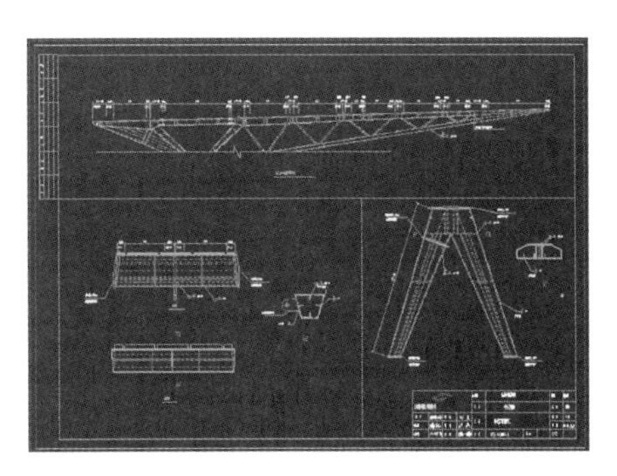

图 17　钢结构深化及图纸

（2）根据施工图纸及深化图纸仔细分析，理解设计意图和深度，拟定适合现场施工的钢桁架屋盖吊装方案。结合现场实际情况、方案可操作性及成型后的质量，最终确定钢桁架屋盖施工工艺流程。

4.2.2 人字柱节点深化

本工程人字柱节点共计36个，焊缝数量高达18条，焊接量大，施焊空间小，为保证焊接质量，通过Rhino建立人字柱节点模型，导入Midas进行受力分析，经设计确认后将该节点改成铸钢节点形式[2]（图18）。

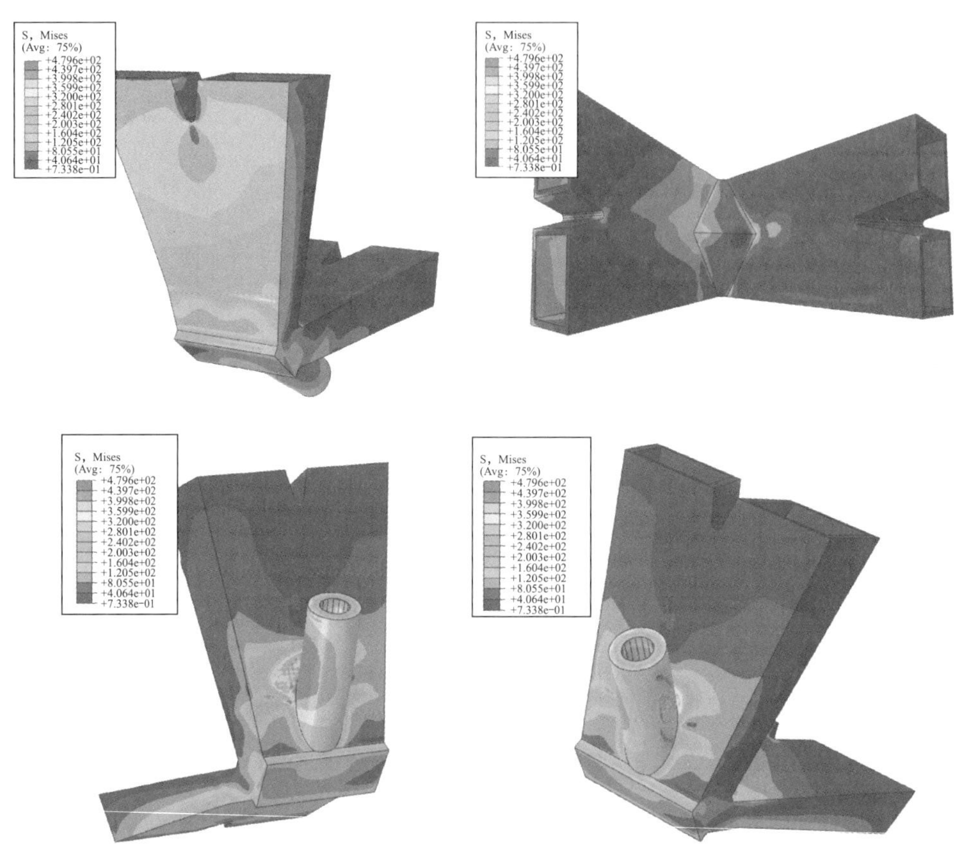

图18　铸钢节点应力云图

4.2.3 悬挑结构预起拱

（1）本工程屋顶主桁架截面大、延米重、悬挑跨度大（最大达61m），通过SAP2000软件计算钢桁架吊装完成及卸载完成后结构的内力及位移值。

（2）根据不同钢桁架计算的下挠值，起拱高度160～240mm，其中最大的起拱高度240mm的起拱角度为0.3°，满足建筑外观要求（图19）。

4.2.4 主桁架拼装

（1）屋盖钢结构共计36榀主桁架，根据构件不同位置和不同形式，每榀桁架主要分为11种类型构件，采用厂内预拼装方式进行构件组装完成后发至现场，现场拼装做好焊前点位复测（图20）。

（2）在主桁架拼装中采用三维激光扫描生成点云，进行比对确定误差，生成分析报告，用绿（±5mm）、蓝（5～15mm）、红（>15mm）三色将成形模型与设计模型有偏差的区域标识出来，便于及时纠偏、改正（图21）。

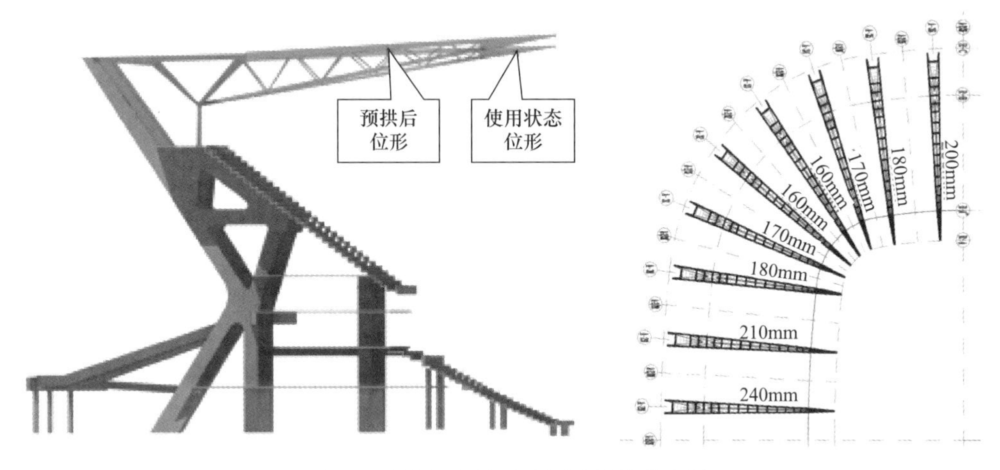

图 19　主桁架起拱对比图及起拱高度图

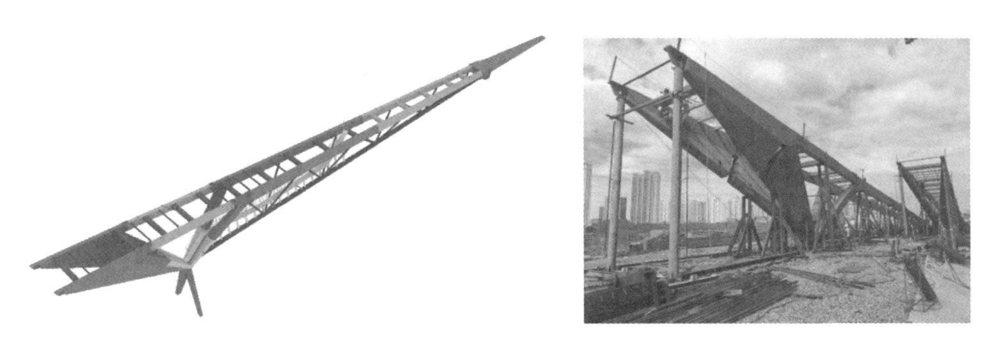

图 20　主桁架效果图及现场拼装图

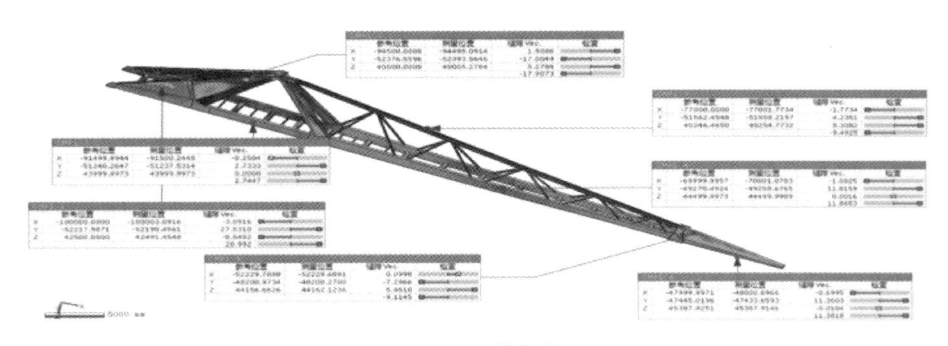

图 21　三维扫描

(3) 采用有限元软件进行吊装过程的全过程模拟，根据吊点位置及起吊时桁架受力情况，平面内选取 6 处（共计 12 个测点）关键构件设置应力应变传感器，以监测起吊过程桁架杆件受力情况。根据吊点位置及起吊时桁架受力情况可知，吊装过程中最大应力仅为 24.6MPa，受力均在合理范围内（图 22）。

(4) 屋面钢结构吊装完成后用太赫兹光谱扫描分析数据（图 23），胎架卸载前后与设计 BIM 模型数据对比分析（图 24），卸载前后最大误差 8.4mm，各项差值均在允许范围内。

4.2.5　整体卸载

(1) 项目部从膜面张拉与卸载顺序对索膜结构影响、膜面单边张拉对钢桁架侧向稳定影响及安装预起拱方案三个方面采用 SAP2000 进行施工工况分析。计算结果表明，先张拉后卸载，对索的初始预拉力影响很小，对膜的初始预张力影响约±10%；卸载后再张拉索膜，对主体钢结构的位移和内力影响均比较小，最终采用先卸载后张拉索膜的施工方案（图25）。

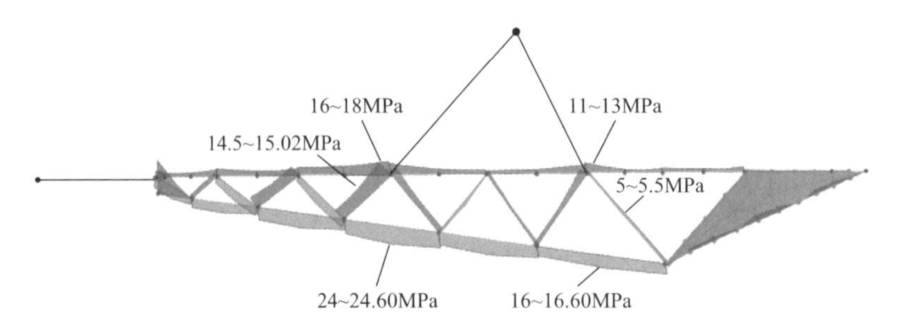

图22　屋面桁架吊装过程应力分布图

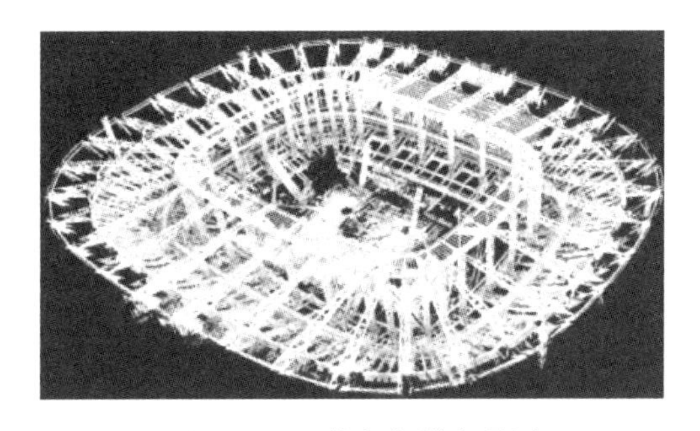

图23　屋面桁架扫描全景图

图24　屋面桁架形变分析

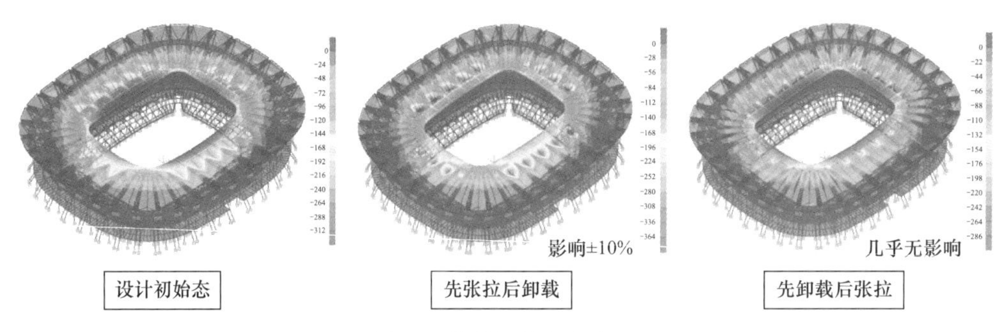

图25　结构卸载方案比选

（2）通过受力分析36榀桁架整体卸载过程（图26），得到各个点位不同的变形值，确定各个卸载沙箱顶部预调值，按各个点位所得计算所需预调值，由大到小划分7级同步卸载，并对卸载过程进行实时监测以保证安全（图27）。

4.2.6　应用效果评价

建立BIM模型及有限元模型对钢桁架屋盖吊装的全过程进行模拟，计算钢桁架屋盖吊装及卸载过程的应力应变值，根据计算结果对钢桁架进行上拱处理以消除下挠；同时在钢桁架拼装、吊装和卸载施工期间，结合有限元分析结果，通过全站仪、经纬仪等对钢桁架拼装胎架、钢桁架构件焊接节点、钢桁架与主体结构连接节点、人字柱柱腿、钢桁架端部等重要节点进行测量，确保钢桁架屋盖安装的成型质量。因为操作难度大大降低，提高了工效、缩短了工期；亦因单个钢桁架施工人工的投入减少，降低了工程造价。

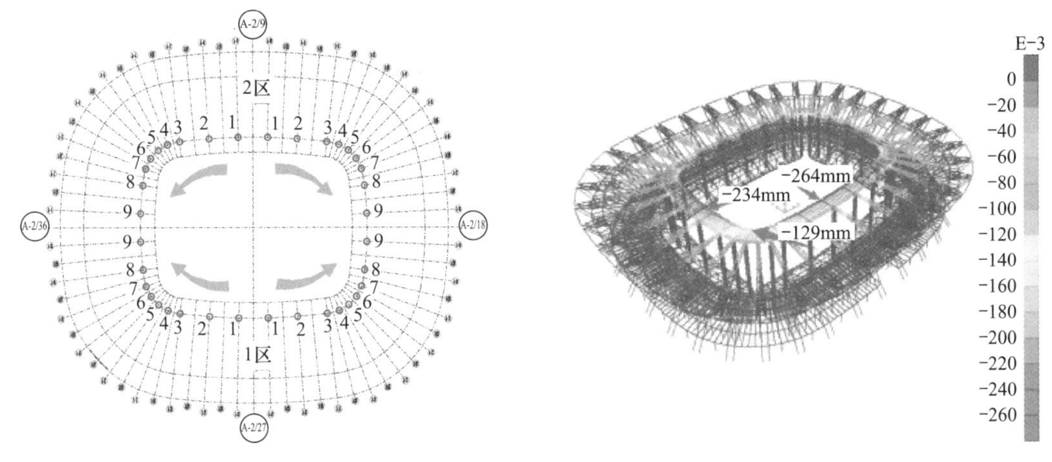

图 26　卸载过程示意图

图 27　卸载最大变形量

4.3　预制看台应用

4.3.1　参数化应用

看台共 8211 块，通过表格统计好构件长宽等尺寸信息，在 Dynamo 中通过参数化批量生成看台模型，提取预制看台清单数据，辅助商务部门进行混凝土工程量结算（图 28）。

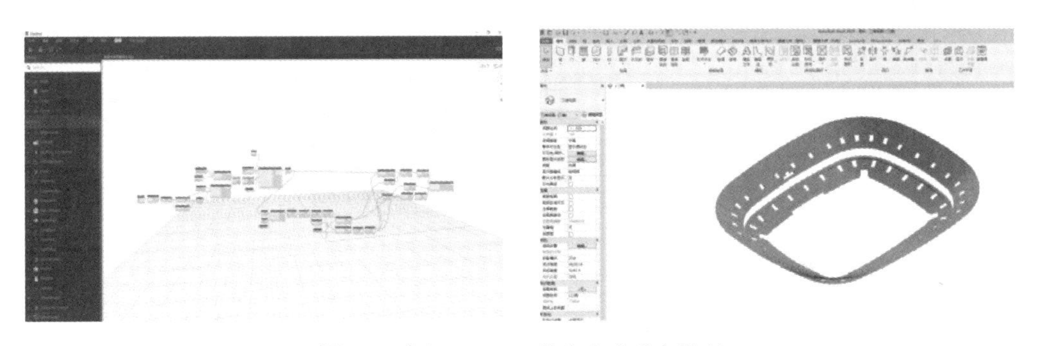

图 28　建立 Dynamo 节点生成看台模型

4.3.2　模具深化设计

（1）看台板种类多样，版型主要为：L 形、T 形、U 形、一形、L 形双阶等，与业内技术、施工经验较为丰富的专业单位进行构件深化，开展模板详图设计合作。

（2）原计划配置模具 135 套，通过软件设计一种可调节模具生产看台板构件，一型模具可调节滑动侧模加长，调节活动侧模成 L 形、T 形模具等，共采用 85 套模具，节省了大量人力物力，减少了模具用量，加快了施工进度（图 29）。

4.3.3　二维码管理

将建立的看台模型导入 BIM 管理平台生成二维码，可通过扫码实时更新构件状态反馈到平台并获取看台信息，借助平台可以分析反馈信息指导生产，实现预制看台施工的实时监控[3]（图 30）。

4.3.4　应用效果评价

BIM 技术在施工阶段发挥着很大的作用，借助 BIM 技术可以有效避免预制看台板安装过程中“错、漏、碰、缺”等施工问题，提高设计、生产和施工管理水平，节约资源，节省工期。

图29　模具深化及成品模具

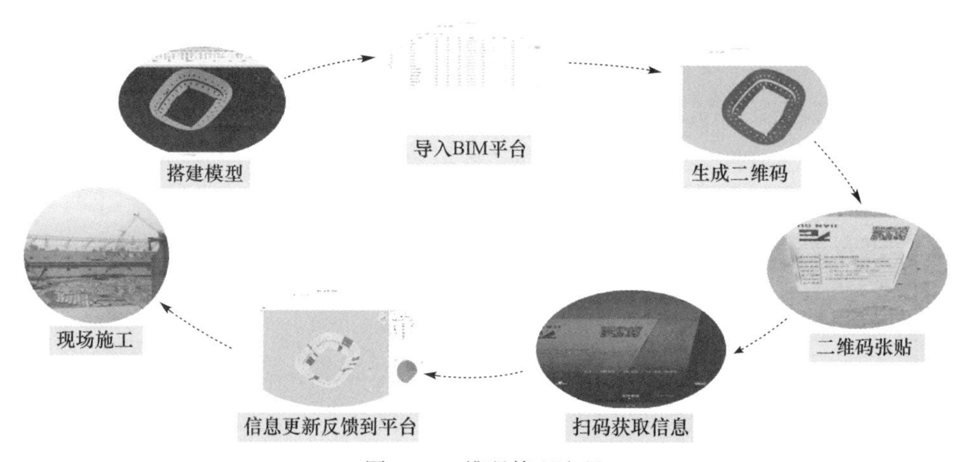

图30　二维码管理流程

4.4　索膜应用

4.4.1　索系深化

(1) 使用Rhino对索结构进行建模，导入Midas进行受力计算，将受力较小区域索尺寸从ϕ48优化至ϕ30，减少材料用量8%。

(2) 拉索与混凝土连接是索膜结构的重要节点，该节点受力状态复杂，为此，将Rhino建立的模型导入Ansys对该单元进行有限元分析。分析表明，支座连接安全。

(3) 应用Rhino对膜构件进行深化建模，根据建立的Rhino模型对索长度进行模拟，按设计荷载对索膜进行结构分析，找形并对膜材进行裁剪，优化后膜材节约6%。

4.4.2　膜结构积水预防

(1) 屋面膜单元跨度较大，安装张拉完成后由于膜材自重，下挠中间部位出现相对平缓的区域，对膜整体形态造成影响，甚至出现积水的现象。

(2) 针对此情况，通过在3D3S中进行屋面膜积水和排水计算，确定膜单元的张拉应力设计值，并在模型中模拟设定最高点坐标，将实际坐标与设计坐标进行比对。最大高度误差1.4mm，控制在允许范围内（图31）。

4.4.3　节点深化

索膜结构包含节点样式及种类较多，有PTFE膜材与钢索节点，PTFE膜材与锚头部分节点，PTFE 膜材与钢结构部分节点，PTFE 膜材与外环混凝土节点、排水节点，索膜结构与钢结构、聚酯板的相交的处理等，通过 Rhino 模型对节点进行深化设计（图 32）。

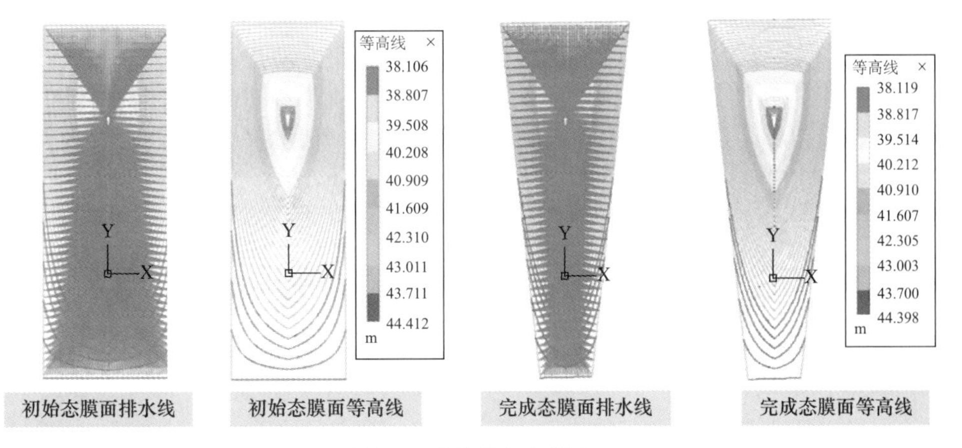

图 31　膜结构积水预防

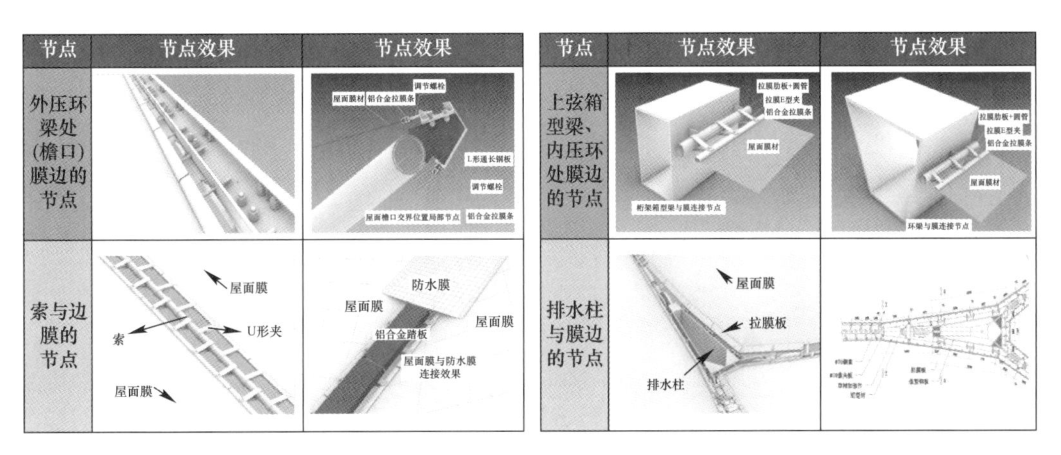

图 32　索膜结构节点深化

4.4.4　索膜施工过程模拟

建立施工 BIM 模型，模拟屋面索膜吊装全流程，确保吊装全过程拉索及膜材不会触碰现场主体结构，保证拉索和膜材不受损坏及现场施工安全（图 33）。

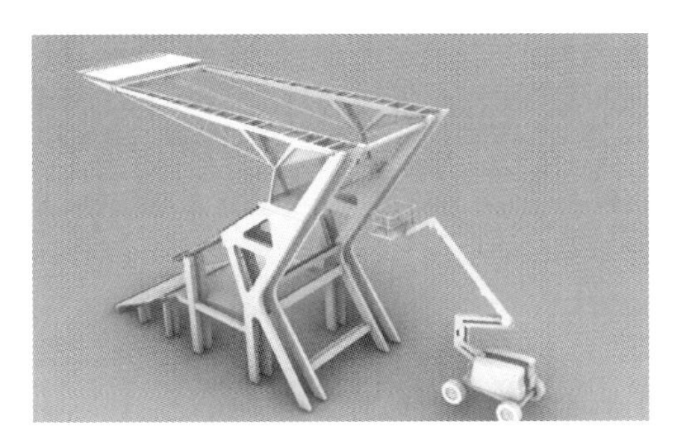

图 33　索膜施工过程模拟

4.4.5　施工监测

通过有限元模拟追踪屋面膜分片施工过程中的膜面应力及索力变化，并对施工过程中的膜面高应力区进行重点观测，防止因为施工导致膜面撕裂破坏的发生。单元膜面施工完成后采用检测设备对屋面膜力和索力的成形效果进行检测，以保证达到设计要求。

4.4.6 应用效果评价

通过建立BIM模型对膜材吊装的全过程进行模拟，优化施工步骤。施工过程中，通过全站仪、手持式激光测距仪、膜材预张力测量仪等对索膜预埋件位置、安装过程中结构位移、拉索长度变化、膜材应力变化等进行多次测量，确保索膜安装后的位置准确、连接牢固，膜材达到设计状态。

5 效益分析

（1）通过简化施工工序，优化施工工艺，节省施工成本86万元。

（2）利用BIM技术提前发现碰撞问题，如钢结构与索膜节点、索膜与幕墙节点等，避免返工、误工造成的损失227万元。

（3）通过建立BIM模型，优化施工方案，论证方案的可行性，产生经济效益586万元。

（4）指导作业人员现场施工，提高施工效率，节约成本约43万元。

（5）通过计划进度和实际进度对比，进行科学计划管控，合理调整人、机、料，节约成本173万元。

6 总结

（1）利用三维模型将各个专业整合，发现原设计图纸中不合理之处，及早发现问题，并且第一时间向设计院提出设计优化，以此避免实际施工过程中出现问题，这样既节省了时间也节约了成本。

（2）对于较复杂的施工工艺，依靠三维模型进行施工交底，便于工人理解，使整个工程的效率得到极大的提高。

（3）利用BIM技术辅助编制施工方案，使得方案更加安全合理。

参考文献

[1] 郑天立．2022世界杯主场馆BIM技术综合应用[J]．施工技术，2021，50（8）：43-47.

[2] 雷晓花，高蕊，贺海勃，等．BIM技术在某扇形大屋盖钢结构施工中的应用[J]．施工技术，2019，48（18）：71-74.

[3] 杨慧椋，郭亮亮，潘建国，等．BIM技术在体育场预制看台管理应用中的研究[J]．住宅与房地产，2018，10：109-110.

作者简介： 张玮玮（1997—），男，助理工程师。主要从事BIM方面的研究。

杨　斌（1982—），男，高级工程师。主要从事索膜方面的研究。

薛　成（1992—），男，工程师。主要从事钢结构方面的研究。

周碧云（1986—），男，工程师。主要从事土建方面的研究。

杨晓雨（1996—），女，助理工程师。主要从事看台方面的研究。

轨道交通车辆段钢骨架轻型外墙板施工技术

刘传硕　高　洋　翁金印
（中建八局第三建设有限公司，江苏 南京，210046）

摘　要：随着我国建筑行业的迅猛发展，国家大力推广绿色装配式建筑，各种新型材料被广泛应用到现场施工中，传统砌体外墙的劣势已逐渐被放大。本文所选钢结构单体外墙均采用钢骨架轻型外墙板，采用钢骨架轻型外墙板新型建筑材料和门式刚架相结合施工工艺，通过外墙板预制技术、外墙板与主钢结构连接技术以及外墙板板缝封堵技术的研究，为今后类似的外墙板安装提供了宝贵的经验。
关键词：轨道交通；钢骨架外墙板；墙板焊接；板缝封堵

Construction technology of steel frame light exterior wall panel for rail transit depot

Liu Chuanshuo　Gao Yang　Weng Jinyin
（The Third Construciton Co.，Ltd. of China Construction Eighth Engineering Division，Nanjing 210046，China）

Abstract: With the rapid development of our country's construction industry, the country has vigorously promoted green assembly buildings, and various new materials have been widely used in on-site construction. The disadvantages of traditional masonry exterior walls have gradually been magnified. In this project, the steel structure monomer exterior walls all use steel skeleton light wall panels, and the new building materials of steel skeleton light wall panels are combined with the construction technology of portal rigid frame. Through the research on the prefabrication technology of wall panels, the connection technology of exterior wall panels and the main steel structure and the joint sealing technology of wall panels, valuable experience is provided for the similar exterior wall panel installation in the future.
Keywords: rail transit; steel frame exterior wall panel; wall panel welding; plate seam sealing

1　工程概况

1.1　钢骨架外墙板单体设计概况

本工程为无锡至江阴城际轨道交通施工 PPP 项目花山车辆段，位于江阴市，总占地面积约 32 亩，总建筑面积约 6.5 万 m^2，共包含 16 栋单体。其中运用库、检修库、工程车库、物资总库主跨为钢结构库房，外墙均采用 GQB2620-1 型钢骨架轻型外墙板，边肋选用 C70×40/50×2.5，芯材厚度为 100mm。

1.2 施工技术特点

（1）钢骨架轻型外墙板采用工厂预制，无须进行现场混凝土浇筑，简化了施工现场工序，施工流程少，降低了施工难度，减少了建筑垃圾的产生。

（2）外墙板安装机械化程度高，施工方法灵活，安装简便快捷、安全，施工周期短。

（3）外墙板安装质量易保证，板缝处理简单，避免了灰缝不密实、振捣不实等带来的渗漏风险。

（4）施工噪声小，减少了施工扰民因素。

1.3 施工技术重难点

（1）钢结构安装精度要求高

通过焊接方式将钢骨架轻型外墙板固定在主钢结构上，对主钢结构钢立柱、钢横梁的垂直度要求较高，安装完成后需保证外墙板的垂直度、平整度满足要求，不得出现错台、凹凸不平等质量缺陷的情况。

（2）板缝抗裂要求高

外墙板板缝宽度10mm，板边为钢边肋，板缝位置为不同材料交界处，对嵌缝材料的吸附效果较弱，因此，对嵌缝的质量要求较高，避免后期开裂。

（3）焊接质量要求高

钢骨架轻型外墙板主要固定方式为焊接，且焊点较多，焊缝长度、焊缝防锈、焊点数量等焊接质量需满足要求，规避后期沉降开裂的风险。

（4）细部节点多且复杂

外墙部位细部节点较多，施工前需提前深化排版，外墙板阴阳角构造、窗口剖面构造、门剖面构造、外墙变形缝处构造、水落管固定构造、雨篷位置构造等需提前深化，保证排版合理，节点细部做法详细，规避后期渗漏风险。

2 施工工艺

（1）施工流程

施工准备→测量放线→墙板吊装就位→调节板缝间距→墙板焊接→嵌缝→验收，见图1。

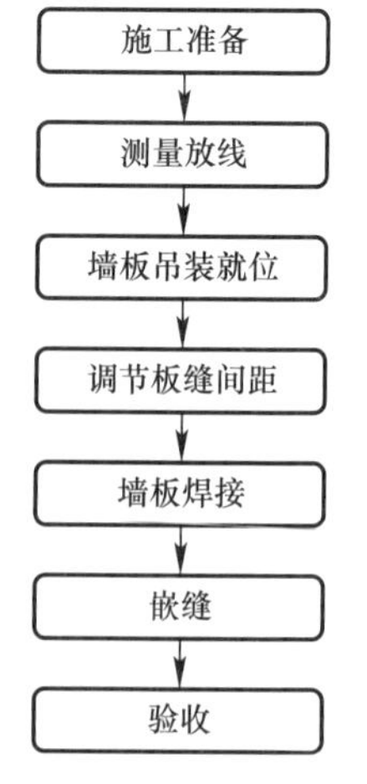

图1 工艺流程示意图

（2）工艺原理

①改变原有施工工艺，将传统的墙体砌筑及混凝土浇筑改为工厂预制板材，采用高强度轻质混凝土及钢筋网架结构，选用密度600级轻质芯材，具有轻质、高强、节能、节材、隔声等优点。通过工厂预制板材和现场装配式安装，简化现场工作流程，减小现场作业量。

②建立BIM模型，对轻质板进行排版深化，现场采用汽车式起重机按排版图进行吊装，机械化程度高，可采取多台机械分区段同时作业，缩短工期。

③外墙板与主钢结构采取焊接的方式固定，采用四点焊接，其中三点与墙梁连接，一点通过连接板与相邻墙板连接。外墙板与墙梁连接的焊缝长度不小于60mm，焊脚尺寸为4mm。外墙板通过

焊接方式与钢结构融为一体，保证了墙板的稳定、安全，同时符合整体的抗震要求。

④外墙板安装固定完成后，应对板缝位置进行填充。墙板与墙板之间缝隙宽 10mm，应用聚氨酯泡沫封堵密实，缝隙表面采用 5mm 厚抗裂砂浆抹平。

3 施工技术研究

3.1 钢骨架轻型外墙板预制技术

深化排版生产：根据钢结构单体外立面形状利用 BIM 制定模具样式，主要将门窗、雨篷、变形缝部位等内容进行深化，厂家依据排版图进行生产。

原材料准备：原材料主要包含钢材（主肋、端肋、副肋、加强肋、连接件等）、钢筋（板受力筋、分布筋，采用 CDW550 级冷拔低碳钢丝焊接网片）、焊条、芯材等。

钢骨架轻型外墙板采用工厂预制，采用冷弯薄壁型钢主肋及端肋骨架，板受力筋、分布筋采用 CDW550 级冷拔低碳钢丝焊接网片，芯材采用密度 600 级水泥基轻质复合材料，耐火极限 2h，空气隔声量为 35～40dB，板材干表观密度为 560～650kg/m^3，立方体强度≥3.5MPa，劈裂抗拉强度≥0.6MPa，弹性模量≥2.2GPa，导热系数 0.11～0.14W/(m・K)，蓄热系数 2.4～2.7W/(m^2・K)。

通过工厂预制，无须进行现场混凝土浇筑，简化了施工现场工序，施工流程少，降低了施工难度，减少了建筑垃圾的产生。且工厂预制不受天气影响，能够提高施工速度，缩短施工工期，尤其适用于如花山车辆段这样工期紧张的项目。

3.2 钢骨架轻型外墙板与主钢结构连接技术

（1）墙板吊装就位

施工前对主钢结构的垂直度进行复核，确认合格后开始吊装。将卡环卡在板材侧面的吊点位置，吊运到相应的安装位置，安装顺序如下：将板吊至支托位置→用撬棍慢慢移动撬入→依据外墙边线用水平尺调整平整度和垂直度→点焊固定一个点，再进行垂直和水平调整→点焊两个角，松开吊带→四角焊接固定，补焊焊点。吊装时派测量员复核外墙板位置，并用靠尺板复核垂直度。

（2）调节板缝间距

依据图集《钢骨架轻型板》19CJ20/19CG12 要求，板缝间距不得超出规范允许偏差范围，板缝宽度偏差不得大于 10mm，垂直度偏差不得大于 20mm。

（3）墙板焊接

钢骨架外墙板采用焊接方式固定在主体钢结构上，焊缝等级三级，所有焊缝应满足规范要求，均匀饱满、过渡平滑、无焊渣和飞溅物，不得有气孔、夹渣等质量缺陷，焊缝涂刷防锈漆防锈。外墙板安装要求四点焊接连接（四个角），至少保证三点与墙梁连接（其中两点竖向焊，一点水平焊），一点通过连接板与相邻墙板连接，详见图 2。外墙板与墙梁连接的焊缝长度不应小于 60mm，焊脚尺寸为 4mm。板与板之间用 3mm 厚钢板连接，间距为 1.5m 一道，以保证墙面板的

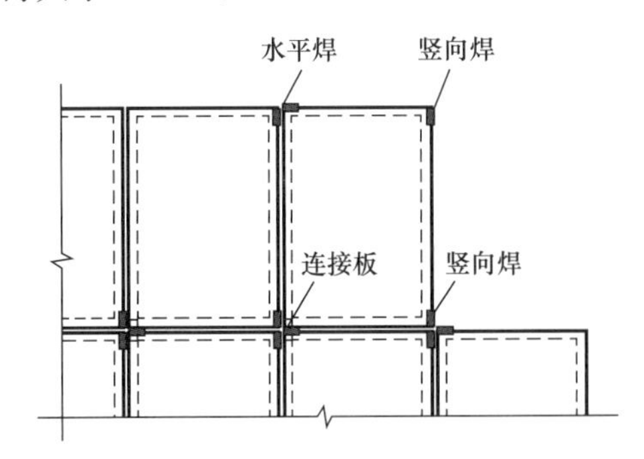

图 2　外墙板安装连接示意图

整体性，详见图3。

3.3 钢骨架轻型外墙板板缝封堵技术

外墙板安装固定完成后，需对板缝进行填充。板缝宽10mm，缝内采用聚氨酯泡沫填充，外侧用5mm厚抗裂砂浆抹平，详见图4。后续外装饰面施工过程中，板缝位置设抗裂纤维网增加拉结，降低后期板缝开裂的风险。

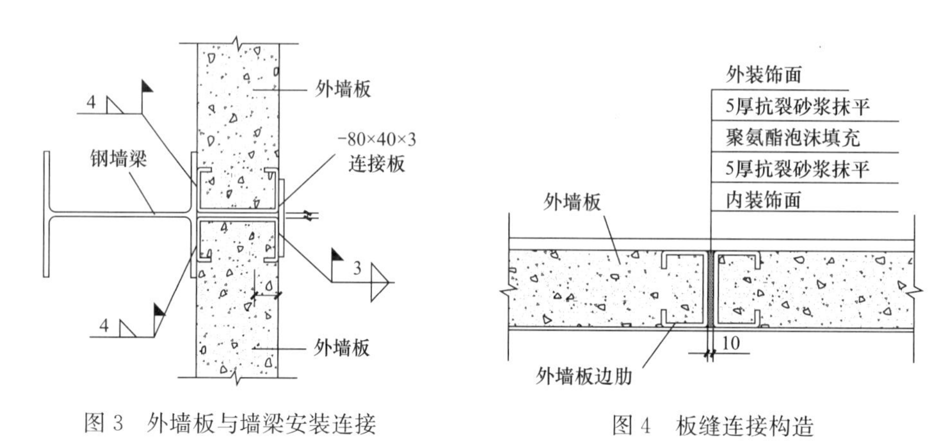

图3 外墙板与墙梁安装连接

图4 板缝连接构造

3.4 钢骨架轻型外墙板细部节点安装技术

（1）外墙门窗构造

根据外墙板深化排版图，墙板安装过程中预留出门、窗的位置，复核门、窗的净空尺寸满足要求。外墙门窗部位，门框、窗框通过自攻螺钉固定在外墙板边肋上，门窗部位封堵不严易发生渗漏，门框、窗框与墙板之间采用密封胶封堵严密，规避后期渗漏风险。

（2）变形缝处外墙板构造

外墙变形缝宽150mm，内外两侧采用0.8mm厚镀锌钢板通过自攻螺钉固定在外墙板边肋上，考虑防水效果，镀锌钢板与墙板之间填充聚氨酯泡沫，两侧密封胶抹平收口，变形缝内填充岩棉，详见图5。

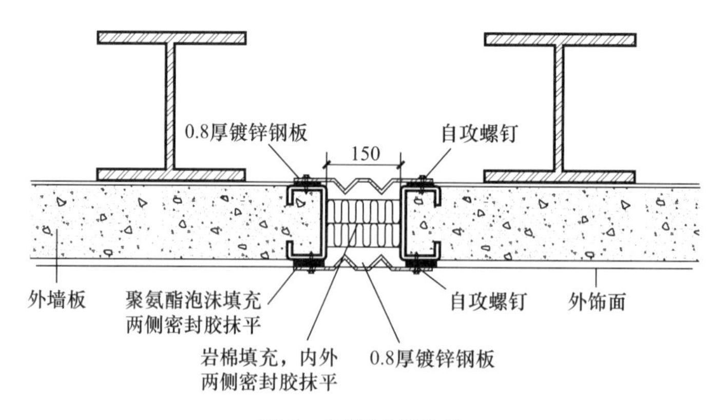

图5 板缝连接构造

（3）水落管固定构造

外墙水落管采用30mm×3mm扁钢卡子连接，自攻螺钉固定于墙板边肋，详见图6。

（4）雨篷挑梁位置墙板构造

雨篷挑梁与外墙板接缝处采用0.8mm厚镀锌薄钢板泛水板，上端使用尼龙胀栓固定于外墙板上，下端置于钢结构雨篷上，起到防水效果（图7）。

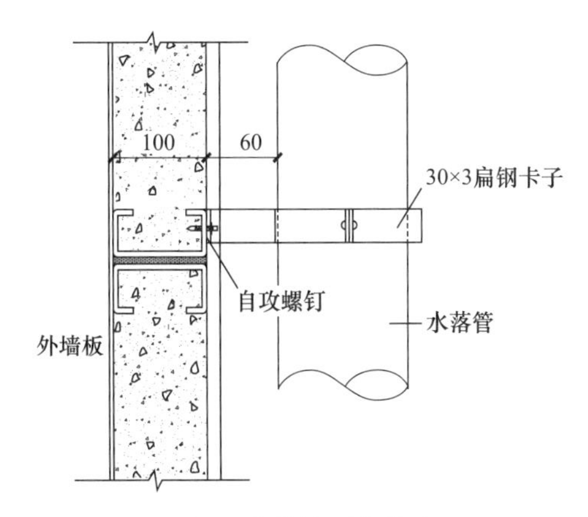

图6　水落管固定构造

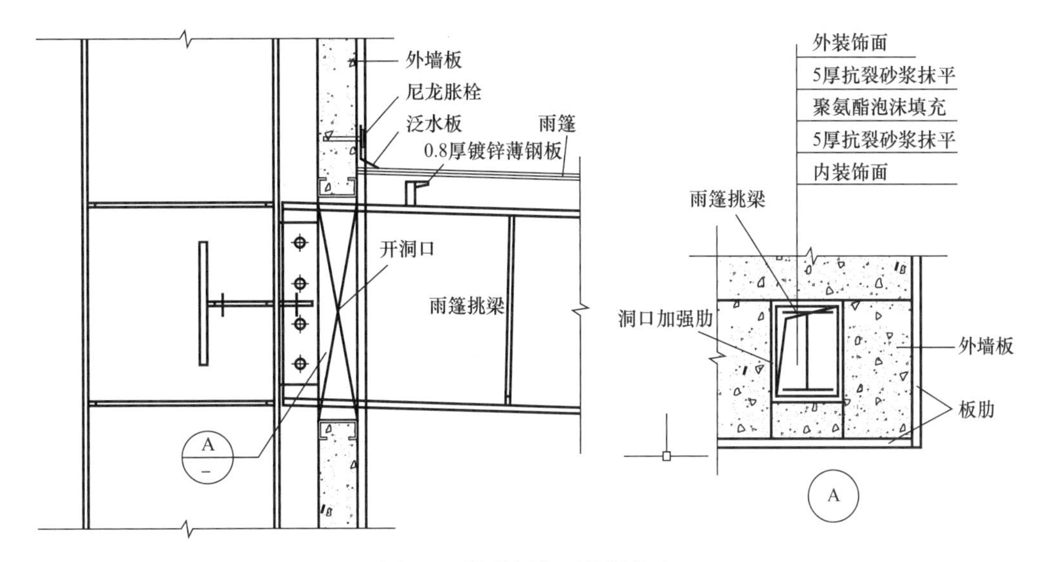

图7　雨篷挑梁位置墙板构造

4　材料和设备

4.1　材料

主要材料一览表见表1。

主要材料一览表　　表1

序号	材料名称	型号规格	备注
1	外墙板	100mm厚	
2	连接钢板	−80×40×3	
3	焊条	E43	

4.2 设备

主要设备一览表见表2。

主要设备一览表 表2

序号	设备名称	型号规格	备注
1	汽车式起重机	25t	吊装
2	平板车	—	吊装
3	曲臂车	28m	
4	叉车	10t	
5	电焊机	ZX7-315	
6	对讲机	摩托罗拉	

5 质量控制

5.1 质量标准

本技术执行《钢骨架轻型板》19CJ20/19CG12、《钢骨架轻型预制板应用技术标准》JGJ/T 457—2019、《钢骨架轻型屋面板、楼层板、墙板》Q/TX TJX0001—2012等标准和图集的规定。

5.2 质量控制措施

（1）原材料控制

钢骨架轻型外墙板所使用的板材、焊条、嵌缝材料等的质量，应符合设计要求及国家现行产品标准的规定，并及时取样送检，检验合格后，方可使用。

（2）技术控制

1）焊缝的质量应满足设计要求，并应符合国家现行钢结构焊接和施工规范的要求。

2）门窗、雨篷、变形缝等细节处的连接节点应符合设计要求。

3）施工前对施工人员进行技术交底，明确质量控制标准和验收要求。施工过程中派专职质量员对外墙板安装质量进行复核及检查。

5.3 质量保证措施

（1）落实工序报验制度，每道工序施工完成，必须及时报验监理，否则不得进入下一道工序施工。

（2）落实首件验收制度，根据《江苏省住房和城乡建设厅关于加强装配式混凝土结构建筑工程质量安全管理的通知》相关规定要求，建立建设单位、设计单位、施工单位、监理单位、预制构件生产单位五方主体的首件验收制度，通过后再进行大规模施工。首件验收内容主要为板材送检、焊接材料、嵌缝材料、现场吊装条件。

5.4 验收要求

（1）一般规定

1）墙板安装连接并补漆后，对预制墙板的板间缝宽进行检验，安装后的板间缝隙应均匀一致，最大缝宽不宜超过30mm，板上洞口位移偏差不应大于30mm，抽检纵、横缝总数量的2%，纵、横缝数量应各占50%。

2）主控项目全部合格，一般项目检验结果应有80%及以上的检验项目合格，各检验批的质量检查记录、质量证明文件等资料应完整。

（2）主控项目

钢骨架轻型板应进行结构性能检验（最大挠度达到板跨度的1/50，受拉主筋处的芯板最大裂缝宽度达到1.5mm视为板材已达到承载力极限状态）及安装连接可靠性检验。

（3）一般项目

1）预制板尺寸允许偏差（mm）需满足要求，长度、宽度允许偏差+3，−5，厚度+7，−3，表面平整度5。

2）预制板芯板外观质量不得有漏网、蜂窝麻面、裂缝、掉皮等质量缺陷。

3）嵌缝应饱满密实、平整美观，不得有缺漏。

4）安装后的板间缝隙应均匀一致，最大缝宽不得超过30mm，板上洞口位移偏差不得大于30mm。

6 安全注意事项

认真贯彻执行“安全第一、预防为主、综合治理”的方针，明确安全责任，各尽其职。施工人员要认真遵守国家安全规章制度，遵守施工现场的安全规定。项目部建立健全安全管理机构，设专职安全员。上岗人员坚守岗位，各司其职。

（1）根据墙板重量做好墙板吊装所用汽车式起重机的选型、吊运分析、吊索具的选择、进场验收，以及吊装路线的硬化等，确保吊装安全。

（2）板材吊装过程中做好与钢结构防碰撞的安全措施，吊装前必须开具吊装令，由生产经理及安全总监审批，并派专职安全员进行吊装旁站。

（3）加强构件运输的安全防护，将外墙板按排版序号或按施工先后顺序，依次存放于构件堆放场地，严禁乱摆乱放，避免造成构件倾覆等安全隐患。

（4）遇有六级以上大风、雾天、雨天等恶劣天气应停止吊装作业。

7 环境保护措施

（1）装配式结构施工过程，明确环境保护目标。

（2）深入广泛开展施工环境管理，划分责任区并定期组织检查，同时设立环境保护奖罚制度。

（3）吊装场地合理布置、材料集中堆放，设置安全防护，做到标牌醒目，场地干净文明，不得占用临时便道。

（4）在预制构件安装施工期间，应严格控制噪声，加强环保意识的宣传。

（5）做到工完场清，每天下班后安排专人对施工产生的废弃物、垃圾等进行清理，保证垃圾不过夜。

8 效益分析

（1）经济效益

该技术在花山车辆段项目得到成功的应用，不仅节约了施工成本，而且为今后类似工程积累了经验，取得了较好的经济效益。

（2）社会效益

该技术在花山车辆段项目得到成功运用后，经检查验收，达到设计和规范的要求，施工质量得到业主、监理和设计的好评。该技术施工噪声小，效率高，可以有效减少施工扰民和噪声等环境污染问题。另外节省了脚手架搭设、钢筋绑扎、模板支立、浇筑混凝土等大量的繁杂工作，缩短结构施工工期。该技术适用于高度不超过30m的工业与民用建筑，既是装配在主体结构上的非承重外墙围护挂板，又体现了节约型社会的发展目标，因此钢骨架轻型外墙板新型建筑材料和门式刚架钢结构综合施工工艺具有很好的社会效益。

（3）环境效益

该技术从工艺原理上充分考虑文明施工，减少了砌筑材料的使用，节省了脚手架、钢筋、模板、混凝土等大量的材料，减少了建筑垃圾的产生，积极响应国家绿色建造、节能减排的号召，能大幅度提升环境效益。

9 结束语

轨道交通智能化车辆段钢骨架轻型外墙板施工技术工艺简单，采用设备少，安装快，大大缩短工期。与其他屋面形式相比减少了含钢量，自重轻，且节能环保、防火防水、耐久装饰等功能较好，可越来越多地应用到工程中。

通过对钢骨架轻型外墙板施工技术的研究，项目全员对钢骨架轻型外墙板安装的各项工序的工艺特点及技术要求、质量验收标准有了更清晰的认识，强化了专业技术水平，对一些关键部位技术难点的解决积累了宝贵的经验，为后期工程的顺利开展打下了良好的基础，践行了本项目的技术支撑理念，开拓了全体员工的技术创新思路，为解决更大难题积累了经验，增强了信心。

参考文献

［1］ 王涛．钢骨架轻型板施工技术［J］．施工技术，2011，40（S2）：168-170.

［2］ 李强．钢骨架轻型板施工技术［J］．山西建筑，2012，38（10）：114-115.

作者简介： 刘传硕（1995—），男，本科，工程师。主要从事轨道交通、基础设施方面的施工。

高　洋（1988—），男，本科，工程师。主要从事轨道交通、基础设施、学校、超高层方面的施工。

翁金印（1989—），男，本科，工程师。主要从事轨道交通、基础设施、厂房、超高层方面的施工。

体外预应力CFRP筋加固T形截面混凝土梁受弯承载力试验研究

于义翔[1]　丁占华[2]
（1. 佛山市万科置业有限公司，广东 佛山，528000；
2. 南通致城房地产开发有限公司，江苏 南通，226007）

摘　要：为了研究体外预应力加固技术在铁路桥梁中的应用，本文通过两根体外预应力CFRP筋加固T形截面钢筋混凝土梁和一根未加固梁的静力试验，分析了梁的破坏形态、正截面应变分布、极限承载力、CFRP筋应力，研究了CFRP筋体外预应力加固钢筋混凝土简支梁的受弯力学性能。试验结果表明平截面假定对于CFRP筋加固梁仍然成立；相较于未加固梁，体外预应力CFRP筋加固可以显著提高梁的开裂荷载、受弯承载力、整体刚度，限制梁裂缝开展和变形。基于试验，运用无粘结预应力结构体系对CFRP筋加固梁的抗弯承载力进行计算，计算值与试验值误差在10%以内，可供实际工程设计参考。
关键词：体外预应力加固；CFRP筋；T形截面混凝土梁；受弯性能

Experimental study on flexural capacity of reinforced concrete T beams externally prestressed with CFRP bars

Yu Yixiang[1]　*Ding Zhanhua*[2]
(1. Foshan Vanke Co., Ltd., Foshan 528000, China;
2. Nantong Zhicheng Real Estate Development Co., Ltd., Nantong 226007, China)

Abstract: To study the application of external prestressing strengthening method in railway bridge, this paper conducted static tests on two reinforced concrete T beams externally prestressed with CFRP tendons and one unstrengthened beam. Failure pattern, strain distribution along the depth, ultimate capacity, and CFRP stress were investigated to study the flexural behavior of concrete beams. The experimental results verified that plane section assumption is valid for CFRP strengthened concrete beams. The cracking load, flexural capacity and flexural stiffness were significantly improved. The cracks and deformation were confined. The calculation method of CFRP strengthened reinforced concrete beams was proposed, and the error between the calculated result and the experimental result was within 10%. This study can be provided as the engineering design reference.
Keywords: external prestressed reinforcement; CFRP tendon; concrete T-beam; flexural behavior

引言

铁路桥梁工程作为国民经济建设的重要部分，在近些年得到迅速发展。纵观我国重载铁路运输现状和国际重载运输的发展趋势，我国今后重载运输主要发展方向是将既有线路轴重逐步提高到27～30t，而新建线路按照轴重30t建设[1]。因此，对现有铁路桥梁的加固就成了当前重载运输铁路工程的重要课题。

体外预应力加固技术由于具有不中断交通，不显著增加桥梁自重且施工快速[1] 特点，因而能够在工程中有较多的应用，成为一种有效的加固方法。而传统的体外预应力加固技术中通常采用钢绞线作为体外预应力筋，裸露在外面的钢绞线存在锈蚀问题，为减少锈蚀带来的工程问题，国内外逐渐采用CFRP筋替代钢绞线[2] 进行体外预应力加固。

CFRP筋具有抗拉强度高、徐变松弛小、抗疲劳性能强[3] 等优良力学性能，特别适合作为预应力混凝土结构中的预应力筋。然而和钢材相比，其横向抗压强度和抗剪能力较低[4]，致使不能采用传统锚固方式对其进行锚固。国内外已有诸多学者对体外预应力CFRP筋受弯构件进行了研究[5-11]。国内外对CFRP筋锚具的研究已取得一定的成果，目前研发的锚具类型主要有机械夹持式、粘接式、夹片式等。通过不同方案的对比分析和反复试验，本文选择了夹片式锚具，其由包裹在碳纤维筋上的铝套管、夹片、外锚环三部分组成，具体设计尺寸见图1。国内外学者对CFRP筋与夹片式锚具受力性能方面进行了研究[12-14]。但CFRP筋体外预应力加固桥梁主要存在的问题是缺少较为实用的张拉锚固装置。本文采用国产CFRP筋作为体外预应力筋，制作了混凝土模型梁，对CFRP纤维材料体外预应力加固技术进行了创新，提出一套简单方便的新型张拉锚固装置和方法，有效解决了传统锚固方式中CFRP筋横向受剪过大的问题，提高桥梁的受拉抗弯能力。

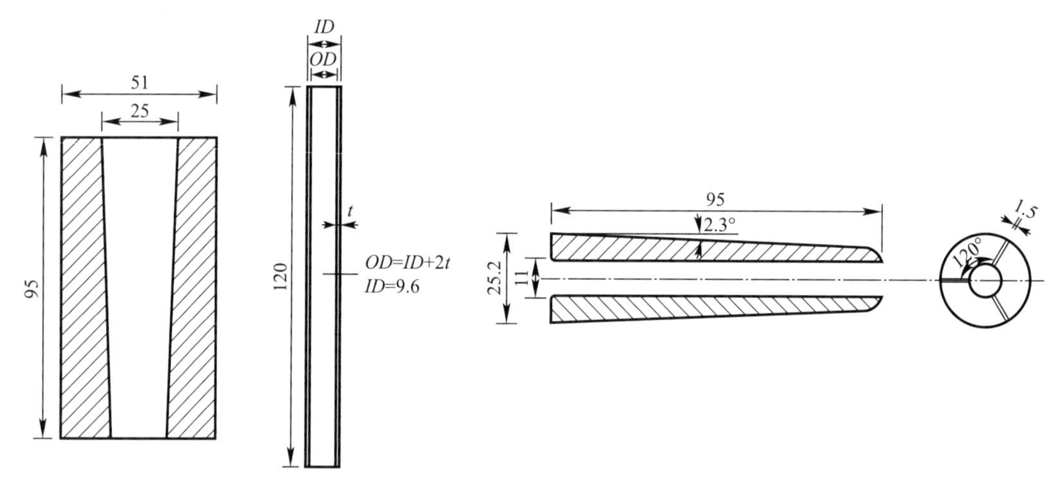

图1 锚具示意图

1 试验概况

1.1 试件设计

本文试验主要考虑CFRP筋加固梁，采用不同张拉控制应力对钢筋混凝土梁受弯性能的影响。本文试验所用试件按“强剪弱弯”原则设计，共 3 根试件。混凝土梁全长 3.2m，净跨 3m，梁底配置 2 根 $\phi16$ 的 HRB335 钢筋，箍筋采用 $\phi8$ 的光圆钢筋，跨中 1m 范围内间距 200mm，端部间距 100mm。试件编号及主要参数见表 1。CFRP 筋长 3.1m，张拉控制应力 $\sigma_{con}=(0.2\sim0.4)f_{pu}$[15]，截面配筋如图 2 所示。混凝土设计强度为 C30，试件在同等条件下养护 28d，实测立方体抗压强度平均值为 28.2MPa，纵向受拉钢筋屈服强度为 423MPa，CFRP 筋和锚具组装件的抗拉强度平均值 $f_{pu}=1300$MPa，CFRP 筋弹性模量 $E_p=117$GPa。

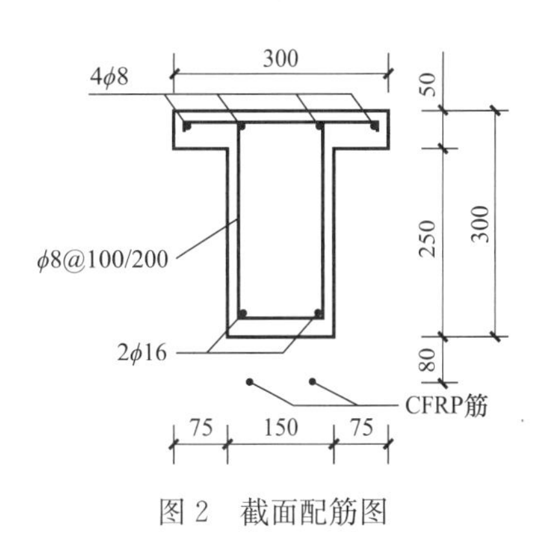

图 2　截面配筋图

CFRP 筋的抗拉强度高，但是其抗剪性能较差，所以使用中不宜将 CFRP 筋布置成折线型，因此设置转向块以保持 CFRP 筋接近直线。预应力加固桥梁时会受到墩台等空间的限制，通过锚固装置和转向块将 CFRP 筋的拉力转化为梁所承受的压力，提高了梁的下部抗拉能力，进而提高了梁的整体承载力。体系中的 CFRP 筋将拉力通过锚固装置转化成对梁的压力，从而实现对梁的加固保护，防止梁下部产生裂缝或防止裂缝扩展加深。如图 1 为锚具示意图。

试件编号及主要参数　　**表 1**

试件编号	混凝土强度等级	ρ_s(%)	σ_{con}/f_{pu}(%)	f_{pe}(MPa)
普通梁 B40-16	C30	0.89	0	—
S40-16-1	C30	0.89	26	269
S40-16-2	C30	0.89	33	376

注：B 表示未加固梁，S 表示加固梁，字母后的第 1 个数代表混凝土等级，第 2 个数代表体内非预应力筋直径，第 3 个数据代表加固梁的试件编号；ρ_s 表示体内非预应力筋配筋率；f_{pe} 为 CFRP 筋有效预应力。

1.2　锚固装置和方法的优点及试验情况

和传统的体外预应力装置相比，本装置具有以下优点：

第一：本装置由 CFRP 筋、转向块、锚固装置三部分组成，结构组成简单，对梁的重量增加较轻，安装、检查、维修以及更换方便；

第二：通过转向块有效地缓解了 CFRP 的剪力，充分发挥 CFRP 筋抗拉性能好而抗剪性能差的特点；

第三：转向块通过 CFRP 筋而受到一个向上的力而平衡，无须打孔固定，对梁伤害小，而锚固装置通过螺杆与梁相连，只有一个孔，对梁的伤害小；

第四：L 形钢板与 CFRP 筋方向垂直且可以绕螺杆沿梁侧面旋转，通过 L 形钢板可以调整 CFRP 筋的方向，L 形钢板将传来的压力有效地转化为梁的压力，减小孔的集中应力，保证螺杆和孔处的安全；

第五：通过旋转双套筒螺旋装置给 CFRP 筋施加预应力而无须借助于千斤顶等实力装置，实际简单、操作方便，且通过双套筒的位移有效地控制 CFRP 筋的预应力大小；

第六：整个装置可以根据梁的尺寸预制各部件，不需要现场焊接，制作方便，安装快速，成本低廉，可量产。

本体系中锚固装置的双套筒结构在前期装配时通过人工施力旋转将螺旋拧紧，为碳纤维筋施加预应力，从而将转向块紧紧固定在梁中间。在梁受力弯曲后，转向块受压，同时对碳纤维筋施加力，碳纤维筋随梁一起带动锚固装置转动，而碳纤维筋受拉，产生拉力，合力向上与压力平衡，从而使梁的力转化为碳纤维筋的拉力。其中在转向块处，碳纤维筋受拉力，与转向块接触处表面产生剪力，随碳纤维筋转动，剪力时刻与碳纤维筋垂直。

锚固装置处，L形钢板与CFRP筋方向垂直且可以绕螺杆沿梁侧面旋转，L形钢板将装置传来的压力有效地转化为梁的压力，减小孔的集中应力，保证螺杆和孔处的安全。固定螺栓将L形钢板固定在梁上，拉力与螺栓产生的拉力相平衡，同时剪力转化为螺栓所受的剪力，在保证螺栓强度的条件下，L形钢板不会被破坏。

整套加固系统已成功运用于CFRP筋体外预应力加固混凝土梁的疲劳试验，结果显示，加固梁的疲劳破坏模式表现为体外非预应力钢筋的疲劳断裂，未出现CFRP筋断裂及锚具所受应力超过钢材屈服应力而导致锚具失效现象。

1.3 试验张拉、加载装置与测量内容

如图3所示为CFRP筋的张拉锚固装置，通过扳手旋转张拉装置的内套筒，内套筒随之旋转出来，牵引锚具产生位移，从而使CFRP筋产生预应力，通过应变仪观察应变控制张拉应力，两根CFRP筋同步张拉，分4级单调张拉至控制应力，每级荷载持续5min。CFRP筋锚固张拉结束后，通过机械式千斤顶采用三分点方式对试验梁进行分级加载，每级持荷5min，每级荷载下测量：混凝土跨中位移、CFRP筋应变、体内钢筋应变等。如图4所示为CFRP筋体外预应力加固图示及加载布置和测点分布。

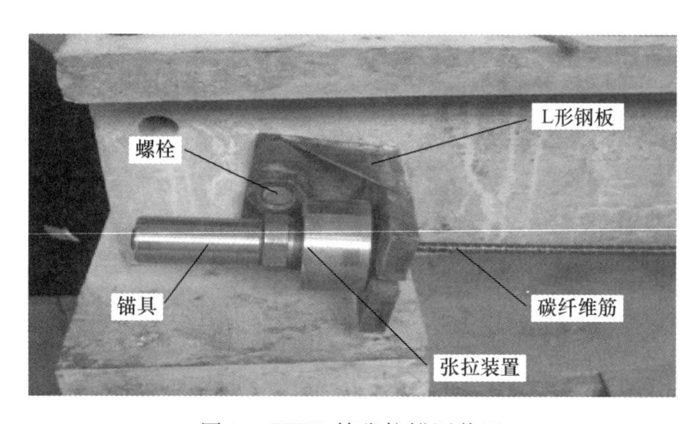

图3 CFRP筋张拉锚固装置

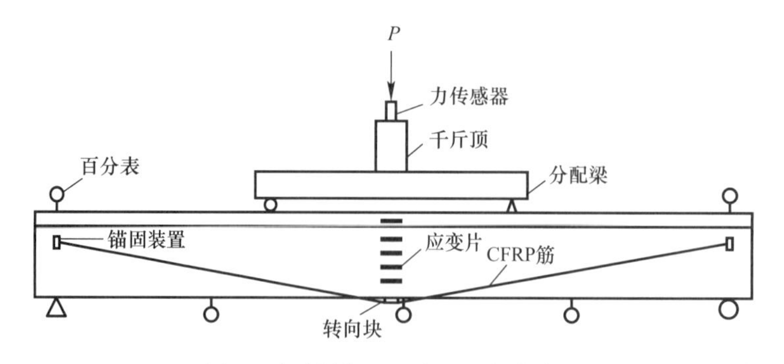

图4 试验梁加固示意图及加载布置

2 试验结果与分析

2.1 正截面工作阶段及受弯承载力分析

2.1.1 正截面工作阶段

如图 5 所示为梁的荷载-跨中挠度曲线图。由图可见，加固梁的挠度变化规律和普通梁相似，可分为三阶段描述。

第一阶段：弹性工作阶段。刚开始加载时，由于荷载较小，梁所承担的弯矩较小，试验所测得的各数据均随荷载呈线性变化。由于混凝土抗拉能力比较弱，在受拉区边缘混凝土首先表现出应变随荷载增长速度较快的塑性特征。体内钢筋、CFRP 筋的应变以及挠度的增量均较小且增长速度较小。这一阶段梁基本上处于弹性工作阶段。

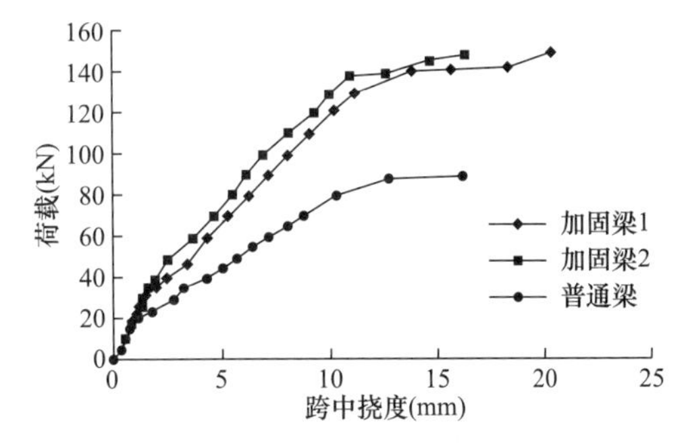

图 5 荷载-跨中挠度曲线

第二阶段：带裂缝工作阶段。在纯弯段抗拉能力最薄弱的某一截面处，当受拉区纤维的拉应变达到混凝土极限拉应变时，将出现第一条裂缝，即进入第二阶段——带裂缝工作阶段。混凝土一旦开裂，CFRP 筋的应力增长速度加快，故此裂缝出现时，挠度曲线出现第一个转折点，梁体的整体刚度减小，之后随着荷载的增加，梁的挠度增长速度加快，混凝土承受的拉力不断减小，受拉区的拉力主要由钢筋和 CFRP 筋承担。

第三阶段：破坏阶段。纵向钢筋屈服后，就进入第三阶段。钢筋屈服时，裂缝宽度随之扩展并沿梁高向上延伸，受压区混凝土的纤维应变也迅速增长，塑性特性表现更为充分。受拉区钢筋的应变基本上保持不变，受拉区的拉力主要由 CFRP 筋承担，随着荷载的继续增加，梁体的抗弯刚度进一步减小，挠度急剧增加，边缘纤维压应变达到混凝土的极限应变，此时截面已经开始破坏，试验在最后发现破坏区段内混凝土裂缝超过 1.5mm，如图 5 所示，梁随之丧失承载力。

2.1.2 受弯承载力分析

试验梁的受弯承载力如表 2 所示，从表中可以看出，与未加固梁相比，加固梁的开裂荷载、屈服荷载和极限荷载都有显著提高，随着有效控制应力的提高，开裂荷载得到有效提高，而对极限荷载的影响不大。可见 CFRP 筋对梁体有很好的加固作用。

受弯承载力试验结果 表 2

编号	开裂荷载 P_{cr}（kN）	提高幅度（%）	屈服荷载 P_{cr}（kN）	提高幅度（%）	极限荷载 P_{cr}（kN）	提高幅度（%）
B40-16	19.6	—	85.4	—	90.8	—
S40-16-1	35.0	78.6	126.8	48.5	148.6	63.7
S40-16-2	46.8	139	141.5	65.7	149.8	65.0

2.2 正截面破坏形态

在试验中发现所有试验梁的破坏特征均表现为：钢筋屈服后，梁体的挠度增长加快，随之裂缝逐渐加宽，且钢筋所在平面位置处的裂缝宽度达到1.5mm，而在破坏中锚具未出现拔锚现象，转向块处的CFRP筋未出现磨碎断裂现象，这说明锚具与转向块均是安全可靠的。裂缝宽度如图6所示。

梁体在极限状态下的裂缝分布图如图7所示。由图可以看出，加固梁相对于未加固梁裂缝多而密，而裂缝平均延伸高度较小，裂缝多集中于梁跨中分布，且从试验过程中发现，加固梁的裂缝相对于未加固梁的宽度较小，且随荷载的增加其宽度增长速度较为缓慢，而且出现裂缝的时间间隔较未加固梁长，由此可见，本装置加固下的混凝土梁的开裂性能得到很好的提高。

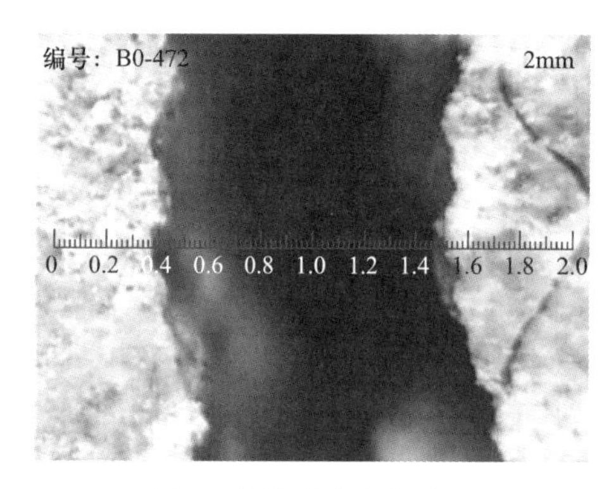

图6 梁体裂缝宽度测量

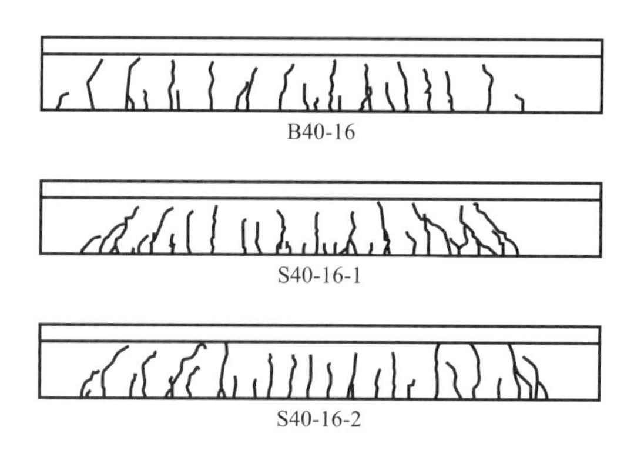

图7 梁体极限状态下裂缝分布图

2.3 跨中正截面应变分布

如图8所示为S40-16-1和S40-16-2荷载跨中混凝土应变分布图，图9为CFRP筋应变分布。由图8可知在梁体开裂以前即第一阶段时，混凝土梁平均应变沿梁高度呈线性变化，随着荷载增加，混凝土开裂，混凝土应变不再沿梁高呈线性变化，因此在试验过程中，梁体跨中截面的混凝土平均应变仍然符合平截面假定。

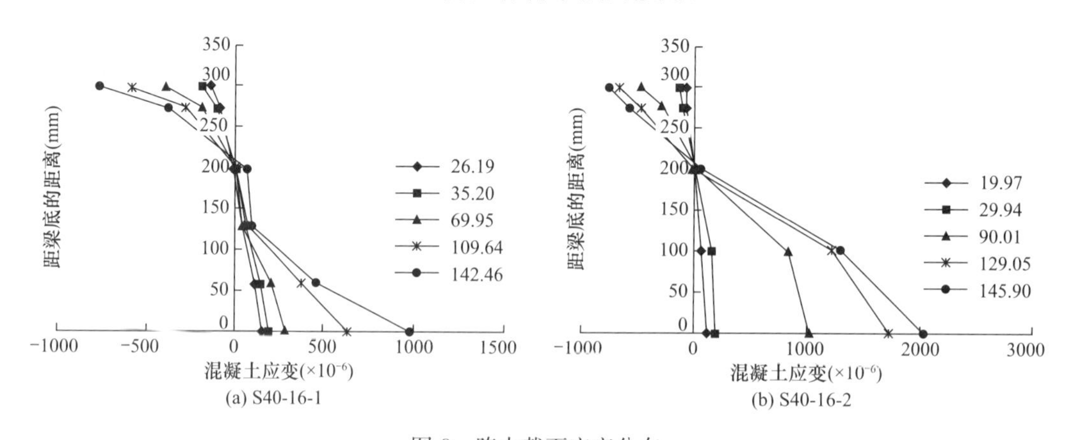

图8 跨中截面应变分布

如图9所示CFRP筋荷载-应变曲线图分三个区段：即混凝土开裂前、混凝土开裂后到钢筋屈服、钢筋屈服再到梁破坏。且每个阶段荷载-应变均呈线性关系，在混凝土开裂前由于荷载较小，混凝土承担一定的拉力，CFRP 筋的应变较小，且增长速度较慢，随着荷载的增加混凝土开裂，梁体的整体刚度降低，变形增大，此时 CFRP 筋的应变增大，且增长速度较快，受拉区拉力主要由钢筋和 CFRP 筋承担。当钢筋屈服后，由于梁体变形急剧增大，CFRP 筋的应变也随之急剧增大，此时受拉区拉力增量主要由 CFRP 筋承担，最后直至梁体破坏。

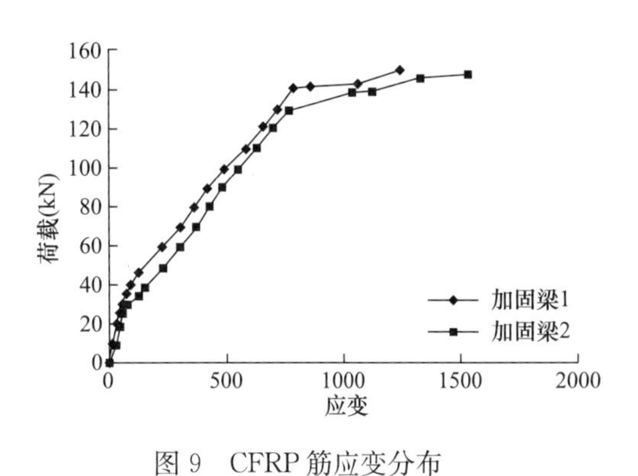

图 9　CFRP 筋应变分布

3　正截面受弯承载力计算方法

本试验梁正截面抗弯承载力计算的关键是计算 CFRP 筋的应力。Harajli 建立的无粘结预应力混凝土简支梁等效塑性铰区长度计算公式是以跨高比和荷载作用形式为主要参数：

$$Z_{\mathrm{p}}=0.5\frac{L}{f}+0.5d_{\mathrm{p}}+0.05Z \tag{1}$$

式中，f 为荷载作用系数，当荷载为跨中一点集中荷载时，f 取∞，Z 为尖跨长度[16]。已有诸多学者对 Harajli 模型进行了验证，计算结果和试验结果吻合较好。

3.1　CFRP 筋应力计算

根据《无粘结预应力混凝土结构技术规程》JGJ 92—2016 的规定，对于同时配有有粘结非预应力混凝土结构，其无粘结预应力钢筋的极限预应力以综合配筋指标 β_0 表示。对于碳素钢丝作无粘结预应力的受弯构件，在承载极限状态下无粘结预应力筋的应力设计值建议按以下公式计算（表 3）：

对于高跨比小于或等于 35，$\beta_0<0.45$ 的构件：

$$\sigma_{\mathrm{p}}=\frac{1}{1.2}[\sigma_{\mathrm{pe}}+(500-770\beta_0)] \tag{2}$$

$$\beta_0=\beta_{\mathrm{p}}+\beta_{\mathrm{s}}=\frac{A_{\mathrm{p}}\sigma_{\mathrm{pe}}}{\alpha_1 f_{\mathrm{c}}bh_{\mathrm{p}}}+\frac{A_{\mathrm{s}}f_{\mathrm{y}}}{\alpha_1 f_{\mathrm{c}}bh_{\mathrm{p}}} \tag{3}$$

本试验梁的高跨比和 β_0　　**表 3**

梁编号	跨高比	β_0
S40-16-1	10	0.23
S40-16-2	10	0.25

由表 3 可知，本试验可以采用公式（2）、公式（3）进行 CFRP 筋的应力计算。计算假定如下：

（1）试验梁受弯后，截面（不包括 CFRP 筋）仍保持为平面；

（2）不考虑混凝土开裂后的抗拉强度；

（3）体外预应力 CFRP 筋加固梁在体内非预应力钢筋屈服后，得到梁体的曲率分布；

（4）不考虑固定CFRP筋用的支撑板与梁体间的微小滑动；

（5）不计张拉锚固装置本身的变形；

（6）忽略二次效应。

3.2 正截面抗弯承载力计算

根据T形梁截面内力平衡条件：

第Ⅰ类截面（$\beta_1 c \leqslant h_f$）：

$$\alpha_1 \beta_1 f_c b'_f c = f_y A_s - f'_y A'_s + \sigma_p A_p \tag{4}$$

第Ⅱ类截面（$\beta_1 c > h_f$）：

$$\alpha_1 \beta_1 f_c [bc + (b'_f - b) h'_f] = f_y A_s - f'_y A'_s + \sigma_p A_p \tag{5}$$

式中，α_1 和 β_1 为受压区混凝土简化应力图形系数，按规范规定，当混凝土强度等级不超过C50时，$\alpha_1 = 1.0$，$\beta_1 = 0.8$，b、b'_f和h'_f分别为T形截面腹板宽度、受压区翼缘宽度和受压区翼缘高度，f_y、f'_y、A_s、A'_s分别为梁体受拉区和受压区非预应力筋抗拉强度与截面面积，A_p 为CFRP筋截面面积，f_c 为棱柱体抗压强度标准值，与立方体抗压强度转化关系为：$f_c = 0.88 \alpha_{c1} \alpha_{c2} f_{cu}$，C50及以下：$\alpha_{c1} = 0.76$，C40及以下：$\alpha_{c1} = 1.0$。

将公式（2）、公式（3）代入公式（4）或公式（5）可得极限状态下体外预应力CFRP筋加固混凝土梁截面的受压区高度：

第Ⅰ类截面：

$$c = \frac{f_y A_s - f'_y A'_s + \frac{1}{1.2}\left[\sigma_{pe} + \left(500 - 770 \frac{A_p \sigma_{pe}}{\alpha_1 f_c b h_0} + \frac{A_s f_y}{\alpha_1 f_c b h_0}\right) A_p\right]}{\alpha_1 \beta_1 f_c b'_f} \tag{6}$$

第Ⅱ类截面：

$$c = \frac{f_y A_s - f'_y A'_s + \frac{1}{1.2}\left[\sigma_{pe} + \left(500 - 770 \frac{A_p \sigma_{pe}}{\alpha_1 f_c b h_0} + \frac{A_s f_y}{\alpha_1 f_c b h_0}\right) A_p\right]}{\alpha_1 \beta_1 f_c b'_f} - \frac{(b'_f - b) h'_f}{b} \tag{7}$$

对体外预应力CFRP筋加固混凝土梁截面混凝土受压区作用点取矩得正截面承载力计算公式：

$$M_u = f_y A_s \left(h_s - \frac{\beta_1 c}{2}\right) + \sigma_p A_p \left(h_p - \frac{\beta_1 c}{2}\right) \tag{8}$$

式中，h_s、h_p 分别代表受拉钢筋和CFRP体外预应力筋到梁翼缘表面的高度。

将公式（6）或公式（7）代入公式（8）对本试验梁的极限抗弯承载力进行计算，并与试验值进行比较，如表4所示。

试验值与计算值比较 **表4**

梁编号	S40-16-1	S40-16-2
计算值（kN·m）	67.5	70.9
试验值（kN·m）	74.1	74.7
试验值/计算值	0.91	0.95

由表4可以看出本文提出的CFRP体外预应力加固梁受弯承载力计算公式对实际工程应用具有一定的参考价值。基于Harajli模型等效塑性铰区长度的预应力筋极限应力增量计算方法适用于CFRP筋预应力加固混凝土梁。

3.3 短期挠度计算

3.3.1 开裂前工作阶段

在 CFRP 筋体外预应力加固混凝土梁未开裂前，沿截面高度的混凝土和 CFRP 筋应变符合平截面假定，因此，可参照有粘结预应力混凝土短期挠度计算方法，取截面刚度的简化计算公式进行加固梁的短期挠度计算。此时，加固梁的短期刚度 B_s 为：

$$B_s = \beta_{cr} E_s I_0 \tag{9}$$

按结构力学的方法，其短期挠度 f：

$$f = k_1 \frac{M_k L^2}{B_s} \tag{10}$$

式中，k_1 为与荷载形式和试件约束相关的系数，对于简支梁三分点加载，取 0.1065；L 为梁的计算跨度；β_{cr} 为开裂刚度折减系数，本文 β_{cr} 取 0.75。

3.3.2 带裂缝工作阶段

（1）开裂弯矩计算

采用等效惯性矩法计算加固梁的短期挠度，除求得关键截面的开裂截面惯性矩外，还需计算其开裂弯矩 M_{cr}。

根据材料力学知识，开裂弯矩 M_{cr} 的计算公式为：

$$M_{cr} = (\sigma_{pc} + \gamma f_{tk}) W_0 \tag{11}$$

$$\sigma_{pc} = \frac{f_{pe} A_p}{A_0} + \frac{f_{pe} A_p d'_p}{W_0} \tag{12}$$

式中，σ_{pc} 为 CFRP 筋有效预应力对受拉区边缘混凝土产生的预压应力；γ 为截面抵抗矩塑性影响系数；f_{tk} 为混凝土抗拉强度标准值；W_0 为截面受拉边缘弹性抵抗矩；A_0 为截面有效面积；d'_p 为 CFRP 筋合力重心至截面形心轴的距离。

（2）短期挠度计算

梁体截面开裂以后，根据已计算的完全开裂截面惯性矩得到梁体截面的有效惯性矩。加固梁的短期刚度 B_s 为：

$$B_s = E_c I_e \tag{13}$$

在外荷载的作用下，加固梁的短期挠度 f 的计算方法同公式（10）。

3.3.3 计算结果与试验结果的对比

为了验证本文建立的短期挠度计算公式的合理性与有效性，利用上述公式对本文两根 CFRP 筋体外预应力 T 形截面混凝土加固梁进行计算，屈服挠度的试验值与计算值列于表 5。由表 5 可知，本文建立的 CFRP 筋体外预应力加固混凝土梁的短期挠度计算公式可为该加固系统的工程应用提供参考。

屈服挠度的计算值与试验值比较　　表 5

梁编号	S40-16-1	S40-16-2
计算值 f_y^{exp}	13.41	12.87
试验值 f_y^{cal}	12.71	12.02
f_y^{cal}/f_y^{exp}	0.95	0.93

4 结论

本文通过静力试验研究 CFRP 筋体外预应力加固梁的受弯性能，探讨加固梁正截面受弯承载力计算方法，可以得出以下结论：

（1）CFRP筋体外预应力加固梁的破坏阶段与普通梁相似，分为弹性工作阶段，带裂缝工作阶段以及破坏阶段。

（2）与未加固梁相比，CFRP筋体外预应力加固梁的受弯承载力和开裂荷载得到显著提高，梁体整体刚度增大。

（3）在忽略二次效应的条件下，由本文建立的CFRP筋体外预应力受弯承载力计算公式，其计算结果与试验值较为接近，可供实际工程参考。

参考文献

[1] 邱青云，童顺军. 体外预应力混凝土桥梁的发展现状及探讨［J］. 铁道标准设计，2000，20（5）：19-20.

[2] Grace N F，Tsuyoshi Enomoto，Saju Sach Idanandan. Use of CFRP/CFCC reinforcement in prestressed concrete box-beam bridges［J］. AC I Structural Journal，2006，103（1）：123-132.

[3] Uomoto Take to，Mutsuyoshi Hiroshi，Katsuki Futoshi，et al. Use of fiber reinforced polymer composites as reinforcing material for concrete［J］. Journal of Material in Civil Engineering，2002，14（3）：1912209.

[4] 熊学玉. 体外预应力结构设计［M］. 北京：中国建筑工业出版社，2005.

[5] MacDougall C，Green M，Amato L. CFRP tendons for the repair of posttensioned，unbonded concrete buildings［J］. Journal of Performance of Constructed Facilities，2011，25（3）：149-157.

[6] 于天来，张瓅元，耿立伟. 体外CFRP筋加固混凝土梁抗弯性能试验［J］. 沈阳建筑大学学报（自然科学版），2011，27（1）：70-78.

[7] 方志，李红芳，彭波. 体外CFRP预应力筋混凝土梁的受力性能［J］. 中国公路学报，2008，21（3）：40-47.

[8] Matta F. Externally post-tensioned carbon FRP bar system for deflection control［J］. Construction and Building Materials，2007，23（2009）：1628-1639.

[9] 王鹏，吕志涛. 采用CFRP筋施加体外预应力的分析［J］. 特种结构，2007，24（3）：80-84.

[10] Grace N F，Tsuyoshi E，Saju S，et al. Use of CFRP/CFCC reinforcement in prestressed concrete box-beam bridges［J］. ACI Structural Journal，2006，103（1）：123-132.

[11] 裴杰，邓宗才，杜修力. 体外预应力CFRP筋局部加固混凝土梁的研究［J］. 高科技纤维与应用，2006，31（2）：20-24.

[12] Al-Mayah A，Soudki K. A，Plumtree A. Experimental and analytical investigation of a stainless steel anchorage for CFRP prestressing tendons［J］. PCI Journal，2001，46（2）：88-100.

[13] 丁汉山，林伟伟，张义贵，等. CFRP预应力筋夹片式锚具的试验研究［J］. 特种结构，2009，26（2）：83-87.

[14] 蒋田勇，方志. CFRP预应力筋夹片式锚具的试验研究［J］. 土木工程学报，2008，（2）：60-69.

[15] 许锋. CFRP筋体外预应力加固钢筋混凝土梁受弯性能研究［D］. 武汉：武汉大学，2014.

[16] Harajli M. H. Effect of span-depth ratio on the ultimate steel stress in unbonded prestressed concrete members［J］. ACI Structural Journal，1990，87（3）.

作者简介：于义翔（1991—），男，硕士，工程师。主要从事建筑工程管理研究。

丁占华（1990—），男，硕士，工程师。主要从事新型复合材料研究。

城市内河航道钢箱提篮拱桥顶推受力分析研究

孙志威　陈　浩　郭洪存　赖洁伟　汤　垒
（中建八局第三建设有限公司，江苏 南京，210046）

摘　要：南通正场大桥为城市内河航道钢箱提篮拱桥，为保障下方航道通行，故采用多点步履式顶推施工。为保证工程安全，利用 Midas/Civil 有限元软件对顶推过程进行受力分析研究，并对顶推过程中的应力、应变实时监测，最终结果表明，现场胎架拼装、整体顶推的方法安全有效、节约了成本，缩短了工期、减少了水中施工风险，可为该地区类似的工程提供一定的参考与借鉴。
关键词：公路桥梁；钢箱提篮拱桥；顶推施工；监测

Analytical study on top thrust force of steel box lifting arch bridge over urban inland waterway

Sun Zhiwei　Chen Hao　Guo Hongcun　Lai Jiewei　Tang Lei
（The Third Construction Co.，Ltd. of China Construction Eighth Engineening Division，Nanjing 210046，China）

Abstract：Nantong Zhengchang Bridge is a steel box arch bridge for urban inland waterway，in order to protect the passage of the waterway below，so it adopts multi-point walk-type jacking construction. In order to ensure the safety of the project，Midas/Civil finite element software is used to analyze the force of the jacking process and monitor the stress and strain in the jacking process in real time. The final results show that the method of assembling the tire frame and jacking the bridge as a whole on site is safe and effective，saves the cost and time，reduces the risk of construction in the water，and provides a certain reference for the similar projects in the region.
Keywords：highway bridge；steel box lift arch bridge；jacking construction；monitoring

引言

随着公路工程的飞速发展，越来越多的城市开始对既有河道进行改造与拓宽，其中钢结构桥梁被广泛运用。目前钢结构桥梁施工方法主要有支架法、转体法及顶推法等。相比于其他两种方法，顶推法具有场地要求低、施工时间短、成本低，不影响河道通航等优势，因此被广泛运用。目前诸多学者及专家就顶推法工艺进行了诸多研究。田浩亮[1] 等利用 Midas/Civil 有限元软件分析了顶推过程中钢箱梁的关键不利工况及钢梁应力，优化了钢梁的设计；杨晓东[2] 等研究大跨度钢箱梁顶推施工技术，表明步履式顶推施工具有良好的预期效果；曹广飞[3] 等利用 Midas/Civil 对依托实际工程的步履式顶推施工过程进行分析与探讨；熊斌[4] 等研究大跨度钢箱梁顶推施工技术，表明多点同步步履式顶推具有安全可靠、经济合理的优势；庞振宇[5] 等对等跨度变截面钢箱梁桥顶推施工过程的受力及关键技术进行研究分析；陈友生[6] 等就软土地区的大跨度变截面系杆拱桥的顶推提出了创新施工技术；陈辉[7] 等以单跨 188m 系杆拱桥为例，对其顶推施工过程进行了研究；胡青松[8] 等对跨度网状吊杆钢箱拱桥顶推施工控制技术进行了研究；王锋[9] 等对钢箱叠拱桥顶推施工关键技术进行了研究；郝玉峰[10] 等利用 Midas/Civil 与监控相结合对钢箱梁步履式顶推施工受力特性进行了研究；陈光辉[11] 等利用有限元软件依托工程实际，对钢箱梁顶推的施工方法及施工质量控制进行了研究；陈利民[12] 等利用 Midas/Civil 对跨铁路拱桥顶推方案的设计与施工技术进行了研究。上述学者大多数结合数值模拟的方法对箱梁或者拱桥顶推过程的受力状态及施工关键技术进行分析研究。

因此本文将采用 Midas/Civil 有限元软件与监测手段相结合，研究城市内河航道钢箱提篮拱桥顶推施工过程桥梁的受力规律，为该地区类似的工程提供参考与借鉴。

1 工程概况

1.1 项目概况

正场大桥全长 381.48m，孔跨布置为（m）：（6×20）＋95＋(8×20)。其中主桥为 95m 跨下承式钢箱提篮拱桥，拱肋采用全焊箱形结构，设两片拱肋，拱肋间共设置 4 道横撑，拱肋中部用装饰板包覆；主桥系杆采用全焊平行四边形截面，系杆间用横梁连接，横梁顶采用正交异性桥面板；拱肋与系杆间共设置 16 对吊杆。

1.2 顶推方案

顶推法施工场地要求低、施工时间短、成本低，不影响河道通航，考虑到本工程工期紧、任务重，需要保障航道通行。因此采用“厂内分段加工＋现场胎架拼装、整体顶推＋张拉吊索”的施工方案。

1.3 施工重难点

（1）箱梁在纵向存在竖曲线，梁底面高差最大 0.8m，顶推面高低差大，稳定性、同步性要求高。

（2）高空拼装、吊装作业、水中施工作业多，安全管理难度大。

（3）钢梁及钢箱拱体积大重量重、分节大，制造、运输、现场拼装工艺要求高。

（4）吊索安装及索力、全桥线型调整难度大。

2 拱桥顶推施工

2.1 顶推方案

河道北侧场地开阔，临近道路，因此将河道北侧作为主桥的拼装场地。钢梁全桥布置 6 组顶推临时支架，陆地顶推支架 4 组，采用 ϕ820×10/ϕ609×8 钢管、河内顶推支架 2

组采用 ϕ820×10 钢管。分配梁采用 H488×300/H700×300、C20 槽钢作为横向连接系，柱底与预埋钢板角焊缝连接。其中陆地顶推支架 4 组（DT1～DT4）、河内顶推支架 2 组（DT5、DT6），利用既有墩台 2 组（6 号、7 号墩），每组顶推支架上设置 2 台 630t 步履式顶推千斤顶。

顶推临时墩之间跨度均为 48m。为减少临时墩受力及主梁结构应力水平，设置前导梁及后导梁结构，前导梁 28m 长，后导梁 6m 长。钢导梁与钢箱梁的腹板（纵隔板）之间采用焊接连接，左右各设 2 根，导梁平面线形和纵坡与钢箱梁保持一致。导梁采用变截面工字钢形式，上下翼缘板宽度 800mm，上翼缘板厚度为 12mm，下翼缘板厚度为 14mm，腹板厚度为 20mm，前导梁高度由悬臂端的 1.7m 变化至根部的 2m；后导梁高度由悬臂端的 0.9m 变化至根部的 2m。

在顶推过程中，由于箱梁在纵向存在竖曲线，梁底面高差最大 0.8m，通过采用超垫的方式使箱梁在顶推过程中能始终与步履式千斤顶紧密接触。

具体顶推施工流程如表 1 及图 1 所示。

顶 推 流 程 **表 1**

工况	描述	备注
第一阶段	主桥主体安装结束后准备顶推事宜，对步履顶进行试顶，检查设备工况	后悬臂 7.6m
第二阶段	将组拼完成的钢梁向前顶推 20m，使钢导梁搭至顶推支架 5，主梁尾部搭至临时顶推支架 2，纠偏	前悬臂 25.3m
第三阶段	继续向前顶推 19m。此时为顶推最不利工况，最大悬臂 44.6m。纠偏	前悬臂 45.8m，后悬臂 16.2m
第四阶段	继续向前顶推 26m，使前钢导梁前端搭至临时墩，主桥尾部搭至临时顶推支架 4，纠偏	后悬臂 14.3m
第五阶段	继续向前顶推 27.5m 至落梁位置	前悬臂 29.6m，后悬臂 7.7m
落梁	拆除钢导梁，落梁	

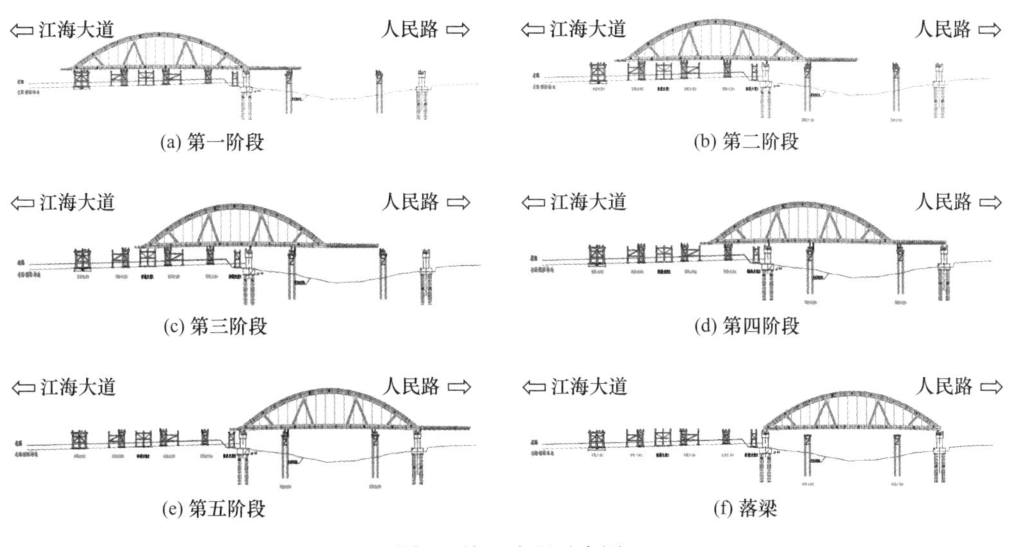

(a) 第一阶段 (b) 第二阶段
(c) 第三阶段 (d) 第四阶段
(e) 第五阶段 (f) 落梁

图 1 施工流程示意图

2.2 顶推过程模拟

采用 Midas/Civil 有限元软件进行顶推施工方案计算，将整个过程共划分为 6 个工况，对每个工况下临时墩反力、导梁前端挠度及应力、钢箱梁挠度及应力等进行计算。

主体结构除拱肋底板及系杆顶板采用 Q345qDZ25 钢外，其余拱肋、系杆、横梁、导梁均采用 Q345qD16，临时支架则采用 Q235 钢。Q345qD 钢材抗压、抗弯设计应力取值为 305MPa，抗剪设计应力取值为 175MPa；Q235 钢材抗压、抗弯设计应力取值为 215MPa，抗剪设计应力取值为 125MPa。

计算主要考虑钢主梁、钢导梁及临时墩自重，顶推水平力，纠偏水平力，施工荷载，主梁及拱肋风荷载。其中自重系数取值 1.25，纠偏水平力荷载取值为支点反力的 10%，纠偏水平力荷载取值为支点反力的 5%，施工荷载 2.0kN/m^2，拱肋风荷载标准值 1.355kN/m，主梁风荷载标准值 0.8814kN/m。

考虑篇幅有限，仅列出 6 个工况的计算数据及此过程中最大应力及挠度对应的计算云图。根据表 2 及图 2 可知，在第三施工阶段（前悬臂 45.8m，后悬臂 16.2m），当整体处于最大悬臂状态时，此时变形值最大，为 105.3mm；第一施工阶段，如图 3 所示，开始试顶时，出现最大应力值，为 176.5MPa＜305MPa；第四阶段（后悬臂 14.3m 时），如图 4 所示，出现最大剪应力值，为 98.3MPa＜125MPa，由上述数据可知，最大应力值与最大剪应力值均满足材料设计值，符合规范要求。

顶推过程中应力及挠度值 **表 2**

施工阶段	变形值（mm）	最大应力值（MPa）	最大剪应力值（MPa）
第一阶段	61.92	176.5	14.5
第二阶段	87.6	156.4	77.6
第三阶段	105.3	124.9	21.4
第四阶段	80.3	145.4	98.3
第五阶段	93.6	135.4	25
落梁	23.96	110.6	32.4

图 2 第三阶段变形图

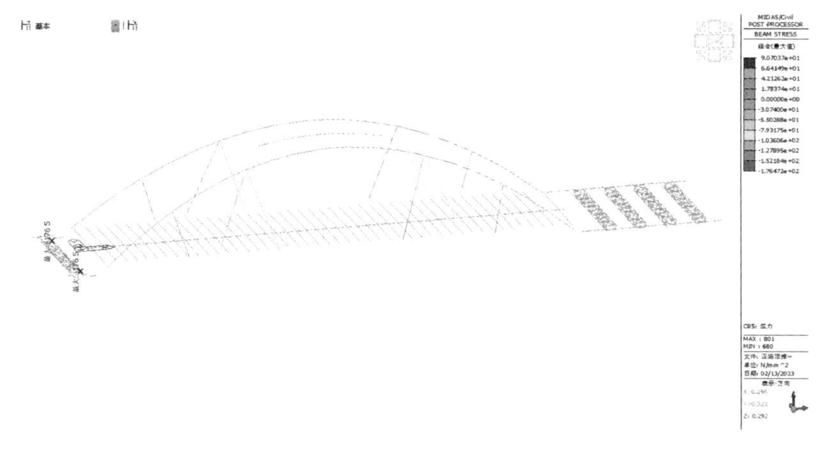

图 3　第一阶段应力图

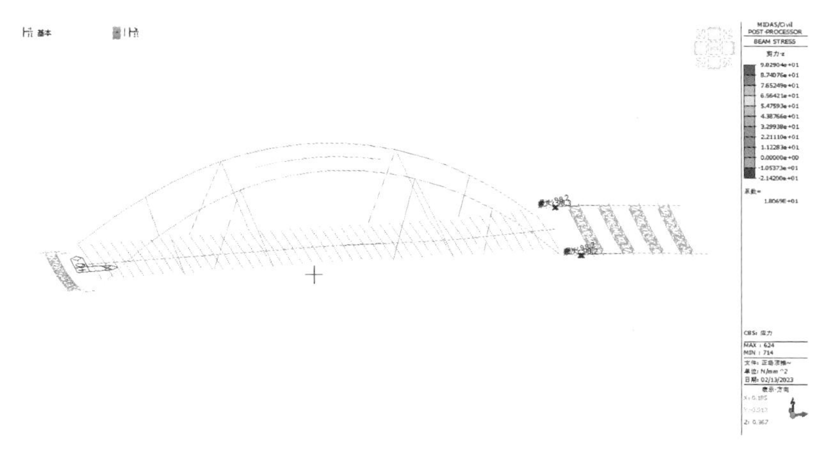

图 4　第四阶段剪应力图

由表 3 可知，顶推过程中，前导梁在第三施工阶段（前悬臂 45.8m，后悬臂 16.2m），如图 5 所示，出现最大应力值，为 118.3MPa＜305MPa，在第四施工阶段（后悬臂 14.3m 时），如图 6 所示，出现最大剪应力，为 98.3MPa＜175MPa，满足材料设计值，符合规范要求；后导梁在第一施工阶段（后悬臂 7.6m），如图 7 所示，出现最大应力值，为 176.5MPa＜305MPa，在第五施工阶段（前悬臂 29.6m，后悬臂 7.7m），如图 8 所示，出现最大剪应力值，为 25MPa＜175MPa，满足材料设计值，符合规范要求。研究发现，应力最大点一般出现在导梁与主体桥梁连接处或导梁变截面处。同时第三、四阶段前导梁受力最不利，这是由于前导梁处于最不利工况下，悬臂范围较大。后导梁则是在第一、五阶段应力最大。

导梁应力及剪应力值　　　　**表 3**

施工阶段	前导梁		后导梁	
	最大应力值（MPa）	最大剪应力值（MPa）	最大应力值（MPa）	最大剪应力值（MPa）
第一阶段	93.8	9	176.5	14.5
第二阶段	103.9	77.6	156.4	15.8
第三阶段	118.3	15	98	21.4
第四阶段	114.2	98.3	98	21.4
第五阶段	117.5	22.6	97.3	25

图5　第三阶段顶推前钢导梁组合应力图

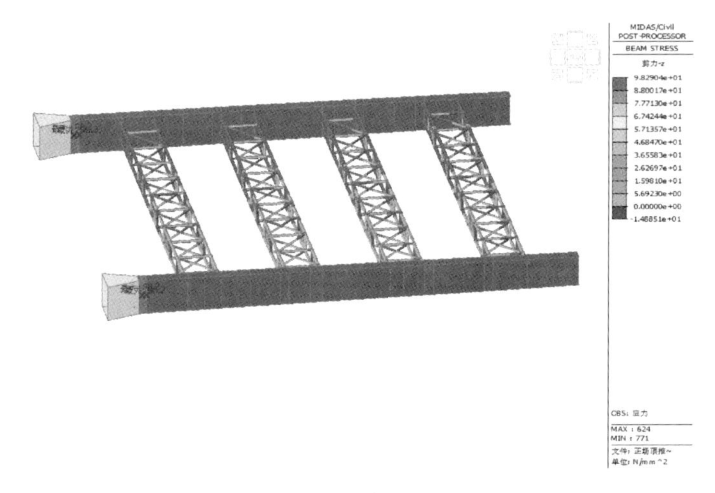

图6　第四阶段顶推前钢导梁剪应力图

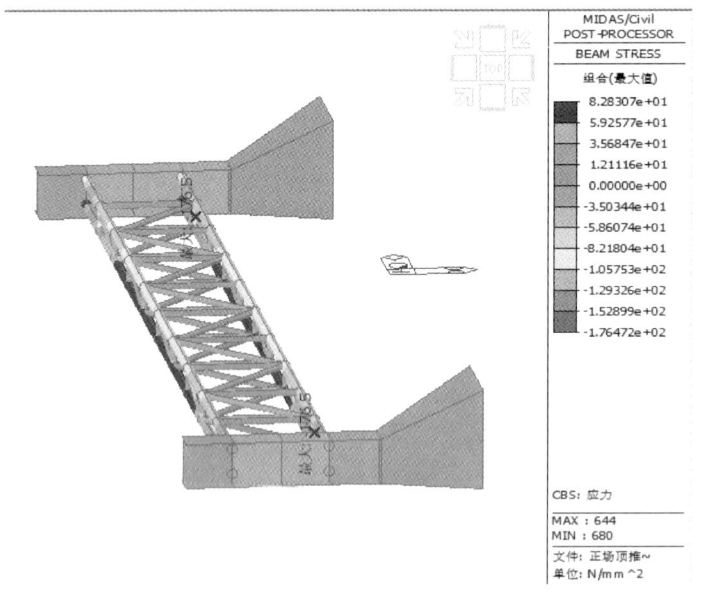

图7　第一阶段顶推后钢导梁组合应力图

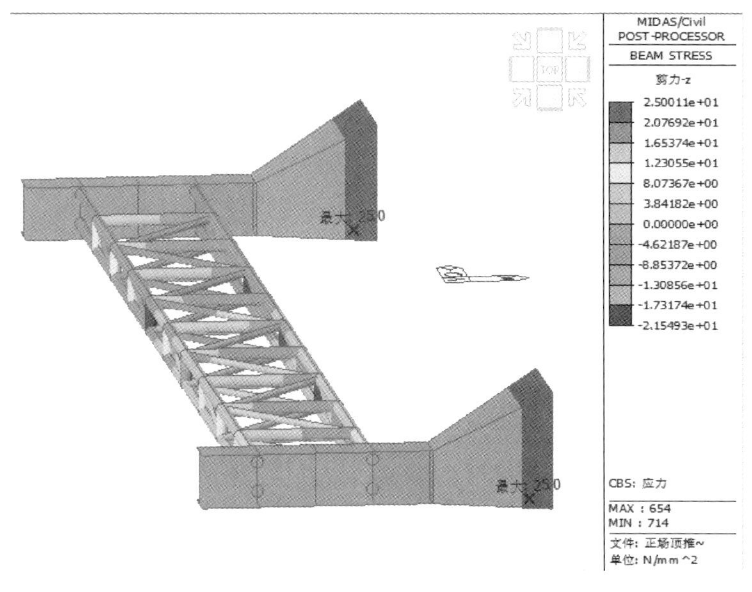

图 8　第五阶段顶推后钢导梁剪应力图

由表 4 可知，随着顶推过程不断推进，临时支墩的最大反力值不断增加，位置逐渐由 DT1 往 DT6 推移，临时顶推支墩最大反力值为 5215.6kN，出现在施工第五阶段，如图 9 所示。

临时支墩的反力值　　**表 4**

施工阶段	DT1(kN)	DT2(kN)	DT3(kN)	DT4(kN)	DT5(kN)	DT6(kN)
第一阶段	1327.2	1628.3	1263.8	2250.8	177	—
第二阶段	—	2647.4	1318.9	1031.9	2492.3	—
第三阶段	—	—	2373.7	1730.9	4932.1	—
第四阶段	—	—	—	1199.3	5180.5	3086.5
第五阶段	—	—	—	—	4948.7	5215.6
落梁	—	—	—	—	—	—
最大值	1327.2	2647.4	2373.7	1730.9	5180.5	5215.6

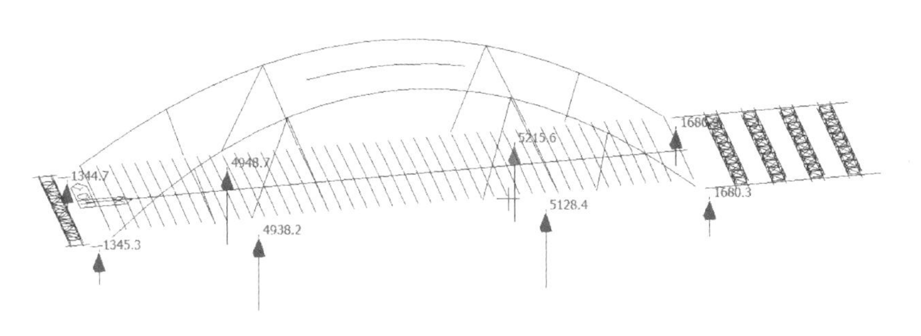

图 9　第五阶段支点反力图

顶推支架采用钢材为Q235钢，抗压、抗弯设计应力取值为215MPa，抗剪设计应力取值为125MPa。挠度$L/400$=12.5mm，由表5可知，在顶推过程中，6组顶推支架DT3立柱组合应力、双拼HN-700×300分配梁组合应力及剪应力最大，立柱最大组合应力为183.6MPa＜215MPa，分配梁最大组合应力144.5MPa＜215MPa，分配梁最大剪应力93.1MPa＜125MPa，满足材料设计要求；顶推支架DT6槽钢连接系组合应力、组合剪应力及双拼HN-700×300分配梁相对挠度最大，最大组合应力110.6MPa＜215MPa，最大组合剪应力6.6MPa＜125MPa；最大相对挠度1.915mm＜2.5mm，满足材料设计要求；顶推支架DT4四拼HN-700×300分配梁组合应力最大，最大组合应力148.2MPa＜215MPa，满足材料设计要求；顶推支架DT5四拼HN-700×300分配梁剪应力及相对挠度最大，四拼HN-700×300分配梁最大剪应力96.3MPa＜125MPa，分配梁最大相对挠度2.56mm＜2.6mm，满足材料设计要求。由上述数据可知，立柱及分配梁的最大应力应变均出现在顶推支架DT3～DT6之间，这是由于顶推过程中顶推支架DT3～DT6受力时间较长且最不利工况从顶推DT3开始，因此这段过程支架受力最复杂多变。

顶推支架各部分组合应力及分配梁挠度值 表5

支架	立柱最大组合应力（MPa）	C20槽钢连接系最大组合应力（MPa）	C20槽钢连接系最大组合剪应力（MPa）	双拼HN-700×300分配梁最大组合应力（MPa）	双拼HN-700×300分配梁最大剪应力（MPa）	双拼HN-700×300分配梁最大相对挠度（mm）	四拼HN-700×300分配梁最大组合应力（MPa）	四拼HN-700×300分配梁最大剪应力（MPa）	四拼HN-700×300分配梁最大相对挠度（mm）
DT1	49.4	28.4	1.6	53.6	34.2	0.579	48.7	29.6	1.18
DT2	108.6	63.1	2.7	113.5	79.3	1.266	65.1	78.5	1.741
DT3	183.6	109.2	5.3	144.5	93.1	1.55	144.5	91.7	2.7
DT4	177.1	101.1	4.7	147.5	95.1	1.65	148.2	93.7	2.55
DT5	126.8	93.1	4.7	114.1	74.3	1.798	79.5	96.3	2.56
DT6	129	110.6	6.6	113.3	74.4	1.915	78.7	95.3	2.31

3 顶推施工的监测监控

实际施工过程中桥梁的结构内力和变形与设计预期并不完全相同，具有较大的变化，这是源于施工过程中的不可预见的可变因素较多，例如数值模拟时所取用的材料参数、构件几何参数及内外边界条件与实际结构状况、实际环境并不完全相同。外界的温度、湿度、荷载分布以及施工时段不可能完全符合设计条件要求；对于结构内外部约束条件，软件模拟准确度还不够或者在计算时考虑不周全；施工带来的构件加工及安装尺寸也存在一定的误差。以上因素都可能影响到结构的内力或变形，导致其偏离理论设计值，严重者可能会引发重大安全事故的发生。因此，需要通过技术监控手段予以掌控，做到及时发现、及时调整。

所以本次通过监测导梁、拱肋、系梁、临时斜撑架的应力及临时支架位移及压力的变化情况确保顶推过程安全，保证没有异常情况可以正常施工。主桥施工过程中导梁、拱肋、系梁、临时斜撑架的应力监测数据如图10所示。

顶推阶段监控指标限值尚无规范明确规定，本次的监测方案的限值根据经验结合分析后给出，征求了设计、施工等各方意见后最终确定，并可在施工过程中根据实际情况进行适当修正。导梁、拱肋 Q345 及系梁的应力不超过 260MPa；临时斜撑架及临时支架 Q235 的正应力不超过 170MPa。应力的变化幅值在 100MPa 以内。由图 10 可知，顶推过程中的应力变化均为超过限值，同时应力最大值出现在第三阶段，与模拟结果变化较为匹配。

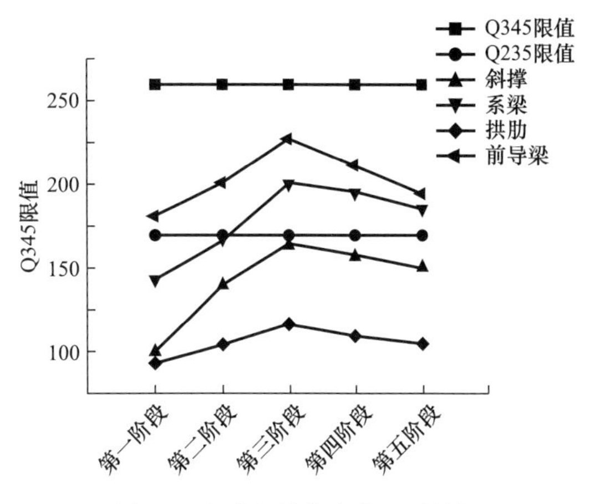

图 10　各阶段最大应力监测数据

4　结语

本文利用 Midas/Civil 有限元软件对顶推施工方案进行模拟计算，模拟计算出顶推过程中最不利的结构变形及应力变化情况，同时现场利用全站仪、应变计等电子设备进行全过程的施工监控，保障顶推的安全施工。根据数值模拟及监测内容研究发现：

（1）顶推过程中需要关注顶推第一阶段及顶推最不利工况阶段（第三阶段），顶推第一阶段由于桥梁的应力应变突然发生转变，而顶推最不利工况阶段下，整体的应力、应变均处于最不利状态，因此，这两个阶段在顶推过程中需要格外关注。

（2）前导梁应力最大值出现在第三、四阶段，后导梁应力最大值出现在第一、五阶段；同时应力最大点一般出现在导梁与主体桥梁连接处或导梁变截面处，因此在实际施工过程中要注意连接处的焊接质量，并且对此处的监测点重点监测。

（3）随着顶推过程不断推进，临时支墩的最大反力值不断增加，位置逐渐由 DT1 往 DT6 推移，因此实际施工中需要保障支架的地基承载力要满足设计要求。

（4）立柱及分配梁的最大应力应变均出现在顶推支架 DT3～DT6，这是由于顶推过程中顶推支架 DT3～DT6 受力时间较长且最不利工况从顶推 DT3 开始，这段过程支架受力最复杂多变，是重点监测的时间段。

（5）实际监测数据均为超出监测限值，同时应力最大值出现在第三阶段，与模拟结果变化较为匹配。

上述结果表明，数值模拟计算结果对实际施工能够起到很好的指导作用，可为该区域今后大跨度城市内河航道钢箱提篮拱桥顶推施工提供一定的参考。

参考文献

[1]　田浩亮，钱克训，孙宁．基于顶推施工的变截面钢箱梁设计［J］．公路，2023，68（7）：163-167.

[2]　杨晓东，汪选吉，刘艳双，等．某 132m 钢箱梁步履式顶推施工技术及监测研究［J］．建筑结构，2023，53（S1）：2292-2295.

[3]　曹广飞，申岩，焦仲伟，等．钢箱梁步履式多点顶推技术实践［J］．建筑结构，2022，52（S2）：2797-2801.

[4]　熊斌，虞志钢，马明，等．下穿上跨既有交通线路钢箱梁桥顶推施工［J］．建筑结构，2022，52（S1）：3138-3141.

[5] 庞振宇. 等跨度变截面钢箱梁桥顶推施工过程受力分析及关键技术研究 [J]. 交通世界，2022，(30)：70-72.

[6] 陈友生，闵玉，邓亨长，等. 软土地层变截面钢系杆拱桥顶推施工技术创新 [J]. 公路，2022，67 (8)：260-265.

[7] 陈辉，邹小洁. 大跨度钢系杆拱桥整体顶推施工过程分析 [J]. 上海公路，2022，(2)：69-73，167.

[8] 胡青松，刘坤鹏，徐军，等. 大跨度网状吊杆钢箱拱桥顶推施工控制技术 [J]. 公路，2021，66 (4)：115-118.

[9] 王锋. 大跨度六线简支钢箱叠拱桥顶推施工关键技术 [J]. 世界桥梁，2021，49 (2)：43-49.

[10] 郝玉峰. 步履式顶推施工过程中大跨度钢箱梁的受力性状 [J]. 工业建筑，2020，50 (10)：133-137.

[11] 陈光辉，张传浩，倪堂超. 跨铁路大桥钢箱梁顶推施工技术 [J]. 建筑结构，2020，50 (S1)：1160-1162.

[12] 陈利民. 上跨铁路咽喉区拱桥顶推方案设计与施工技术 [J]. 结构工程师，2020，36 (5)：166-172.

基金项目：江苏省建设系统科技项目 (2022ZD055)

作者简介：孙志威 (1981—)，男，本科，高级工程师。主要从事高端房建、会议会展中心、钢结构施工方面的研究。

陈　浩 (1981—)，男，本科，高级工程师。主要从事厂房、会议会展中心、钢结构施工方面的研究。

郭洪存 (1991—)，男，本科，工程师。主要从事路桥、钢结构施工方面的研究。

赖洁伟 (1991—)，男，本科，工程师。主要从事会议会展中心、钢结构施工方面的研究。

汤　垒 (1995—)，男，本科，工程师。主要从事会议会展中心、钢结构施工方面的研究。

高水位砂卵地层液压潜孔钻机成井及封井技术

黄　凯　马扶博　刘金忠　周晓坤

（中建八局第三建设有限公司，江苏 南京，210046）

摘　要： 高水位深基坑砂卵地层透水率高，基坑内降水井成井和封井需在有水环境下施工，成井难度大，降水井封井质量直接影响到工程整体的防水效果，基坑地下水控制难度大。结合工程实践案例证明，创新采用液压潜孔钻机成井技术和遇水膨胀阻水木塞降水井复合封井技术，可克服有水作业环境施工难度大、基层砂卵石地层钻机成孔难度大、封井难度大等施工难点，降水井成井效果好，施工效率高，封井质量优，防渗漏效果好。

关键词： 高水位；砂卵地层；液压潜孔钻机；遇水膨胀阻水木塞

The completion and sealing technology for hydraulic drilling rigs in high water level sand and shale formations

Huang Kai　Ma Fubo　Liu Jinzhong　Zhou Xiaokun

（The Third Construction Co.，Ltd. of China Construction Eighth Engineering Division，Nanjing 210046，China）

Abstract：The high water level deep foundation pit has high water permeability，and the construction of dewatering well and sealing well in the foundation pit should be carried out in the water environment，which is difficult to complete well. The sealing quality of dewatering well directly affects the overall waterproof effect of the project，and the control of foundation pit groundwater is difficult. Combined with engineering practice cases，it has been proved that the innovative well sealing technology of hydraulic submersible drilling rig and water-swelling and water-blocking wood dewatering well can overcome the construction difficulties such as difficult construction in water working environment，difficult borehole formation of drilling rig in base sand and gravel formation，and difficult well sealing. The dewatering well has good well completion effect，high construction efficiency，excellent well sealing quality and good anti-leakage effect.

Keywords：high water level；sand-egg formation；hydraulic drilling rig；water expansion stopper

引言

地下水是影响工程地质环境主要因素之一，地下水位的高低影响着建筑工程的稳定性，在此背景下，对地下高水位复杂环境既有深基坑现状进行分析研究，选择最佳地下水控制措施，尽力规避地下水对施工带来的不利影响，保障建筑工程质量安全已成为重中之重[1]。本文就液压潜孔钻机成井技术和遇水膨胀阻水木塞降水井复合封井技术进行研究分析，以提高降水井成井效果，保证封井质量、防渗漏效果。

1 工程概况

某项目基坑开挖深度 14m，坑中坑最深处 19m，地处门头沟地区，紧邻永定河，且地势较低，受汛期和永定河生态补水影响，造成地下水位大幅上涨，全年水位基本处于高水位状态，高出基础底板结构顶标高，导致工程无法施工。该工程为基坑先行工程，基坑内设计有 168 口降水井，工程地质主要为高渗透系数的砂卵石地层，降水井成井和封井需在有水环境下施工，成井难度大，降水井封井质量直接影响到工程整体的防水效果，基坑地下水控制难度大[2]。

2 工艺原理

2.1 液压潜孔钻机成井技术原理

以直径 273mm、厚 4.5mm 的钢管作为井身材料，采用液压潜孔钻机进行锤击成井，克服有水作业环境施工难度大、基层砂卵石地层钻机成孔难度大等施工难点，成井效果好、施工效率高。降水井井身结构大样图详见图 1。

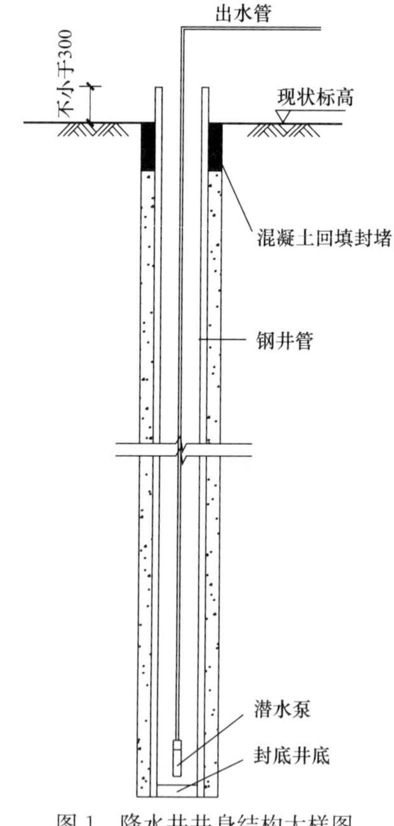

图 1 降水井井身结构大样图

2.2 液压潜孔钻机跟管钻进工作原理

由钻机提供回转扭矩及推进动力。正常钻进时，由空气压缩机提供的压气，经钻机、钻杆进入潜孔冲击器使其工作，冲击器的活塞冲击跟管钻具的导正器。导正器将冲击波和钻压传递给偏心钻头和中心钻头，破碎孔底砂卵石[3]。偏心钻头钻出的孔径大于套管的最大外径，使套管不受孔底岩石的阻碍而跟进。套管的重力大于地层对套管外壁的摩擦阻力时，套管以自重跟进；当套管外壁的摩擦阻力超过套管的重力时，内层跟管钻具继续向前破碎地层，直到导正器上的凸肩与套管靴上的凸肩接触，此时，导正器将钻压和冲击波部分传给套管靴，迫使套管靴带动套管与钻具同步跟进，保护已钻孔段的孔壁。导正器表面开有吹碎屑的气孔，也有使孔底岩屑能够排出的气槽。大部分压缩空气经冲击器做功后通过导正器中心孔、偏心钻头和中心钻头达到孔底。冲刷已被破碎或松散的孔底砂卵石、冷却钻头并携带岩粉经中心钻头、导正器的排粉槽进入套管与冲击器、钻杆的环状空间被高速上返的气流或泡沫排出孔外，最后达到设计孔深。在潜孔锤钻进的同时，一部分被体积破碎下来的岩屑被具有一定压力及速度的空气吹离孔底，并排出孔口，减少了岩石重复破碎的机会。所以液压潜孔钻机有较高的钻进效率。液压潜孔钻机钻进设备组装见图 2，潜孔锤头、套管及管靴构造见图 3。

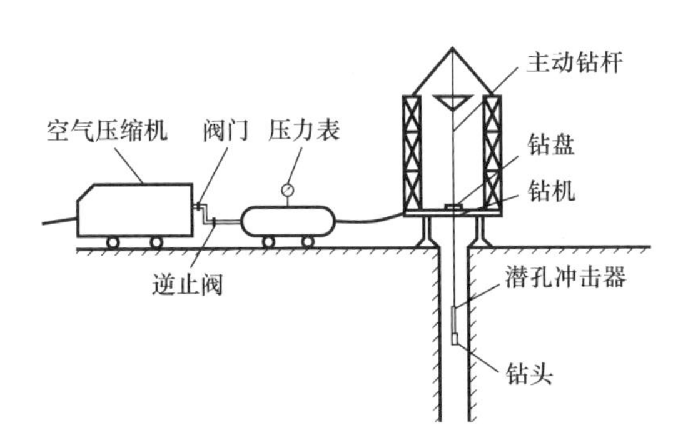

图 2 液压潜孔钻机钻进设备组装示意图

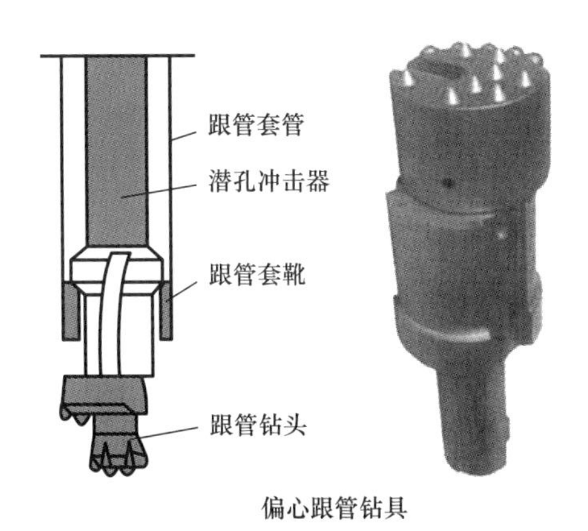

图 3 液压潜孔钻机钻进设备连接示意图

2.3 遇水膨胀阻水木塞降水井复合封井方法

(1) 该复合封井方法包括阻水木塞、遇水膨胀止水条、承插钢管、微膨胀抗渗混凝土、封口钢板五部分；所述的阻水木塞外围刻槽安装遇水膨胀止水条，并在上方钻孔安装一根承插钢管形成遇水膨胀阻水木塞主体，所述的阻水木塞通过承插钢管下伸安装至垫层以下阻断地下水，在其上部浇筑微膨胀抗渗混凝土，并采用5mm钢板在井口满焊封闭。施工操作方便，有效提高了降水井封闭质量，减少渗漏隐患，封井效果好、效率高。遇水膨胀阻水木塞降水井复合封井方法见图4。

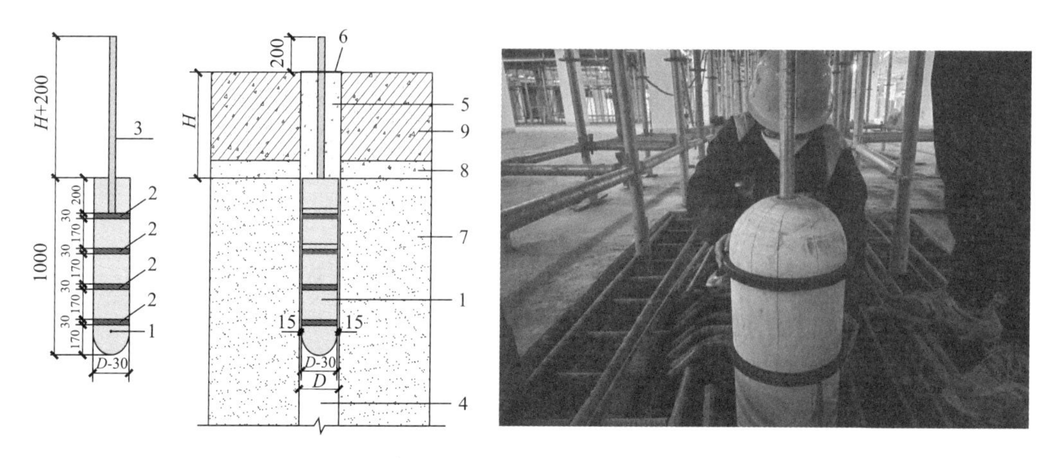

图4　遇水膨胀阻水木塞降水井复合封井方法

1—阻水木塞；2—20mm×30mm遇水膨胀止水条；3—ϕ48mm承插钢管；4—降水井；5—微膨胀抗渗混凝土；6—5mm厚封口钢板；7—地基土层；8—基础底板垫层；9—钢筋混凝土基础底板

（2）降水井外圈在筏板厚度中间位置设置一道50mm宽3mm厚钢板止水翼环与井管双面满焊，底板防水卷材施工上翻至翼环下，采用直径300mm，厚度5mm的管箍对防水卷材收头进行固定防止脱落；浇筑底板时，降水井上口采用钢丝网拦槎预留800mm×800mm×200mm厚方槽，钢筋与井管断开，待地下室后浇带混凝土强度达到100%封井条件时，采用以上封井方法进行封井，并将底板钢筋进行搭接恢复，采用比底板高一级微膨胀混凝土进行补浇至结构平。基坑内预留降水井封井节点做法示意见图5。

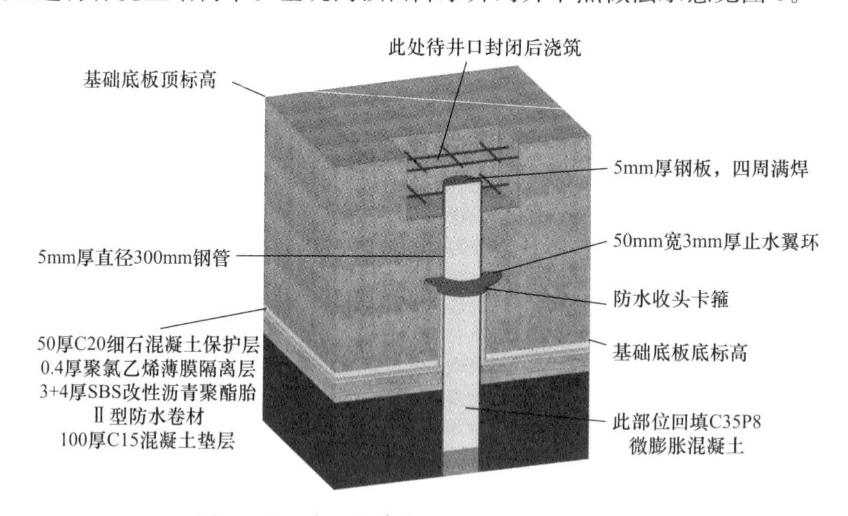

图5　基坑内预留降水井封井节点做法示意图

2.4　基坑内降水井便捷隐蔽式降排水引流措施

降水井是容易渗漏的薄弱点，为防止降水井管壁防水不严密，造成底板渗漏，本文创新设计一种便捷隐蔽式降排水引流装置，采用壁厚 3.5mm，材质为 DN50 镀锌钢管，钢管直径为 50mm，通过 90°弯头将打孔的钢管连接一起，长宽均为 500mm，连接完成后将其套在降水井井管一周再用无纺布套在钢管上制作出集水器，最终将集水器收集的渗漏水通过引流管（1%找坡）排到集水坑中，可有效降低地下水渗漏隐患风险，规避降排水薄弱点渗漏水乱窜风险。具体做法见图 6。

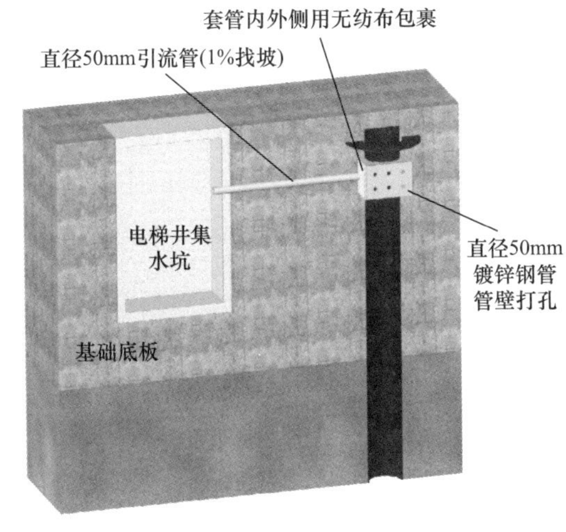

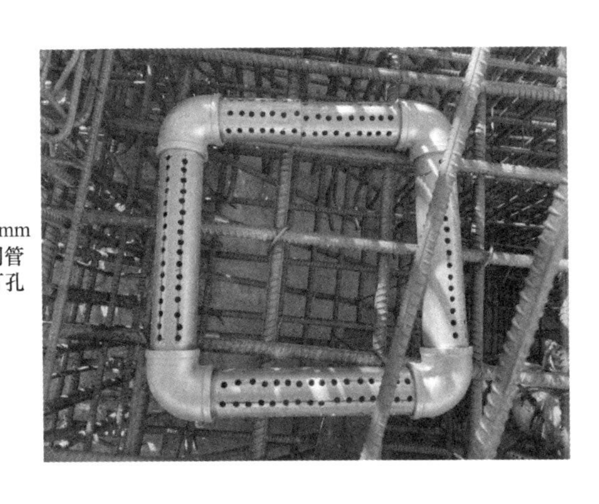

图 6　排水引流装置模型及实例图

3　与传统工艺分析对比

3.1　技术可行性

该工程地基为超高渗透性砂卵石天然地基，且地下水位超高，旋挖钻机作业环境要求高、成井难度大，采用深基坑降水井成井采用旋挖钻机或潜水钻机传统工艺进行成孔，成井质量难以保证[4]。

采用液压潜孔钻机成井技术，具有行走轻便灵活、可在水中行走、冲击力强等优点，克服有水作业环境施工难度大、基层砂卵石地层钻机成孔难度大等施工难点，此外遇水膨胀阻水木塞体系，下伸安装至垫层以下有效阻断地下水，为其上部微膨胀抗渗混凝土浇筑和钢板焊接封闭提供有利施工条件。

3.2　经济效益性

与传统降水措施相比，本文创新优化封井做法，保证了降水井无反水渗漏风险，为后续工程结构施工及防水施工打下了良好的基础，可减少渗漏问题处理及后期防水维修费用。

3.3　工期合理性

采用自制增压集水装置，安装在基坑冠梁位置，坑内通过塑料管抽排分汇至后浇带再汇总至增压集水器内，最终通过排水路由流入指定排水点，无须设置集水箱，施工效率高，缩减工期。

3.4 安全保障性

由于潜孔钻机具有联动功能，通过控制台集中控制，简单安全，无级调速。此外，钻机采用空心轴原理，钻杆长度不受钻机限制，可以在360°的任何倾角钻孔，提高钻孔成井安全作业保障。

4 工程实施效果

该基坑降水工程于2021年10月1日开工，2021年10月31日完成了降水井施工并进行降排水工作，经过7d的降排水工作水位即达到基底以下50cm，2022年8月31日主体结构完成封顶、基坑回填及降水井封闭，经过6个多月的观察检测，工程未受到地下水的冲击和侵蚀影响，整个施工过程中结构非常稳定。

5 结论

通过对该技术的成功运用，安全性能高、成井效果好、效率高，每口降水井较常规旋挖钻机钻井成井速度快20%，且成孔效果好。同时创新采用遇水膨胀阻水木塞复合封井技术，保证了降水井无反水渗漏风险，为后续工程结构施工及防水施工打下了良好的基础，对同类型降水工程施工具有良好的指导意义和可推广价值。

参考文献

[1] 张玉举. 基坑降水技术在建筑工程施工中的应用研究 [J]. 工程建设（重庆），2022（8）：120-122.
[2] 刘品华，金卫建. 关于地铁工程混凝土病害和渗漏水原因分析及防治分析 [J]. 中国科技期刊数据库，2015（13）：87-89.
[3] 张志林，何运晏. 国家大剧院深基坑地下水控制设计及施工技术 [J]. 水文地质工程地质，2005（26）：56-57.
[4] 彭书海，侯亚，于延冈. 轻型井点降水技术在砂土地质中的应用 [J]. 建筑机械化，2019（29）：26-28.

作者简介： 黄　凯（1990—），男，本科，工程师。主要从事土木工程、建筑施工研究。
马扶博（1996—），男，硕士，工程师。主要从事土木工程、建筑施工研究。
刘金忠（1990—），男，本科，工程师。主要从事土木工程、建筑施工研究。
周晓坤（1990—），男，本科，工程师。主要从事土木工程、建筑施工研究。

剪力墙结构装配式可拆卸钢筋桁架楼承板施工技术

黄　凯　马扶博　刘金忠　周晓坤
（中建八局第三建设有限公司，江苏 南京，210046）

摘　要： 住宅剪力墙结构装配式可拆卸钢筋桁架楼承板技术，是针对剪力墙结构体系专门设计的一款楼承板，可以提高装配率，实现既满足装配率又达到混凝土现浇的目的，同时可提高结构抗震性能、节约施工成本、提高施工效率，其整合了现浇结构和装配式结构双重优势。同时创新组合可拆卸钢筋桁架楼承板和剪力墙结构铝合金模板技术，并针对剪力墙结构不同标高楼承板设计构造、楼承板 2m 跨度内免支撑体系、洞口预留、拼缝防错台漏浆设计及其配套使用的电气导管预留等一系列细部做法在传统桁架楼承板基础上进行改进优化，进一步提升楼承板实用性、可靠性和可推广性，可达到实体质量一次成优的目的。

关键词： 剪力墙结构；装配式可拆卸钢筋桁架楼承板；装配率；铝合金模板；一次成优

Construction technology of prefabricated removable steel truss slab for shear wall structure

Huang Kai　Ma Fubo　Liu Jinzhong　Zhou Xiaokun
(The Third Construction Co., Ltd. of China Construction Eighth Engineering Division, Nanjing 210046, China)

Abstract: The prefabricated removable steel truss slab technology for residential shear wall structure is specially designed for the shear wall structure system. It can improve the assembly rate, achieve the purpose of meeting the assembly rate and achieving the concrete cast-in-place, and improve the seismic performance of the structure, save the construction cost and improve the construction efficiency. It integrates the dual advantages of the cast-in-place structure and the prefabricated structure. Meanwhile, it innovates the aluminum alloy formwork technology of composite detachable steel truss floor plate and shear wall structure, and improves and optimizes a series of detailed practices on the basis of traditional truss floor plate, such as the design and construction of floor plate with different elevations, the no-support system within 2m span of floor plate, the reservation of hole openings, the design of split-joint anti-leakage platform and the reservation of electrical conduit used in supporting the shear wall structure. Further improving the practicability, reliability and extensibility of the floor bearing plate can achieve the purpose of achieving the solid quality at one time.

Keywords: shear wall structure; prefabricated removable steel truss floor plate; assembly rate; aluminium alloy template; one-shot optimization

引言

随着国家装配式结构技术的快速发展，工程对装配式率要求越来越高，鉴于预制装配式结构仍存在一些抗震性较差、尺寸限制、整体性差等弊端，而剪力墙结构装配式可拆卸钢筋桁架楼承板作为一种新型的装配结构体系[1]，可以提高装配率，实现既满足装配率又达到混凝土现浇的目的，同时可提高结构抗震性能、节约施工成本、提高施工效率，整合了现浇结构和装配式结构双重优势[2]。

1 工程概况

某工程总建筑面积 18 万 m^2，主要包括 6 栋高层住宅、配套商业、密闭式垃圾收集站等。地上主楼 19～28 层、建筑高度 57.5～82.7m，地下 4 层。高层住宅首层及地上标准层结构楼板创新采用装配式可拆卸钢筋桁架楼承板模板体系，竖向墙体采用铝合金模板体系。钢筋桁架楼承板上、下弦采用热轧带肋 CRB600 级钢筋，腹杆钢筋采用冷轧 550 级钢筋，钢筋桁架楼承板底模采用 15mm 厚竹胶板。装配式可拆卸钢筋桁架楼承板实物见图 1。

图 1　装配式可拆卸钢筋桁架楼承板实物示意图

2 工艺原理

剪力墙结构装配式可拆卸钢筋桁架楼承板由钢筋桁架与竹胶板采用塑料扣件、槽形支撑件、自攻螺钉等连接组成。钢筋桁架上、下弦采用热轧带肋 CRB600 级高强钢筋，腹杆钢筋采用冷轧 550 级钢筋，上弦一般为 1 根钢筋，下弦为 2 根钢筋，腹杆加工成波纹状，波纹大小根据桁架高度设计。上、下弦与腹杆连接部位采用满焊形成三角柱状。楼承板宽度一般不宜大于 600mm，采用三道钢筋桁架布置，桁架间距 200mm，两端桁架距板边缘 100mm。

钢筋桁架底模采用 15mm 厚竹胶板。竹胶板与钢筋桁架下弦间加设塑料扣件以满足顶板保护层厚度，塑料扣件间距不宜大于 400mm。塑料扣件与竹胶板采用可拆卸的 1.5mm 厚镀锌槽形支撑件和 M6 自攻螺钉连接，塑料扣件两端设计为螺纹孔，槽形支撑件垫于竹胶板下，自攻螺钉穿过槽形支撑件预留孔和竹胶板拧入塑料扣件螺纹孔内。顶板楼承板与竖向剪力墙铝模、楼承顶梁铝模、悬挑结构铝模等不同部位铝合金模板采用铝模 C 槽和木方进行组合连接固定[3]。

钢筋桁架楼承板支撑体系采用盘扣式支撑架，主龙骨采用方钢，无须设置次龙骨，立杆间距按照不大于 2m 设置，搭设支撑体系后安装装配式可拆卸钢筋桁架楼承板，楼承板安装完成后预埋阻燃重型 PVC 电气导管、铺设分布钢筋，并进行混凝土浇筑。待混凝土强度满足设计要求后，开始拆除自攻螺钉、槽形支撑件和底部竹胶板回收重复利用。楼承板具体型号详见表1所述，剖面节点原理图见图2。

钢筋桁架楼承板型号及分布　　表1

型号	上弦钢筋	下弦钢筋	腹杆钢筋	楼板厚度（mm）	h_t（mm）	底模板	楼板施工时不设临时支撑最大跨度（m）
TDD2-70	$\Phi^{RH}8$	$\Phi^{RH}8$	$\Phi^{RH}4.5$	110	70	15mm 厚底板	2.0
TDD2-80	$\Phi^{RH}8$	$\Phi^{RH}8$	$\Phi^{RH}4.5$	120	80	15mm 厚底板	2.1
TDD2-90	$\Phi^{RH}8$	$\Phi^{RH}8$	$\Phi^{RH}4.5$	130	90	15mm 厚底板	2.2
TDD2-120	$\Phi^{RH}8$	$\Phi^{RH}8$	$\Phi^{RH}4.5$	160	120	15mm 厚底板	2.5

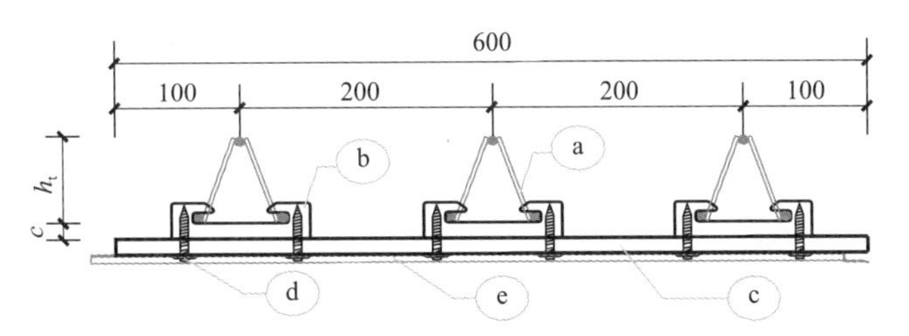

TDD装配可拆式钢筋桁架楼承板剖面图

楼承板组成：
a—钢筋桁架　d—自攻螺钉
b—塑料扣件　e—槽形支撑件
c—底模板

材料说明：
上下弦钢筋采用CRB600H级钢筋；
腹杆钢筋采用冷轧550级钢筋；
底模板采用15mm厚竹胶板

图2　装配式可拆卸钢筋桁架楼承板原理图

3　技术创新点

（1）剪力墙结构装配式可拆卸钢筋桁架楼承板，既能满足装配率又能达到混凝土现浇结构的目的，抗震性能好，整合了现浇结构和装配式结构双重优势[4]。

（2）该技术实现了楼承板与剪力墙、梁铝合金模板的有效组合，解决了不同种类模板、不同标高模板、洞口预留、拼缝防错台漏浆等质量难题，可达到实体质量一次成优的目的。

（3）楼承板工厂预制，现场装配化安装，施工便捷，可减少施工现场模板、钢筋及支撑体系安拆工程量，施工效率高，缩短施工周期，节约施工成本[5]。

（4）楼承板工厂预制化生产，减少了建筑垃圾的产生；底模竹胶板、自攻螺钉及槽型支撑件可拆卸周转使用，节约材料的同时达到低能环保的要求。

（5）可拆卸钢筋桁架楼承板施工时可在跨度＜2m的区域做到免支撑，较传统模架体系可大大减少模板支撑体系材料及安拆劳动力相关成本。

（6）钢筋桁架楼承板内电气预埋管优化采用阻燃重型PVC管，可挠性好，内壁光滑，质量性能好，可解决钢质管存在的各类施工难题。

4　楼承板与铝模组合关键技术

4.1　深化设计排版

楼承板施工前首先要根据楼板平面进行楼承板排布的深化设计，楼承板标准宽度为

600mm（且宽度不大于600mm），长度为现场开间宽度。一个开间内两端楼承板采用非标准尺寸（即宽度小于600mm），其余一般情况均为600mm宽标准楼承板。排版完成后对楼承板进行标号标记，现场根据排版编号进行安装。楼承板排版示意见图3。

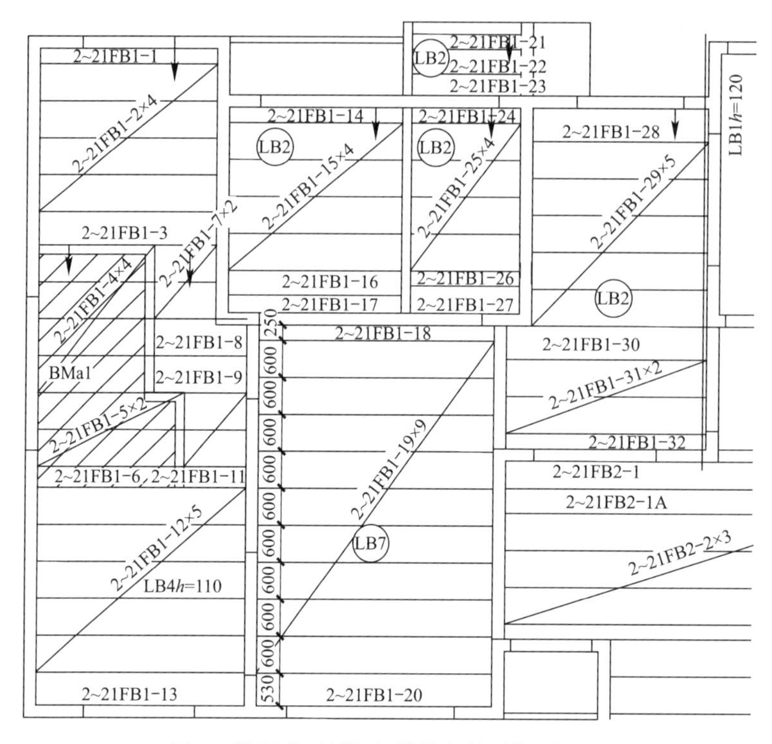

图3 装配式可拆卸钢筋桁架楼承板原理图

4.2 临时支撑

楼承板安装前首先搭设临时盘扣支撑体系，支撑体系根据楼层平面提前绘制排布图，每个开间单独设置。盘扣立杆自开间一端排布，楼承板与铝模交接部位采用铝模C槽支撑，端部立杆距铝模边不大于2000mm，盘扣立杆纵横间距1800mm，步距1500mm。立杆按照开间合理布置，满足支撑跨度不大于2m要求，架体稳定性满足规范要求，龙骨采用单排50mm×70mm×3mm方钢管设于立管U形托上部，将方钢管龙骨调平至桁架楼承板底模标高。楼承板临时支撑排布示意见图4。

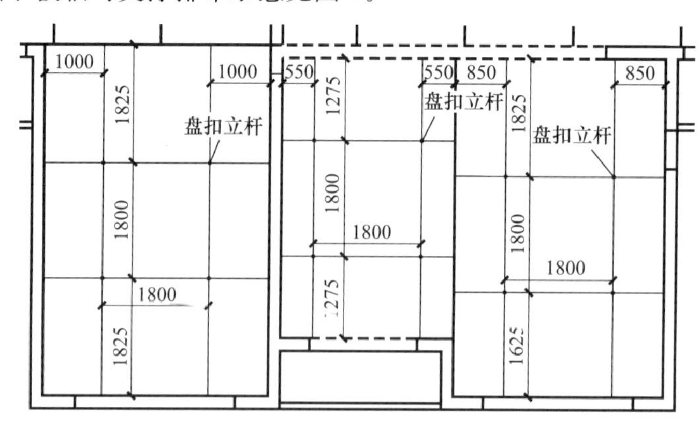

图4 临时支撑排布示意图

4.3 楼承板端头固定做法

每块楼承板必须随铺设随固定，使用钢钉将底模板与板端支撑木方固定。桁架楼承板端头固定做法见图 5。

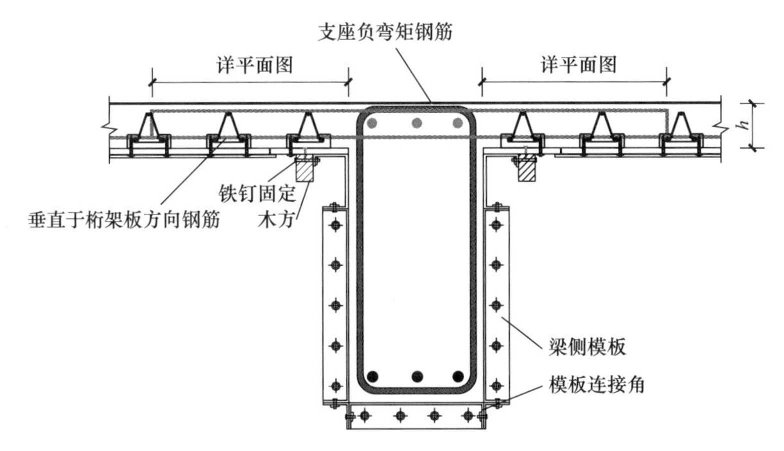

图 5 楼承板端头固定做法

4.4 局部降板区域构造做法

地上卫生间为降板区域，降板区域比结构楼层标高低 50mm，板跨内高低标高交接处立面使用铝模转角件进行连接，平面处使用楼承板常规铺设。降板区域做法见图 6。

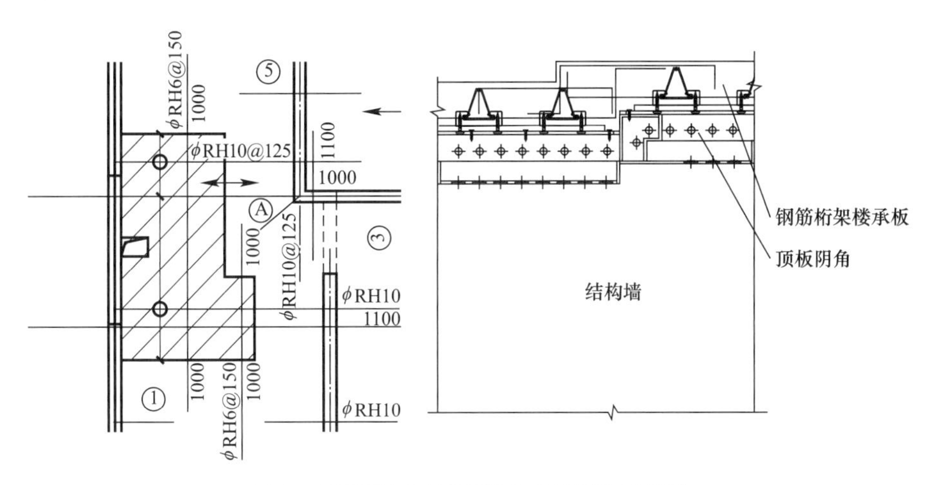

图 6 局部降板区域及节点支撑做法示意图

4.5 后浇带部位楼承板做法

楼承板按照整体开间布置，由于桁架自身刚度大，后浇带部位无须单独设置独立支撑体系，仅对后浇带进行施工缝拦槎，此部位楼承板底模待后浇带浇筑完成后拆除。

4.6 楼承板与铝模组合连接

楼承板与铝模连接处采用木方固定紧贴在 C 槽外侧，木方与 C 槽采用销片连接紧实，将铁钉同时打入楼承板与木方内，达到楼承板与铝模连接固定效果，具体连接节点见

图7～图9。

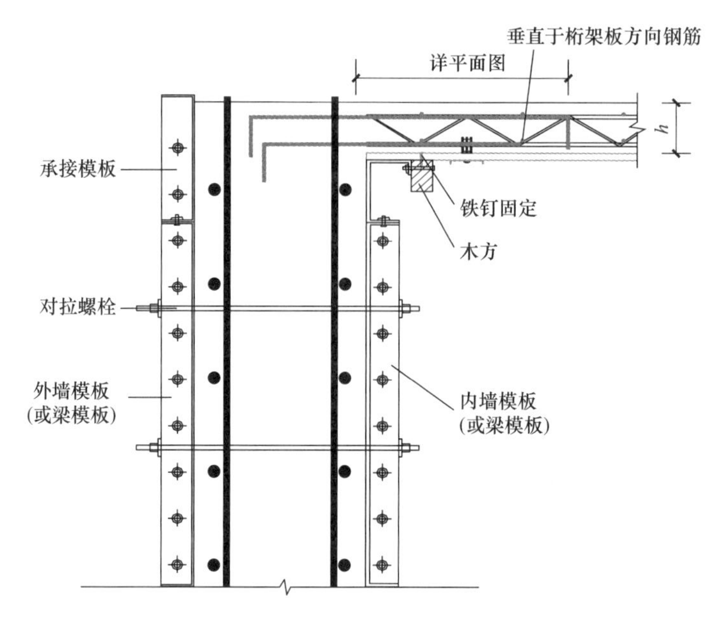

图7　楼承板与铝合金墙模板组合连接节点

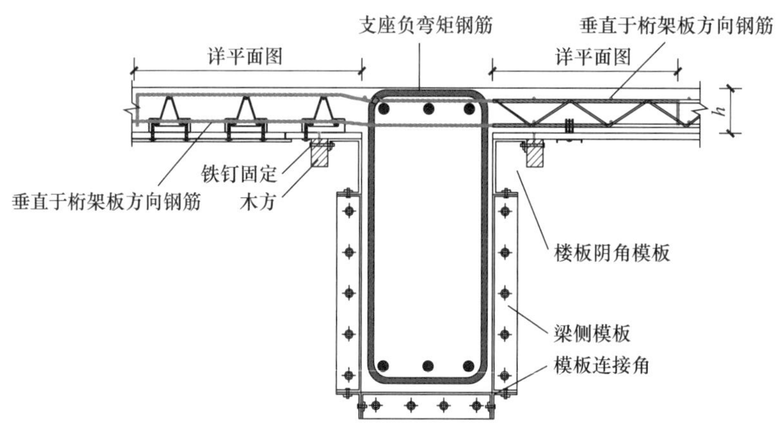

图8　楼承板与顶梁模板组合节点做法

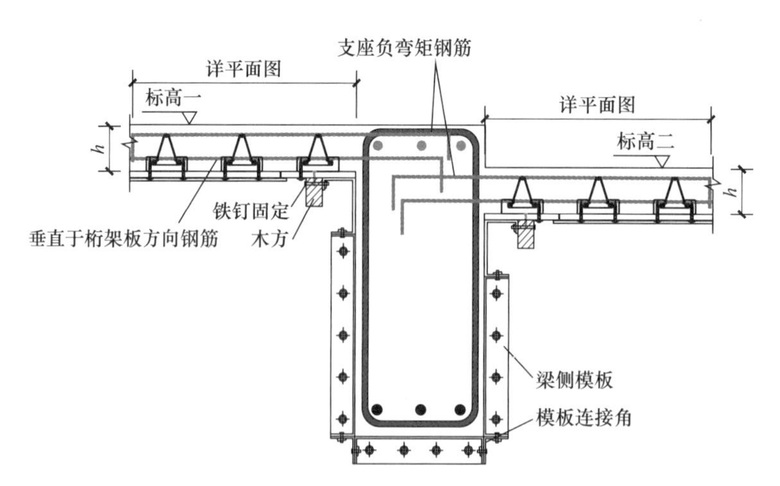

图9　楼承板与顶梁模板高差节点组合做法

4.7 电气导管预埋

钢筋桁架楼承板内电气预埋管优化采用阻燃重型 PVC 管，可挠性好，内壁光滑，质量性能好。

（1）电气导管预埋施工由机电安装专业人员在楼承板铺设后，楼板附加上层钢筋未施工之前进行。

（2）结合钢筋桁架布置方向，电气导管平行或穿过桁架均可，电气接线盒的预留预埋，将接线盒按照规定位置直接固定于底模板上。

（3）管线敷设时，禁止随意扳动、切断钢筋桁架任何钢筋。

4.8 楼板洞口预留

（1）钢筋桁架楼承板开洞口应根据相关专业图纸预留洞口位置，由各专业人员现场进行放线定位预留。

（2）洞口需要在楼承板上按照洞口尺寸进行预留，洞边采用木模板围模，钢筋桁架禁止切断，并按设计要求加设洞口加强钢筋，待楼板混凝土浇筑完成并达到设计强度 75%时，将底模板与洞口模板拆除，并将钢筋桁架沿洞口边缘切断形成洞口，洞口留设做法见图 10。

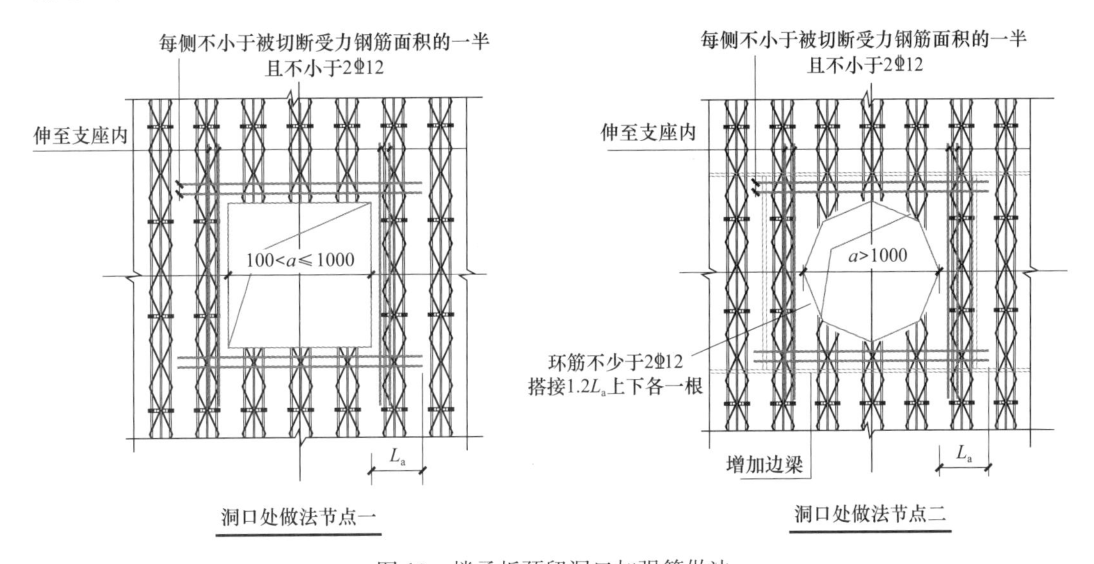

图 10　楼承板预留洞口加强筋做法

（3）如预留洞口处必须切断钢筋桁架，可将钢筋桁架切除后在底模板上钉制木模，钢筋桁架切断处必须在楼承板下部垂直于桁架方向加设临时支撑。

4.9 整理打包返厂二次加工

拆除后的底模板需要进行打包，并吊运至地面指定存放处整齐堆放，槽形支撑件需要规范打包，自攻螺钉拆除后需要及时收集，生产厂家回收二次加工。

5 结论

本工程装配式可拆卸式桁架楼承板施工于 2021 年 4 月 1 日开始，至 2022 年 10 月 31

日结束；工程实践表明，施工期间剪力墙结构可拆卸钢筋桁架楼承板结构受力可靠、生产效率高、安装便捷，尤其是与铝合金模板的有效结合，满足装配率的同时又保证了实体质量一次成优（图11），整合了现浇结构和装配式结构双重优势，对工程住宅地上结构的顺利施工起到关键作用，在高层剪力墙结构楼板施工中具有明显优势，对同类型高层住宅楼板工程施工具有良好的指导意义和可推广价值。

图11　楼承板安装及成型效果

参考文献

[1] 李文斌，杨强跃，钱磊．钢筋桁架楼承板在钢结构建筑中的应用［J］．施工技术，2006（15）：131-133.

[2] 唐正辉．装配式钢结构建筑中钢筋桁架楼承板的应用探析［J］．安徽建筑，2022，29（8）：52-53，76.

[3] 何明辉，王润国，蒲俊，等．钢筋桁架楼承板结合铝模体系的施工技术［J］．建筑施工，2021，43（11）：2306-2308.

[4] 韦庭志．新型装配式桁架楼承板施工工艺与深化［J］．中国住宅设施，2022（12）：105-107.

[5] 杨平，于亚峰，杨立志，等．钢筋桁架楼承板施工质量控制［J］．建筑技术，2022，53（6）：739-741.

作者简介： 黄　凯（1990—），男，本科，工程师。主要从事土木工程、建筑施工研究。

马扶博（1996—），男，硕士，工程师。主要从事土木工程、建筑施工研究。

刘金忠（1990—），男，本科，工程师。主要从事土木工程、建筑施工研究。

周晓坤（1990—），男，本科，工程师。主要从事土木工程、建筑施工研究。

混凝土超大悬挑结构型钢组合三角支撑模架及外防护架施工技术

刘金忠　黄　凯　马扶博　周晓坤
（中建八局第三建设有限公司，江苏 南京，210046）

摘　要：针对高层及超高层建筑屋顶混凝土超大悬挑结构施工难题，以传统悬挑工字钢施工技术为基础，提出型钢组合三角支撑模架及外防护架施工技术，研讨其原理、特点。从现场针对性、技术先进性、工期合理性、成本经济性、安全保障性、绿色引领性六个维度对型钢组合三角支撑模架及外防护架施工技术进行分析总结。
关键词：超大悬挑结构；型钢组合三角架；六个维度

Construction technology of steel composite triangular support mold frame and external protection frame for concrete super large cantilever structure

Liu Jinzhong　Huang Kai　Ma Fubo　Zhou Xiaokun
(The Third Construction Co., Ltd. of China Construction Eighth Engineering Division, Nanjing 210046, China)

Abstract: In view of the construction problems of super large cantilever structure on the roof of high-rise and super high-rise buildings, based on the traditional cantilever I-steel construction technology, the construction technology of section steel composite triangular support formwork and external protection frame is proposed, and its principle and characteristics are discussed. This paper analyzes and summarizes the construction technology of triangular support mold frame and external protection frame from six dimensions of site pertinence, technical advancement, schedule rationality, cost economy, safety guarantee and green leading.
Keywords: large overhanging structure; section steel composite tripod; six dimensions

引言

随着社会的不断进步，人们对建筑的要求也在不断提高，越来越多的混凝土悬挑构件出现在各类建筑上，且悬挑结构的尺寸也越来越大。施工此类混凝土超大悬挑结构采用传统的悬挑工字钢工艺不仅工序多，施工复杂；而且需在剪力墙上预留尺寸大于工字钢截面的洞口，造成剪力墙受力钢筋位置偏移，后续预留洞口的封堵也存在渗漏隐患[1]。

型钢组合三角支撑模架及外防护架施工技术相较于传统的悬挑工字钢施工技术，一方面具有平面排布灵活、装配式拼装、安装速度快、节约施工成本、安全性高等特点；另一方面只需在剪力墙上预留部分螺栓孔，不影响剪力墙受力钢筋位置，减少外墙封堵渗漏隐患[2]。

1 工程概况

某工程总建筑面积18万m^2。其中包括6栋高层住宅，住宅楼屋面女儿墙设计有悬挑板结构，宽度最大达2.85m，挑板板厚150mm，混凝土强度等级C30，需在各住宅楼顶层四周外墙搭设悬挑模架和外防护架进行结构施工。

以传统悬挑工字钢施工技术为基础进行综合对比分析，采用型钢组合三角支撑模架及外防护架施工技术进行女儿墙混凝土超大悬挑结构施工。屋面女儿墙悬挑结构平面示意见图1。

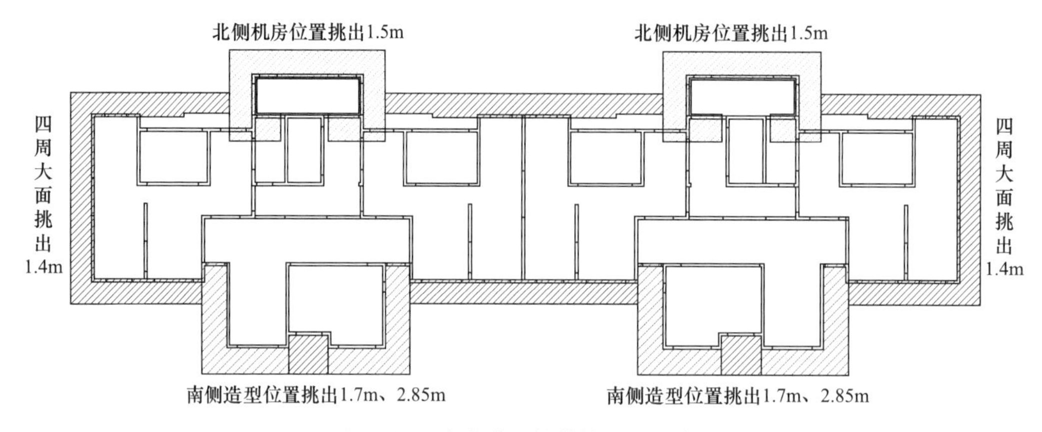

图1 屋面女儿墙悬挑结构平面示意图

2 工艺原理

2.1 三角架制作原理

（1）标准型钢组合三角架长度为1.9m，根据混凝土悬挑结构长度和平面位置确定型钢组合三角架其他长度（2.2m、2.6m、3.0m、3.5m）。其中1.9m、2.2m规格三角架均采用等边角钢∟90mm×6mm、∟75mm×5mm、∟40mm×4mm焊接制作，2.6m、3.0m规格三角架均采用等边角钢∟90mm×8mm、∟80mm×5mm、∟40mm×4mm焊接制作，3.5m规格三角架采用14号工字钢、14号槽钢、8号槽钢焊接制作。型钢组合三角支撑架构造示意见图2。

（2）窗口位置增设钢立柱辅助三角架安装，三角架通过高强度螺栓与钢立柱连接，钢立柱采用双14号工字钢对焊，上、下端与剪力墙结构连接部位采用12号槽钢与钢立柱焊接。窗洞口部位钢立柱节点示意见图3。

2.2 安装原理

（1）三角架与外剪力墙采用M20、M30高强度螺栓穿过墙体预留螺栓洞口连接，螺栓总长度 250～500mm。内侧使用 120mm×120mm×8mm、80mm×80mm×8mm 厚钢垫，外侧螺母焊接在型钢上，紧固时由内侧拧螺栓操作。

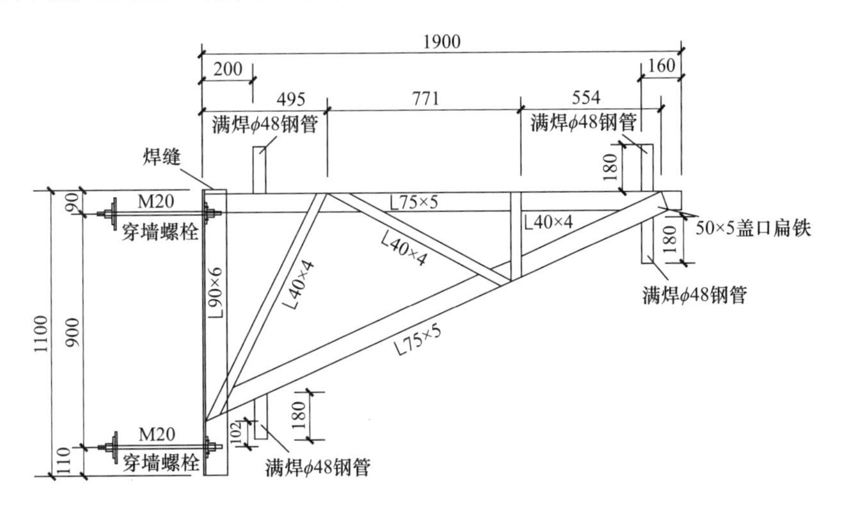

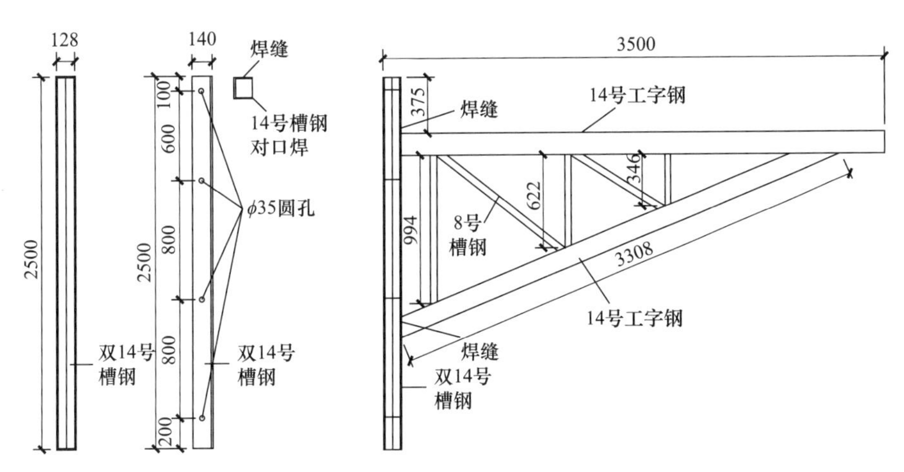

图 2　型钢组合三角支撑架示意图

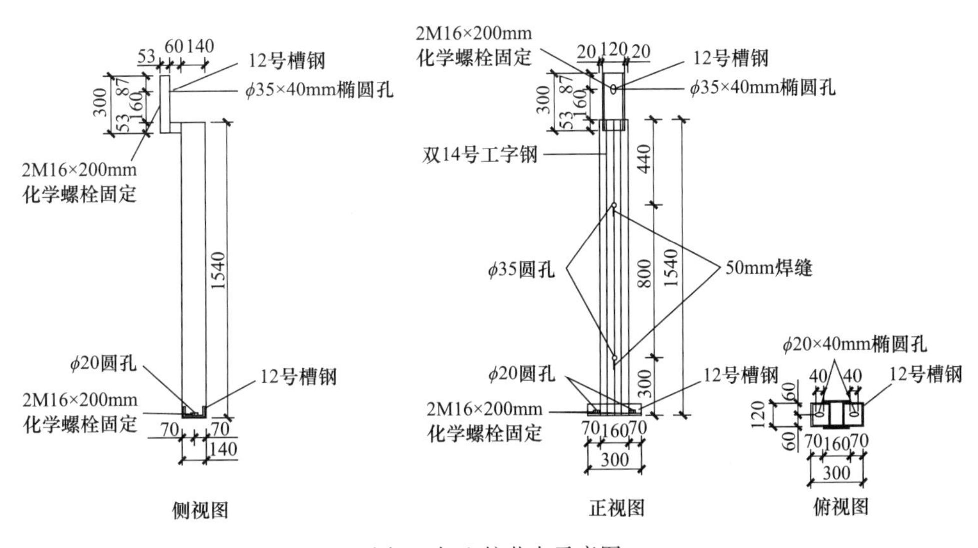

图 3　钢立柱节点示意图

（2）窗口位置三角架安装时钢立柱采用M16×200mm化学锚栓与窗口上下外剪力墙结构锚接形成稳定支撑架构造后，三角架采用高强度螺栓与钢立柱连接。化学螺栓锚入结构深度不小于100mm。

（3）型钢组合三角支撑架安装节点及现场安装实例分别见图4和图5。

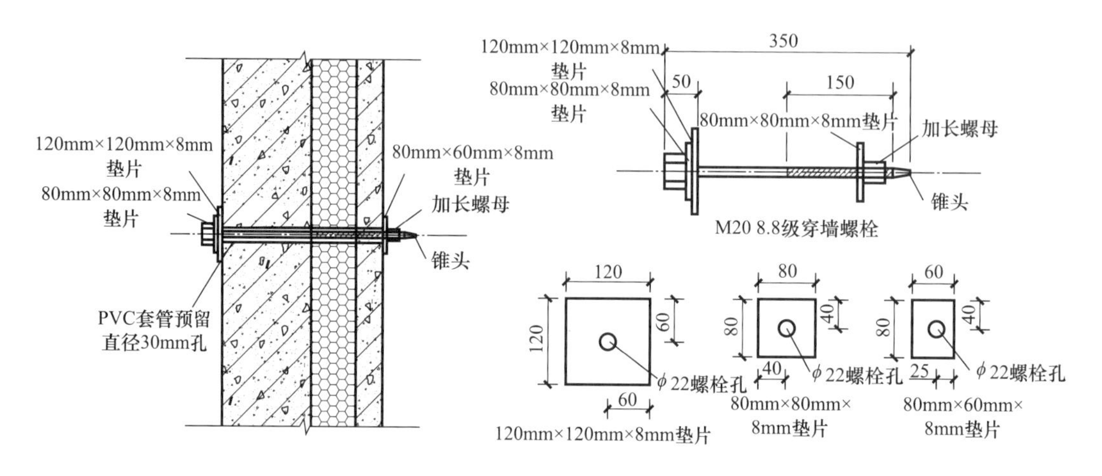

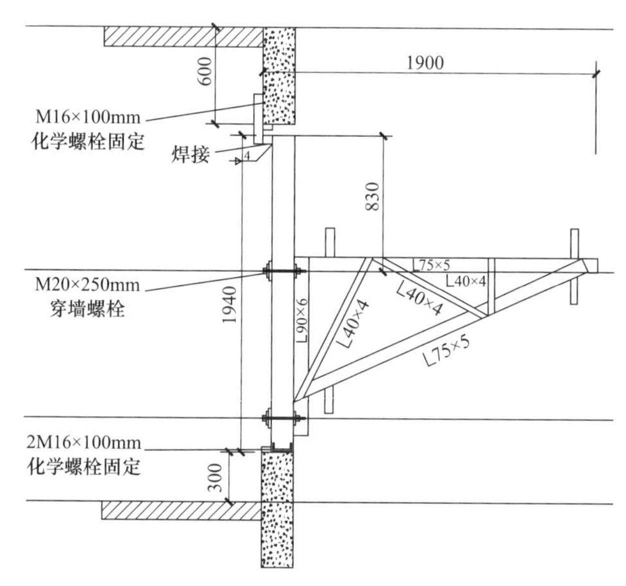

图4　型钢组合三角支撑架安装节点

图5　现场安装实例

2.3 支撑模架和外防护架施工原理

（1）型钢组合三角支撑架设计平面布置前，综合考虑混凝土超大悬挑结构、盘扣架支撑体系和外防护架的自重以及施工动荷载反算单位面积内三角架所需承载能力，最终计算出三角架布设间距。型钢组合三角支撑架平面布置示意见图6。

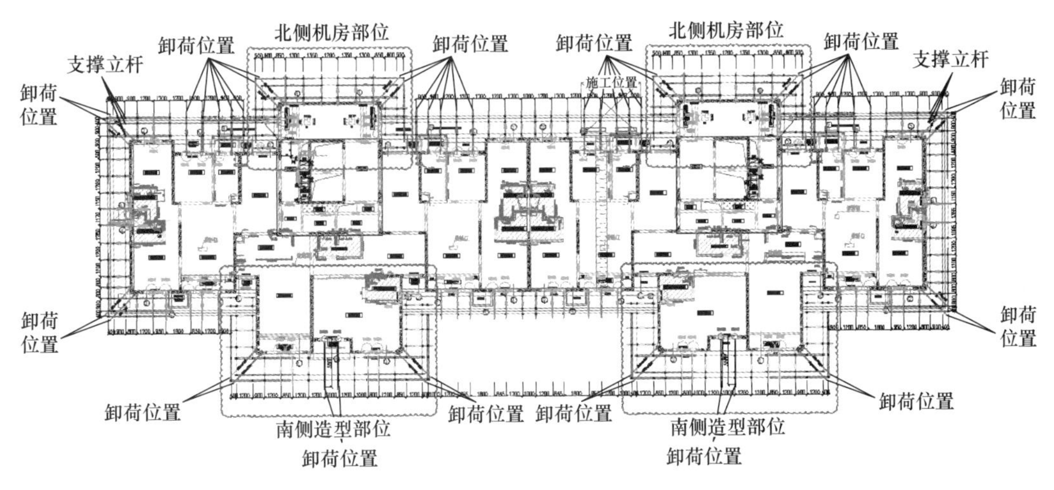

图6　型钢组合三角支撑架平面布置示意图

（2）盘扣架支撑体系及外防护架立杆间距与三角架间距相同，水平杆步距根据支撑体系高度布设。

（3）三角架上两端焊接短钢管与模架体系及外防护架扫地杆连接，增加稳定性。

（4）大阳角部位为满足立杆间距在三角架上局部铺设16号工字钢，与三角架间采用U形螺栓紧固连接，如两者间有空隙采用钢垫片垫牢。工字钢加设立杆固定装置。

（5）立杆安装和工字钢搭设见图7。

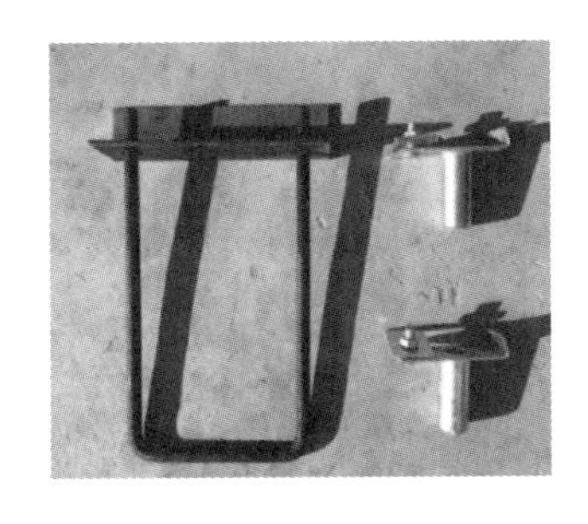

图7　立杆安装和工字钢搭设

（6）工字钢作为模架支撑体系立杆基础，单排防护架设置于三角架外端[3]。外防护架高出作业面至少1.5m[4]。

（7）由于支撑体系高度有限，均设置两道拉结点，第一道使用钢管与三角架上部焊接短钢管采用卡扣连接固定，第二道使用钢管与屋面预埋地锚连接固定。拉结点间距不超三跨。

（8）长度2.6m及以上三角架位置增设$\phi 16$钢丝绳进行卸荷处理[5]。支撑模架和外防护架节点及卸荷钢丝绳实例见图8。

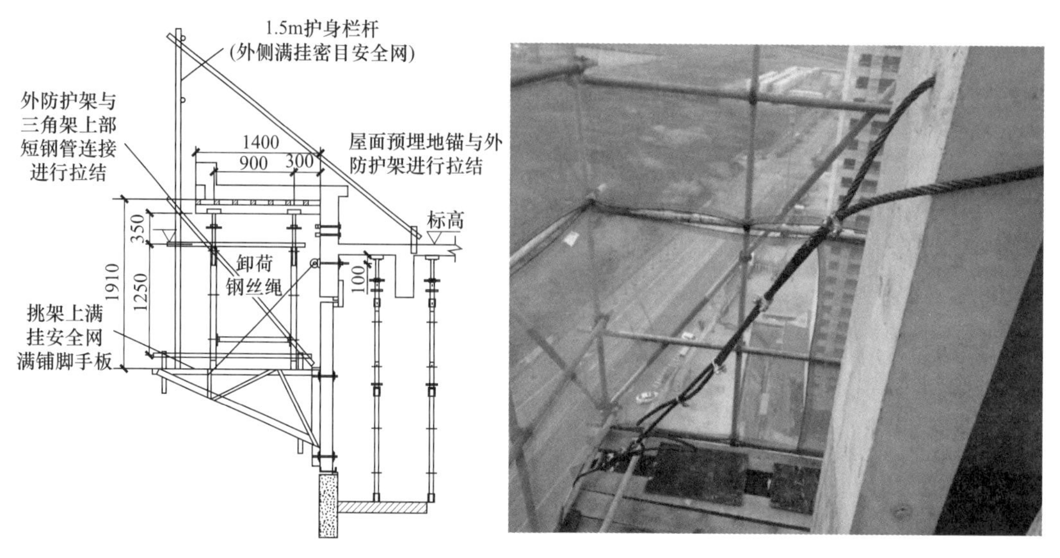

图 8 支撑模架和外防护架节点及卸荷钢丝绳实例

3 施工优势分析

3.1 设计匹配度高

型钢组合三角架设计阶段，设计人员必须综合考虑施工图纸和现场主体实际情况。三角架的型材参数、长度、高度、螺栓孔位、布设位置等必须做到设计与现场的高度匹配，否则无法顺利完成后续安装。

3.2 制作形象美观

为保证型钢组合三角架进场安装后的外观形象满足要求，统一要求厂家在装配式加工完成后进行外表素喷处理，安装完成后颜色一致、整齐有序。

3.3 施工安全可靠

(1) 安拆过程中，围绕外墙在墙体外侧适当高度搭设安全钢丝绳，使用外墙预留孔洞固定，操作人员穿戴安全带，挂钩与安全钢丝绳连接进行安拆作业。

(2) 安拆人员必须持证上岗，必须接受安全教育及安全技术交底。如遇五级以上大风、大雨、暴雪等特殊气候，严禁进行三角架安装和拆除。

(3) 使用过程中为确保架体安全，避免发生超出规范要求的沉降及坍塌事故的发生，在三角架上设置监测点，间距不大于 20m，每个端角部必须设置。安排专人负责保护好监测点并定期进行监测。

(4) 拆除前先进行针对性的安全技术交底，必须办理拆除模板审批手续，经技术负责人、监理审批签字后方可拆除。拆除顺序应遵循先支后拆、后支先拆、从上往下的原则。拆除前必须有混凝土悬挑结构强度报告，强度达到 100%方可进行拆除作业。

3.4 回收周转利用

拆除过程中严禁将钢板、螺栓、垫片等辅助材料乱丢乱放，设有专人进行回收整理，存放固定位置。退场回收前采取有效的保护措施，防止生锈损坏等。

4 六个维度对比分析

4.1 现场针对性

采用型钢组合三角支撑模架及外防护架施工技术，根据混凝土超大悬挑结构尺寸及位置选用悬挑长度 1900mm、2200mm、2600mm、3000mm、3500mm 类型三角架搭配使用；综合考量实际作用力和三角架承载力设计间距，大阳角部位为满足立杆间距要求悬挑梁底局部铺设工字钢作为挑檐梁板模板支撑体系立杆基础，单排防护架设置于三角架端部，以满足支撑体系需求，较传统悬挑工字钢施工技术具有较好的针对性和适用性。

4.2 技术先进性

（1）角钢组合三角架施工技术

通过对受力构件进行极限承载力和稳定性复核验算，选用适合规格角钢，组合形成稳定支撑的三角架，运用稳定的三角体系制作合理的受力结构，提升安全可靠性。

（2）钢立柱组合型钢三角支撑架施工技术

窗口位置三角架安装增设钢立柱固定于窗口，三角架通过高强度螺栓与钢立柱连接，钢立柱采用化学锚栓与窗口上下外剪力墙结构锚接形成稳定支撑架构造。钢立柱采用双 14 号工字钢对焊，上、下端与剪力墙结构连接部位采用 12 号槽钢与钢立柱焊接。

（3）装配式加工、安装，施工效率高

该技术采用的型钢组合三角架通过工厂定型化加工制作，运至现场后通过螺栓与外墙加固连接，安拆操作简单快捷，施工效率高。

（4）工艺便捷，整体性好、安全可靠

该技术较传统悬挑工字钢技术无须预留地锚和墙体洞口，无须大量设置卸荷钢丝绳，无须进行结构洞口封堵，仅需在墙体上预埋螺栓孔即可，对结构质量影响小，施工便捷，大大降低施工安全风险。

4.3 工期合理性

（1）安拆过程中无须进行结构楼板上锚环预留和后期切割，有效减少施工工序，缩短施工周期。

（2）安装完成后，在拆除前不占用主楼内空间，不影响主楼内后续二次结构和装饰装修施工，各工序能够平行施工，有效缩短施工工期。

（3）后续封堵螺栓洞口相较于封堵工字钢穿墙洞口更为简单快捷，缩短施工工期。

4.4 成本经济性

（1）安拆过程中无须进行结构楼板上锚环预留和后期切割，有效减少施工工序，节省人力和材料，降低施工成本。

（2）后续封堵螺栓洞口相较于封堵工字钢穿墙洞口更为简单快捷，有效节约人工成本。

（3）安装过程中无须大量设置卸荷钢丝绳，降低材料成本。

（4）传统悬挑工字钢穿墙洞口封堵的渗漏风险较大，后期维修费用成本较型钢组合三角支撑模架及外防护架施工技术的螺栓孔封堵高。

4.5 安全保障性

（1）外挂式组合悬挑三角架施工技术受力体系稳定合理，安全可靠性高，能够有效保证女儿墙挑檐模架体系和外防护架的安全施工。其受力原理为：

1）通过角钢组合形成的稳定三角体系承受上部荷载；

2）组合悬挑三角架与外剪力墙间采用高强度螺栓穿墙连接，三角架通过高强度螺栓将荷载传至主体结构，形成稳定合理的受力体系。

（2）三角架安、拆方便，穿墙螺栓外侧螺母焊接在型钢上，紧固或拆除时仅在外墙内侧拧螺栓操作即可，安全系数大大提高。

4.6 绿色引领性

型钢组合三角架通过工厂定型化加工制作，能够最大限度地提高余料利用率，现场使用完成后工厂集中回收进行周转重复利用，能够有效节约资源，达到绿色环保的目的。

5 结论

相较于传统悬挑工字钢技术，型钢组合三角支撑模架及外防护架技术在施工超大混凝土悬挑结构方面更具有优势，该施工技术施工效率高，减少施工工序，保证了施工安全、质量，加快了施工进度，节约了施工成本，有效促进环境保护和能源节约，在工程进度、质量、安全、成本及绿色施工各个方面均取得有益效果，为项目创造了良好的综合效益，对同类工程施工具有一定的指导意义和良好的推广价值。

参考文献

[1] 王进，蒋凤昌，梅俊．高层建筑工具式悬挑脚手架创新设计与施工技术［J］．江苏科技信息，2020，37（17）：64-66.

[2] 钟平，饶泽豪，余祖胜，等．组合悬挑外脚手架施工技术的相关应用［J］．建筑技艺，2018（S1）：313-314.

[3] 杨德嵩，张骏，白洪宇，等．高层悬挑结构模板支架与外脚手架共用悬挑架施工技术［J］．施工技术，2018，47（S1）：282-285.

[4] 史大鹏．悬挑式外脚手架高层建筑搭设技术探讨［J］．技术与市场，2020，27（5）：103-105.

[5] 曲建军．高层建筑型钢悬挑脚手架设计及施工技术研究［J］．建筑安全，2018，33（1）：32-34.

作者简介：刘金忠（1990—），男，本科，工程师。主要从事土木工程、建筑施工研究。
黄　凯（1990—），男，本科，工程师。主要从事土木工程、建筑施工研究。
马扶博（1996—），男，硕士，工程师。主要从事土木工程、建筑施工研究。
周晓坤（1990—），男，本科，工程师。主要从事土木工程、建筑施工研究。

高压干喷水泥高强预应力管桩芯复合桩一体施工技术

胡濠麟　张　猛　黄　超　陈雪飞　李　庆

（中建八局第三建设有限公司苏中分公司，江苏 南通，226000）

摘　要：通过对现有常规桩型的优化，改造形成高压干喷水泥高强预应力管桩芯复合桩一体施工的先进工艺，可充分发挥地基土与桩材相互结合的复合作用。传统复合桩采用分体式方法施工，施工效率低且同心率不能保障。结合单一高压干喷水泥土搅拌桩和高强预应力管桩的优点，预应力管桩芯直接受荷，通过桩芯与水泥土桩的握裹力把上部荷载传递给桩身周土，从而减小高强刚性桩芯的截面。

关键词：高压干喷；高强预应力；一体施工；复合桩；同心率

High pressure dry shotcrete high strength prestressed pipe pile core composite pile integrated construction technology

Hu Haolin　Zhang Meng　Huang Chao　Chen Xuefei　Li Qing

(China Construction Eighth Bureau Third Construction Co., Ltd.,

Suzhong branch, Nantong 226000, China)

Abstract: Through the optimization of the existing conventional pile type, the advanced construction technology of high-pressure dry shotcrete high-strength prestressed pipe pile core composite pile is formed, which can give full play to the composite function of foundation soil and pile material. The traditional composite pile is constructed by split-type method, the construction efficiency is low and the same heart rate cannot be guaranteed. Combined with the advantages of a single high-pressure dry-jet soil mixing pile and high-strength prestressed pipe pile, the prestressed pipe pile core is directly loaded, and the upper load is transferred to the soil around the pile through the gripping force between the pile core and the cement soil pile, thus reducing the cross section of the high-strength rigid pile core.

Keywords: high pressure dry spray; high strength prestressing; integrated construction; composite pile; concentricity rate

引言

目前国内建设常采用的桩型有钻孔灌注桩、预制桩等，但都存在泥浆排放量大、噪声污染严重或易产生挤土效应、对周边环境影响较大等问题。结合工程实际，进行针对性研究，将常规的桩型优化改造成高压干喷水泥土桩＋高强预应力管桩芯复合桩，使其地基土与桩材相互结合产生复合作用以适用于软土地基。工程应用表明，高压干喷水泥土桩+高强预应力管桩芯复合桩一体施工工艺有着良好的社会、经济和环境效益。

复合桩施工目前仍沿用两台桩机分别施工的方法，即先采用粉喷桩机施工，完成后在标准规定时间内再施工刚性桩，在刚性桩施工时，粉喷桩桩机须退出后留出刚性桩施工工作面，这样增加了桩机移机时间，并且在施工多桩承台桩时，为满足规范“刚性桩施工宜在粉喷桩施工后6h内进行”（《劲性复合桩技术规程》JGJ/T 327—2014第5.3.6条）要求，该承台粉喷桩未施工完就得退出由刚性桩桩机进行施工，极大地增加了施工时间，成桩质量也存在偏差；两台桩机分别施工有两台桩机施工人员及两台桩机械的机械进退场，同样也增加了施工成本。

针对以上施工效率低及同心率无法保证的难点开展研究，研发出高压干喷水泥土桩+高强预应力管桩芯复合桩一体施工的技术，该技术在工程中应用效果良好。

1 技术特点

（1）大大节省施工周期，减少投入，设备更换大功率动力头，增加钻杆转速，使其改装成满足高压干喷水泥土桩施工的单轴搅拌桩机。与原先采用分体式施工的工艺相比，每根复合桩节约40min，大大节约了施工时间。

（2）通过对现有常规桩型的优化，改造形成高压干喷水泥土桩+高强预应力管桩芯复合桩一体施工的先进工艺，通过对施工工艺的优化、设备的改造，将粉喷桩机成桩系统和刚性桩桩机沉桩系统安装在同一根钢立柱上，立柱安装于步履式桩架一端，当粉喷桩施工完成后，横向移动立柱两动力头间距即可进行刚性桩的施工，复合桩一体施工专用桩机相对原两台桩机分别施工复合桩，极大地提高了成桩质量，同心率得到保障。

（3）减少大型机械进场数量，保证施工安全。传统复合桩都是先用搅拌机进行搅拌粉喷，后用汽车式起重机或者静压桩进行锤桩或压桩。笔者在施工设备选取上，放弃原水泥搅拌桩机和静压桩机两台机械合作施工的模式，更改为集搅拌、静压两功能于一体的新型劲性复合桩一体机，这样减少大型机械的进场管理，适用性强且提升施工效率，保证工程安全，质量管控风险降低。

（4）节约成本，在同等设计承载力要求的情况下，采用此施工方法可减少预应力管桩芯的截面尺寸，减少成本的投入。同时也减少了大型机械的进场，节约场地空间，提高利用率。

2 工艺原理

高压干喷水泥土桩+高强预应力管桩芯复合桩是由水泥土类桩、混凝土类桩等，通过一定的工艺，将两种桩进行复合而形成劲性复合桩的一项技术。

在高压旋喷水泥土桩中心打入刚性桩，形成劲性复合桩。软弱土体中水泥土桩先行施工会改变土体的软弱状态，水泥土体会在劲芯打入时起到护壁作用，同时被挤密的高强度大直径水泥土体会对劲芯起到明显的“握裹”作用。刚性桩的打入能够挤密周围土体，桩周土体界面粗糙紧密，加固了桩身土以及桩周土，改善了桩周土体的均匀性和稳定性。承载力大幅度提高，能有效地提高桩侧土摩阻力、水平抗力比例系数，使单桩水平承载力、抗拔承载力、抗压承载力均得到大幅提高（图1）。

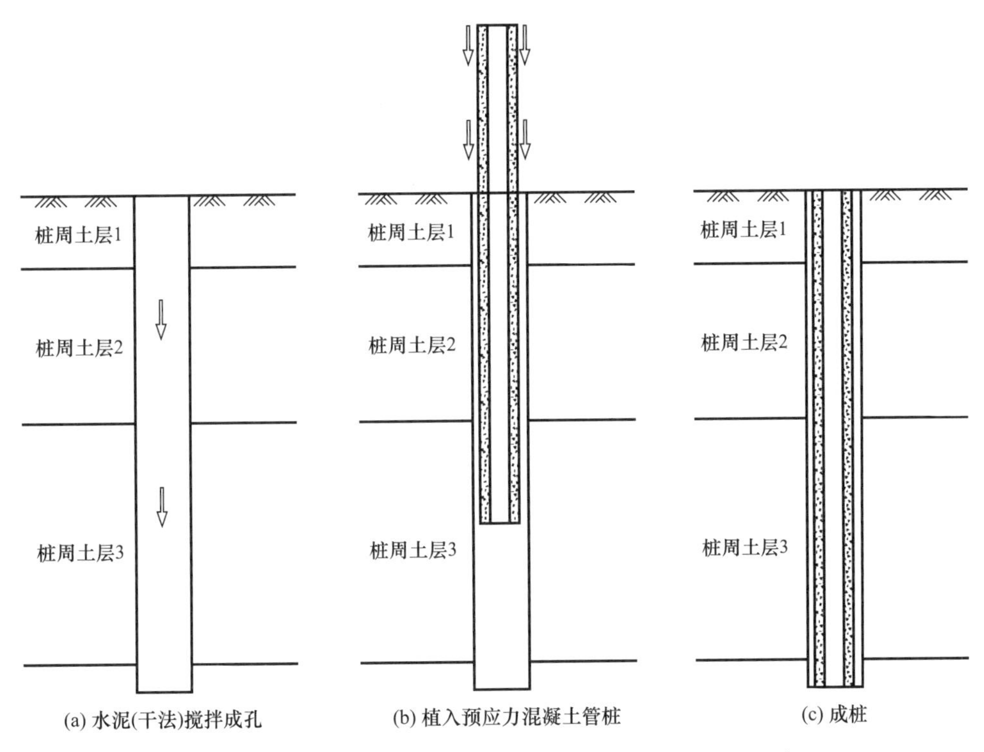

图1 高压干喷水泥高强预应力管桩芯复合桩施工工艺示意

3 工艺流程及操作要点

3.1 施工工艺流程

定位放线→桩位复核→高压干喷水泥土桩桩机就位→高压干喷水泥土桩施工→高压干喷水泥土桩桩机平移退出→预应力混凝土管桩桩机就位→桩位复核→预应力混凝土管桩施工→复合桩成桩→一体桩机移位至下一根桩。

3.2 操作要点

3.2.1 测量放线

（1）测量安排

桩基施工涉及整个场地，线路的测量还需要较高的工作要求。施工周期紧，现场成立了由测量工程师领导的专业测量团队，完全负责测量工作。

测量操作应与设计和施工密切相关，严格遵守施工测量标准，施工准备操作应与设计和施工密切相关。

（2）轴线控制

1）施工控制网的建立

建立可控的轴线控制网。

控制网的点位根据现场实际情况灵活选定，应当位于通视条件良好、土层稳定、在施工影响范围之外的地方，对控制点要做保护工作。

控制网的测量按一级方格网的精度要求进行，使用全站仪进行测定，主轴线交角误差≤±3″，主轴线边长精度≤1/50000，如个别超出规定应合理地进行调整。

控制网的平差计算采用严密平差法，根据最小二乘法原理解算条件方程组，这项工作可通过计算机进行（图2）。

图2 控制网建立

2）施工控制网的确定

现场施工准备阶段，以建筑总平面图及业主方给定的控制点为依据，建立平面定位通视的测量控制网，作为测量校验的标准。

控制网采用全站仪进行测定，选择与方格网控制点能通视的基准点架设全站仪，根据由方格网点平面坐标计算出的坐标方位角和极距即可放样出点位。

各控制点测定出之后，需进行复核校正，如准确无误，需在施工影响区域外设立引桩并在围墙等固定建筑物上标志出轴线。这样做的目的是在方格网控制点遭到破坏的情况下能根据引桩及时恢复。

（3）施工放样

在需要测定轴线时，首先根据控制桩定出控制线，之后根据轴线与控制线的距离关系测定出其他各条轴线。

轴线测定并复核校正无误后，即可以此为依据放样出桩位。将每个桩位都换算成独立坐标，并根据笔者所在公司技术人员自己开发的软件将每个桩位的独立坐标再返算至计算机并与施工电子图进行对比，现场技术人员将此成果自检后报公司工程部由专业技术主管进行复核并签字核发后给现场测量作业小组，以确保定位放线的准确性。

（4）高程控制

根据业主提供的水准点，在场地四周引测3～4个工作基点作为施工时标高控制的依据，工作基点必须设立在土层稳定、施工影响范围之外的位置，工作基点需做混凝土基础并埋入土层中，上部加盖防止破坏。

水准点和工作基点形成闭合水准网，按二等水准测量的技术要求测定出点位高程。在施工过程中需进行复测，检查有无沉降（图3）。

图3 高程控制

（5）测量仪器

选用DQZ2A全站仪、J2经纬仪、S3水准仪等，为保证测量精度，测量仪器的校验必须在有效期内（图4）。

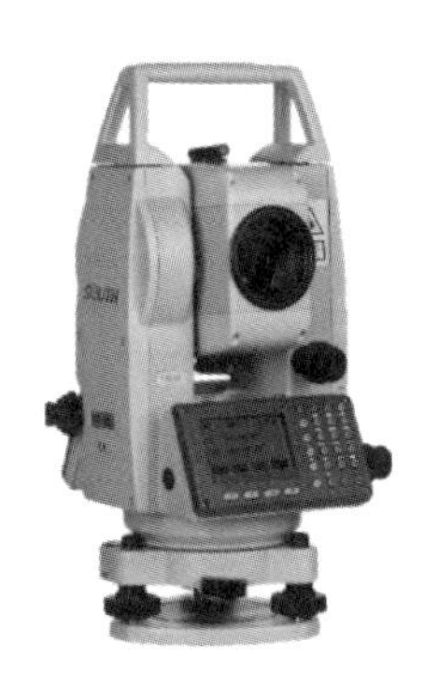

图4 测量设备

（6）测量精度要求

1）控制桩及轴线的测放误差不得大于3mm。

2）样桩桩位的测放误差群桩中间桩小于10mm，边桩小于5mm。

3）标高的测放误差控制在±50mm内。

4）桩垂直度的偏差控制在0.5%内。

（7）测量技术要求

1）现场安排一名以上专业测量技术人员主持测放工作，测量技术人员在施工前测放好控制桩。在施工过程中，对所设立的控制点妥加保护，每天复核2次，以保证样桩桩位测放的精度。

2）测量放样的有关数据都提前进行内业计算，经复核无误后进行样桩测放。内业计算要求，方位角计算至秒，距离、坐标计算至毫米（mm）。

3）样桩桩位测放后，周围撒上白灰以示标志，便于打桩时查找。同时必须进行测量复核验收，并及时办理书面验收手续存档。

4）加强中间环节的验收，当每根桩打至地面时，应进行桩位位移的测定，做好记录，作为竣工验收的参考依据。

5）样桩桩位要经常复测，丢失补上，多余拔除，以防漏打或多打，同时按照打一根复合一根的原则，确保每一根桩位准确无误。

6）压桩以桩长控制为主，同时控制好压桩力，测量技术人员应根据设计要求和现场水准点参数计算送桩深度。采用水准仪跟踪控制送桩深度至桩顶标高，做好数据记录。

7）桩身垂直度的控制，在距压桩机15～20m处设置吊锤，配合用1台经纬仪进行观测，控制桩的垂直度偏差小于0.5%。

8）在施工现场设置水准点，数量不宜少于3个，用于检查桩顶的入土深度。

9）妥善保管测量资料，施工结束后提供完整的资料，包括内业计算数据放样略图、测量复核单、成果说明、中间验收记录、桩垂直度记录等。

3.2.2 高压干喷水泥土桩+高强预应力管桩芯复合桩一体施工流程

（1）定桩位：首先测放控制桩点，然后全站仪定桩位，做好标记。当地面起伏不平时，调整塔架丝杆或平台基座，使搅拌轴保持垂直，桩位偏差不得大于30mm，高压旋喷水泥土桩垂直度不大于0.5%。使搅拌机轴保持垂直，以防打斜桩而影响桩基承载力。

（2）下钻搅拌：搅拌钻头通过平移导轨进行平移至桩位，然后启动搅拌钻机，钻头边旋转边钻进，为了不致堵塞喷射口，此时并不喷射加固材料，而是喷射压缩空气。钻进时喷射压缩空气，可使钻进顺利，负载扭矩小。随着钻进，准备加固的土体在原位受到搅动。

（3）提升喷灰搅拌：搅拌机下沉到设计桩底标高后，边喷灰、边旋转，使水泥和软土充分拌和，搅拌次数为四搅二喷，每米桩水泥用量＝水泥掺量×桩截面面积×土密度＝$15\%\times3.14\times0.5^2\times1800=212$kg。同时，严格按照设计确定的提升速度，匀速提升搅拌机，直到设计桩顶以上50cm止。

（4）提升结束：桩体形成后，当钻头提升至距地面30～50cm时，发送器停止向孔内喷射气体，成桩结束。由于装置的回路是封闭的，在回路的输送过程中，粉体不会向外喷发与飞散。到达设计桩顶标高上50cm后关闭粉体发送机（图5）。

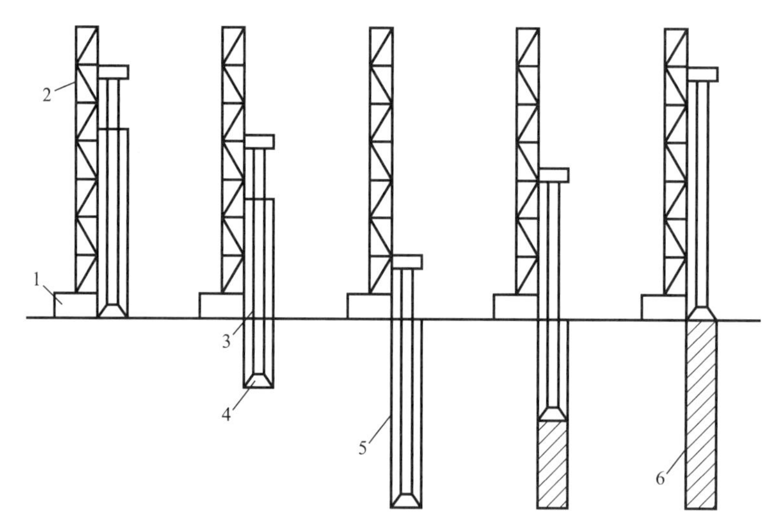

图5 深层搅拌桩施工程序

1—钻机；2—钻架；3—钻杆；4—钻头；5—钻孔；6—成桩

（5）水泥土桩施工完成后进行管桩施工，管桩施工在正式打桩之前，要认真检查打桩设备各部分的性能，以保证正常运作。另外，打桩前应在桩身一面标上每米标记，以便打桩时记录。第一节桩起吊就位插入地面时的垂直度偏差不得大于0.5%，并用线坠及经纬仪校正。施工过程中桩身要垂直，当桩身倾斜率超过0.8%时，应找出原因并设法纠正。当桩尖进入硬土层后，严禁用移动桩架等强行回扳的方法纠偏。

（6）当管桩施打至设计要求的持力层或达到设计要求的压力值时，则可停止。

4 材料与设备

4.1 材料

主要材料一览见表1。

4.2 施工器具及机械

主要设备一览见表2。

主要材料一览表　　表 1

序号	材料名称	型号规格	用于施工部位
1	硅酸盐水泥	P·O42.5	水泥桩、复合桩施工
2	高强预应力混凝土管桩	600-II-130-8+8-C105	桩基施工
3	桩尖	Q235B 钢	桩基施工

主要设备一览表　　表 2

序号	机械或设备名称	型号规格	数量	额定功率（kW/台）	用于施工部位
1	复合桩一体机	—	2 套	370	复合桩施工
2	配电箱	—	4 套	—	桩基施工
3	夹具	—	2 台	—	桩基施工
4	电焊机	500A	2 台	10	桩基施工
5	抽水泵	ϕ100	2 台	3	桩基施工
6	经纬仪	J2	4 台	—	测量放线
7	水准仪	DS-32S	2 台	—	测量放线
8	钢尺	50m	4 把	—	现场临时用电
9	吊锤	—	4 套	—	测量放线
10	全站仪	KTS-442LL	2 台	—	测量放线

5 结论

高压干喷水泥高强预应力管桩芯复合桩一体施工技术适用范围广泛，可适用于存在软土、黏土、粉土、粉砂及风化岩等的各种土层，提高了施工效率，增加了成桩合格率，减少了返工的可能性，总体受益大。具有很好的社会效益、经济效益。

参考文献

[1] 郭延义. 劲性复合桩施工工艺的应用 [J]. 建筑施工，2018 (7)：1089-1091.
[2] 王爱生. 浅谈粉喷桩施工要点 [J]. 山西交通科技，2003 (5)：62-63.
[3] 张莎莎. 建筑工程基础预应力管桩施工技术的研究 [J]. 建筑机械，2017 (5)：73-75.

作者简介： 胡濠麟（1996—），男，本科，助理工程师。主要从事结构力学方面的研究。
张　猛（1998—），男，本科，助理工程师。主要从事岩土力学方面的研究。
黄　超（1995—），男，本科，工程师。主要从事工程结构力学方面的研究。
陈雪飞（1994—），男，本科，工程师。主要从事工程力学方面的研究。
李　庆（1988—），男，本科，高级工程师。主要从事岩土力学方面的研究。

混凝土密封固化剂施工工艺研究及其在提升地坪耐用性中的应用

李孝鎏[1,2]　周永飞[1,2]　缪　飞[1,2]　于瑞明[1,2]
（1. 中建新城建设工程有限公司，江苏 苏州，215000；
2. 中建新疆建工（集团）有限公司，新疆 乌鲁木齐，830000）

摘　要：混凝土密封固化剂作为一种有效抑制混凝土膨胀与开裂的材料，其发展历史可追溯至数十年前，源自美国加利福尼亚州一位德国科学家的创新成果。历经多年技术迭代，其核心配方已从传统的钠基体系演进至更为先进的锂基硅酸盐体系，并通过专有催化剂在高温条件下实现乳化加工，进一步提升了产品性能。

本文系统性地探讨了混凝土密封固化剂的施工工艺，涵盖工艺基础理论、详细步骤、关键操作技巧及质量控制标准，旨在为相关建设项目提供实践指导与参考案例，推动该技术在提升混凝土地坪耐久性与稳固性方面的广泛应用，促进建筑行业的技术进步与发展。
关键词：地坪；固化剂；整体施工；养护

Research on the construction process of concrete sealing curing agent and its application in improving the durability of floors

Li Xiaoliu[1,2]　*Zhou Yongfei*[1,2]　*Miao Fei*[1,2]　*Yu Ruiming*[1,2]
(1. China Construction New City Construction Engineering Co., Ltd., Suzhou 215000, China;
2. CSCEC Xinjiang Construction & Engineering Group Co., Ltd., Urumqi 830000, China)

Abstract: Concrete sealing curing agent, as a material that effectively inhibits the expansion and cracking of concrete, has a history dating back to decades ago, originating from the innovation of a German scientist in California, USA. After years of technology iteration, the core formulation has evolved from the traditional sodium-based system to the more advanced lithium-based silicate system, and the emulsion process is achieved under high-temperature conditions through a proprietary catalyst, which further improves the product performance.

This paper systematically discusses the construction technology of concrete sealant curing agent, covering the basic theory, detailed steps, key operation skills and quality control standards of the process, aiming to provide practical guidance and reference cases for related construction projects, promote the wide application of this technology in improving the durability and stability of concrete flooring, and promote the technological progress and development of the construction industry.
Keywords: flooring; curing agent; overall construction; maintenance

引言

混凝土密封固化剂作为增强混凝土耐磨与抗渗性能的关键材料，通过将特制的化学制剂融入水泥基质中，实现了对混凝土的深层密封与加固。这种无色、无毒、不易燃、低挥发、高渗透性的液体，其核心成分为无机活性物质与硅系化合物，安全环保且施工便捷。

该技术的精髓在于固化剂能深入混凝土内部，与其间的矿物质成分发生化学交联反应，进而固化成为坚韧、致密且无尘的整合层。这一化学作用显著缩小混凝土内部的孔隙与裂缝，极大增强了混凝土表层的硬度与密度，有效阻隔固液介质的渗透，同时维持混凝土的透气性，保障其“呼吸”功能，从而显著提升其耐磨损及防渗透性能，为建筑业的进步贡献了重要力量。

施工实践强调精细配料，确保混凝土与固化剂比例得当，以保证固化剂能均匀渗透。此外，施工环境的严格管理亦不可或缺，以规避外界因素对固化效果的潜在干扰。通过严谨的操作规程与质量监控机制，混凝土密封固化技术得以充分发挥其提升混凝土耐久性与可靠性的潜力，为现代建筑工程质量设立了新的标杆。

1 混凝土密封固化剂耐磨地坪整体施工技术

1.1 工艺原理及适用范围

1.1.1 工艺原理

混凝土密封固化剂作为一种高度渗透的液体处理剂，其核心效能在于深入混凝土基底，与其中的水泥组分发生化学互动，共同催生出强粘结性与高硬化的产物——水化硅酸钙（C-S-H）。该产物卓越的填充特性有效封闭了混凝土的微观孔隙，从根本上增强了混凝土的综合性能。

经此处理，混凝土表面被赋予了一层坚固的防护屏障，不仅显著增强了其耐磨与抗压强度，还有效杜绝了尘埃析出与水分侵袭的问题。这一层防护大大减轻了化学腐蚀、盐分侵蚀及油渍污染等常见损害对混凝土的影响。

尤为重要的是，混凝土密封固化剂选材环保无毒，完全顺应了当代建筑设计对安全及可持续性的高标准追求。

综上所述，混凝土密封固化剂凭借其深层渗透、化学反应生成致密防护层的机制，全方位提升了混凝土的耐磨性、抗压强度、防尘、防水及抗侵蚀等多维度性能，是改善与增强混凝土品质的理想解决方案。

1.1.2 适用范围

混凝土密封固化剂广泛适用于各类大型工业厂房、车间、地下停车库、大型超市、物流配送中心、体育场馆、医院等场所。这些场所通常具有以下特点：

大型工业厂房和车间：这些地方通常需要承受重载车辆和机器的运行，因此对地面的耐磨性和抗压强度有很高的要求。混凝土密封固化剂可以有效提高地面的硬度、耐磨性和抗压强度，延长地面的使用寿命。

地下停车库：地下停车库的地面需要具有很好的抗压性和耐磨性，以承受车辆的反复行驶。此外，地下停车库的地面还应具有一定的防水性能，以防止地下水渗入。混凝土密封固化剂可以有效提高地下停车库地面的性能，满足这些要求。

大型超市和物流配送中心：这些地方的地面需要具有很好的耐磨性和抗压性，以承受大量人流的踩踏和货物的堆放。此外，地面的清洁度和卫生性也非常重要。混凝土密封固化剂可以提高地面的硬度、耐磨性和抗压强度，同时形成一层致密的保护层，防止污染物质的渗透。

体育场馆：体育场馆的地面需要具有很好的耐磨性和抗压性，以承受运动员的奔跑和比赛的激烈摩擦。此外，地面的平整度和摩擦系数也非常重要。混凝土密封固化剂可以提高地面的硬度、耐磨性和抗压强度，同时保持地面的平整度和摩擦系数。

医院：医院的地面需要具有很好的消毒性和清洁性，以保障患者和医务人员的健康。此外，地面的抗压性和耐磨性也非常重要。混凝土密封固化剂可以提高地面的硬度、耐磨性和抗压强度，同时容易清洁和消毒。

总之，混凝土密封固化剂适用于各类大型场所，可以提高地面的性能，延长地面的使用寿命，减少维护成本，提高清洁度和卫生性，为人们提供安全、舒适和高效的使用环境。

2 操作要点

2.1 基层处理

在进行混凝土密封固化剂施工之前，首要的准备工作是确保地面基层的清洁度与适宜的湿度条件，以达到最佳的材料渗透效果和最终的固化质量。具体步骤包括：

首先，采用专业的地坪打毛机对地面底层进行全面而细致的处理。这一步骤至关重要，因为地坪打毛机通过高速旋转的金属刷盘或磨片，能有效去除地表残留的浮泥、松散颗粒以及旧有的涂层或污染物，同时在混凝土表面形成微小的凹凸纹理，这有助于后续密封固化剂更深层次地渗入混凝土内部。操作过程中，需均匀覆盖整个作业面，特别注意边角和缝隙处的处理，确保无遗漏，为后续工序奠定坚实的基础。

完成打毛清理后，紧接着是保持地面的适度潮湿。这一步并不是直接浇灌大量水分，而是要依据天气状况和地面的吸收能力，喷洒适量清水，使地面保持一种微微湿润的状态。这样做既能防止混凝土密封固化剂过快干燥，影响其与混凝土的化学反应深度和均匀性，又能确保反应过程中所需的适宜水化环境，促进水合硅酸钙等有益化合物的充分形成。值得注意的是，地面潮湿程度的控制需要一定的经验和技巧，避免积水导致材料稀释或分布不均。

通过以上精心准备，不仅能大幅提升混凝土密封固化剂的施工作业效率和质量，还能确保处理后的地面具备更加出色的耐磨、抗渗、防尘等性能，延长其使用寿命并提升美观度。

2.2 标高控制点制作

在耐磨地坪的施工过程中，混凝土的浇筑高度控制至关重要。通常，这一过程会采用预先拌制好的灰饼作为标高基准。这些灰饼应均匀等距地分布在施工区域内，其间隔距离不得超过3m，以确保整个地坪的平整度和一致性。

为进一步精确控制浇筑高度，建筑工地的墙壁及柱体四周会引出横向控制线。这些控制线不仅在施工期间提供了直观的参考，方便工人随时校准地面的浇筑高度，而且在工程的各个阶段，都能作为复查的依据，确保地坪施工质量符合设计要求。通过这种精细的施工管理，可以有效避免地坪出现高低不平或不符合设计标准的问题，从而保证最终地坪的耐磨性能和使用寿命。

2.3 混凝土浇筑

在施工完成后，使用C30级的细石水泥进行浇筑，确保混凝土的强度和耐久性。为了应对从工厂到工地过程中可能发生因运输和温度变化导致的混凝土坍塌，出厂时对混凝土的坍落度控制在150mm以内，这是为了减少运输过程中的损耗，确保混凝土在到达工地时仍保持良好的工作性能。

在工地，工作人员会预先准备好减水剂，这是一种在坍落度过大时用于改善混凝土流动性的添加剂。当混凝土的坍落度超出标准时，会适当添加减水剂，以维持其适宜的稠度，确保混合后的混凝土均匀且易于施工。值得注意的是，施工过程中严禁往水泥中直接加水，因为这会导致水泥在研磨过程中失去浆体，表层厚度不一，从而影响地面的平整度和整体质量。严格的控制和精确的操作是保证耐磨地坪施工质量的关键。

2.4 面层整平

为确保地面底层浮泥的清除并保持表面潮湿，应先使用地坪打毛机对地面进行处理，打毛机能够有效去除地面的浮尘和松散层，增强地面的附着力。这一步骤对于后续施工至关重要，因为它可以提高混凝土与地面之间的粘结力，从而确保浇筑的混凝土层牢固地附着在地面上。

处理完底层浮泥后，应紧接着进行浇灌工作。浇灌的目的是使地面保持适当的湿度，以便于混凝土的浇筑和成型。湿润的地面有助于混凝土的均匀分布和减少因水分蒸发过快而引起的裂缝。然而，需要注意的是，地面不应过于湿润，以免影响混凝土的强度发展。因此，应控制好浇灌的时机和程度，确保地面在混凝土浇筑前保持适宜的潮湿状态。

2.5 打磨

在进行环氧树脂研磨件的精细加工时，首先使用石头研磨器配合150目的环氧树脂磨盘进行初步研磨。这一步骤旨在去除表面的粗糙部分，为后续的精细打磨打下基础。

完成初步研磨后，对地板进行两次抛光处理，以进一步提升表面的光滑度。随后，使用吸水机将研磨过程中产生的淤泥和废料彻底抽除，保持工作区域的清洁。

接下来，更换石头打磨器上的磨盘，安装300目的环氧树脂磨盘进行全方位精细研磨。在研磨前，可以先进行水洗或用水冲洗，这样有助于清除残留的细小颗粒，并使表面的毛细孔洞完全露出，以便于研磨更加均匀和深入。

研磨完成后，彻底清洁抛光后的废料，确保地面无残留物。然后对地面进行彻底的清理，以去除所有研磨过程中产生的粉尘和杂质。

清理完毕后，对地面进行喷淋水保养，持续5h，以保持地面的湿润状态，有助于环氧树脂的进一步固化和增强。保养结束后，使用吸水机吸干地面上的水分，确保地面干燥。

最后，在地面上撒上强力的抗裂性修复材料，使用刮刀进行多次打磨，以增强地面的抗裂性能和整体美观度。这一步骤对于提升地面的耐用性和美观性至关重要。

2.6 缺陷修补

如果原地面存在起砂、表面脱落等问题，首先需要使用切削器对地面进行切割。切割的目的是将问题区域刨开，形成15cm见方、比原地面矮2～5cm的平整且结实的旧地面。这一步骤有助于彻底解决地面的结构性问题，并为后续的修补工作打下坚实的基础。

切割完成后，新挖出的旧基础需要在5h内进行喷水保养。喷水保养的目的是保持旧基础的湿润状态，有助于防止水泥在硬化过程中出现开裂和收缩等问题。

喷水保养结束后，使用高强度的抗裂水泥对旧基础进行修补。修补时，要确保水泥填充均匀，无空鼓和裂缝，以保证新修补的地面具有足够的强度和耐久性。

如果旧的基础水泥存在疏松问题，需要将所有松动部位都挖掉，直至找到坚实的水泥层。然后使用高一级的水泥进行补灌，以确保新补灌的水泥层具有更好的密实性和强度。

补灌完成后，待水泥达到一定强度后，可以进行后续的打磨和抛光等工作，以实现最终的平整和光滑效果。在整个施工过程中，要注意遵循相关的施工标准和规范，确保施工质量。

2.7 喷洒混凝土密封固化剂

在进行水泥地面处理时，首先确保地面已彻底清扫干净，然后均匀地撒上适量的水泥固化剂，推荐用量为每次0.3～0.4kg的水泥砂浆，以确保固化剂能充分覆盖并渗透到地面的每个角落。处理过程中，应特别注意避免固化剂积聚在凹陷或裂缝中，应及时将其移至凸起部位，以保证均匀分布。

当固化剂开始粘滑，表明它已经开始与基材发生化学反应，此时应用清水冲洗地面。这一步目的是清除多余的固化剂和可能的残留胶粘剂，确保表面清洁。擦拭工作要仔细，避免残留影响下一步施工。

固化剂吸收需要40min到1h，这段时间内地面会逐渐吸收固化剂，加强其与土壤和原有水泥的化学结合。待固化剂完全吸收后，进行第二次抛光处理，这一步旨在提升地面的平整度和光滑度，同时确保固化剂的固化效果得到充分发挥。

通过这种处理方式，水泥固化剂能够深入土壤，与原有的水泥形成更稳定的化学结合，生成更多的硬化材料，从而提升地面的整体强度和耐久性。在整个过程中，严格按照操作指南进行，以确保最佳的施工效果。

3 质量要求

耐磨地坪表面平整度不超过4mm，分隔缝垂直偏差不超过3mm，地面层无裂纹和起砂。

4 安全注意事项

施工现场使用的电力必须按照有关规定进行，固化剂在运输、施工和存储时要严格密闭，如果皮肤碰到或飞溅到眼睛里，要立刻用清水清洗或去医院就诊，施工场地要保持通风。

5 结论

采用密封固化剂的新工艺在地坪制作中展现出显著的优势。这种工艺操作简便，施工过程不复杂，大大降低了施工难度和人力成本。同时，密封固化剂的成本相对较低，使得整个地坪项目的造价更为经济，适合各种规模的建筑项目。

在性能方面，使用密封固化剂的地坪具有出色的耐磨性，能够承受高强度的日常使用和磨损，延长地坪的使用寿命。此外，这种地坪表面光亮度高，美观大方，提升了建筑内部的整体视觉效果。

更为重要的是，这种新工艺践行了节能环保的理念。密封固化剂的使用减少了材料的浪费，优化了资源利用。在施工过程中，减少了有害物质的排放，符合绿色施工的要求，对环境的影响降到最低。这种环保特性使地坪不仅在功能上满足需求，也为社会可持续发展做出贡献。

综上所述，采用密封固化剂的地坪工艺不仅提升了地坪的性能，还具有显著的节能环保优势。这种工艺的推广和应用，对于推动建筑行业的绿色发展具有重要意义，值得在更广泛的范围内进行推广和应用。

参考文献

王燕桂，刘志洋，汪胜. 混凝土密封固化剂耐磨地坪整体施工技术 [J]. 安徽建筑，2015，22 (5)：80-81.

作者简介： 李孝鎏（1993—），男，本科，中级工程师。主要从事混凝土固化剂方面的研究。
周永飞（1998—），男，本科，工程师。主要从事混凝土设计理论方面的研究。
缪　飞（1990—），男，本科，助理工程师。主要从事地库混凝土技术方面的研究。
于瑞明（1989—），男，本科，中级工程师。主要从事现场施工主体结构、技术方面的研究。

环保型高碳纤维复合混凝土力学性能试验研究

马扶博　黄　凯　刘金忠　周晓坤
（中建八局第三建设有限公司，江苏 南京，210046）

摘　要： 高层住宅混凝土结构中由于内外因素的作用而产生裂缝，裂缝的出现不仅会影响建筑物剪力墙荷载能力，还会降低建筑物的抗渗能力。经过工程实践应用，将抗拉强度高、分散性好的环保型高碳纤维加入混凝土中能有效改善混凝土裂缝的产生，同时增强混凝土的力学性能指标。此外，环保型高碳纤维是采用物理回收法将废弃的建筑碳纤维板破碎成颗粒或碾磨成粉制备而成，这种方法处理方式简单、成本较低、保护环境又能做到资源再利用。

关键词： 环保型高碳纤维；复合混凝土；力学性能；物理回收

Experimental study on mechanical properties of environmentally friendly high carbon fiber composite concrete

Ma Fubo　Huang Kai　Liu Jinzhong　Zhou Xiaokun
(The Third Construction Co., Ltd. of China Construction Eighth Engineering Division, Nanjing 210046, China)

Abstract: Cracks occur in high-rise residential concrete structures due to internal and external factors. Cracks not only affect the load capacity of shear walls, but also reduce the impermeability of buildings. The incorporation of high-tensile-strength, well-dispersed environmentally friendly high-carbon fibers into concrete can effectively mitigate the formation of cracks and enhance the mechanical properties of the concrete. In addition, the environmentally friendly high carbon fiber adopts the physical recovery method to break the waste building carbon fiber plate into particles or grind into powder preparation, this method is simple, low cost, environmental protection and resource reuse.

Keywords: environmentally friendly high carbon fiber; composite concrete; mechanical property; physical recovery

引言

为了改进和克服混凝土易开裂的问题，在水泥砂浆和混凝土中加入定量的纤维材质，是改善混凝土水泥基材料的常用方法之一。加入纤维材料的混凝土可以很大程度上提高其本身的抗裂性能，同时可以控制裂纹的进一步发展，进而提升混凝土的耐久性。

在传统现浇混凝土原有配料基础上将部分外加剂替换成环保型高碳纤维材料，经过试验方案验证，高碳纤维能够有效加强混凝土抗压、抗弯、抗剪强度等力学性能，提高剪力墙、柱、梁结构强度，有效预防结构构件受压变形及裂缝问题[1]。此外，高碳纤维制作采用物理回收法：将废弃的建筑碳纤维板破碎成颗粒或碾磨成粉末直接用作混凝土制备原材掺合料中，这种方法处理方式简单、成本较低、保护环境又能做到资源再利用。同时，高碳纤维能够改善混凝土内部水泥构造物表观形态，延长建筑使用寿命，使其外观更加致密、平整、美观。

1 试验原理

本文采用轴心抗压、抗剪强度试验进行高碳纤维复合混凝土力学性能验证，具体试验原理如下[2]：

（1）立方体试件抗压强度依照公式（1）进行计算[2]：

$$f_{\mathrm{m,cu}}=K\frac{N_{\mathrm{u}}}{A} \tag{1}$$

式中 $f_{\mathrm{m,cu}}$——立方体抗压强度（MPa）；

N_{u}——破坏时荷载强度（N）；

A——立方体试件受压面积（mm^2）；

K——换算系数，取 0.95。

（2）棱柱体试件抗剪强度依照公式（2）进行计算[3]：

$$f_{\mathrm{f}}=\frac{Fl}{th^2} \tag{2}$$

式中 f_{f}——棱柱体抗剪强度（MPa）；

F——破坏时荷载强度（N）；

l——底面两支座间距（mm）；

t——棱柱体试件截面宽度（mm）；

h——棱柱体试件截面高度（mm）。

图 1 为棱柱体试件抗剪试验示意图。

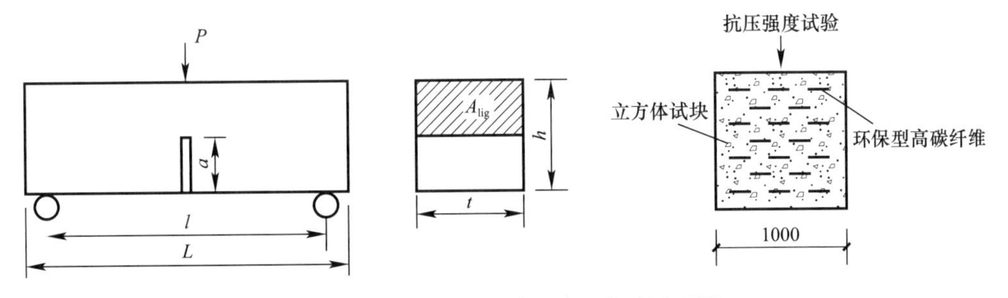

图 1 棱柱体试件抗剪试验示意及原理图

2 技术方案

为验证高碳纤维复合混凝土是否达到预期设定的力学性能指标，对比传统混凝土提高抗压、抗剪强度等级，本工程采用对照试验进行检测，将同强度等级的 C30 普通混凝土和高碳纤维复合混凝土进行相同龄期养护，随后进行抗压、抗剪强度试验最终记录整合试验数据并得出结论，具体实施方法如下。

2.1 试验材料

（1）P·O 52.5级普通硅酸盐水泥；

（2）平均粒径为40～70目的中砂石；

（3）水；

（4）掺合料（粉煤灰、矿粉、硅灰）；

1）粉煤灰：本试验使用的是Ⅰ级粉煤灰，烧失量为1.5%，需水量比100%，细度用0.045μm筛的筛余在2.0%，见图2。

2）矿粉：本试验使用的是S95级矿粉，如图2所示，比表面积为430m^2/kg，需水量为98%，7d活性指数78%，28d活性指数99%。

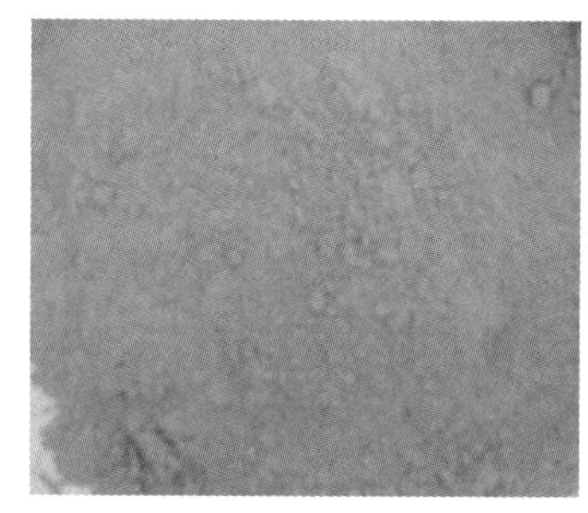

图2　试验掺合料原材（粉煤灰、矿粉、硅灰）

（5）减水剂；

（6）环保型高碳纤维：采用物理回收法，将废弃的建筑碳纤维板破碎成颗粒或碾磨成粉末制作而成的纤维材料见图3。

图3　环保型高碳纤维原材

2.2 试验仪器及设备

采用全自动恒温养护仪器、智能压力试验机、微机控制万能试验机、水泥胶砂搅拌机、混凝土振动台、100mm×100mm×100mm立方体试块模具、40mm×40mm×160mm棱柱体试块模具，见图4、图5。

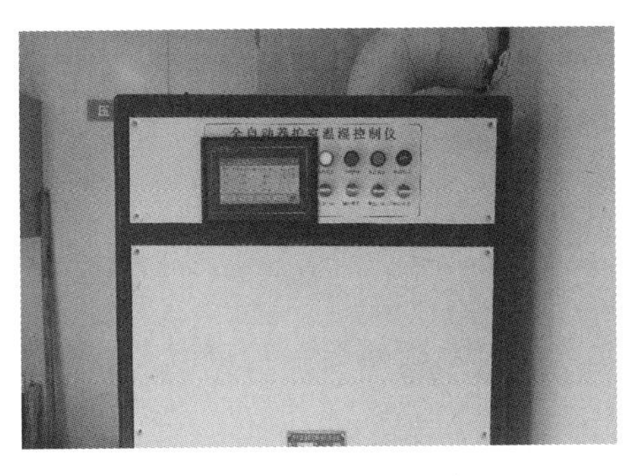

图 4　全自动恒温养护仪器

图 5　智能压力试验机

2.3　试验流程

本试验为探究高碳纤维含量对混凝土轴心抗压和抗剪强度的力学影响，分为 10 组试验，每组 3 块 100mm×100mm×100mm 立方体试件，3 块 40mm×40mm×160mm 棱柱体试件，试验前，减水剂设计值为 7.4g，但依照每组的实际搅拌情况以及成型情况，对减水剂进行 1～2g 增加，对试验结果造成的影响可忽略不计，具体试验配合比见表 1。

普通混凝土及高碳纤维混凝土试验材料配合比　　表 1

试验编号	水胶比	水 (g)	减水剂 (g)	水泥 (g)	矿粉 (g)	硅灰 (g)	粉煤灰 (g)	石英砂 (g)	高碳纤维含量 (g)
418-0	1.1	202	7.4	842	56	168	56	341	0
418-1	1.1	202	7.4	842	56	168	56	341	83.4
418-2	1.1	202	7.4	842	56	168	56	341	125.4
418-3	1.1	202	7.4	842	56	168	56	341	166.8
418-4	1.1	202	7.4	842	56	168	56	341	0
418-5	1.1	202	7.4	842	56	168	56	341	0
418-6	1.1	202	7.4	842	56	168	56	341	0
418-7	1.1	202	7.4	842	56	168	56	341	125.4
418-8	1.1	202	7.4	842	56	168	56	341	125.4
418-9	1.1	202	7.4	842	56	168	56	341	125.4

注：编号 418-0、4、5、6 为普通混凝土，编号 418-1、2、3 为立方体试块，编号 418-7、8、9 为棱柱体试块。

2.4　试块制备

（1）普通混凝土：水泥＋矿粉＋硅灰＋粉煤灰（干拌 2min)→水＋减水剂（搅拌 5min)→石英砂（搅拌 10min)→入模、振捣台振动→制备完成。

（2）高碳纤维混凝土：水泥＋矿粉＋硅灰＋粉煤灰（干拌 2min)→水＋减水剂（搅拌 5min)→石英砂＋1/2 高碳纤维（搅拌 10min)→1/2 高碳纤维（搅拌 5min)→入模、振捣台振动→制备完成，见图 6。

2.5　试块养护

将恒温养护箱预热，把拆下来的混凝土试块放入恒温养护箱中进行高温蒸汽养护，温度调至 75℃养护 3d，这样做是为了预防混凝土由于温差的变化和表面及内部水分的蒸发而产生裂缝。3d 后将试块取出放回标养室调节温度至 20℃±2℃，相对湿度不低于 95％的条件下，养护28d即可，见图7。

图6　高弹纤维土试块制备

图7　高弹纤维土试块养护

3　力学性能试验

将养护28d的试块取出→放置在智能压力试验机/微机控制万能试验机→启动油泵或电脑控制器→机器加压直至试块碎裂→记录数据。

3.1　轴心抗压性能试验

（1）将养护龄期28d的立方体试块从养护室里取出，把试块表面多余的水分和细小颗粒擦净，再将仪器的承载台表面擦净。

（2）将压力机上部提升到一定高度，把晾干的试块放到承载台的正中心。

（3）启动油泵，手动调制下降速率和油泵速率，尽量保持压力机平稳下降。

（4）试块破碎后压力机停止运行，控制台上示数器显示试块最大承受压力，并记录。

3.2　轴心抗剪性能试验

（1）将养护龄期为28d的棱柱体试块从养护室里取出，把试块表面多余的水分和细小颗粒擦净，再将仪器的承载台表面擦净。

（2）将压力机上部提升到一定高度，把圆形压头换成直条压头，将两底座分别距压头中心向前后调至5cm，保证两底座间距10cm，把棱柱体试块水平放置在支座上，要求试件两侧每侧距离支座有3cm，中间腾空部分10cm，随后下降压力机使其恰好接触到试块表面即可。

（3）启动油泵，在电脑上输入试件的长、宽、高，试件编号，换算系数，由于抗剪强度较小，将加载速率设为0.7kN/s，点击运行。

（4）试块破碎后压力机停止运行，屏幕上显示试块最大承受压强，并记录。

4　试验数据分析

4.1　轴心抗压试验数据分析

抗压强度试验数据按照公式（1）换算得到表2，折线图见图8。

各组抗压试验数据 表 2

试件编号	28d 立方体试件抗压强度（MPa）			平均值（MPa）
418-0	92.2	90.8	94.9	92.6
418-1	120	126.6	129	125.2
418-2	122	129.1	129	126.7
418-3	125.4	134.9	131.7	130.7
418-4	83.1	87.4	86.6	85.7
418-5	91.7	100.2	96.1	96
418-6	93.6	82.8	79.3	85.2
418-7	132.2	111.6	137.4	127.1
418-8	125.6	121.6	105	117.4
418-9	115.4	115.3	110.3	113.7

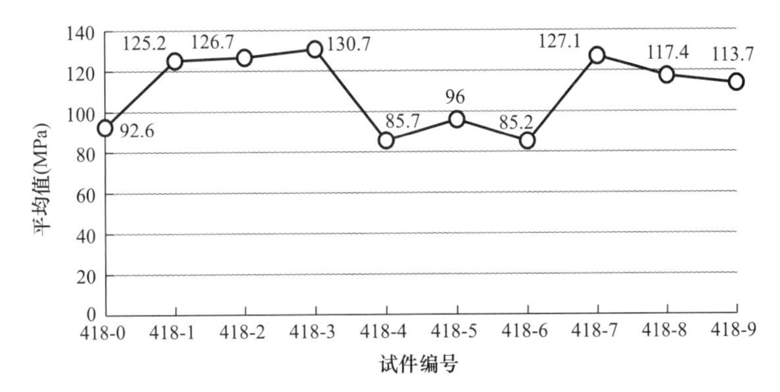

图 8　抗压强度试验结果折线图

4.2　轴心抗剪试验数据分析

抗剪强度试验数据按照公式（2）换算得到表 3，折线图见图 9。

各组轴心抗剪试验数据 表 3

试件编号	28d 立方体试件抗剪强度（MPa）			平均值（MPa）
418-0	16.8	18.8	18.9	18.2
418-1	18.3	18.9	18.3	18.5
418-2	19.1	17.6	21.3	19.3
418-3	20.9	21.6	18.8	20.4
418-4	18	20.1	20.3	19.5
418-5	21.5	21.1	17.1	19.9
418-6	21.1	22.3	23.4	22.3
418-7	21.2	20.2	19.8	20.4
418-8	19.1	17.1	16	17.4
418-9	18	19.1	16.5	17.9

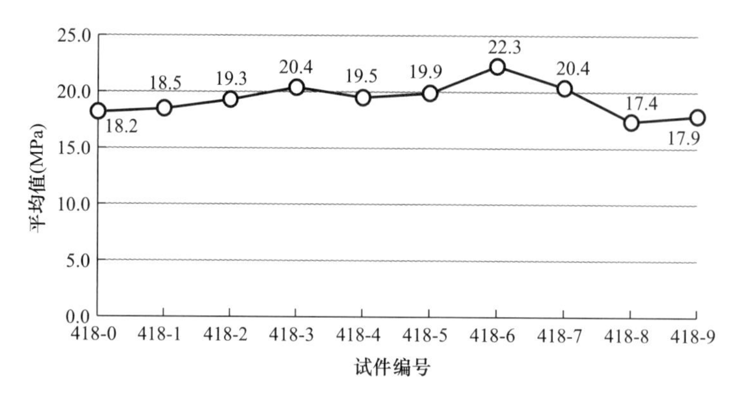

图9　抗剪强度试验结果折线图

4.3　试验数据结论

（1）抗压强度试验

1）高碳纤维混凝土抗压强度明显大于普通混凝土抗压强度，提升值在20%～30%；

2）随着高碳纤维含量的增加，抗压强度提升明显；

3）高碳纤维混凝土具有卓越的抗压承载能力及抗冲击能力，适用于如承重墙、框架柱、梁等其他承载建筑荷载的构件中。

（2）抗剪强度试验

1）高碳纤维混凝土收缩性能明显改善，与普通混凝土相比收缩值降低7%～9%；

2）抗剪和抗弯性能相比普通混凝土有较大改善；

3）由于高碳纤维具有较高的抗弯性能和断裂性能，可适用于承受动力荷载的抗震结构和框架节点等易开裂部位。

5　结论

在超高层及住宅高层剪力墙结构混凝土施工中加入环保型高碳纤维能够提升混凝土的优质性能，因为这些乱向分布的高碳纤维能够有效阻碍混凝土内部微裂缝的扩展及宏观裂缝的形成，显著地改善混凝土的抗拉、抗剪、抗疲劳性能，具有较好的延展性[4]。首先，高碳纤维的制备简单、成本较低，这是高碳纤维混凝土具有优越经济性的重要标志。另外，高碳纤维混凝土在同等强度下可以减少混凝土量30%以上。其次，高碳纤维混凝土可部分取代钢筋或者可以降低钢筋的直径，平均直径可以降低1～2mm。最后，采用高碳纤维混凝土对比用普通混凝土，可以缩短25%左右的施工周期，如果施工需用混凝土量较大的工程周期还可以再减少。

参考文献

［1］　李素华. PVA纤维增强水泥基复合材料力学性能试验研究［D］. 武汉：湖北工业大学，2011.

［2］　吴科如，张雄. 土木工程材料［M］. 上海：同济大学出版社，2013.

［3］　林晖. 掺PVA纤维混凝土的力学及变形性能研究［D］. 南京：南京航空航天大学，2006.

［4］　陈婷. 高强高弹PVA纤维增强水泥基复合材料的研制与性能［D］. 合肥：合肥工业大学，2004.

作者简介： 马扶博（1996—），男，硕士，工程师。主要从事土木工程、建筑施工研究。
黄　凯（1990—），男，本科，工程师。主要从事土木工程、建筑施工研究。
刘金忠（1990—），男，本科，工程师。主要从事土木工程、建筑施工研究。
周晓坤（1990—），男，本科，工程师。主要从事土木工程、建筑施工研究。

超厚型外保温水泥发泡板施工技术

蔺宏岩　王树远　张　坤　田肖凯　陈建辉
（中建新城建设工程有限公司，江苏 苏州，215100）

摘　要： 外墙保温是现代建筑保温结构的重要组成部分，直接关系到建筑物居住的舒适性。本文主要探讨超厚型外墙保温水泥发泡板施工技术的应用过程，为同类型施工提供一定的参考价值。
关键词： 超厚型；外墙保温；水泥发泡板；施工技术

Construction technology of super thick external thermal insulation cement foam board

Lin Hongyan　Wang Shuyuan　Zhang Kun　Tian Xiaokai　Chen Jianhui
（CSCEC Xincheng Construction & Engineering Co.，Ltd.，Suzhou 215100，China）

Abstract：Exterior wall insulation is an important part of modern building insulation structure，which is directly related to the comfort of buildings. This paper mainly discusses the application process of construction technology of ultra-thick external wall insulation cement foam board，which provides a certain reference value for the same type of construction.
Keywords：super thick；external wall insulation；cement foam board；construction technology

1　超厚型外墙保温水泥发泡板的特点

超厚型外墙保温水泥发泡板尽管厚度增加，但通过发泡技术形成的多孔结构使其密度降低，具有较高的抗压强度（一般在 0.3～0.8MPa），同时保持较低的自重，减轻建筑结构负担。

多数超厚型外墙保温水泥发泡板可达到 A 级或 B1 级防火标准，遇火不易燃烧，能有效延缓火势蔓延，提高建筑的安全性。其具有良好的耐候性、抗冻融循环能力，使用寿命长，且原料多为无毒无害物质，可回收利用，符合绿色建筑要求。关键性能指标包括：

（1）导热系数（λ 值）：衡量材料保温性能的主要指标，超厚型发泡板通常低于 0.045W/(m·K)，表明其优秀的绝热能力。

（2）抗压强度：反映材料承受压力的能力，一般在 0.3～0.8MPa，确保在安装及使用过程中不会轻易破损。

（3）防火性能：按照国家标准，分为 A（不燃）、B1（难燃）、B2（可燃）、B3（易燃）四个等级，超厚型水泥发泡板多达到 A 级或 B1 级，确保建筑消防安全。

2 施工前准备

2.1 材料选择与要求

超厚型外墙保温水泥发泡板及其辅助材料的选择，需综合考虑性能、环保、耐久性与经济性，通过科学合理的选材，为建筑提供高效节能、安全可靠的外墙保温解决方案。

超厚型外墙保温水泥发泡板按生产工艺可分为物理发泡与化学发泡两大类。物理发泡通过高压注入气体形成气泡，如空气或氮气，而化学发泡则是借助发泡剂化学反应产生气体。不同工艺影响着发泡板的密度、强度及保温性能。规格方面，除了厚度通常超过50mm外，长度与宽度可根据工程需要定制，常见尺寸如12000mm×600mm，以适应大面积施工，减少接缝，提升保温系统的连续性和美观度。

耐碱玻璃纤维网格布作为增强材料，用于覆盖接缝处和板材表面，增强抗裂能力。选择时注意网格布的克重、耐碱性和断裂强力，如克重160g/m^2、耐碱性大于80%、断裂强力大于1000N/50mm的网格布，能有效提升系统的整体稳定性。

2.2 技术交底与现场勘查

在材料与工具准备的同时，技术交底与现场勘察亦不可或缺。技术交底需由项目工程师或技术负责人对施工班组进行全面细致的说明，包括施工工艺流程、关键操作要领、质量控制标准及安全注意事项等，确保每位施工人员对任务有清晰的认识和理解。

3 施工过程关键技术控制

3.1 锚固件布置与深度控制，避免冷桥现象

粘结层的厚度与均匀性控制及锚固件的合理布置与深度控制，是超厚型外墙保温施工中需严格把握的技术要点。通过精细化施工与技术创新，不仅可以确保系统的稳定性和保温效果，还能有效避免冷桥现象，促进了建筑节能与环保目标的实现。

在锚固件穿透部位，采用低热导率的垫片或专用冷桥断热桥件，如聚氨酯或酚醛树脂基材料，隔离金属锚固件与保温层，有效降低热量传递。在某绿色建筑示范项目中，通过采用专利冷桥断热桥技术，可使整体建筑的热损失降低近5%，显著提升能效。

3.2 装饰层施工确保安全稳固

抹面砂浆施工时，应分层进行，第一层薄抹，用以初步找平，厚度3～5mm；待第一层砂浆初凝后，再进行第二层施工，厚度5～8mm，使用专用工具进行压光处理，确保表面光滑、无明显接槎。对于瓷砖或石材贴面，需严格控制粘贴缝隙，使用专业瓷砖胶，确保瓷砖或石材与保温层的牢固粘结，防止空鼓脱落。如在某地标性写字楼项目中，采用干挂石材作为装饰层，每块石材背后均配有不锈钢挂件，通过预埋件与保温层连接，既保证了外观的高档大气，又实现了安全稳固。

3.3 接缝处理细节

在密封胶半干状态下，覆盖耐碱玻纤网格布或钢丝网，增强接缝的抗裂性。网格布搭接长度至少100mm，确保有效覆盖，使用抹面砂浆压入网格，形成坚固的保护层。

4 质量控制与检验

在超厚型外墙保温水泥发泡板施工过程中，质量控制与检验是确保工程整体质量达标、提升建筑节能效果的关键环节。这不仅关乎施工过程中的自检与互检，还包括关键节点的质量验收标准的严格执行。在超厚型外墙保温水泥发泡板施工完毕后，对其保温性能与结构安全性的专业检测是确保工程质量和长期有效性的关键环节。这包括但不限于使用一系列先进仪器对保温性能的精确测定，以及对整体结构稳定性和安全性的综合评价。

4.1 保温性能检测

(1) 导热系数（λ值）测量：采用热流计法，如热流计或防护热板法，测量保温板的导热系数，确保其低于设计要求，如≤0.045W/(m·K)，确保良好的保温效果。

(2) 热阻测试：通过热阻测试仪对整个保温系统的热阻值进行评估，确保满足设计要求，反映整体保温性能。

(3) 红外热像仪检测：利用红外热成像仪对建筑外墙进行扫描，识别热桥、渗漏热点，评估保温层的连续性与均匀性，及时发现并修复问题区域。

4.2 结构安全性检测

(1) 拉拔检验：采用拉力计对锚固件进行拉拔试验，确保每个锚固点的承载力达到设计要求，如≥0.6kN，保证板体的稳定不脱落。

(2) 结构应力测试：使用结构分析软件模拟或现场应变仪检测，评估结构在极端气候条件下的稳定性，如风压、地震等，确保安全余量。

5 维护与保养

超厚型外墙保温水泥发泡板施工完成后的维护保养是确保保温系统长期性能、延长使用寿命及外观美观的关键环节，涉及成品保护措施、定期检查等应对策略。施工完毕后，要覆盖保护膜或防尘、防划伤，尤其是在装饰层干燥前，如某地标大厦项目采用透明膜，有效防止施工交叉污染。及时清理工地、剩余材料、废弃物，保持整洁，减少环境影响，如某改造工程，每日清理工地，居民反馈良好。维护保养中要保留提示牌，提醒避免碰撞、挂载重物，如某商业街改造，标识明确，减少了维护期的意外损坏。

6 安全与环保措施

在超厚型外墙保温水泥发泡板的施工过程中，安全与环保措施是确保施工顺利进行、减少环境污染、保护工人健康及提升项目可持续性的基石。这涵盖了严格的现场安全管理、材料的妥善存储与废弃物的环保处理。

6.1 施工现场安全管理规定

项目启动前，对全体施工人员进行安全生产法律法规、操作规程、应急救援知识培训，确保每人持证上岗。强制要求佩戴安全帽、防尘口罩、防护眼镜、安全鞋、安全带等个人防护装备，特别是高处作业。施工现场设置醒目的安全警示牌、指示标志，如禁止吸烟、穿戴安全装备区域、紧急出口等。定期检查施工机械、电气设备安全性能，如升降机、切割机、焊接设备，确保无故障运行。建立应急响应机制，配备消防器材、急救箱，定期演练火灾、坠落物伤员救援，提高应急能力。

6.2 环境保护措施

如在某市立交响应新区的大型住宅区改造项目中，施工方严格执行了环境控制措施。每位工人配备了全套防护装备，项目期间未发生一起严重工伤，体现了防护的有效性。环境方面，通过智能扬尘抑制系统和噪声控制，周边居民投诉率较同类项目降低70%，绿化恢复后，环境美化了社区，居民满意度调查达到95%。这个项目成为行业标杆，展示了施工安全与环保并行的双赢模式，促进了绿色建筑的发展。措施主要包括：

(1) 扬尘控制：洒水降尘，覆盖、围挡板，施工区外设喷雾炮，如某项目采用自动喷淋系统，降尘率80%，减少周边影响。

(2) 废水处理：沉淀池过滤，分离，收集再利用或合规排放，避免污染水源，如某工地沉淀池处理，废水回用作浇灌，环保节约。

(3) 废弃物管理：分类回收，废板、包装物，有害分开处置，减少填埋，如某小区改造，分类回收率超70%，环保处置合规。

(4) 噪声控制：隔声屏、限时，低噪设备，如采用低噪切割机，施工时间避开居民休息时间，如某小区施工，噪声投诉减少90%，居民满意度提升。

(5) 绿化恢复：施工后，绿化恢复，种植、生态恢复，如某办公园区，施工后绿化率提升20%，改善微环境，提升生态。

7 结论

在建筑外墙施工过程中，超厚型外墙保温水泥发泡板施工技术能够进一步提升建筑外墙保温效果，同时可以有效控制以及消除建筑生态污染，不但能够提升施工的便利性、缩短施工周期，同时能够获得良好的综合效益。

参考文献

[1] 郭纪军. 外墙保温装饰板施工技术探析 [J]. 安徽建筑，2020，27 (1)：137-139.
[2] 周晓东，邢跃鹏. 保温装饰板外墙外保温系统施工技术 [J]. 建筑，2019，(12)：73-75.

建筑围护结构热缺陷智能化检测和定位方法

张 澄[1] 谭 言[1] 黄 宏[1] 濮 钧[2] 谈丽华[3] 杜良晖[3]
(1. 西交利物浦大学土木工程系，江苏 苏州，215123；
2. 苏州苏高新集团有限公司，江苏 苏州，215163；
3. 中衡设计集团股份有限公司，江苏 苏州，215128)

摘 要：红外热成像（IRT）是一种广泛应用于建筑围护结构缺陷检测的无损检测方法之一。然而，传统的检测方法在自动化和热缺陷的空间可视化方面面临挑战。本文提出了一种新的方法，将人工智能和红外热成像（IRT）集成到三维重建的模型中，从而实现智能化检测和自动定位。此方法使用摄影测量和无人机（UAV）收集建筑围护结构的图像数据，利用红外图像信息识别围护结构的热缺陷，然后训练一个针对热缺陷的卷积神经网络（CNN）模型进行红外图像中热缺陷的自动识别。再将处理后的红外图像纹理映射到三维重建模型上实现热缺陷的空间定位。本文通过一个低碳园区的案例研究证明了该种方法的可行性和有效性。本研究为低碳建筑检测技术提供了新的思路，进一步为降低建筑物能耗以及运维期间对建筑围护结构的更新改造提供了参考方案。
关键词：建筑围护结构检测；人工智能；三维重建；红外点云；缺陷定位

Intelligent detection and localization of building envelop thermal defects

Zhang Cheng[1] *Tan Yan*[1] *Huang Hong*[1] *Pu Jun*[2] *Tan Lihua*[3] *Du Lianghui*[3]
(1. Department of Civil Engineering, Xi'an Jiaotong Liverpool University,
Suzhou 215123, China;
2. SND Group, Suzhou 215163, China;
3. ARTS Group, Suzhou 215128, China)

Abstract: Infrared thermography (IRT) is one of the non-destructive methods widely used in building envelop defects inspection. However, traditional methods face hurdles in effectively generating superior-grade infrared point clouds and visually portraying thermal irregularities. This research proposes a novel approach to address the challenge by integrating AI and infrared thermography (IRT) into 3D reconstruction. By using photogrammetry and Unmanned Aerial Vehicle (UAV), geometric data of building envelopes are collected, while IRT provides valuable insights into temperature irregularities. A CNN model is trained for automatic defect segmentation. Spatial localization of thermal defects is achieved based on texture mapping of processed infrared images. A case study on a low-carbon industrial campus demonstrates the feasibility and effectiveness of this proposed methodology. This study offers innovative ideas for low-carbon building detection technology and pro-

vides a valuable reference solution for thermal defect detection of building envelopes.
Keywords：building envelop inspection；artificial intelligence；3D reconstruction；infrared point cloud；localization of defects

引言

建筑围护结构在保持室内舒适性和降低能耗方面起着关键作用[1]。然而，热缺陷，如热桥、空气泄漏和绝缘层缺陷等，可能会导致建筑物室内能量泄漏或积累，导致能量浪费和环境质量下降[2-4]。及时和有效地发现这些缺陷对于提高建筑能源效率和减少碳排放至关重要。传统的建筑围护结构检测方法主要依靠视觉检查和人工测量，存在效率低、主观性强等问题[5-6]。检测者通常需要攀爬进行目视检查，存在安全风险和操作不便[5-6]。近年来，摄影测量技术和无人机（UAV）的使用为检查建筑围护结构提供了新的方法[7-8]。

红外热成像检测是一种基于红外辐射原理的无损检测技术。该技术利用被检查工件表面的传热差异来检测内部缺陷和表面条件[9]。以往对围护结构热性能测试的研究已经提出了各种使用红外热成像技术的方法。2018 年有研究人员提出了一种基于红外图像分割和识别的热缺陷检测系统，并通过数值模拟和机器学习来实现[10]。同年，有研究者利用人工神经网络建立了外墙红外图像温度数据的校准模型和建筑外墙热阻识别模型，为墙体传热系数的现场检测提供了一种新的技术方法[11]。2019 年有研究人员使用了一架配备了红外热成像摄像机的无人机来检测高层住宅建筑的围护结构中的缺陷，并声称他们的方法比传统的地面检查更有效[12]。2021 年有研究者以北乔治亚大学的两栋建筑为例，使用配备红外热成像摄像机的无人机重建 3D 灰度模型，并开发了用于 3D 模型分析的定量辐射热损失软件。这些研究体现了红外热成像技术在建筑外壳热性能测试中被广泛应用，证明了其可行性[13]。

无人机的广泛应用使建筑检查更安全、更高效，特别是在困难或高风险地区。同时，红外热成像（IRT）技术作为一种无损检测方法[9] 而受到关注，它在表面提供额外的视觉信息，检测表面温度异常，发现不可见的热缺陷。通过结合这些技术，无人机热成像方法提供了大尺度、多角度的热图像，而三维重建模型则为热缺陷的定位和分析提供了全面的数据底座[10,14]。然而，传统的三维图像重建方法无法有效基于红外图像构建完整的红外点云或数字孪生模型，这种局限性使得热缺陷的位置在三维空间中难以直观地显示。

基于图像的三维重建技术利用“从运动中恢复结构”（SfM）等算法从时间序列的二维图像中获得三维信息。然而，该技术在处理弱纹理特征的图像时，通常不能完成所有的图像对齐，也不能有效地创建一个完整的三维重建模型[15]。基于无人机红外图像的三维重建技术，目前无法有效地生成高质量的模型或红外点云，这是由于红外图像的纹理特性较弱而导致的主要障碍。虽然有研究提出基于红外图像建立三维伪色点云模型和线段模型，但这些模型零件不完整，不能充分反映建筑表面的温度分布[10,16-17]。台湾某高校的研究者试图在 3D 模型上投影红外图像，但温度信息仅在 2D 图像中可见[17]。存在的主要挑战是：（1）在纹理特征较弱、视野与可见 RGB 图像不同的情况下，如何实现由红外图像重建的三维模型的完整性；（2）如何获取和整合三维模型中的温度信息。

因此，本研究旨在开发一种基于无人机热成像和三维重建技术的高精度红外点云模型，以准确地检测和定位建筑围护结构中的热缺陷。该解决方案为执行建筑围护结构检查工作的行业实践团队提供了更准确、更高效地发现热缺陷的新视角和信息。

1 方法和技术框架

创建具有温度信息和热缺陷位置的红外点云及红外三维网格模型的主要过程如图1所示。整个技术框架主要包括热缺陷在三维模型中的自动化定位和可视化以及热缺陷在红外图像中的自动化识别和标注两个模块。

热缺陷自动化定位和可视化模块的实现，主要依赖于新颖的红外图像空间位置参考信息获取办法和红外图像的纹理映射这二者的技术创新，通过创建可以直观反映热图像信息的三维网格模型来实现其功能。第一步是利用配备可见光和红外双目镜头的无人机平台获取成对的可见光图像和红外图像。得到成对的可见光图像和红外图像后，基于可见光图像进行SfM计算，可以得到基于可见光图像的稀疏三维点云以及可见光图像的空间位置参考信息，可见光图像的空间位置参考信息可以作为之后直接计算红外图像空间位置信息的计算参考信息。可见镜头和红外镜头之间的内外参数可以通过棋盘格标靶校准得到，并计算出能使可见光图像和红外图像对准配齐的偏移矩阵。得到的红外图像通过全局归一化和直方图均衡化处理，可以得到一组颜色与温度值对应规则全局一致的红外图像数据集以及对应的温度范围标尺。第二步，基于第一步中得到的可见光图像和红外图像之间的偏移矩阵和可见光图像的空间位置参考信息，可以直接通过双目镜头间的偏移矩阵计算每张可见光图像对应的红外图像的空间参考信息。结合红外图像的空间参考信息和前一步经过预处理得到的红外图像数据集，可以不经过SfM计算而得到基于红外图像的稀疏点云。通过MVS算法可以分别基于可见光和红外图像的两个稀疏点云进行点云增密。基于可见光图像的增密点云可以进一步创建一个具备较高空间信息精度的基于可见光图像的三维网格模型。基于红外图像的点云致密化，可以建立一个稠密红外点云。第三步，基于前两步得到的使用可见光图像创建的三维网格模型、红外图像的空间位置参考信息和稠密红外点云，可以通过纹理映射创建出基于红外图像的三维网格模型。

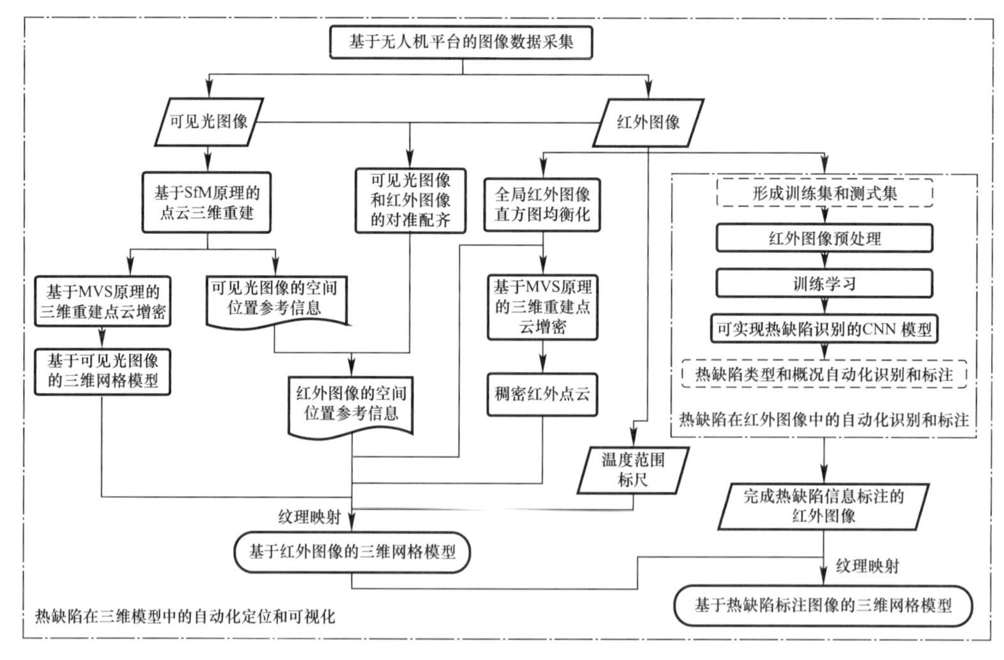

图1 技术框架

热缺陷的自动化识别和标注模块的实现，是基于无人机平台所采集的红外图像，开发了训练和测试数据集，并用于构建 CNN 热缺陷识别模型。通过适当地设置参数和调整网络结构，训练后的模型能够准确识别热缺陷的类型和轮廓，并且以对应的颜色规则将红外图像中出现的建筑物围护结构热缺陷进行批量自动化标注。基于这些自动化标注的红外图像，可以得到一个完成热缺陷信息标注的红外图像数据集。基于热缺陷自动化定位和可视化模块前两步得到的使用可见光图像创建的三维网格模型、红外图像的空间位置参考信息以及完成热缺陷信息标注的红外图像数据集，可以通过纹理映射创建出基于热缺陷标注图像的三维网格模型。

应用纹理映射技术可以为三维模型分配温度信息，构建热缺陷位置信息。纹理处理通常包括以下四个步骤：(1) UV 贴图；(2) 纹理坐标计算；(3) 纹理采样；(4) 纹理贴图。

该技术框架的最终结果是一个基于红外图像的三维网格模型和一个基于热缺陷标注图像的三维网格模型。基于红外图像的三维网格模型主要用于显示建筑围护结构上的相对温度分布和每个像素的特定温度信息。基于热缺陷标注图像的三维网格模型是一种热缺陷标注纹理模型，热缺陷标注的纹理模型衰减了热缺陷之外的纹理信息的权重，并强调了三维模型中热缺陷的可视化效果。该模型能有效地识别热缺陷的类型，并在三维空间中快速定位建筑中热缺陷的具体位置。热缺陷标注纹理模型为建筑物围护结构的热缺陷检测提供了一种更有效的解决方案。

2 案例研究

本文选取了苏州某低碳工业园区的三栋具有不同功能的建筑进行了案例研究。这三座建筑的总面积约 3155m^2。一架配备了 XT2 热成像镜头的 DJI M300 无人机被用来使用航线拍摄和五向飞行，以收集这些建筑物的数据，共采集 319 组 RGB 图像和红外图像数据。

通过对所有图像进行直方图均衡处理，对热图像进行预处理，提取热图像的温度信息，并对热图像中的建筑热缺陷进行注释，使用 Agisoft Metashape 重建采集的可见光图像。在拍摄每一组照片时，SfM 计算可见光图像，以获得可见光镜头在 XT2 镜头中的位置和参考信息。然后，通过 XT2 相机校准双目镜头的内参和外参，计算出红外图像的位置和参考信息，得到红外图像与可见光图像之间的偏移矩阵，从而可以创建一个高质量的红外密集点云，如图 2 所示。

(a) 俯视图

(b) 侧视图

图 2　稠密红外点云

将基于RGB的三维网格模型重建作为基图导入Agisoft软件，然后通过纹理映射，将预处理后的热成像图像的温度信息和热缺陷位置信息分配给三维重建模型。通过将直方图均衡热图像与提取的温度信息映射到三维模型基图上，研究人员创建了一个三维模型，可以通过温度尺度条读取温度模型，如图3所示。通过将标注后的热图像映射到三维模型基图上，可以创建一个直观反映热缺陷位置的三维重建模型，如图4所示。

(a) 俯视图

(b) 侧视图

图3 基于红外图像的三维网格模型

(a) 俯视图

(b) 侧视图

图4 基于热缺陷标注图像的三维网格模型

3 结果和讨论

为验证图1中研究者所提到的技术框架的有效性，研究者采用两种方法对基于同一数据源采集的319组红外图像进行了建模。模型A没有采用图1的研究框架。模型A使用与可见光图像三维重建相同的建模步骤来完成建模。模型B根据图1的技术框架完成建模。

研究者对A和B两种模型的报道数据进行了比较，总结如下：如图5所示，模型A的表面变形明显，模型B的表面平坦，模型B的表面重建质量优于模型A。如图6所示，模型A在图像对齐阶段遇到了困难，只对齐了204幅红外图像，而模型B在建模过程中只对所有319幅红外图像进行了对齐。模型B对数据源的利用率高于模型A。通过数值比较，研究人员发现模型B的所有误差都小于模型A。通过对模型数据的比较和分析，研究者判断模型B的建模质量明显优于A组模型。模型B良好的建模效果证明了本文提出的研究框架的有效性。

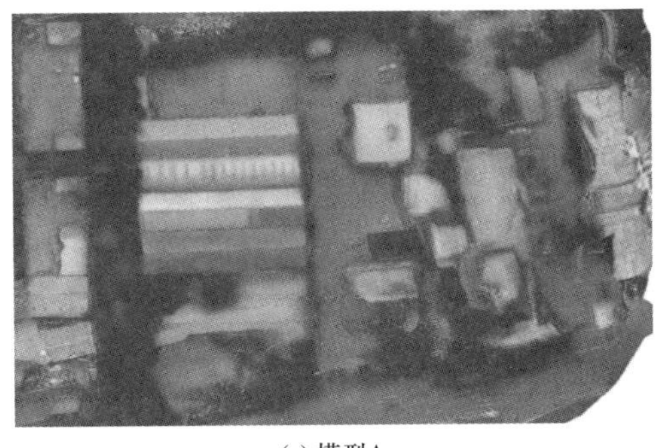

(a) 模型A　　(b) 模型B

图 5　基于红外图像的三维网格模型

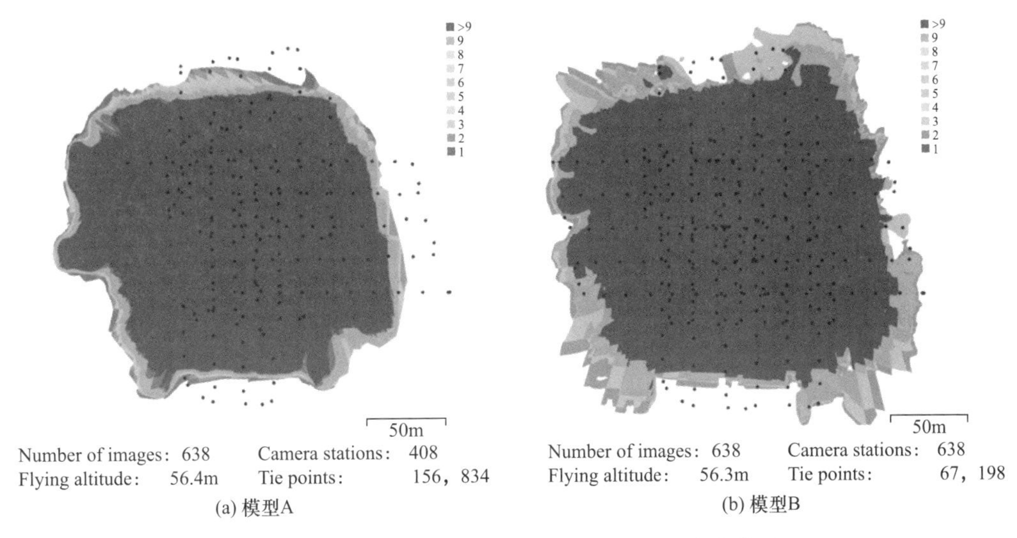

(a) 模型A　　(b) 模型B

图 6　红外图像的相机位置及对应点云的连接点数量

4　结论

本文提出了一种创建高质量红外三维重建模型和利用纹理映射将热缺陷位置与建筑围护结构温度信息纳入三维模型的方法。这种方法能够生成高质量的红外点云，从而产生包含温度数据和热缺陷定位的三维网格模型。研究人员利用双目摄像机校准信息和可见光图像的空间位置参考信息计算了红外图像的空间位置参考信息，大大提高了基于红外图像的三维重建的成功率和精度。此外，使用纹理映射对三维模型表面上的热缺陷定位和温度信息进行可视化和直观的表示。通过苏州某低碳产业园区的案例研究，证明了该方法的可行性，在利用红外图像进行三维重建中实现了100％的图像对齐。该方法成功生成了一个能够进行热缺陷定位的基于热缺陷标注图像的三维网格模型、稠密红外点云模型和能够有效描述建筑立面表面温度信息的基于红外图像的三维网格模型。

参考文献

[1] Tabet Aoul KA, Hagi R, Abdelghani R, et al. The Existing Residential Building Stock in UAE: Energy efficiency and retrofitting opportunities [C] //6th Annual International Conference on Archi-

tecture and Civil Engineering, Singapore, 2018.

[2] François Tardy. A review of the use of infrared thermography in building envelope thermal property characterization studies [J]. Journal of Building Engineering, 2023, 75: 106918.

[3] Lucchi E. Applications of the thermal thermography in the energy audit of buildings: A review [J]. Renewable and Sustainable Energy Reviews, 2018, 82 (3): 3077-3090.

[4] Lerma C, Barreira E, Almeida RMSF. A discussion concerning active infrared thermography in the evaluation of buildings air infiltration [J]. Energy and Buildings, 2018, 168: 56-66.

[5] Chew MYL, Gan VJL. Long-Standing Themes and Future Prospects for the Inspection and Maintenance of Façade Falling Objects from Tall Buildings [J]. Sensors, 2022, 22 (16): 6070.

[6] Kaartinen E, Dunphy K, Sadhu A. LiDAR-Based Structural Health Monitoring: Applications in Civil Infrastructure Systems [J]. Sensors, 2022, 22 (12): 4610.

[7] Benz A, Taraben J, Debus P, et al. Framework for a UAS-based assessment of energy performance of buildings [J]. Energy and Buildings, 2021, 250: 111266.

[8] Bayomi N, Nagpal S, Rakha T, et al. Building envelope modeling calibration using aerial thermography [J]. Energy and Buildings, 2021, 233: 110648.

[9] Rakha T, El Masri Y, Chen K, et al. Building envelope anomaly characterization and simulation using drone time-lapse thermography [J]. Energy and Buildings, 2022, 259: 111754.

[10] 陈营营. 无人机平台下建筑物红外和光学图像的三维重建 [D]. 南京：南京航天航空大学，2018.

[11] 陈崇一. 基于机器学习的建筑外墙外保温热工缺陷检测方法 [D]. 哈尔滨：哈尔滨工业大学，2018.

[12] 陈琳. 基于红外热成像的北方居住建筑外墙热阻辨识方法 [D]. 哈尔滨：哈尔滨工业大学，2019.

[13] Leggiero, M., Andrew, B., Elliott, R., et al. Radiative Heat Loss Estimation of Building Envelopes based on 3D Thermographic Models Utilizing Small Unmanned Aerial Systems (sUAS) [J]. Energy and Buildings, 2021, 244 (3): 110957.

[14] 郑海超，赵立华，陈刚，等. 基于无人机的高空间分辨率的建筑全围护结构红外图像采集方法 [J]. 建筑科学，2024 (2)：213-221.

[15] 黄会敏. 基于图像的三维重建及测量技术研究 [D]. 西安：中国科学院大学（中国科学院西安光学精密机械研究所），2020.

[16] Maset, E., Fusiello, A., Crosilla, F., et al. Photogrammetric 3D Building Reconstruction from Thermal Images [C] //International Conference on Unmanned Aerial Vehicles in Geomatics. ISPRS Annals of Photogrammetry, Remote Sensing and Spatial Information Sciences, Germany, 2017.

[17] Huang, Y., Chiang, C. H., Hsu, K. T. Combining the 3D Model generated from point clouds and thermography to identify the defects presented on the facades of a building [C] //Proceedings of the Non-destructive Characterization and Monitoring of Advanced Materials, Aerospace, Civil Infrastructure, and Transportation XII, International Society for Optics and Photonics, Portland, 2018.

基金项目： 苏州慧湖立新教育发展基金会项目（2023）

作者简介： 张　澄（1974—），女，博士，高级副教授。主要研究方向为土木工程信息技术。

谭　言（1998—），男，硕士。主要研究方向为数字孪生，图像识别。

黄　宏（1996—），男，博士。主要研究方向为语义三维重建，语义分割。

濮　钧（1974—），男，高级工程师。主要研究方向为结构设计。

谈丽华（1973—），男，研究员级高级工程师。主要研究方向为结构设计。

杜良晖（1977—），男，高级工程师。主要研究方向为建筑设计。

基于 BIM 的智慧工地技术在大型综合医院项目的应用

殷大伟　彭　毅　王　鑫
（中建国际投资（四川）有限公司，四川 成都，61000）

摘　要：当前，随着我国建筑行业的迅猛进步，工程项目逐渐显现出规模扩大、结构复杂的趋势，在这样的前提下，要注重提升施工现场的管理水平，尤其是控制工程成本、进度、质量、安全等关键因素。在信息化逐渐成为发展核心的时代，更应注重运用信息技术手段来提高施工现场的管理效率，以此来适应行业发展的新形势。因此，我们需要不断探索和创新施工现场管理模式，应用基于 BIM 的智慧工地管理技术，确保能高效、安全、优质地完成工程各项目标。
关键词：BIM；智慧工地；安全管理；信息化

The application of BIM-based smart site technology in large general hospital projects

Yin Dawei　*Peng Yi*　*Wang Xin*
China State Construction International Investments Limited (Sichuan),
Chengdu 61000, China

Abstract: Currently, with the rapid progress of China's construction industry, engineering projects are increasingly showing a trend of expanding scale and complex structures. Under such premises, it is essential to focus on improving the management level of construction sites, especially controlling key factors such as project cost, schedule, quality, and safety. In an era where informatization is gradually becoming the core of development, it is even more important to focus on using information technology to improve the management efficiency of construction sites, in order to adapt to the new situation of industry development. Therefore, we need to continuously explore and innovate in the management model of construction sites, apply BIM-based smart construction site management technology, and ensure the efficient, safe, and high-quality completion of various project objectives.
Keywords: BIM; smart site; security management; informatization.

引言

在信息化时代的推动下，建筑行业迎来高质量、高效率的发展机遇，这预示着今后建筑领域的发展方向。而 BIM 技术的引入对于实现“智慧工地”建设起到十分重要的作用，还体现当前建筑行业信息化的重要进展。对此，如何充分发挥 BIM 技术的优势，来进一步提升建筑工程的质量并确保施工安全，已经成为近年来建筑行业亟须解决的重要问题。

1 工程简介

青白江区国际陆港医疗中心建设项目是青白江区人民医院投资建设的国家三级甲等综合医院，项目总投资约10亿元。项目总建筑面积约6.5万m^2。地上15层，地下2层，建筑高度80m。本工程重难点包括深基坑、高支模、大体积混凝土、预制构件、钢桁架结构、复杂医疗设备安装以及智慧医院建设等，为确保工程实施过程的安全和质量，项目积极采用基于BIM的智慧工地施工技术，将本工程建设成为成都市青白江区的标准化、智慧化、信息化的三甲综合医院，为本地区居民提供现代化的医疗环境和舒适的就医体验。

2 基于BIM的智慧工地管理体系的构建

2.1 基于BIM的智慧工地管理体系建立的必要性

工程建设项目因其多学科交叉、长期性、大规模、复杂性，常常导致传统施工管理手段难以应对，从而引发进度落后、成本超出、效率低下、安全事故频发等问题。在全球信息化的推动下，建筑行业亟须转型升级，迈向信息化、智能化的新阶段。为满足项目的高标准建设目标，提升项目内部的管理效率以及项目各方之间的沟通效率，为业主提供数字化、可视化的管理需求，使用BIM技术、物联网、大数据等新技术构建本工程的智慧工地管理平台，保证项目现场安全运行，提升项目对外形象，在实现项目业务替代、降低现场人员工作量的同时，快速高效采集现场真实数据，为项目、企业管理和决策提供数据支撑，为业主推动数字化建设提供BIM模型运维管理基础。

2.2 基于BIM的智慧工地管理平台系统架构

本项目应用公司自主研发的C-Smart智慧工地管理平台，主要包括十大基础项和九大推广项，可以根据自身需要选择合适的项目进行应用。该平台集合BIM技术、人脸识别、物联网、人工智能、云计算等技术，采集工地各类信息，对项目概况、人员管理、工程进度、质量管理、安全管理等多方面实现即时资料整合及分析、预测趋势及预警并自动汇总至一体化管理平台。通过平台分析的信息，可辅助工地的施工管理和决策，实现项目数字化、精细化、智慧化管理（图1）。

3 基于BIM的智慧工地技术在本工程的实施应用

3.1 BIM技术全生命周期应用

本项目计划打造成为西南地区标杆性建筑智能化和BIM技术应用的综合智慧医院，因此将BIM技术应用在本工程设计、施工以及运维阶段的全生命周期。设计阶段由设计院负责，主要包括设计模型创建、全专业BIM设计出图、参数化设计控制、三维设计算量、管线净高分析优化、绿建模拟分析以及图纸模型联动审阅等内容。施工阶段由项目总承包部负责，施工应用点主要包括施工模型创建、管线碰撞检查、图纸会审、施工方案模

图1　青白江区人民医院智慧工地管理平台

拟、场地布置等技术应用，也包括协同智慧工地管理平台进行进度、成本、质量和安全等管理应用。运维阶段则由医院数字运维公司负责，主要包括智慧医疗、视频监控、灯光控制、消防报警、应急疏散、空调状态、电梯状态以及钢结构数据监测等。

3.2　机电管线综合优化应用

基于BIM技术可将建筑、结构、机电等专业模型整合，再根据各专业要求及净高要求将综合模型导入相关软件进行碰撞检查，根据碰撞报告结果对管线进行调整、避让，对设备和管线进行综合布置，从而在实际工程开始前发现问题。

（1）机电管线综合布置优化。通过创建BIM机电模型，快速直观地发现管线碰撞点，通过调整标高、管线走向，并将关键部位、关键区域管线进行合理化布置，以满足功能需要，方便检修维护，节约成本。

（2）管线支架布置深化。利用BIM软件中的功能插件，可以快速完成管线支架的安装位置、支架的尺寸、材料选用、荷载的计算，并输出支吊架设置图、加工详图，施工班组依据图纸，直接下料、制作、安装。

（3）净高分析与优化。净空分析是参照建筑内各区域净空控制高度对建筑内空间最终的垂直设计空间进行检测分析。净空分析在管线综合完成之后进行，根据各区域净空控制高度要求和管线综合最终排布方案分析哪些区域为净空不利点，将这些不利点标示出来并及时向业主方和设计方反映，以便对这些区域采取应对调整措施。

3.3　BIM虚拟施工漫游

基于BIM模型的虚拟施工漫游使施工技术人员能够以第一视角的方式通过手机端、移动端、计算机端等进行模型各角度展示。传统的施工交底及平面尺寸定位、设备信息的查询都是在二维CAD图纸的支撑下进行，严重影响了办公效率。虚拟空间里仅通过手机端就能随时查询所需尺寸、材料、设备等建筑信息，减少了查询以及交流沟通的时间，提高了工作效率。借助施工漫游能够更加便利地完成对上级领导的展示以及汇报工作。建立各楼栋建筑、结构模型，建立区域景观模型，进行整体外观渲染与重点深化区域漫游展示（图2）。

图2 地下室机电管线安装漫游

3.4 BIM安全智慧化管理

通过信息化的技术手段降低项目生产安全风险，通过模型的可视化提高施工人员对施工安全措施的理解和工程量统计。安全智慧管理BIM应用主要集中在施工过程阶段，应用BIM可视化的特点辅助进行现场安全管理，如现场危险源辨识及安全技术交底；加强智能化设备应用，提高安全管理水平。主要应用在以下几个方面：

（1）CI标准化设计及材料量统计。建立现场临建设施的BIM模型及安全防护设施族库，通过模型进行CI标准化展示。通过建立安全防护设施模型、脚手架模型、模板支撑架模型等，统计安全防护设施和临建设施的材料用量。

（2）三维安全技术交底。结合BIM技术，建立三维模型，预先找到危险源位置，提前编制相应的安全管理措施，并在施工过程中将容易发生危险的地方进行标识，告知现场人员在此处施工过程中应该注意的问题。针对现场安全防护设施的设置、模板脚手架的搭设要求、重要部位的工序做法等进行三维模拟演示，对现场工人进行交底，直观展示（图3）。

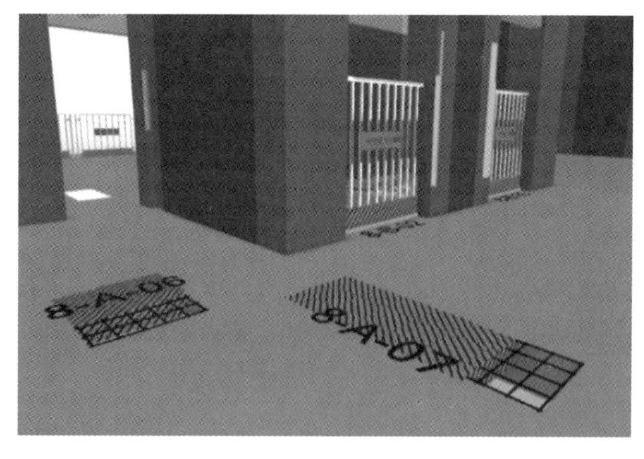

图3 安全防护模型

（3）危险源辨识与动态管理。在BIM模型中布置各类安全防护设施，并按危险等级进行区别，便于现场安全管理人员及施工作业人员提前对施工作业面的危险源进行判断，对照模型检查现场的各种防护措施，对可能忽略的安全死角进行排查。因此，借助BIM

技术能实现危险源的自动化识别和智能化管理。例如，通过将BIM技术和预设的安全标准结合，系统可以自动检测出潜在的楼板边缘、洞口等风险因素。同时为监测临时设施的稳定性，可以将BIM技术和结构分析软件融合，实时评估其安全状况，从而对危险源进行全面的识别和控制，提高危险源管理的效率和精确度。

(4) 应用移动端平台辅助现场安全管理。施工项目安全过程管理，通过三维模型对发现的安全问题进行关联，对发现的问题进行责任人分派并实时跟踪问题处理状态，实现质量安全过程管理的可视化、可追溯，达到统一管理、形象展示和实时监控的目的。

(5) 人员定位和安全预警。在智慧工地安全管理中，施工人员通过佩戴专门的定位装置，让管理人员能实时监控他们的精确位置和行动路径，从而有效避免他们误入高风险区域。不仅如此，当定位技术与BIM模型深度融合时，系统能智能地判断施工人员是否接近潜在的安全隐患，并在必要时自动触发预警机制。而这种智能化的预警系统，能为管理人员提供及时的风险提示，也为他们迅速做出干预措施提供支持。因此，人员定位技术在智慧工地中保障施工人员安全的同时，也可以显著提升整个工地的安全管理效率和响应速度。

(6) 灾害应急管理。在大型复杂项目中引入BIM技术及其配套的灾害模拟分析软件，能在灾害发生前进行精准的模拟，分析灾害的潜在原因，协助制定有效的预防策略。同时，也为在灾害发生后提供科学的人员疏散和紧急救援预案，提升在应对突发事件时的反应速度和处置能力，从而有效地降低灾害造成的损失，为紧急救援争取宝贵的时间。此外，BIM技术展现出在安全管理领域的全面性和深入性，不仅能计算出人员的疏散时间和距离、模拟有毒气体的扩散途径，还可以评估建筑材料的耐火性能和确定最佳的消防作业面。通过4D模拟、3D漫游、高质量的3D渲染，能识别并标记出各种潜在的安全风险，从而制定一个完备的应急预案，包括明确的施工人员进出口设置、合理的建筑设备与运输路线规划、临时设施和拖车的精确布局、紧急车辆的快速通行路线设计，以及针对恶劣天气的专项预防措施等。

3.5 文明环保智慧管理

为了尽可能减少施工对周边生态环境的负面影响，确保人与自然和谐共生，项目利用环境监测设备实时监测施工现场环境变化，通过自动喷淋设备进行降尘作业；通过视频+AI，对出场车辆冲洗进行智能检测，如未彻底冲洗，便会在监测平台报警并录入系统，有效降低场外扬尘。从源头上减少工地生态隐患，为环境保护穿上“防尘罩”。为践行节能降耗、节约资源、绿色施工的理念，项目还上线了配电箱监测系统，对用电能耗进行监管，通过安装在配电箱内的传感器，还可实时监测配电箱是否过温过载，如果发现问题可及时进行处理；智能水电监测系统，可以实时监测到项目现场的水电消耗量，并支持报表统计，为项目节能降耗和绿色生产提供了数据支持。

3.6 BIM推演与进度模拟

基于BIM技术进行项目进度计划管理，利用模型的三维可视化的特点模拟施工，有效结合现场人、材、机的使用情况，做到进度工作的提前制定、及时调整与合理安排，实现返工成本和管理成本的降低，同时也降低风险。对模型与进度计划进行逻辑关联，形成与建设项目一致的BIM技术4D虚拟施工环境，进而辅助管理者对项目进度计划进行综合分析、调整和管控（图4）。

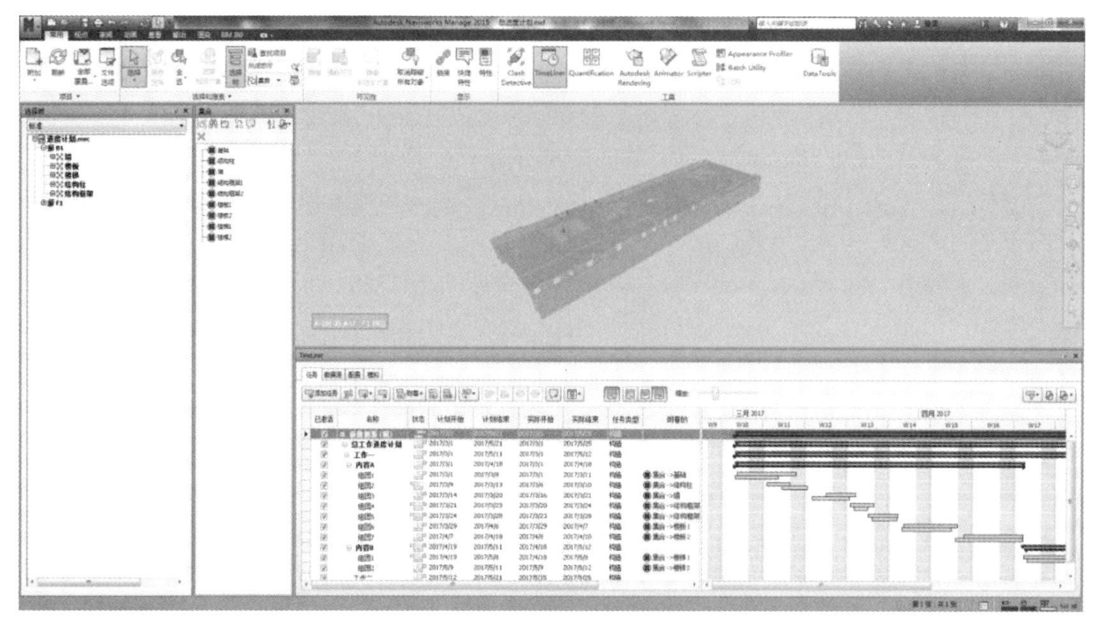

图4　Navisworks软件中“集合”与“Timeliner”计划关联示意图

在工程施工中，利用BIM技术进行4D进度模拟可使全体参建人员很快理解进度计划的重要节点，同时进度计划通过实体模型的对应表示，发现施工差距，及时采取措施，进行纠偏调整。在进度模拟环境下，项目实际发生的质量、安全问题，图纸、变更文件及现场形象进度链接到模型相应部位，随时查看、比对和分析，项目管理人员通过直观模型、信息汇总呈现，了解施工过程中不同时间、部位与工程建设情况，为项目各专业管理提供参考。

3.7　合约成本管控

将BIM模型与合同清单导入平台，并将模型与清单进行关联，从而提取各种需要的成本数据。只要筛选出模型中的图元，就能汇总出丰富的报表供相关人员查看。模型图元范围的筛选方式有很多种，最常用的是按楼层或流水段选择；如果模型已经与计划关联，还可以根据施工的时间段进行选择；还可以叠加不同的查询条件做到更精确的构件筛选，比如楼层＋构件类型可以选出某一层某种专业工程中的某类构件。在模型中筛选构件是非常直观而简单的工作，只要设置好相应的参数范围一般不会出现问题。中间复杂而繁琐的计算汇总过程在软件中自动完成，直接呈现出的就是我们需要的完整的数据，大大提高了汇总数据的效率。

3.8　BIM数字交付与运维

数字建筑物是实体建筑的孪生兄弟，将建筑数据数字化集成，提高建筑全生命周期的数据完整度与应用便捷度。项目利用以BIM技术为核心的物联网、大数据、传感器、云计算等关键技术，搭建数字化交付平台和展示平台，通过两者的有机结合，实现了数字建筑物的构建。数字化交付平台是为建筑行业提供一个涵盖建筑项目全生命周期的成果交付平台。该平台能帮助用户实现建筑项目成果的交付由传统型向数字化转变，摒弃传统的老旧交付模式，将建筑工程中交付内容（包括模型、图纸、文档等）统一管理，集中交付，解决传统交付模式带来的建筑信息不完整、不连续、内容无序等问题，帮助建筑企业做到建筑工程交付内容数字化，切实做到交付内容完整、连续、有序，同时避免传统交付方式带来的成本增加、工期延长等问题。

基于数字化交付的成果和数字建筑底盘，平台接入项目各智能化系统的数据，通过智能统计与分析，提升认识维度，辅助管理者做出更好的智慧决策，实现节省运维人力与物力成本的效果。

4 结语

总之，现阶段我国在智慧建造方面的研究主要集中在宏观施工流程和关键技术方面，而从微观视角和实践应用深入的分析也比较少。但在建筑工程项目的现场管理环节，引入 BIM 技术的智慧工地管理系统却有更重要的实践价值，对于提升施工效率、合理配置资源、确保施工安全等方面都起到重要作用。

参考文献

[1] 裴俊华，刘维珩，侯斌，等. 基于 BIM 的智慧工地管理体系研究［J］. 山西建筑，2023（16）：188-191，198.

[2] 丁彪，刘小威，黄鑫，等. 基于 BIM 的智慧工地管理体系框架研究［J］. 智能城市，2018（21）：83-84.

[3] 凌立睿，张强. 基于 BIM 的智慧工地管理体系框架研究［J］. 智能建筑与智慧城市，2021（4）：99-100.

基于 BIM 技术的装配式结构施工过程模拟与管理

武 哲 林 强 唐 靖
（中建国际投资（四川）有限公司，四川 成都，61000）

摘 要： 面对建筑行业日益增长的高效率、环保及节能要求，装配式建筑凭借其工业化程度高、生产集约、制造标准化以及施工现场简化等优势，正逐步成为行业关注的焦点。并且 BIM 技术的出现，作为利用三维数字模型整合项目设计、施工及管理信息的先进方法，提供了解决上述难题的有效途径。在施工阶段，BIM 技术助力施工队伍进行模拟、流程改良及进度控制，提前识别并处理施工问题，预防安全事故的发生。管理阶段，BIM 技术也为建设单位提供了建筑信息的集成和数字化管理，为建筑后期维护和运营提供了坚实的数据支撑。因此，本文结合具体的项目工程，探究基于 BIM 技术的装配式结构施工过程模拟与管理的应用。

关键词： BIM 技术；装配式结构施工；过程模拟与管理

Simulation and management of prefabricated structure construction process based on BIM technology

Wu Zhe Lin Qiang Tang Jing
（China State Construction International Investments Limited（Sichuan），
Chengdu 61000，China）

Abstract： Facing the increasing demands for high efficiency，environmental protection，and energy conservation in the construction industry，prefabricated construction，with its advantages of high industrialization，intensive production，standardized manufacturing，and simplified construction site，is gradually becoming the focus of industry attention. Moreover，the emergence of BIM technology，as an advanced method that integrates project design，construction，and management information through a three-dimensional digital model，provides an effective way to solve the above-mentioned challenges. During the construction phase，BIM technology assists construction teams in simulation，process improvement，and progress control，identifying and addressing construction issues in advance to prevent the occurrence of safety accidents. In the management phase，BIM technology also provides the construction unit with integrated and digital management of building information，providing solid data support for the later maintenance and operation of the building. Therefore，this paper explores the application of simulation and management of the prefabricated structural construction process based on BIM technology in conjunction with specific project engineering.

Keywords： BIM technology；prefabricated construction；process simulation and management

引言

BIM 技术作为建筑领域中的一种创新信息技术，其在逐渐广泛的应用中，通过三维数字模型整合了设计、施工和管理信息，实现了信息的共享和团队的协同工作。这一技术不仅在设计阶段助力方案的优化与质量的提升，而且在施工阶段通过模拟和分析预测及解决潜在问题，有效提升了装配式结构的施工效率和安全性。

1 项目概况

拟建工程位于成都市青白江区（大同镇）凤凰东四路。在本工程中，应用了叠合板、预制柱、轻质隔墙板等预制装配式结构的基本情况，预制装配率达到 51%，且本工程采用 BIM 技术进行整体建模、装配式结构深化设计、装配式结构安装施工工艺模拟以及质量安全进度管理等。

2 BIM 技术实施必要性分析

2.1 BIM 技术的基本原理与特点

BIM 技术的根本在于创建一个包罗万象的数字建筑模型，该模型作为信息整合的核心平台，翔实地反映了建筑的几何形态、结构体系、材料属性、设备配置及施工进程等众多维度的数据，构成了一个涵盖全面的信息数据库。在 BIM 的核心运作中，数据驱动的管理手段贯穿于建筑物的整个生命周期，致力于达成精确而细致的管理效果（图 1）。

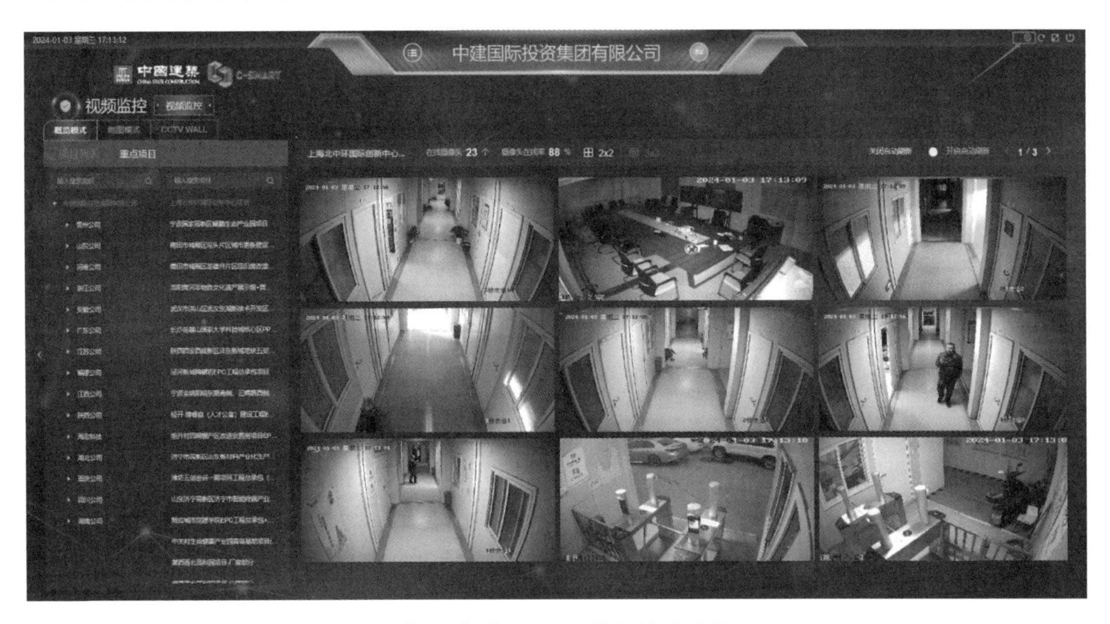

图 1　公司 C-smart 信息管理系统

BIM 技术的优势和特性在于其直观性、数字化和集成化能力的有机融合。首先，通过三维建模，它提供了一个可以立体展示建筑空间结构、外观和布局的平台，这不仅使得设计师、施工团队和业主能够更直观地掌握建筑的特性，而且支持多学科信息的整合，实现数据的互通和协作，从而促进不同专业背景的团队成员在同一平台上的实时协同作业。其数字化特点意味着BIM能够对建筑的全方位信息进行数字化处理，提供了一个充满数据和计算资源的环境，为建筑项目的设计、建造和维护阶段提供了强有力的支持。增值的云端技术还为多用户的实时协作带来了可能，这意味着设计师、工程师、施工人员以及运维团队能够在同一个项目中实现角色的无缝集成，极大地提升了协作效率。最后，BIM技术的集成化特点是其将建筑设计的各阶段信息融为一体，促进了项目参与方的高效协同工作。这种方式可以减少误差，提高工程进度的效率，并且可以执行冲突检测及方案优化分析，以此提升设计方案的质量和执行效率。

2.2 BIM技术在装配式结构建筑中的适用性

BIM技术应用于装配式建筑，通过其信息化的核心功能，不仅实现了构件的精确预制与标准化，还通过模拟预见和化解装配过程中的潜在难题，从而极大地提升了装配的效率与精度。此技术具有的可视化能力，为设计团队、施工人员以及业主之间提供了一个共享的、直观的参考模型，这不仅消除了沟通的阻碍，也加强了设计意图的传达和实施，同时借助其支持多专业协同的特性，确保了信息在各专业间的无障碍流通，增强了设计的整体和谐性。

此外，BIM技术的实施，对于装配式建筑的管理和运维环节带来了革新，它允许管理者通过BIM平台实时地跟踪施工进展、监控资料使用及质量控制，从而达到全过程透明化和控制性增强。在运维阶段，BIM的数据支持作用发挥至关重要，它不仅促进了设施管理的智能化，还延长了建筑的使用寿命并提高了效能。

3 装配式结构预制制造与BIM技术的应用

3.1 装配式结构预制制造的流程

装配式结构预制制造与BIM技术的整合代表了当代建筑行业的重大创新，此融合显著提升了建筑施工的效率、精度及环保性。预制制造，作为装配式结构的关键步骤，通过BIM技术得到深度优化。

在预制制造的设计阶段，BIM技术使设计师能够创建细致的三维模型，这些模型准确地反映了预制构件的维度、形态、数量及其与其他构件的连接详情。这种精确的设计不仅提高了构件制造的适用性和准确性，而且显著减少了施工阶段的调整需求。材料的准备和加工阶段也得到BIM的强化。利用BIM模型的数据，可以精确计算所需材料的类型和量，有效减少资源浪费。BIM还能模拟原材料性能，保证其满足设计标准，同时提供加工的精确参数和技术指导，确保构件的加工精细和高效。模具制造是预制部件生产中的一个重要环节，BIM在此阶段提供了精确的设计输入，以制作与构件形状和尺寸完全匹配的模具，不仅提升了模具的制造精度，还通过模拟分析优化了模具使用的方法和寿命。在预制构件的生产过程中，BIM的监督作用至关重要，它通过实时监控生产数据及时识别并解决生产偏差，保障构件质量。此外，BIM还规定了质量检测的标准与方法，确保每一部件都符合设计规范（图2）。

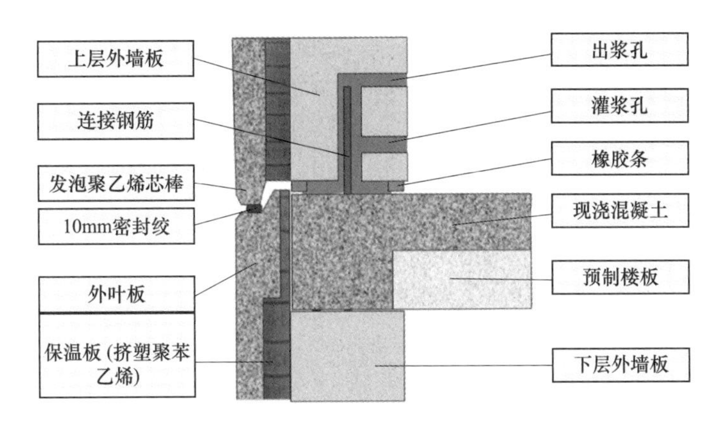

图 2　装配式剪力墙灌浆套筒节点详图

3.2　BIM 技术在预制构件设计与优化中的应用

在装配式结构的预制制造过程中结合 BIM 技术，显现了其显著优势：它通过提高设计的精准度和效率，确保了施工的流畅性以及建筑品质的连续增进。在预制构件设计的初始阶段，设计师利用 BIM 强大的三维建模功能，构建出直观且详尽的模型，这不仅允许快速的尺寸、形状调整和材料挑选，而且通过可视化展现设计方案，加深了对设计意图的理解并促进了目标导向的改良。

BIM 技术所携带的数据分析与模拟工具，允许对构件的力学性能和形变进行预测，从而验证设计的可靠性与安全性；同时，对预制制造流程的模拟分析，不仅提升了制作效率，也提高了最终产品的品质。在优化阶段，BIM 的碰撞检测功能及时识别并解决设计缺陷，从而减少施工中的返工和资源浪费。它还对构件连接方法进行细致的优化，确保了结构整体的稳定与安全。BIM 技术的一个关键优势是其数据集成能力，它将设计、施工和运维等各个阶段的数据汇聚成一个统一的数据库，支持预制构件的全面而精确的优化决策，使得改良过程更符合科学性和实用性，进一步提升了构件的功能性和质量水平。

3.3　BIM 技术在预制构件生产过程中的监控与管理

融入 BIM 技术的装配式结构预制制造流程，已经启动了一场现代化的管理变革，提升了生产监控的效率和质量管控的严密度，为工程的流畅实施和建筑品质的稳固提供了坚实保障。通过 BIM 模型的实时模拟和跟踪功能，管理者能够精确监控生产的每一环节，迅速识别并解决隐患，确保生产按既定路径高效推进；此外，BIM 技术的数据采集和分析能力，为生产效率的提升、材料与能源消耗的降低提供了数据支持，使得生产过程的控制更为完善和精确。

在维护预制构件质量方面，BIM 技术通过存储详尽的设计、制造和检测信息，为每个构件赋予了易于追溯的数字身份，使问题分析和质量追踪成为可能。集成了射频识别技术的 BIM 系统进一步强化了对构件质量的监督，实现了信息的快速获取和精准记录，确保了构件的合规性。BIM 技术的深度应用不仅止步于监控与管理，它还通过对生产数据的深入分析，指出了流程中的不足和资源浪费点，促进了生产过程的持续改进。利用 BIM 进行生产流程的模拟和优化，有助于探索更高效和环保的制造方法，推动整个预制制造业向前发展。

4 BIM技术在装配式结构施工管理中的应用

4.1 BIM技术下施工进度实时监控与调整

在装配式构建施工的管理上，BIM技术的引入极大地加快了工程进度监控和调整的效率与准度。BIM技术使得施工计划和实际进度之间的对比分析变得即时和全面，助力于按期完成工程。利用BIM技术创建的三维模型，施工团队能够在开始前就制定出详细的施工方案。该方案详细列出了施工步骤、预期时间以及结合BIM模型信息的构件细节，为施工的精确度和后续的进度追踪奠定了基础。在施工过程中，BIM技术提供的信息化管理工具能够实时收集现场数据，助力项目管理者对照施工计划进行分析。若存在偏差，BIM的可视化功能便能迅速指出问题地点，分析背后原因，并提出相应的调整方案。同时，BIM技术的模拟功能能够预见并预防潜在的施工风险，降低了不确定因素的影响。此外，BIM技术还加强了团队间的信息共享和协作，提高了团队解决问题的能力，进而提升了整体的施工管理效率（图3）。

图3 预制结构楼梯吊装

4.2 BIM技术下材料需求分析与预测

BIM技术的应用在装配式建筑施工管理中起着至关重要的作用，特别是在材料需求分析和预测方面极大地优化了施工流程。通过精确计算和分析BIM模型，可以准确地确定所需材料的类型、数量和尺寸，减少了过去常见的计算误差。此外，BIM技术增强了信息的透明度，允许实时更新和共享材料求数据，这样采购部门能够迅速作出反应，与供应商紧密合作。这不仅确保了材料的及时供应，还提升了物料采购和供应链的效率。同时，BIM技术的数据分析功能有助于预测市场趋势，为采购策略提供数据支持。它也促进了对供应商性能的全面评估，保证了选择最佳供应商，并通过预检机制来确保材料符合质量标准。

4.3 BIM技术下构件质量与安装精度检测

BIM技术在装配式结构施工管理中扮演了监督与保障角色，特别体现在对构件质量和安装精度的确保上。它通过三维模型的细节展现和实时数据分析，极大地提升了监测的精度和效率。在制造环节，三维模型和BIM技术相结合确保了产品设计的精确传达。模拟分析工具的应用允许在生产前预见尺寸或质量上的偏差，并提出预防措施，从而避免成本和时间的浪费。在物流环节，BIM 技术通过模拟构件的运输途径和环境，帮助规划出一个确保构件完整性的运输方案。此外，BIM 平台上的环境监测数据帮助维持存储条件，防止构件的损坏和性能退化。在施工前的检查中，BIM 模型成为现场情况的数字化镜像，允许施工团队通过模型与实际情况的对照，迅速识别出不符合标准的构件。这样的对比检查机制，既提高了检查的准确率，也加快了工作效率。在最终的安装阶段，BIM 技术提供的三维坐标指导和联动的测量设备，使得构件定位更为精确。安装人员能够通过这些信息快速准确地完成安装任务，确保了结构的整体质量和性能。

5 结语

BIM 技术在装配式建筑施工模拟与管理的应用，不仅具有显著的理论和实践价值，而且通过其全面的优化作用，可提升施工效率和质量、降低成本，助推装配式建筑行业的稳健前行。此外，这也标志着建筑业信息化和智能化发展的关键步骤，对提高国内建筑行业整体竞争力产生深远影响。

参考文献

[1] 周虹丽. 基于 BIM 技术的装配式建筑钢结构施工现场布局可视化设计方法 [J]. 散装水泥，2023 (2)：188-190.

[2] 张舒平. 基于 BIM 技术的装配式结构施工技术研究 [J]. 纯碱工业，2022 (3)：28-31.

[3] 何书杰. BIM 技术在装配式结构施工进度中的应用 [J]. 智能建筑与智慧城市，2021 (5)：90-91.

[4] 李科. 基于 BIM 技术的装配式结构施工过程研究 [J]. 四川职业技术学院学报，2019，29 (4)：162-164.

复杂深基坑工程的地下水处理与防治技术研究

邓　魏　刘正伟　肖　波
（中建国际投资（四川）有限公司，四川 成都，61000）

摘　要： 在城市化不断推进的背景下，深基坑工程在城市建筑领域的应用越发广泛。然而，这一趋势带来的是施工过程中地下水问题的逐渐凸显，地下水的合理处理和有效防治，关乎施工质量，更对施工安全产生重要影响。因此，对地下水处理与防治技术进行研究，并妥善应用，是确保深基坑工程顺利推进的关键。
关键词： 深基坑施工；地下水处理；防治技术

Research on groundwater treatment and prevention technology of complex deep foundation pit engineering

Deng Wei　Liu Zhengwei　Xiao Bo
(China State Construction International Investments Limited (Sichuan),
Chengdu 61000, China)

Abstract: In the context of the continuous advancement of urbanization, deep foundation pit engineering has become increasingly widespread in the field of urban construction. However, with this trend comes the gradual prominence of groundwater issues during the construction process. The rational treatment and effective prevention of groundwater are crucial to the construction quality and significantly impact the safety of construction. Therefore, researching and properly applying groundwater treatment and prevention techniques is key to ensuring the smooth progression of deep foundation pit engineering.
Keywords: deep foundation pit construction; ground water treatment; prevention technology

现阶段，随着我国城市化步伐的加快，高层建筑和地下空间的开发利用日益成为建筑领域的重要发展方向。深基坑工程作为该趋势的重要支撑，其技术要求和施工质量也逐渐备受关注，但地质条件的不确定性以及带来的风险，如地下水的处理和防治问题，依然是深基坑工程面临的重大挑战，由于处理不当导致的工程事故，往往会造成严重的经济损失和社会影响。因此，必须对地下水处理和防治技术给予足够的重视，通过科学的方法和策略，确保深基坑工程的安全和稳定性。

1　工程概况

青白江区国际陆港医疗中心建设项目，位于成都市青白江区凤凰东四路 9 号。本工程地上 15 层，建筑高度 80m，地下 2 层，基坑深度约 12m，基坑面积约 11000m^2。基坑北侧距离青白江区人民医院二期仅 5m，东侧 40m 为高层住宅小区，西侧和南侧紧邻市政主干道。周边环境复杂，基坑施工及降水对周边建筑和市政道路影响较大。

2 深基坑施工中地下水处理的重要作用

地质结构的复杂性会让地下水呈现出明显的双层特性：上层以黏性土中存储的潜水和滞水为主，下层则主要是砂性土和砂卵石层中蕴含的承压水，这种水层的差异性体现在成分上，更表现在带来的潜在风险不同。因此，在深基坑施工中，开挖的深度将直接决定可能遭遇的地下水危害种类和严重程度。而在浅层的基坑挖掘中，遭遇的地下水通常是潜水或滞水，但那些含有滞水的砂层会对周围环境产生影响，导致周边地面沉降，并对正在建设中的建筑物和周围地质结构的稳定性构成威胁。一旦基坑的开挖深度接近 13m，下层的砂层水会开始上涌。对此，如果没有迅速采取有效的排水措施，基坑周围会出现大规模的坍塌事故。另外，基坑内的积水和松软的土质也是施工中要面对的挑战，会严重影响施工进度，拖延整个项目的完成时间。为确保施工流程的顺畅进行，务必要维持基坑的干燥状态，为地下室结构施工创造一个有利的环境。

3 深基坑地下水控制技术

3.1 水平止水帷幕施工技术

水平止水帷幕是一种先进的地下工程防水技术，其建设主要依赖于精确的分析方法，通过和沟渠内的特定深度连接，并融合垂直幕墙，形成一个封闭的长方体结构，从而有效地阻挡地下水的渗透。该技术展现几大功能优势，第一，通过回转注射工艺，帷幕的强度会得到提升，犹如在深基坑支护结构的底部加装一层坚固的内部支撑，来优化整体支护结构的强度。第二，能有效地消解由滞水所产生的压力，维护基坑的稳定性。第三，水平止水帷幕还可以在一定程度上改善土体的机械性能，防止基坑坍塌，提升桩结构的承重能力。但单纯依赖水平止水帷幕阻挡地下水仍存在一定风险和成本考量。因此，可以结合地下室结构抗浮设计和深基坑底部土体加固处理技术，来减轻地下水对深基坑的影响，并结合先进的施工工艺技术，建立坚固的基底水平止水帷幕。

本工程基础形式为塔楼筏形基础＋裙楼抗水板基础，为确保地基承载力以及防止地下水引起结构上浮导致结构性破坏，设计单位根据地勘报告及相关规范要求，将裙楼抗水板下方设计为抗浮锚杆抗浮，塔楼筏形基础下方设计为高压旋喷桩进行地基加固。这两种方式都是通过注浆加固土体形成基底水平止水帷幕。（1）裙楼抗浮锚杆设计等级为甲级，设计使用年限为 50 年，抗浮设计标准值为 20.0～80.0kN/m^2，锚杆长度 7.6～9.0m，直径 200mm，锚杆间距 1.8～2.2m，注浆管采用 ϕ20 增强塑料管或同规格白铁管，注浆材料采用纯水泥浆，水胶比 0.45∶1，注浆压力不小于 1.2MPa。锚杆材料采用螺纹钢筋，钢筋由水泥浆封闭防腐。（2）塔楼基底下约 3m 处分布厚 0.6～1.3m 中砂，为软弱下卧层，经设计单位验算，该软弱下卧层无法满足承载力要求，需进行地基处理，处理后软弱下卧层复合地基承载力特征值 $f_{spk}\geqslant$150kPa。因此本工程采用高压旋喷桩进行地基处理，采用潜孔钻机进行造孔。高压旋喷桩设计桩径为 500mm，桩间距 1.8m×1.8m，桩长不小于

5m，且进入卵石层不小于700mm，单桩承载力特征值不小于460.0kN，桩体试块抗压强度不小于7.5MPa，共布置430根。本工程高压旋喷桩处置换率为6.06%。

通过该施工技术在本工程的应用，有效保障了基坑底部土体的强度，防止产生坑底土体的隆起以及地下承压水向上渗透，保障了基坑底板安全可靠施工，产生了良好的施工效益。

3.2 管井降水施工技术

抽降地下水对周边环境的影响，主要表现在孔隙含水层被疏干部分是否会产生地面沉降及由此导致的建筑物变形。其影响主要表现在两个方面：（1）地下水抽降漏斗形成过程中，由于降水管井成井质量低劣，随着井中动水位的下降而大量涌砂，细颗粒被井水携带排出，产生浑浊和管涌，导致井周粗颗粒物质重新排列而引起沉降。（2）地下水抽降漏斗范围内，动水位与静水位之间地基土层中的重力水疏干，孔隙水压力消散，使有效应力增加，产生附加沉降。以上情况若有发生，往往在管井附近表现较为明显。深基坑开挖过程中，地下水随着开挖的深度越大，对工程的影响就越大。尤其是在施工中如果遭遇薄砂层，任何疏忽都会引发安全事故。因此，在施工过程中，必须采取人工方式降低地下水，并实施多重安全防护措施确保施工顺利进行。特别是在面对开挖深度较大、周边建筑环境复杂的区域时，要优先选择采用管井进行降水，这不仅展现出高效性，还可以有力保障施工过程的安全性和稳定性。

本工程设计采用管井降水。管井降水是指利用水文地质学原理，通过降水设计和降水施工，排除地表水体或降低地层中的滞水、潜水等地下水的水位，满足建设工程的降水深度和时间要求，并对工程环境无危害性。根据本地区类似项目的设计和施工经验，管井法降水是比较科学合理的，可满足基坑开挖及基础施工要求。根据设计院计算结果，综合考虑本工程基坑的特性及工程地质条件，沿基坑周边外1m处布置降水井，共布置25口，降水井间距20m，降水井深度25m。根据计算结果和设计降深，抽水设备可采用QY型深井潜水泵，扬程大于25m，每个泵电机不低于5.5kW。排水用管道引至基坑顶部修筑的沉砂池后排入市政排水管网。

根据降水沉降观测结果，目前地表最小沉降0.7cm，最大沉降1.2cm，沉降量均在安全值范围之内。因此，本降水工程不会影响周边建筑物的安全，且整个基坑底板均为干作业施工，有利于整个现场施工安全管理。

3.3 支护桩施工技术

支护桩施工是地下水控制技术的重要环节。其基本原理是通过在基坑周边精心施工支护桩，建立一道坚固的支撑屏障，从而有效抵御基坑坍塌的风险，并阻止地下水的无序涌入。该技术的有效实施，要求施工团队严格遵循设计要求并进行操作，对桩身的垂直度、打入深度及桩和桩之间的距离等参数进行精准把控，这也是确保整个支撑体系稳定可靠的重要前提。但支护桩的施工并非一成不变，而是一个动态调整的过程，尤其是在施工过程中，工程人员要不断监测周围土体的变化情况，一旦发现有异常的土体变形或应力集中的迹象，要立即进行风险评估，并根据实际情况灵活调整施工方案。而这种动态的施工管理模式，更有助于保障施工安全，还可以在一定程度上优化工程结构，提高基坑工程的整体稳定性。因此，支护桩施工不仅是一项技术活动，更是一种科学的管理和风险控制的过程（图1）。

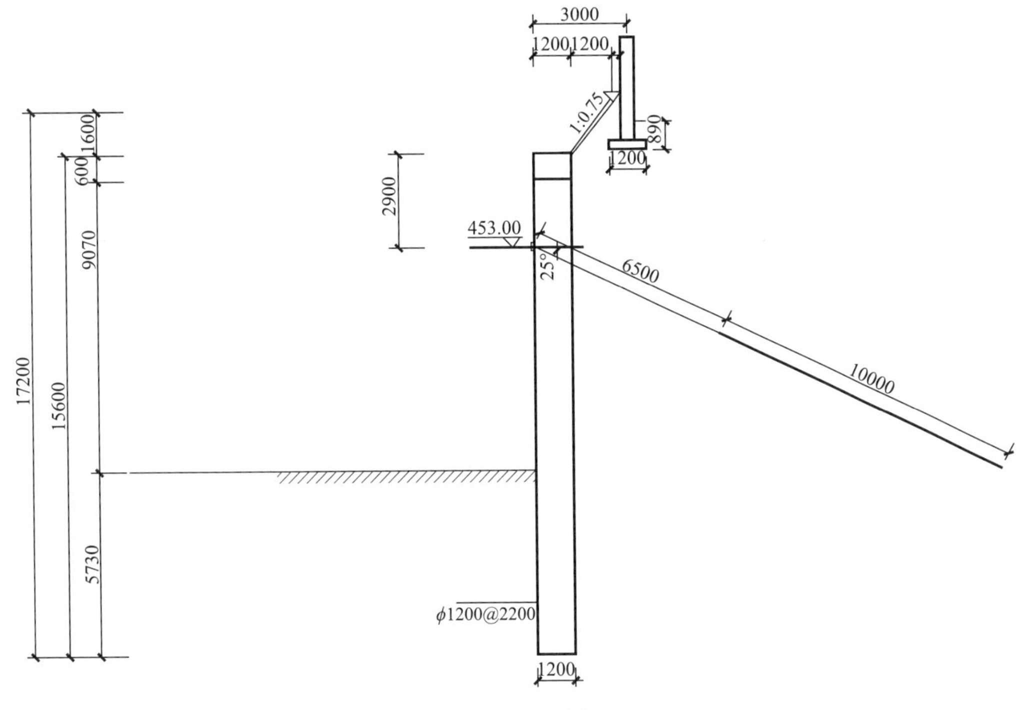

图 1　基坑支护剖面图

4　深基坑施工中的地下水处理与防治策略

4.1　准确掌握地下水情况

在深基坑工程的实践中，不少事故的出现往往与工程人员对地下水状况的认知和重视程度密切相关，在没有充分掌握地下水详细情况的前提下，仓促进行深基坑设计，很有可能在挖至地下水位后遭遇诸如流砂涌动、边坡土壤滑移、地下水渗透及坑外地面沉降等复杂情况，这些因素都会成为引发深基坑事故的导火索。因此，在深基坑项目动工以前，必须做好全面的前期准备工作，深入探测并准确掌握地下水的具体条件，结合实际情况进行分析，合理规划施工方案，并配套实施有效的防水和降水措施。特别是在地质松软的区域，要对地下水状况进行严谨的勘探和妥善处理，以此保障工程进展的顺利性和安全性，从而有效规避潜在风险。

根据本工程地勘报告，场区内地下水类型为赋存于土层中的上层滞水及赋存于砂卵石层中的孔隙潜水，丰水期测得地下水水位埋深 2.1～2.5m。根据四川省地质环境监测总站对成都平原地下水动态长期观测资料，场地内地下水位年变幅 1.0～3.0m。夏季即雨期期间，降雨量增大将导致场地内水量明显上升，该场地的地表水补给主要依赖大气降水，之后这些水会流向低洼区域。

4.2　建立应急处置措施

在深基坑施工中，地下水问题是一个不可忽视的潜在风险，因此，项目部建立完备且高效的应急处理措施体系，制定周密的应急预案，明确在突发地下水事件时的紧急处理流程和具体操作方法。同时为确保在紧急情况下能迅速响应，项目部已提前准备好必要的应急设备和物资。另外，通过定期的应急演练和深入培训，可以不断提升施工团队在面对地下水问题时的应急反应能力和专业素养。这样一旦发生地下水问题，项目团队就能迅速、准确地做出应对措施，从而最大限度地降低风险，减少潜在的损失。而这种全面的应急处理策略，体现了对施工现场安全的高度重视，如图2所示。

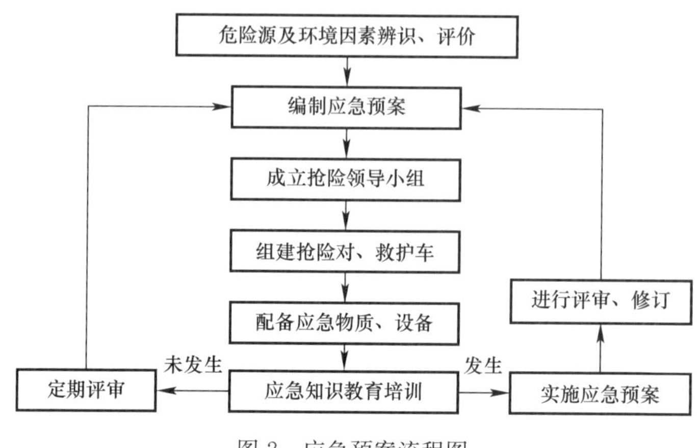

图2　应急预案流程图

4.3　建立科学合理的监测体系

在深基坑施工的进程中，为保障监测数据的精确性，必须采取科学的手段合理设置监测点，并利用先进的水位监测设备对地下水位的动态变化进行追踪。同时，定期做好水质检测工作，及时发现潜在的水质问题，从而有效规避污染风险。而在监测体系中，还要引入高程基准点的观测技术。在具体实施阶段，要先设立高程基准点，再选择其中一个基准点，预设其高程值，并以此作为计算的起点，借助电子水准仪，采用闭合水准路线的观测模式，对其余基准点和工作基点的高程进行测量，为整个施工流程提供数据支持。通过严密且科学的监测体系，还可以获取准确的数据支持，更在地下水位或水质发生异常时迅速响应，从而确保整个施工过程的安全和稳定性。该方法在预防地下水对施工造成的潜在影响，以及确保深基坑施工的顺利进行方面，发挥着重要作用。

本工程基坑安全等级为一级，由具备基坑监测资质的第三方专业单位负责本工程基坑监测，主要包括围护墙顶部水平及竖向位移监测点、支撑轴力观测点、围护墙内力观测点、深层水平位移观测点、地下水位观测点、周边道路及建筑物沉降观测点等，监测频率详见《建筑基坑工程监测技术标准》GB 50497—2019中表7.0.3。当监测项目的累积变化值接近或超过报警值时需加密监测；当监测结果出现异常时应及时向有关各方汇报；当工程施工结束，施工影响安全的因素消除，监测对象变形趋于稳定后，向监理、业主等有关方申请同意后，可以停止相应项目的监测工作。

5　结语

总之，随着我国经济的不断增长和科技的日新月异，城市化步伐逐渐加速，建筑规模也不断扩张。大型建筑项目如雨后春笋般在全国范围内涌现，这也让建筑工程的质量和安全性能成为公众瞩目的焦点，特别是在深基坑工程逐渐增多的情况下，基坑排降水技术的水平越发重要。为保障建筑施工的安全和质量，必须对地下水排降水施工技术给予足够的重视，并采用科学合理的排降水方法。这样不仅能为施工过程提供稳定的安全保障，提升项目的整体质量，还可以显著提升企业的经济效益。

参考文献

[1] 王晓波. 水利工程深基坑支护施工技术研究 [J]. 工程技术，2024 (1)：60-63.

[2] 何林珍. 工业与民用建筑工程基坑施工中的地下水处理方法探究与讨论 [J]. 工程技术，2023 (4)：124-126.

[3] 黄璐. 高层建筑深基坑工程中施工技术及控制措施的探讨 [J]. 工程技术，2024 (1)：179-182.